普通高等教育"十一五"国家级规划教材

电工电子技术

■ 陈新龙　胡国庆　编著

清华大学出版社
北京

内 容 简 介

本书为普通高等教育"十一五"国家级规划教材,继承了作者已出版的《电工电子技术(上、下)》("十五"国家级规划教材)、《电工电子技术基础教程》的建设成果,编写时力图通俗易懂,大幅压缩了电工电子技术各基础理论,进一步强调了应用。全书共分为两篇:上篇为电工基础,内容包括电路、变压器、电动机及其控制;下篇为电子技术,内容包括模拟电子技术、数字电子技术。各章均备有较多的例题、习题、思考题,并对电路、数字电子技术嵌入了计算机仿真结果(程序或分析过程)。

本书及其配套资源构成了全立体化的电工电子技术教材,包括文字、电子两种形式。文字教材包括主教材(本书)、《电工电子实训教程》、《电工电子技术全程辅导》三本书;电子教材的公开教学网站(http://dgdz.ccee.cqu.edu.cn),有着比文字教材更丰富的内容,对读者在较短时间内理解并掌握本教材内容有较大帮助。

本书编写时参照了教育部最新制定的《高职高专教育电工电子技术课程教学基本要求》,可作为三年制机械类、计算机类及其他工程技术类相关专业《电工电子技术》课程教材,也可选作为本科少学时课程教材,还可供渴望快速学习电工电子技术的读者自学使用。

本书封面贴有清华大学出版社防伪标签,无标签者不得销售。
版权所有,侵权必究。举报: 010-62782989, beiqinquan@tup.tsinghua.edu.cn。

图书在版编目(CIP)数据

电工电子技术/陈新龙,胡国庆编著. —北京: 清华大学出版社,2008.7(2022.7重印)
ISBN 978-7-302-17171-3

Ⅰ. 电… Ⅱ. ①陈… ②胡… Ⅲ. ①电工技术—高等学校—教材 ②电子技术—高等学校—教材 Ⅳ. TM TN

中国版本图书馆 CIP 数据核字(2008)第 029580 号

责任编辑:束传政　朱怀永
责任校对:袁　芳
责任印制:朱雨萌

出版发行:清华大学出版社
　　网　　址:http://www.tup.com.cn, http://www.wqbook.com
　　地　　址:北京清华大学学研大厦 A 座　　邮　编:100084
　　社 总 机:010-83470000　　邮　购:010-62786544
　　投稿与读者服务:010-62776969, c-service@tup.tsinghua.edu.cn
　　质 量 反 馈:010-62772015, zhiliang@tup.tsinghua.edu.cn
印 装 者:北京九州迅驰传媒文化有限公司
经　　销:全国新华书店
开　　本:185mm×260mm　　印　张:22　　字　数:485 千字
版　　次:2008 年 7 月第 1 版　　印　次:2022 年 7 月第 10 次印刷
定　　价:66.00 元

产品编号:024736-03

PREFACE 前言

回顾20世纪,电子的流动推动着电气化时代的兴旺与繁荣,发电机、变压器、电动机及其控制成为该时代的典型生产力,电工技术成为推动国民经济发展主要技术动力之一。

半导体器件的出现赋予了电子的流动以新的内涵,半导体器件的应用使这种能量的流动成为一种信号的传递,一种超强功能的集成信息的传输。集成电路的问世引起了电子技术领域一场新的革命,超大规模集成电路的诞生推动着一个新的时代的来临。

在滚滚而来的硅片面前,对真主无比虔诚的伊拉克军队无法阻挡数字化师团的前进步伐。人们在惊叹的同时深深地意识到,信息技术、网络技术、多媒体技术正悄悄地影响着我们的观念,改变着我们的生活,一个全新的时代——信息化时代已经来临。在这个时代里,各种电气设备在各个领域中均扮演着重要角色甚至关键角色,发挥着越来越重要的作用,掌握电工电子技术的初步知识成为非电类高职高专各专业学生的基本技能要求。

本书为普通高等教育"十一五"国家级规划教材,是作者编写的第3套电工电子技术课程教材,继承并发扬了作者已出版的《电工电子技术(上、下)》("十五"国家级规划教材)、《电工电子技术基础教程》的建设成果,编写时力图通俗易懂,大幅压缩了电工电子技术各基础理论,进一步强调了应用。2008年,本书及以上两本教材、公开教学网络共同构成的教学成果"电工电子层次化教学网络及其配套教材"获重庆大学教学成果一等奖。

全书共分为两篇:上篇为电工基础,内容包括电路、变压器、电动机及其控制;下篇为电子技术,内容包括模拟电子技术、数字电子技术。各章均备有较多的例题、习题、思考题,并对电路、数字电子技术嵌入了计算机仿真结果(程序或分析过程)。

必须指出的是,"电工电子技术"是一个理论性、专业性、应用性均较强的课程,所涉及的教学内容广,内容本身也较难掌握。因此,如何在规定的学时数内使学生掌握电工电子技术的初步知识,为非电类高职高专各专业学生在今后的学习和工作中更好地利用和发挥电器设备在工程中的作用打下坚实的基础成为教学实施的难点。

本书及其配套资源构成了全立体化的电工电子技术教材，包括文字、电子两种形式。文字教材包括主教材(本书)、《电工电子实训教程》、《电工电子技术全程辅导》三本书；教学内容分为三个层次——公共部分、非公共部分(标有"*"的小节)、扩展部分(编写在电子教材中)。

本书电子教材在公开教学网站 http://dgdz.ccee.cqu.edu.cn 上，曾获"第六届全国多媒体教育软件大奖赛"二等奖、"第五届全国多媒体课件大赛"优秀奖，有着比文字教材更丰富的内容，支持智能教学、顺序教学、查询教学、阶段复习、课余练习、网络自测等多种教学段，对读者在较短时间内理解并掌握本教材内容有较大帮助，可在较大程度上解决"电工电子技术"课程教学内容广、学时数相对不足的矛盾，非常有利于电工电子技术课程教学活动的开展。

本书文字教材的第1、3章及全书的计算机仿真由胡国庆整理编写，其余章节由陈新龙整理编写。在本教材的建设过程中，有许多老师及同学提出了宝贵的、建设性的意见与建议，并参与了本教材及电工电子技术远程网站建设的许多工作，在此谨表示感谢。

由于编者水平有限、见解不多，不妥之处在所难免，敬请读者批评指正。

编 者

2007 年 10 月

常 用 符 号

1. 电工基础部分常用符号

符号	描述	符号	描述
B	磁感应强度、电纳	B_L	感纳
B_C	容纳	C	电容
E	电动势	F	磁通势
f	频率	f_0	谐振频率、半功率点频率
G	电导	H	磁场强度
I	直流电流、正弦电流有效值	i	交流电流
I_S	电流源短路电流	I_m	正弦电流幅值,复数取虚部
i_1、I_1	变压器初级电流	i_2、I_2	变压器次级电流
I_{1N}	变压器初级额定电流	I_{2N}	变压器次级额定电流
$\dot{I}$、$\dot{I}_m$	正弦电流有效值、最大值相量	I_L、I_P	线电流、相电流
L	电感	N_2	次级绕组匝数
N_1	初级绕组匝数	P	直流电路功率、正弦交流电路平均功率
P_E	电源产生功率	ΔP	电源内阻消耗功率
ΔP_{Fe}	变压器的铁损	ΔP_{Cu}	变压器的铜损
$p(t)$	瞬时功率	Q	无功功率、品质因数
Q_L	电感无功功率	Q_C	电容无功功率
R	电阻	R_m	磁阻
R_0 或 R_S	戴维宁等效电阻、电源内阻	R_L	负载电阻
S	面积、视在功率	S_N	变压器额定容量
T	周期	U_O、U_{OC}	开路电压
U	直流电压、正弦电压有效值	u	交流电压
U_S	电压源电压	U_m	正弦电压幅值
u_1、U_1	变压器初级电压	u_2、U_2	变压器次级电压
U_{1N}	变压器初级额定电压	U_{2N}	变压器次级额定电压
$\dot{U}$、$\dot{U}_m$	正弦电压有效值、最大值相量	U_L、U_P	三相电源线电压、相电压

续表

符 号	描 述	符 号	描 述
V	电位	$w(t)$	瞬时能量
W_C	电容元件平均储能	W	平均能量
W_L	电感元件平均储能	X	电抗
X_C	容抗	X_L	感抗
Y	导纳	Y	星形联接
Y_0	星形联接(中性点引出中线)	Z	阻抗
ω	角频率	ω_0	谐振角频率、半功率点角频率
φ	相位差、阻抗角	φ'	导纳角
θ	初相角	ψ	磁通量、磁链
$\varphi(\omega)$	相频特性函数	$\|T(j\omega)\|$	幅频特性函数
ρ	特性阻抗	λ	功率因数
var	无功功率单位(乏)	Φ	磁通
τ	时间常数	μ	磁性材料磁导率
$\triangle$	三角形联接	ε	绝对误差
∂	相对误差		

2. 电子技术部分常用符号

符 号	描 述	符 号	描 述
A	增益(放大倍数)	A_s	源增益
A_c	共模电压增益	A_d	差模电压增益
A_i	电流增益	A_g	互导增益
A_r	互阻增益	A_u、A_{us}	电压增益、源电压增益
A_{uo}	开环电压放大倍数	A_{uf}	闭环电压放大倍数
A_f	闭环放大倍数	E_{G0}	禁带宽度
F	反馈系数	g_m	低频跨导,体现了 Δu_{GS} 对 Δi_D 的控制作用
I_F	二极管最大整流电流、反馈电流信号	I_R	二极管反向电流
I_{D0}	增强型 MOS 管 $u_{GS} = 2U_{GS(th)}$ 时的 i_D	I_D	场效应管漏极电流、二极管电流
I_{DSS}	场效应管 $u_{GS}=0$ 的漏极电流	$I_C(I_{CM})$	集电极(最大允许)电流

续表

符 号	描 述	符 号	描 述
I_{CQ}	集电极静态电流	I_{CS}	三极管集电极临界饱和电流
I_B、I_E	基极、发射极电流	I_{BQ}、I_{EQ}	基极、发射极静态电流
I_{BS}、I_{ES}	基极、发射极临界饱和电流	I_{CEO}	集电极与射极之间的反向截止电流(穿透电流)
I_{IO}	输入失调电流	I_{IB}	输入偏置电流
I_{CBO}	集电极与基极之间的反向截止电流	K_{CMRR}	共模抑制比
K_{CMR}	共模抑制比(对数形式)	P_{CM}	集电极最大允许耗散功率
P_{DM}	漏极最大允许耗散功率	r_D	二极管正向导通电阻
r_{be}	三极管输入电阻	r_{ce}	三极管输出电阻
R_i	放大电路输入电阻	R_o	放大电路输出电阻
R_{id}	差模输入电阻	R_{od}	差模输出电阻
r_{ds}	场效应管输出电阻	R_B	三极管基极电阻
R_C	三极管集电极电阻	R_E	三极管发射极电阻
R_G	场效应管栅极电阻	R_D	场效应管漏极电阻
R_S	场效应管源极电阻、信号源内阻	R_f	反馈电阻
R_{RP}	可调电位器	U_{ON}	二极管正向导通压降
$U_D(u_D)$	二极管压降	$U_{(BR)}$	PN结反向击穿电压
U_R	二极管最大反向工作电压	u_T	温度电压当量
U_{CES}	三极管集电极、发射极间临界饱和电压	U_{CE}	三极管集电极、发射极间电压
U_{BE}	三极管发射结电压	U_{CB}	三极管集电结电压
U_{BB}	三极管基极直流电压源电压	U_{CC}	三极管集电极直流电压源电压
$U_{BE(ON)}$	三极管发射结导通压降	U_Z	稳压管稳定电压
U_{GS}	场效应管栅—源极间电压	U_{DS}	场效应管漏—源极间电压
$U_{GS(th)}$	开启电压	$U_{GS(off)}$	夹断电压
u_{id}、u_{od}	共模输入、输出电压	u_{ic}、u_{oc}	共模输入、输出电压
U_{ICM}	集成运放共模输入电压范围	U_{DD}	场效应管漏极直流电压源电压
U_{GD}	场效应管栅—漏极间电压	u_-	集成运放反相端电位
u_+	同相端电位	U_{IO}	集成运放输入失调电压
U_{opp}	集成运放最大输出电压	u_f	反馈电压信号
β、h_{fe}	三极管电流放大系数	α	共基交流电流放大系数
$\bar{\beta}$	共射直流电流放大系数	$\bar{\alpha}$	共基直流电流放大系数
D	二极管	D_Z	稳压二极管

上篇 电工基础

第1章 直流电路分析 ……………………………………………… 3
1.1 电路的组成及其模型 …………………………………… 3
1.1.1 电路的组成 …………………………………………… 3
1.1.2 电路模型 ……………………………………………… 4
1.1.3 电路的基本物理量——电压和电流 ………………… 5
思考题 ……………………………………………………………… 6
1.2 组成直流电路元件的定义约束与联接约束 …………… 6
1.2.1 电阻元件及其约束 …………………………………… 6
1.2.2 电源元件及其约束 …………………………………… 7
1.2.3 元件相互联接的回路约束 …………………………… 7
1.2.4 元件相互联接的结点约束 …………………………… 9
思考题 ……………………………………………………………… 10
1.3 电阻元件的联接方法及其特点 ………………………… 10
1.3.1 电阻元件的串联联接 ………………………………… 11
1.3.2 电阻元件的并联联接 ………………………………… 12
1.3.3 通过合并串并联电阻简化电路 ……………………… 13
1.3.4 电阻元件的其他联接形式 …………………………… 15
思考题 ……………………………………………………………… 15
1.4 电源元件及其应用 ……………………………………… 16
1.4.1 实际电源的电压源模型 ……………………………… 16
1.4.2 实际电源的电流源模型 ……………………………… 17
1.4.3 开路与短路 …………………………………………… 17
1.4.4 额定值与实际值 ……………………………………… 18
1.4.5 电源元件相互联接的特点 …………………………… 19
*1.4.6 实际电源两种模型的转换及其应用 ………………… 20
*1.4.7 受控电源 ……………………………………………… 21
思考题 ……………………………………………………………… 23

1.5 电路分析基本方法——支路电流法与结点电压法 ………………………… 23
  1.5.1 支路电流法 ………………………………………………………… 24
  1.5.2 结点电压法 ………………………………………………………… 24
  1.5.3 电位的引入 ………………………………………………………… 26
 思考题 …………………………………………………………………………… 27
 1.6 电路定理 ………………………………………………………………… 28
  1.6.1 叠加定理 …………………………………………………………… 28
  1.6.2 戴维宁定理 ………………………………………………………… 29
 习题 ……………………………………………………………………………… 32

第2章 正弦交流电路 ……………………………………………………… 37

 2.1 正弦量及其相量表示 ……………………………………………………… 37
  2.1.1 正弦量的三要素 …………………………………………………… 37
  2.1.2 两个同频率正弦量的相位差 ……………………………………… 40
  2.1.3 正弦量的相量表示 ………………………………………………… 41
 思考题 …………………………………………………………………………… 44
 2.2 三种基本元件及其交流特性 …………………………………………… 44
  2.2.1 电阻元件 …………………………………………………………… 45
  2.2.2 电容元件 …………………………………………………………… 46
  2.2.3 电感元件 …………………………………………………………… 47
  *2.2.4 含有动态元件直流电路的暂态特性 ……………………………… 49
 思考题 …………………………………………………………………………… 51
 2.3 三种基本元件的相量模型 ……………………………………………… 51
  2.3.1 电阻元件的相量模型 ……………………………………………… 51
  2.3.2 电容元件的相量模型 ……………………………………………… 52
  2.3.3 电感元件的相量模型 ……………………………………………… 54
  2.3.4 利用相量模型分析正弦交流电路 ………………………………… 55
 思考题 …………………………………………………………………………… 56
 2.4 RLC 串联电路 …………………………………………………………… 57
  2.4.1 RLC 串联电路各元件的电压响应特点 …………………………… 57
  *2.4.2 RLC 串联电路中的功率分析 ……………………………………… 59
  *2.4.3 RLC 串联电路中的谐振问题 ……………………………………… 61
 思考题 …………………………………………………………………………… 64
 2.5 功率因数的提高 ………………………………………………………… 64
 思考题 …………………………………………………………………………… 67
 习题 ……………………………………………………………………………… 67

第3章 三相电路及其应用 ………………………………………………… 74

 3.1 三相电压 ………………………………………………………………… 74
  3.1.1 三相电压的形式及其特点 ………………………………………… 74

  3.1.2 三相绕组的联接方式 …………………………………………… 75
 思考题 ……………………………………………………………………………… 77
 3.2 对称三相电路的特点 …………………………………………………………… 77
  3.2.1 对称 Y-Y 联接三相电路的特点 ………………………………… 77
  3.2.2 对称△-△联接三相电路的特点 ………………………………… 79
  3.2.3 对称三相电路的平均功率 ……………………………………… 80
 思考题 ……………………………………………………………………………… 80
*3.3 三相电路的计算 ………………………………………………………………… 81
 思考题 ……………………………………………………………………………… 84
 3.4 发电、输电及工业、企业配电 …………………………………………………… 84
  3.4.1 发电与输电概述 ………………………………………………… 84
  3.4.2 工业、企业配电的基本知识 …………………………………… 85
 思考题 ……………………………………………………………………………… 86
 3.5 安全用电 ………………………………………………………………………… 86
  3.5.1 触电 ……………………………………………………………… 86
  3.5.2 接地 ……………………………………………………………… 87
  3.5.3 保护接零 ………………………………………………………… 88
 思考题 ……………………………………………………………………………… 89
 习题 ………………………………………………………………………………… 89

第 4 章 变压器 …………………………………………………………………………… 92
 4.1 磁路的概念及其简单计算 ……………………………………………………… 92
  4.1.1 磁路及其相关的几个概念 ……………………………………… 92
  *4.1.2 磁路的计算 ……………………………………………………… 94
 思考题 ……………………………………………………………………………… 94
 4.2 变压器的工作原理及特性 ……………………………………………………… 95
  4.2.1 理想变压器 ……………………………………………………… 95
  4.2.2 实际变压器 ……………………………………………………… 96
  4.2.3 变压器的额定值、外特性及效率 ……………………………… 97
 思考题 ……………………………………………………………………………… 100
 4.3 变压器绕组的极性及其联接 …………………………………………………… 100
  4.3.1 变压器绕组的极性 ……………………………………………… 100
  4.3.2 变压器绕组的联接 ……………………………………………… 101
 思考题 ……………………………………………………………………………… 102
 4.4 三相变压器和特殊变压器 ……………………………………………………… 102
  4.4.1 三相变压器 ……………………………………………………… 102
  4.4.2 特殊用途变压器 ………………………………………………… 103
 思考题 ……………………………………………………………………………… 105
 习题 ………………………………………………………………………………… 105

第5章 三相异步电动机的原理及其应用 ……………………………………… 108
5.1 感应电动机 ……………………………………………………………… 108
5.1.1 感应电动机的运转原理 ………………………………………… 108
5.1.2 旋转磁场的产生 ………………………………………………… 109
5.1.3 电动机的分类 …………………………………………………… 110
思考题 …………………………………………………………………… 110
5.2 三相异步电动机的结构、主要特性及铭牌数据 …………………… 111
5.2.1 三相异步电动机的结构 ………………………………………… 111
5.2.2 三相异步电动机的主要特性 …………………………………… 112
5.2.3 三相异步电动机转矩计算的实用公式 ………………………… 118
5.2.4 三相异步电动机的铭牌数据 …………………………………… 119
思考题 …………………………………………………………………… 120
5.3 三相异步电动机的使用 ……………………………………………… 120
5.3.1 三相异步电动机的启动 ………………………………………… 120
5.3.2 三相异步电动机的调速 ………………………………………… 125
5.3.3 三相异步电动机的制动 ………………………………………… 127
思考题 …………………………………………………………………… 128
5.4 三相异步电动机的控制 ……………………………………………… 128
5.4.1 常用控制电器 …………………………………………………… 128
5.4.2 顺序控制的基本电路 …………………………………………… 131
5.4.3 三相异步电动机的常见控制电路 ……………………………… 135
5.4.4 三相异步电动机的 PLC 控制系统简介 ……………………… 139
思考题 …………………………………………………………………… 144
习题 ……………………………………………………………………… 144

下篇 电子技术

第6章 放大器基础 ……………………………………………………………… 153
6.1 半导体二极管及其模型 ……………………………………………… 153
6.1.1 什么是 PN 结 …………………………………………………… 153
6.1.2 PN 结的伏安特性 ……………………………………………… 154
6.1.3 二极管的伏安特性及其主要参数 ……………………………… 155
6.1.4 二极管的简化电路模型 ………………………………………… 156
6.1.5 二极管的应用 …………………………………………………… 157
*6.1.6 晶闸管 …………………………………………………………… 157
思考题 …………………………………………………………………… 158
6.2 半导体三极管及其模型 ……………………………………………… 159
6.2.1 三极管的电流控制特性 ………………………………………… 159
6.2.2 三极管的伏安特性 ……………………………………………… 160

  6.2.3 三极管的主要参数 ·················· 161
  6.2.4 三极管电路模型 ·················· 162
  6.2.5 三极管电路的分析方法 ·············· 163
 思考题 ································ 167
 6.3 用三极管构成小信号放大器的一般原则············ 167
  6.3.1 小信号放大器的一般结构 ·············· 167
  6.3.2 放大器的基本性能指标 ·············· 167
  6.3.3 基本放大器的工作原理及组成原则 ········ 169
 思考题 ································ 170
 6.4 放大器的3种组态及其典型电路·············· 170
  6.4.1 放大器3种组态的基本电路 ············ 170
  6.4.2 放大器3种组态的典型电路 ············ 171
 6.5 场效应管放大电路 ···················· 174
  6.5.1 场效应管的种类 ·················· 174
  6.5.2 场效应管的特性 ·················· 174
  6.5.3 场效应管的主要参数 ················ 176
  6.5.4 场效应管的模型 ·················· 177
  6.5.5 场效应管放大器的构成 ·············· 179
  6.5.6 自给偏压放大电路 ················ 179
  6.5.7 分压式偏置电路 ·················· 181
 思考题 ································ 182
 习题 ································ 182

第7章 集成运算放大器及其他模拟集成电路 ············ 188
 7.1 集成运算放大器简介 ···················· 188
  7.1.1 集成运算放大器的组成框图 ············ 188
  7.1.2 集成运算放大器的符号、类型及主要参数······ 190
  7.1.3 集成运算放大器的理想化条件 ·········· 191
  7.1.4 什么是反馈 ···················· 192
  7.1.5 集成运放的两种工作状态及相应结论 ······ 193
 思考题 ································ 194
 7.2 用集成运放构成放大电路 ················ 195
 思考题 ································ 198
 7.3 用集成运放构成信号运算电路 ·············· 199
  7.3.1 用集成运放实现信号的加、减 ·········· 199
  7.3.2 用集成运放实现信号的微分与积分 ········ 200
  *7.3.3 其他常用集成运算放大器应用电路 ········ 203
 思考题 ································ 206
 7.4 运放电路中的负反馈 ·················· 206
 思考题 ································ 210

7.5 其他常用模拟集成电路 ………………………………………………… 210
    7.5.1 音频放大器 ……………………………………………………… 211
    7.5.2 模拟乘法器 ……………………………………………………… 211
    7.5.3 三端稳压器 ……………………………………………………… 211
习题 …………………………………………………………………………… 215

第 8 章 门电路和组合逻辑电路 ……………………………………………… 221

8.1 逻辑代数基础知识 ……………………………………………………… 221
    8.1.1 概述 ……………………………………………………………… 221
    8.1.2 基本逻辑运算 …………………………………………………… 225
    8.1.3 导出逻辑运算 …………………………………………………… 226
    8.1.4 集成逻辑门电路 ………………………………………………… 228
    8.1.5 逻辑代数的公理、公式 ………………………………………… 231
    8.1.6 逻辑函数的最小项表达式 ……………………………………… 232
    8.1.7 逻辑函数的化简 ………………………………………………… 233
    *8.1.8 利用任意项化简逻辑函数 ……………………………………… 239
思考题 ………………………………………………………………………… 240
8.2 组合逻辑电路的分析与设计 …………………………………………… 241
    8.2.1 概述 ……………………………………………………………… 241
    8.2.2 组合逻辑电路的分析 …………………………………………… 241
    *8.2.3 用小规模器件实现组合逻辑电路（SSI 设计）………………… 243
思考题 ………………………………………………………………………… 244
8.3 常见中规模组合逻辑电路芯片原理及其应用 ………………………… 245
    8.3.1 编码器 …………………………………………………………… 245
    8.3.2 译码器 …………………………………………………………… 250
    8.3.3 数据选择器 ……………………………………………………… 253
    8.3.4 利用中规模器件实现组合逻辑电路（MSI 设计）……………… 255
思考题 ………………………………………………………………………… 258
习题 …………………………………………………………………………… 259

第 9 章 触发器和时序逻辑电路 ……………………………………………… 265

9.1 触发器 …………………………………………………………………… 265
    9.1.1 什么是触发器 …………………………………………………… 265
    9.1.2 触发器的逻辑功能描述 ………………………………………… 266
    9.1.3 常见触发器的逻辑功能 ………………………………………… 269
    9.1.4 触发器的动作特点 ……………………………………………… 271
思考题 ………………………………………………………………………… 273
9.2 时序逻辑电路的分析 …………………………………………………… 273

9.2.1　概述 ………………………………………………………………… 273
　　　9.2.2　时序电路的分析方法 ………………………………………………… 275
　思考题 …………………………………………………………………………… 278
9.3　寄存器与计数器的电路特点 …………………………………………………… 279
　　　9.3.1　寄存器 ………………………………………………………………… 279
　　　9.3.2　同步计数器 …………………………………………………………… 280
　　　9.3.3　异步计数器 …………………………………………………………… 283
　思考题 …………………………………………………………………………… 285
9.4　常用中规模时序逻辑电路芯片的特点及其应用 ……………………………… 285
　　　9.4.1　集成二进制同步计数器 ……………………………………………… 285
　　　9.4.2　集成二进制异步计数器 ……………………………………………… 288
　　　9.4.3　集成十进制同步计数器 ……………………………………………… 289
　　　9.4.4　集成十进制异步计数器 ……………………………………………… 290
　　　9.4.5　用中规模集成计数器实现 N 进制计数器 ………………………… 291
　　　9.4.6　集成移位寄存器及其应用 …………………………………………… 294
　思考题 …………………………………………………………………………… 297
9.5　555 定时器及其应用 …………………………………………………………… 297
　思考题 …………………………………………………………………………… 302
9.6　大规模集成电路 ………………………………………………………………… 302
　　　9.6.1　数/模转换器 …………………………………………………………… 303
　　　9.6.2　模/数转换器 …………………………………………………………… 304
　　　9.6.3　存储器 ………………………………………………………………… 305
　　　9.6.4　用 ROM 实现组合逻辑电路 ………………………………………… 307
　　　9.6.5　可编程逻辑器件 ……………………………………………………… 310
　习题 ……………………………………………………………………………… 311

附录 A　用 MATLAB 分析【例 2-1-2】并画出相量图 ……………………… 319

附录 B　常用导电材料的电阻率和温度系数 ………………………………… 322

附录 C　MAX＋plus Ⅱ 的简要说明 …………………………………………… 323

附录 D　【例 8-2-1】仿真实现 ………………………………………………… 327

附录 E　部分习题、思考题答案 ……………………………………………… 330

附录 F　本书中所介绍的芯片 ………………………………………………… 331

主要参考书 ……………………………………………………………………… 335

上　篇

电工基础

第七篇

中工基础

CHAPTER 1

第1章

直流电路分析

本章要点

本章以直流电路为例介绍了电路的组成及其模型、组成电路的元件的约束关系及其相互联接的约束关系;在此基础上进一步介绍用元件构成电路的联接方法、分析电路的常用方法、基本电路定理等。读者学习本章时应重点理解电路模型,电压、电流的参考方向等电路理论的基本概念;掌握欧姆定律,基尔霍夫电压、电流定律的内容及其在电路分析中的应用;理解电阻元件的联接特点及其等效处理,电源元件的两种模型及其应用;掌握利用支路电流、结点电压分析电路的方法;理解叠加定理、戴维宁定理,为后面内容的学习打下基础。

1.1 电路的组成及其模型

电路理论不是研究实际电路的理论,而是研究由理想元件构成的电路模型的分析方法的理论,可由此进一步理解电路的组成及其模型。

1.1.1 电路的组成

顾名思义,电路是指电流的通路,可结合实际电气设备的构成来理解。

实际电气设备包括电工设备、联接设备两个部分,这些电工设备通过联接设备相互联接,形成一个电流通路便构成一个实际电路。

如手电筒便是一个常见而又简单的实际电路,它由电池、筒体、筒体开关和小灯泡组成。筒体是联接设备,将电池、筒体开关和小灯泡联接便构成手电筒这个实际电路。

实际电路种类繁多,形式和结构也各不相同,按电路的基本功能有两大类:一类为对信号的变换、传输和处理电路;一类为对能量的转换和传输电路。

前者的典型电路如图 1-1-1 所示的扩音器电路:输入语音或音乐经话筒变换为电信号以后再经放大器传递到音箱,音箱将电信号还原为语音或音乐。其中,话筒是输入设备,它将输入语音或音乐变换为电信号,称为**信号源**;音箱是接收和转换输入信号的设备,称为**负载**。

图 1-1-1 扩音器电路

后者的典型电路如日常照明电路:发电厂发电机工作产生电能,经变压器升压传输到各变电站,经变电站变压器降压后送到各用户,从而点亮电灯。

1.1.2 电路模型

电路是一个电流的通路,如图 1-1-1 所示电路当然也形成了一个电流通路,对此,许多初学者可能难以理解。

读者不要忘记:电路理论是研究由理想元件构成的电路模型的分析方法的理论,因此学习电路理论首先应理解电路模型的含义。

实际的电路是由实际电子设备与电子联接设备组成的。这些设备电磁性质较复杂,分析起来较难理解。如果将实际元件理想化,在一定条件下突出其主要电磁性质,忽略其次要性质,这样的元件所组成的电路称为实际电路的**电路模型**(简称电路)。本书中如不加说明,电路均指电路模型。

本书涉及的理想元件主要有:电阻元件、电容元件、电感元件和电源元件,这些元件可用相应参数和规定图形符号来表示,由此所得到的由理想元件构成的实际电路的联接模型便是实际电路的电路模型。每种理想元件均有其精确的数学定义形式,这就使得用数学方法分析电路成为可能。在本书中,若不加特别说明,均指理想元件。本书涉及的常见元件图形符号见表 1-1-1。

表 1-1-1 常见元件图形符号

名称	符号	名称	符号	名称	符号
开关	—o/—	电阻	—□—	电压源	—⊕—
导线	——	电感	—WW—	电流源	—⊙—
联接的导线	—•—	电容	—||—	电池	—||—

建立电路模型是分析电路的基础,可通过一个实际例子来理解电路模型的建立方法。

【例 1-1-1】 手电筒电路模型的建立(手电筒实际电路略)。

解法

(1) 手电筒实际电路由电池、筒体、筒体开关、小灯泡组成。

(2) 将组成部件理想化:具体为将电池理想化,即将电池视为内阻为 R_0、电动势为 E 的电压源;忽略筒体的电阻,筒体开关视为理想开关;将小灯泡视为阻值为 R_L 的负载电阻。

(3) 筒体是电池、开关、小灯泡的联接体,根据筒体可画出各理想部件的联接关系图。

(4) 在图中标出电源电动势、电压及电流方向,便得到了如图 1-1-2 所示的手电筒电路模型。

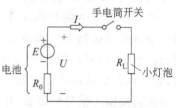

图 1-1-2 【例 1-1-1】的图

1.1.3 电路的基本物理量——电压和电流

1.1.2 小节提到,理想元件可用相应参数来表示。描述理想元件的基本物理量主要有电流 I、电动势 E、电压 U。

电流 I、电动势 E、电压 U 是具有方向的物理量,为此,必须首先理解电压、电流的方向(或称为极性)并在电路中标注,才能写出电路方程,进一步进行正确分析,得到正确结果。

关于电压和电流的方向,有实际方向和参考方向之分,应加以区别。

1. 电压和电流的实际方向

带电粒子的规则运动形成电流。电流是客观存在的物理现象,人们虽然无法看见它,但可以通过热效应、光效应等来感受它。电流的方向是一种客观存在,这种客观存在的电流方向便是电流的实际方向。

对于电流的实际方向,习惯上规定:**正电荷运动的方向或负电荷运动的相反方向为电流的实际方向**。

对于电压的方向,应区分端电压、电动势两种情况。

端电压的方向规定为高电位端("+"极)指向低电位端("-"极),即为电位降低的方向。电源电动势的方向规定为在电源内部由低电位端("-"极)指向高电位端("+"极),即为电位升高的方向。

2. 电压和电流的参考方向

虽然电压和电流的方向是客观存在的,然而,在分析计算某些电路时,有时难以直接判断其方向,因此,常可任意选定某一方向作为其**参考方向**(本书中如不加说明,电路图中所标的电压、电流、电动势的方向均为参考方向)。

关于电流的参考方向,许多教材上用→来表示,在本书中,为更为醒目,用⇨来表示电流参考方向。电压的参考方向一般用极性"+"、"-"来表示,也可用双下标表示。如 U_{ab} 表示其参考方向是 a 指向 b,a 点参考极性为"+",b 点参考极性为"-"。

3. 电压和电流的代数值

选定电压和电流的参考方向是电路分析的第一步,只有参考方向选定以后,电压和电流的值才有正负。当实际方向与参考方向一致时为正;反之,为负。

在图 1-1-3 所示电路中,若电压实际方向与图中标示方向一致,那么,正电荷运动的方向为从"+"端经过电阻 R_L 流向"-"端,即电流 I 的方向为从"+"端经过电阻 R_L 流向"-"端,也就是图中标示方向。

在图 1-1-3 中,如果不假定电压实际方向与图中标示方向一致,那么,也就无法判断出电流的实际方向(因为电路图中所标的方向均为参考方向,又未给出代数值,故其实际方向不能确定)。

如图 1-1-4 所示电路中,$I=0.2$A,为正值,说明电流实际方向与电流 I 的参考方向一致。如果参考方向为 I',显然它与实际方向不一致,其值为负,所以,$I'=-0.2$A。

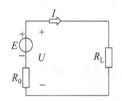 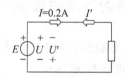

图 1-1-3 电压和电流方向　　　　　图 1-1-4 电压和电流参考方向

根据电流实际方向的含义,可判断出端电压的实际方向(端电压实际方向为电位降低方向即电流的实际流向方向)为 U 方向。电压 U 的参考方向与实际方向一致,所以 U 为正值;电压 U' 的参考方向与实际方向不一致,U' 为负值。同理可判断电动势 E 的实际方向为 E 方向,电动势 E 为正值。

4. 电压和电流的单位

在国际单位制中,电压的单位是伏特(V),微小电压计量以毫伏(mV)或微伏(μV)为单位。电流的单位是安培(A),微小电流计量以毫安(mA)或微安(μA)为单位。

思考题

1.1.1　从电路模型的角度来说,一个功率为 1000W 的电炉与一个阻值为 48.4Ω 的电阻相同,这种说法是否正确?为何?

1.1.2　电路如图 1-1-5 所示,请分析电动势 E、端电压 U 的实际极性,电流 I、I' 的方向,以及电动势 E、电压 U 的极性及代数值。

1.1.3　请参照【例 1-1-1】建立图 1-1-1 的电路模型框图。　　图 1-1-5 思考题 1.1.2 的图

1.2 组成直流电路元件的定义约束与联接约束

若电路中电压、电流的大小和方向不随时间而变化,这样的电路称为直流电路。组成直流电路的元件形式多样,若某个元件对外只有两个联接端钮,这样的元件称为二端元件。组成直流电路的二端元件主要有:电阻元件、电源元件。

1.2.1 电阻元件及其约束

电阻元件(简称电阻)是构成电路最基本的元件之一,主要具有对电流起阻碍作用的物理性质。电阻元件电路符号见表 1-1-1,文字符号为 R。

读者不要忘记,电路中的元件不加说明均为理想元件,应遵循特定的约束(理想化条件),可用相应的参数来描述。电阻元件最主要的物理性质与相应参数之间的关系约束如下:

$$R = U/I \tag{1-2-1}$$

上式用文字描述为：流过电阻的电流与电阻两端的电压成正比，这便是**欧姆定律**。

1.2.2 电源元件及其约束

如果一个二端元件对外能输出电压或电流，就把这个二端元件称为**电源**。电源元件是电路的基本部件之一，它负责给电路提供能量，是电路工作的源动力。

如果一个二端元件对外输出的端电压 U 能保持为一个恒定值，则该元件为直流电压源。电压源电路符号见表 1-1-1，用文字符号 E 表示其电动势，最主要的物理性质与相应参数之间的关系约束如下：

$$\left. \begin{array}{l} U = E \\ I = 任意（取决于负载） \end{array} \right\} \tag{1-2-2}$$

如果一个二端元件对外输出电流 I 能保持为一个恒定值，则该元件为直流电流源。电流源电路符号见表 1-1-1，用文字符号 I_S 表示其短路电流，最主要的物理性质与相应参数之间的关系约束如下：

$$\left. \begin{array}{l} I = I_S \\ U = 任意（由负载确定） \end{array} \right\} \tag{1-2-3}$$

【**例 1-2-1**】 请计算图 1-2-1 所示电路中开关 S 闭合与断开两种情况下的电压 U_{ab} 和 U_{cd}。

解法

(1) 开关 S 断开，电流 $I=0$，根据欧姆定律，1Ω、4Ω 上电压为 0，$U_{ab}=5\text{V}$，$U_{cd}=0\text{V}$。

(2) 开关 S 闭合，根据欧姆定律，有

$$I = \frac{U}{R} = \frac{5}{1+4} = 1\text{A}$$

得

$$U_{ab} = 0\text{V}, \quad U_{cd} = 4\text{V}$$

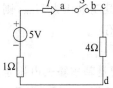

图 1-2-1 【例 1-2-1】的图

1.2.3 元件相互联接的回路约束

回路是一个闭合的电路。在如图 1-2-2 所示电路中，E_1、R_1、R_2、E_2 构成一个回路。

在任一时刻，某一点的电位是不会变化的，因此，从回路任一点出发，沿回路循行一周（回到原出发点），则在这个方向上的电位降之和等于电位升之和。

可把回路进一步分为许多段，在如图 1-2-2 所示电路中，E_1、R_1、R_2、E_2 构成一个回路，因而也可分为 E_1、R_1、R_2、E_2 4 个电压段。从 b 点出发，依照虚线所示方向循行一周，其电位升之和为 U_2+U_3，电位降之和为 U_1+U_4，即

$$U_1 + U_4 = U_2 + U_3$$

上式可改写为

$$U_1 + U_4 - U_2 - U_3 = 0$$

即

$$\sum U = 0 \quad (\text{假定电位降为正}) \tag{1-2-4}$$

可得出元件相互联接的回路约束关系如下：

在任一瞬时，沿任一回路循行方向（顺时针方向或逆时针方向），回路中各段电压的代数和恒等于零（基尔霍夫电压定律）。

基尔霍夫电压定律不仅可应用于回路，也可以推广应用于回路的部分电路。下面结合图 1-2-3 予以解释。

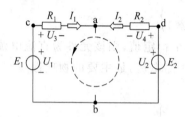

图 1-2-2　基尔霍夫电压定律

图 1-2-3　基尔霍夫电压定律的推广图

在如图 1-2-3 所示电路中，可想象 A、B 两点间存在一个如图所示方向的电动势，其端电压为 U_{AB}，则 U_A、U_B、U_{AB} 构成一个回路，对想象回路应用基尔霍夫电压定律，有

$$U_{AB} = U_A - U_B$$

这便是基尔霍夫电压定律的推广应用。

【例 1-2-2】　如图 1-2-4 所示电路，各支路元件任意，$U_{AB} = 5V$，$U_{BC} = -4V$，$U_{AD} = -3V$，请求：(1) U_{CD}；(2) U_{CA}。

解法

(1) 在如图 1-2-4 所示电路中，有一个回路，要求 U_{CD}、U_{CA}，可用基尔霍夫电压定律求解。

(2) 对回路 ABCD，依照基尔霍夫电压定律，有

$$U_{AB} + U_{BC} + U_{CD} - U_{AD} = 0$$
$$5 + (-4) + U_{CD} - (-3) = 0$$

图 1-2-4　【例 1-2-2】的图

得到

$$U_{CD} = -4V$$

(3) 对 ABCA，它不构成回路，依照基尔霍夫电压定律的推广应用，有

$$U_{AB} + U_{BC} + U_{CA} = 0$$
$$U_{CA} = -U_{AB} - U_{BC} = -5 - (-4) = -1V$$

1.2.4 元件相互联接的结点约束

电路中的每一分支称为**支路**,一条支路流过同一个电流,称为**支路电流**。每一条支路只有一个电流,这是判别支路的基本方法。在如图 1-2-5 所示的电路中,共有 3 个电流,因此有 3 条支路,分别由 ab、acb、adb 构成。其中,acb、adb 两条支路中含有电源元件,称为有源支路;ab 支路不含电源元件,称为无源支路。

电路中 3 条或 3 条以上的支路相联接的点称为**结点**。

根据结点的定义,如图 1-2-5 所示的电路中共有 2 个结点 a 和 b,结点 a 示意图如图 1-2-6 所示。

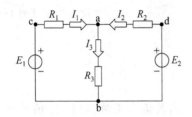

图 1-2-5 基尔霍夫电流定律

图 1-2-6 a 结点

对如图 1-2-6 所示结点,其流入该结点的电流之和应该等于由该结点流出的电流之和,即

$$I_3 = I_1 + I_2$$

将上式改写为如下形式:

$$I_1 + I_2 - I_3 = 0$$

$$\sum I = 0 (假定流入电流为正) \tag{1-2-5}$$

可得出元件相互联接的结点约束关系如下:

在任一瞬时,流向某一结点的电流之和应该等于由该结点流出的电流之和,即在任一瞬时,一个结点上电流的代数和恒等于零(基尔霍夫电流定律)。

基尔霍夫电流定律通常应用于结点,但也可以应用于包围部分电路的任一假设的闭合面。具体表述如下:在任一瞬时,通过任一闭合面的电流的代数和恒等于零,或者说在任一瞬时,流向某一闭合面的电流之和应该等于由闭合面流出的电流之和。

可结合图 1-2-7 所示电路理解基尔霍夫电流定律的推广应用。

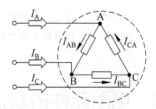

图 1-2-7 基尔霍夫电流定律的推广

在如图 1-2-7 所示电路中,闭合面包围的是一个三角形电路。从结点定义出发,它有 A、B、C 3 个结点,分别应用基尔霍夫电流定律如下:

$$I_A = I_{AB} - I_{CA}$$
$$I_B = I_{BC} - I_{AB}$$
$$I_C = I_{CA} - I_{BC}$$

将上面 3 式相加,得

$$I_A + I_B + I_C = 0 \quad (请注意,I_A、I_B、I_C 均为流入电流)$$

可见,任一瞬时,通过任一闭合面的电流的代数和恒等于零。

【例 1-2-3】 结点示意图如图 1-2-8 所示,$I_1 = 2A$、$I_2 = -3A$,请求 I_3。

解法

依照基尔霍夫电流定律,有

$$I_1 + I_2 + I_3 = 0$$
$$2 - 3 + I_3 = 0$$
$$I_3 = 1A$$

图 1-2-8 【例 1-2-3】的图

思考题

1.2.1 结点示意图如图 1-2-8 所示,已知 I_1、I_2 的数值为正值,请问 I_3 的数值为正还是为负?为何?

1.2.2 电路如图 1-2-9 所示,请判断它共存在多少个回路?有多少决定电路结构的回路?

1.2.3 如图 1-2-10 所示电路,$R_B = 20\text{k}\Omega$,$R_1 = 10\text{k}\Omega$,$E_B = 6\text{V}$,$U_{BS} = 6\text{V}$,$U_{BE} = -0.3\text{V}$,请求电流 I_B、I_2、I_1。

1.2.4 如图 1-2-10 所示电路,B、E 两端为一个 $2\text{k}\Omega$ 电阻 R_{BE},请问 U_{BE} 是否会发生变化。若变化,值为多少;若不变化,请说明原因。

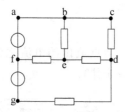

图 1-2-9 思考题 1.2.2 的图

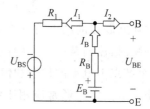

图 1-2-10 思考题 1.2.3 和 1.2.4 的图

1.3 电阻元件的联接方法及其特点

电阻元件联接方式主要有:串联联接、并联联接、三角形联接、星形联接、桥式联接等。

1.3.1 电阻元件的串联联接

如果电路中有两个或更多个电阻一个接一个地顺序相联,并且在这些电阻上通过同一电流,则这样的联接方法称为电阻串联。在如图1-3-1(a)所示电路中,R_1、R_2顺序相联,通过同一电流I,因此,R_1、R_2两个电阻串联。

串联是电阻元件联接的基本方式之一,也是其他类型电路元件联接的基本方式之一。两个电阻R_1、R_2串联可用一个电阻R来等效代替,这个等效电阻R的阻值为R_1+R_2。在如图1-3-1所示电路中,(a)图可用(b)图等效。

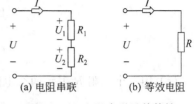

(a) 电阻串联　　(b) 等效电阻

图 1-3-1　电阻串联及其等效

可从以下几个方面理解电阻元件的串联联接。

1. 二端网络的概念

如图1-3-2所示模型,N_1、N_2由电路元件相联接组成,对外只有两个端钮,这个网络整体称为二端网络。理解二端网络是认识等效的基础。二端网络本质上是只具有两个外部接线端的电路块。因此,在如图1-3-3所示电路中,存在着6个二端网络,它们是电流源I_S、电阻R_0和电阻R_L及其两两组合。

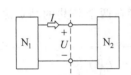
图 1-3-2　二端网络概念的图 1

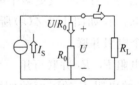
图 1-3-3　二端网络概念的图 2

2. 等效的本质

从二端网络的角度来看,两个二端网络等效是指对二端网络外部电路而言,它们具有相同的伏安关系。

对二端网络的外部电路而言,如果这两个二端网络的伏安关系相同,那么,它们对二端网络的外部电路的作用也就相同,也就是说,这两个二端网络等效。

3. 电阻串联的等效处理

在如图1-3-1(a)所示电路中,R_1、R_2通过同一电流I,对该电路应用基尔霍夫定律,则有

$$U = R_1 I + R_2 I = I(R_1 + R_2)$$

将支路R_1、R_2当作一个二端网络,引入一个只具有一个电阻R的支路,且$R=R_1+R_2$,则有

$$U = IR = I(R_1 + R_2)$$

可见,支路R_1、R_2与只具有一个电阻R的支路的伏安关系完全相同,两者等效。把支路电阻R称为串联电阻R_1、R_2的等效电阻,其等效电路如图1-3-1(b)所示。

下面不加证明地给出有关电阻串联的几点结论：

(1) 电阻串联的物理连接特征为电阻一个接一个地顺序相联。

(2) 两个电阻 R_1、R_2 串联可用一个电阻 R 来等效，其阻值为

$$R = R_1 + R_2 \qquad (1\text{-}3\text{-}1)$$

(3) 串联电阻上电压的分配与电阻的阻值成正比，电阻 R_1、R_2 上的电压分别为

$$U_{R_1} = \frac{R_1}{R_1+R_2} \cdot U \qquad (1\text{-}3\text{-}2)$$

$$U_{R_2} = \frac{R_2}{R_1+R_2} \cdot U \qquad (1\text{-}3\text{-}3)$$

(4) 用一个电阻 R 表示两个电阻 R_1、R_2 串联的电路特征为电压相加，电流相同，即

$$U_R = U_{R_1} + U_{R_2}$$

电阻串联的应用很多。例如在负载额定电压低于电源电压的情况下，可根据需要与负载串联一个电阻以分压。又如为了限制负载中通过过大电流，可根据需要与负载串联一个限流电阻。

1.3.2 电阻元件的并联联接

如果电路中有两个或更多个电阻联接在两个公共的结点之间，则这样的联接方法称为电阻并联。在如图 1-3-4(a)所示电路中，R_1、R_2 联接在两个公共的结点之间，因此，R_1、R_2 两个电阻并联。

两个电阻 R_1、R_2 并联可用一个电阻 R 来等效代替，这个等效电阻 R 的阻值的倒数为 $1/R_1 + 1/R_2$。在如图 1-3-4 所示电路中，(a)图可用(b)图等效，R 的阻值的倒数为 $1/R_1 + 1/R_2$。

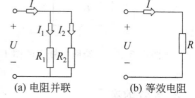

图 1-3-4　电阻并联及其等效

下面不加证明地给出有关电阻并联的几点结论：

(1) 电阻并联的物理连接特征为两个或更多个电阻联接在两个公共的结点之间。

(2) 两个电阻 R_1、R_2 并联可用一个电阻 R 来等效，二者之间关系如下：

$$\frac{1}{R} = \frac{1}{R_1} + \frac{1}{R_2} \qquad (1\text{-}3\text{-}4)$$

(3) 并联电阻上电流的分配与电阻的阻值成反比，电阻 R_1、R_2 上的电流分别为

$$I_{R_1} = \frac{R_2}{R_1+R_2} \cdot I, \quad I_{R_2} = \frac{R_1}{R_1+R_2} \cdot I \qquad (1\text{-}3\text{-}5)$$

则

$$\frac{I_{R_1}}{I_{R_2}} = \frac{R_2}{R_1} \qquad (1\text{-}3\text{-}6)$$

(4) 用一个电阻 R 表示两个电阻 R_1、R_2 并联的电路特征为电压相同，电流相加，即

$$I_R = I_{R_1} + I_{R_2}$$

一般负载都是并联使用的。各个不同的负载并联时,它们处于同一电压下,由于负载电阻一般都远大于电压源内阻,因此,任何一个负载的工作情况基本不受其他负载的影响。

1.3.3 通过合并串并联电阻简化电路

【例 1-3-1】 如图 1-3-5(a)所示电路,已知 $R_1=4\Omega$, $R_2=R_3=8\Omega$, $U=4$V。请求 I、I_1、I_2、I_3。

解法

(1) 在如图 1-3-5(a)所示电路中,R_1、R_2、R_3 并联,可用电阻 R_{23} 等效替换 R_2、R_3(这种变换对电阻 R_1 而言是等效的,对 R_2、R_3 而言是不等效的)。由式(1-3-4),$R_{23}=4\Omega$, $I_{23}=I_2+I_3$。等效替换以后,具体电路如图 1-3-5(b)所示。

(2) 在如图 1-3-5(b)所示电路中,R_1、R_{23} 并联,可用电阻 R 等效替换 R_1、R_{23}。由式(1-3-4),$R=2\Omega$, $I=I_{23}+I_1=2$A,等效替换以后,具体电路如图 1-3-5(c)所示。

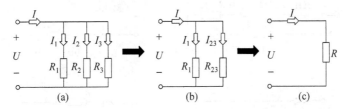

图 1-3-5 【例 1-3-1】的图

(3) 可求得
$$I = U/R = 2\text{A}$$

由式(1-3-5),
$$I_{23} = R_1/(R_1+R_{23})I = 1\text{A}$$
$$I_1 = R_{23}/(R_1+R_{23})I = 1\text{A}$$

同理,
$$I_2 = R_3/(R_2+R_3)I_{23} = 0.5\text{A}$$
$$I_3 = R_2/(R_2+R_3)I_{23} = 0.5\text{A}$$

【例 1-3-2】 电路如图 1-3-6(a)所示,已知 $R_1=4\Omega$、$R_2=R_3=2\Omega$、$R_4=R_5=8\Omega$、$U=6$V,请求 I、U_1。

解法

(1) 在如图 1-3-6(a)所示电路中,R_2、R_3 串联,可用电阻 R_{23} 等效替换 R_2、R_3。由式(1-3-1),可知 $R_{23}=4\Omega$。又因为 R_4、R_5 并联,可用电阻 R_{45} 等效替换 R_4、R_5。由式(1-3-4),可知 $R_{45}=4\Omega$。等效替换以后,具体电路如图 1-3-6(b)所示。

(2) 在如图 1-3-6(b)所示电路中,R_{23}、R_{45} 并联,可用电阻 R_{2345} 等效替换 R_{23}、R_{45}。由式(1-3-4),可知 $R_{2345}=2\Omega$。等效替换以后,具体电路如图 1-3-6(c)所示。

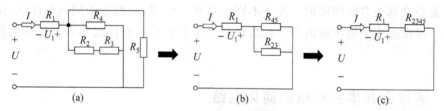

图 1-3-6 【例 1-3-2】的图

(3) 在如图 1-3-6(c)所示电路中,R_1、R_{2345} 串联,可求得

$$I = U/(R_1 + R_{2345}) = 6/(4+2) = 1\text{A}$$
$$U_1 = -R_1/(R_1 + R_{2345}) \cdot U = [-4/(4+2)] \times 6 = -4\text{V}$$

【例 1-3-3】 电路如图 1-3-7(a)所示,请求 I、I_7。

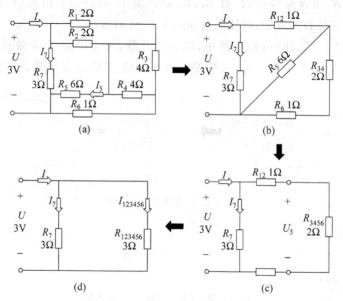

图 1-3-7 【例 1-3-3】的图

解法

(1) 在如图 1-3-7(a)所示电路中,R_1、R_2 并联,可用电阻 R_{12} 等效替换 R_1、R_2。由式(1-3-4),可知 $R_{12}=1\Omega$。又因为 R_3、R_4 并联,可用电阻 R_{34} 等效替换 R_3、R_4。由式(1-3-4),可知 $R_{34}=2\Omega$。等效替换以后,具体电路如图 1-3-7(b)所示。

(2) 在如图 1-3-7(b)所示电路中,R_{34}、R_6 串联,可用电阻 R_{346} 等效替换 R_{34}、R_6。由式(1-3-1),可知 $R_{346}=3\Omega$。又因为 R_{346}、R_5 并联,可用电阻 R_{3456} 等效替换 R_{346}、R_5。由式(1-3-4),可知 $R_{3456}=2\Omega$。等效替换以后,具体电路如图 1-3-7(c)所示。

(3) 在如图 1-3-7(c)所示电路中,R_{12}、R_{3456} 串联,可用电阻 R_{123456} 等效替换 R_{12}、R_{3456}。由式(1-3-1),可知 $R_{123456}=3\Omega$。等效替换以后,具体电路如图 1-3-7(d)所示。

(4) 在如图 1-3-7(d)所示电路中,分别对 R_{123456}、R_7 应用欧姆定律,有

$$I_7 = U/R_7 = 3/3 = 1\text{A}$$
$$I_{123456} = U/R_{123456} = 3/3 = 1\text{A}, \quad I = I_{123456} + I_7 = 2\text{A}$$

【例 1-3-4】 电路如图 1-3-7(a)所示,请求 R_5 上的电流 I_5。

解法

可根据【例 1-3-3】的计算结果直接求解。

由如图 1-3-7(b)所示电路及电阻串并联性质,可知

$$U_5 = U_{3456}$$

又因为 $I_{123456} = 1\text{A}$,所以有 $U_5 = U_{3456} = 2\text{V}$,因此

$$I_5 = \frac{U_5}{R_5} = \frac{2}{6} = \frac{1}{3}\text{A}$$

1.3.4 电阻元件的其他联接形式

在实际电路中,电阻元件除采用串联、并联联接方式以外,还存在许多既非串联,又非并联的联接方式。在如图 1-3-8 所示电路中,R_a、R_b、R_{ab} 3 个电阻首尾联接,构成一个闭合的三角形状,称这种联接方式为三角形(△形)联接。类似地,R_{ca}、R_{bc}、R_{ab} 也构成三角形(△形)联接。

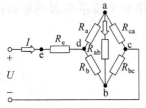

图 1-3-8 三角形、星形联接实例

在如图 1-3-8 所示电路中,R_a、R_b、R_e 3 个电阻一端联接在一起,称这种联接方式为星形(Y 形)联接。R_a、R_b、R_{bc}、R_{ca} 4 个电阻首尾联接,中间用 R_{ab} 像桥一样相互联接,这种联接方式称为桥式联接。三角形、星形、桥式联接为实际电路元件的常见联接方式。

思考题

1.3.1 如图 1-3-9 所示电路,请求电流 I。

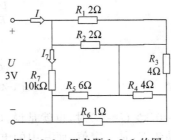

图 1-3-9 思考题 1.3.1 的图

1.3.2 两个并联电阻可用一个电阻 R 来等效,等效电阻与并联电阻之间的关系为 $\frac{1}{R} = \frac{1}{R_1} + \frac{1}{R_2}$;$n$ 个并联电阻可用一个电阻 R 来等效,等效关系为 $\frac{1}{R} = \frac{1}{R_1} + \frac{1}{R_2} + \cdots + \frac{1}{R_n}$,这种说法是否正确?请说明理由。

1.3.3 电路如图 1-3-8 所示，$R_a=R_{bc}=4\Omega$，$R_{ca}=8\Omega$，电阻 R_{ab} 上流过的电流为 0，请求 R_b 的值。

1.4 电源元件及其应用

本章 1.2.2 小节介绍的电源是理想的电源，实际上并不存在。当然，一个实际电源可用理想元件组成的模型来表示，用电压形式来表示的模型为**电压源模型**；用电流形式来表示的模型为**电流源模型**。

1.4.1 实际电源的电压源模型

一个实际电源的电压源模型是用电动势 E 和内阻 R_0 串联来表示电源的电路模型（如图 1-4-1 所示），是使用非常广泛的一种电源模型。

求解如图 1-4-1 所示电路，有（假定开关处于闭合状态）

$$I = \frac{E}{R_0 + R_L} \tag{1-4-1}$$

$$U = R_L I$$

由此可得到实际电源电压源模型的数学描述如下：

$$U = E - R_0 I \tag{1-4-2}$$

式(1-4-2)用图形表示如图 1-4-2 所示，称为电源外特性曲线，表明了电源驱动外部负载的能力。由图可见，实际电源端电压小于电源电动势，其下降斜率与电源内阻有关。当实际电源内阻远小于电路负载时，电源端电压近似为电源电动势，但当负载电阻与电源内阻可以比拟时，电源端电压随负载电流波动较大。

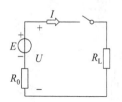
图 1-4-1 电压源模型

图 1-4-2 电源外特性曲线

由式(1-4-2)可知，当 $R_0=0(\Rightarrow U=E)$ 时，也就是说，电压源的内阻等于零时，电压源端电压 U 恒等于电压源电动势 E，是一定值，而其中的电流 I 由负载电阻 R_L 确定，这便是理想电压源。

表征电源的外部特性常用功率，将式(1-4-2)各项乘以 I，则得到功率平衡式：

$$UI = EI - R_0 \times I^2 \tag{1-4-3}$$

用功率表示为

$$P = P_E - \Delta P \tag{1-4-4}$$

式中，$P=UI$，为电源输出功率；$P_E=EI$，为电源产生功率；$\Delta P=R_0 I^2$，为电源内阻消耗功率。

式(1-4-4)表明，在一个电路中，电源产生的功率等于负载取用的功率与电源内阻消耗的功率的和,称之为功率平衡。

1.4.2 实际电源的电流源模型

如图 1-4-3 所示电路是用电流表示的实际电源的电路模型,为 I_S 和 U/R_0 两条支路的并联。I_S 为电源的短路电流,U/R_0 为用电流来表示的电源而引入的另一个电流。

在如图 1-4-3 所示电路中对上部结点应用基尔霍夫电流定律,有

$$I_S = \frac{U}{R_0} + I \tag{1-4-5}$$

式(1-4-5)是电流源的数学描述,通过它可进一步分析并总结出电流源的基本特征。为更为直观地观察电流源特性,将式(1-4-5)用图形表示如图 1-4-4 所示,它表明了电流源驱动外部负载的能力。

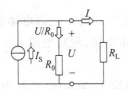

图 1-4-3 电流源模型

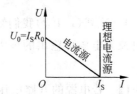

图 1-4-4 电流源外特性曲线

由图 1-4-4 可见,当电流源开路时,$I=0$,$U=U_0=I_S R_0$;当电流源短路时,$I=I_S$,$U=0$。其斜率与内阻 R_0 有关,电源内阻 R_0 愈大,直线愈陡。

在式(1-4-5)中,令 $R_0=\infty$(相当于并联支路 R_0 断开),则 $I=I_S$,也就是说,负载电流 I 固定等于电源短路电流 I_S,而其两端的电压 U 是任意的,仅由负载电阻及电源短路电流 I_S 确定,这便是理想电流源或恒流源。

1.4.3 开路与短路

开路与短路是电源使用中最基本的两个概念。电源开路是指电源开关断开、电源的端电压等于电源电动势、电路电流为零、电源输出功率为零的电路状态。

电源开路用表达式表示为

$$\left.\begin{array}{l} I = 0 \\ U = U_0 = E \\ P = 0 \end{array}\right\} \tag{1-4-6}$$

电源开路示意图如图 1-4-5 所示。电源开路时电路电流为零,电源输出功率为零,电子设备没有启动,电路显然不能工作。因此,开启电路电源是电路开始工作的第一步。

电源短路是指电源两端由于某种原因而直接被导线联接的电路状态。电源短路时电路的负载电阻为零、电源的端电压为零,电源内部将流过很大的短路电流。电源短路示意图如图 1-4-6 所示。

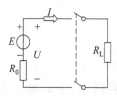
图 1-4-5 电源开路

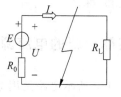
图 1-4-6 电源短路

电源短路用表达式表示为

$$\left.\begin{array}{l} I = I_\mathrm{S} = E/R_0 \\ U = 0 \\ P = 0, \quad P_\mathrm{E} = \Delta P = R_0 I^2 \end{array}\right\} \quad (1\text{-}4\text{-}7)$$

电源短路是一种非常危险的电路状态,巨大的短路电流将烧坏电源,甚至引起火灾等事故。

由式(1-4-6)、式(1-4-7)我们知道:电源开路时,开路电压等于电源电动势;电源短路时,短路电流为电源可输出的最大电流。因此,电源开路电压、短路电流是实际电源的基本参数之一。

【例 1-4-1】 若电源的开路电压 U_0 为 12V,其短路电流 I_S 为 30A,请问电源的电动势 E 和内阻 R_0 各为多少?

解法

电源开路时,开路电压等于电源电动势,所以 $E = U_0 = 12\mathrm{V}$,短路电流 $I_\mathrm{S} = E/R_0$,所以 $R_0 = E/I_\mathrm{S} = 12/30 = 0.4\Omega$。

1.4.4 额定值与实际值

理想电压源允许流过任意大小的电流,这意味着它可以提供无穷大的功率,而任何一个实际电源均不可能提供无穷大的功率,因此,理想的电压源是不存在的。可类似分析出理想电流源也是不存在的。

当一个实际电压源内阻远远小于负载电阻时,可以把这个实际电压源当成理想的电压源。一般情况下,实际电压源的内阻都远远小于负载电阻,因此,在绝大多数场合下,负载两端的电压基本保持不变。随着负载数目的增加,负载所取用的总电流和总功率也在增加,也就是说,电源输出的功率和电流决定于负载的大小。

既然电源输出功率可大可小,那么是否存在一个最合适的数值呢?对负载而言,它是否也存在着一个最合适的电压、电流和功率呢?为回答这些问题,下面介绍额定值的概念。

额定值是制作厂为了使产品能在给定的工作条件下正常运行而对电压、电流、功率及其他正常运行必须保证的参数规定的正常允许值。

额定值是电子设备的重要参数。电子设备在使用时必须遵循电子设备使用时的额定电压、电流、功率及其他正常运行必须保证的参数,这是电子设备的基本使用规则。例如有一个电压额定值为 220V/60W 的灯泡,如果将它直接用于 380V 的电源上,那么灯泡的灯丝将通过比它额定值大得多的电流,由于灯丝所使用的材料不能承受如此大的电流,灯丝将迅速被烧断。若将它用于 110V 的电源上,灯泡的灯丝将通过比它额定值小得多的电流,当然灯丝不会存在着安全问题,但灯丝消耗的功率明显减少以后,其照明效果就会明显降低,甚至达不到照明的目的。

当然,实际电子设备受实际线路、其他负载等各种实际因素的影响,电压、电流、功率等实际值不一定等于其额定值,但为了保证设备的正常运行及使用效率,它们的实际值必须与其额定值相差不多且一般不可超过其额定值。

【例 1-4-2】 有一个额定值为 5W、500Ω 的线绕电阻,请问其额定电流为多少?使用时电压不得超过多少?

解法

(1) 功率的计算公式为 $P=U\times I$,结合欧姆定律,$P=R\times I^2$,所以,额定电流 $I=\sqrt{\dfrac{P}{R}}=\sqrt{\dfrac{5}{500}}=0.1\text{A}$。

(2) 额定电压 $U=RI=500\times 0.1=50\text{V}$。

所以,该线绕电阻的额定电流为 0.1A,使用时电压不得超过 50V。

1.4.5 电源元件相互联接的特点

在实际应用中,有时经常使用多个电源给电子设备供电,如手电筒使用的多节干电池便属于此类应用。因此,像电阻元件一样,电源元件也存在联接问题。

两个电压源 E_1、E_2 的串联联接模型如图 1-4-7(a)所示。对如图 1-4-7(a)所示电路应用基尔霍夫电压定律有

$$E_2+E_1=IR_2+IR_1+IR_L=I(R_2+R_1)+IR_L$$

所以

$$I=(E_2+E_1)/(R_2+R_1+R_L)$$
$$U=E_2+E_1-I(R_2+R_1)$$

引入一个等效电压源 E,其电动势 E 为 E_2+E_1,内阻 R_0 为 R_2+R_1,用它取代电压源 E_2、E_1,其电路如图 1-4-7(b)所示。分析图 1-4-7 所示电路可知,(b)图与(a)图具有相同的伏安特性,即对电阻 R_L 而言,电压源 E 与电压源 E_2、E_1 的串联联接等效。由此,可得出电压源串联联接的结论:对负载而言,多个电压源串联可用一个电压源等效,其电动势为多个电压源电动势的代数和,内阻为多个电压源各自内阻的和。可通过串接电压源提高负载的工作电压。

两个电压源 E_1、E_2 的并联联接的模型如图 1-4-8 所示。若 $E_1>E_2$,负载端电压为 U,一般情况下,$R_L\gg R_2$,$R_L\gg R_1$,求解电路,有(**详细求解过程见 1.6 节的介绍**)

$$I_2=(E_1-E_2)/(R_1+R_2)$$

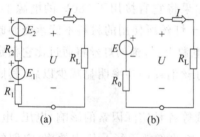

图 1-4-7 电压源的联接

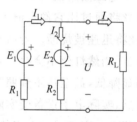

图 1-4-8 电压源的并联

由于电压源内阻一般均很小,所以,两个具有不同电动势的电压源并联,高电动势的电压源将产生很大的输出电流,低电动势的电压源将流入很大的电流。一般情况下,流入的电流将超过电源本身的承受能力,从而毁坏电源。因此,一般情况下,不同电压源不能相互并联,但当两个电压源的电动势、内阻相同时,可以相互并联以提高负载能力。

下面直接给出电流源相互并联联接的特点:对负载而言,多个电流源并联可用一个电流源等效,其短路电流为多个电流源短路电流的代数和、内阻为多个电流源内阻的并联电阻。可通过并联电流源提高负载的工作电压。一般情况下,不同电流源不能相互串联。

*1.4.6 实际电源两种模型的转换及其应用

电压源、电流源是实际电源的两种不同表示模型,电流源的模型可直接从电压源模型中导出。

电压源的数学模型为

$$U = E - R_0 I$$

公式两边除以 R_0,有

$$U/R_0 = E/R_0 - I$$
$$E/R_0 = U/R_0 + I \tag{1-4-8}$$

引入电源的短路电流 I_S,显然,$I_S = E/R_0$,则式(1-4-10)变为

$$I_S = \frac{U}{R_0} + I$$

这便是电流源的数学模型。式中,I_S 为电源的短路电流;R_0 为电源内阻;I 为负载电流。

换而言之,对负载电阻 R_L 而言,无论是用电压源表示的电源,还是用电流源表示的电源,其负载特性是相同的。因此,对负载电阻 R_L 而言,实际电源的电压源与电流源模型,相互间是等效的,可以进行等效变换。必须指出的是,电压源与电流源的相互转换对外部负载 R_L 是等效的,但对电源内部是不等效的。

电压源模型向电流源模型转换时,各转换参数如下:

R_0(**在实际应用中,可包括其他电阻**)不变,电源的短路电流 I_S 为

$$I_S = \frac{E}{R_0} \tag{1-4-9}$$

电流源模型向电压源模型转换时，各转换参数如下：

R_0（**在实际应用中，可包括其他电阻**）不变，电源的电动势 E 为

$$E = I_S \times R_0 \tag{1-4-10}$$

由式(1-4-9)、式(1-4-10)不难发现：理想电压源与理想电流源是不能相互转换的。

【**例 1-4-3**】 请计算如图 1-4-9 所示电路中，2Ω 电阻上的电流 I。

解法

(1) 在图示电路中，有一个电压源、两个电流源，但不存在直接电源串并联关系。可适当地利用电压源、电流源的等效变换改变电路结构，从而产生直接电源串并联关系。可将左边 2V 电压源等效变换为电流源（**注意变换以后电流源的短路电流方向**），由式(1-4-9)可得等效变换以后的电路及参数如图 1-4-10 所示。

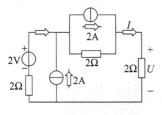
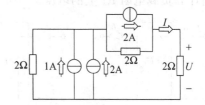

图 1-4-9　【例 1-4-3】的图 1　　　　图 1-4-10　【例 1-4-3】的图 2

(2) 在如图 1-4-10 所示电路中，1A 电流源与 2A 电流源并联，可用一个电流源等效取代（电流相加、内阻并联），电路如图 1-4-11 所示。

(3) 在如图 1-4-11 所示电路中，有两个电流源。可将它们分别等效变换为电压源（**注意变换以后电压源的电动势方向**），由式(1-4-10)可得等效变换以后的电路及参数如图 1-4-12 所示。

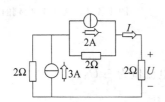
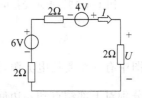

图 1-4-11　【例 1-4-3】的图 3　　　　图 1-4-12　【例 1-4-3】的图 4

(4) 求解如图 1-4-12 所示电路，有

$$I \times (2+2+2) = 6+4$$

所以

$$I = \frac{5}{3} \text{A}$$

*1.4.7　受控电源

上面讨论的电压源（或电流源）的输出电压（或电流）不受外部电路控制，称为独立电

源。此外，在电子电路中，还将会遇到另外一种电源，即电压源的输出电压(或电流源的输出电流)受电路中其他部分的控制，这种电源称为受控电源。当控制的电压或电流消失以后，受控电源的输出也就变为零。

受控电源可分为控制端(输入端)和受控端(输出端)两个部分。如果控制端不消耗功率，受控端满足理想电压源(或电流源)特性，这样的受控电源称为理想受控电源。

根据控制特点及电源特点，理想受控电源可分为电压控制电压源(VCVS)、电流控制电压源(CCVS)、电压控制电流源(VCCS)、电流控制电流源(CCCS)。在电路中，受控电源模型用菱形表示，以区别独立电源的圆形符号。上述 4 种类型的受控电源模型如图 1-4-13 所示。

可结合一个简单例子来了解受控电源电路分析的特点。

【例 1-4-4】 电路如图 1-4-14 所示，图中，$E_1 = 10\text{V}$，$R_1 = R_2 = 2\Omega$，负载电阻 $R_3 = 4\Omega$，请计算负载电阻 R_3 上的电压。

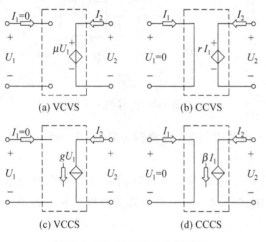

图 1-4-13 理想受控电源模型

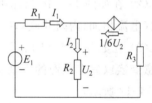

图 1-4-14 【例 1-4-4】的图

解法

(1) 图中有一个受控电流源，控制端为 U_2，输出电流值为 $\dfrac{1}{6}U_2$。

(2) 分别对上部结点和左边回路应用基尔霍夫定律，有

$$\left. \begin{array}{l} I_1 + \dfrac{1}{6}U_2 = I_2 \\ I_1 R_1 + I_2 R_2 = E_1 \\ U_2 = I_2 R_2 \end{array} \right\}$$

(3) 求解方程组可得

$$U_2 = 6\text{V}$$

所以，负载电阻 R_3 上的电压为

$$U = \dfrac{1}{6} \times 6 \times 4 = 4\text{V}$$

通过上面的例子我们看到，受控电源具有普通电源器件的特点，可对它用基尔霍夫

定律列出方程,求解电路各参数。它与独立电源的区别在于,受控电源与其控制电参数必须同时出现,因此,在对电路做处理或等效变换时必须保留其控制电参数。

思考题

1.4.1 一般情况下,两个实际的电压源是不能直接并联联接的,请说出在哪种特殊情况下两个实际的电压源可以直接并联联接。

1.4.2 一个电热器从 220V 的电源取用的功率为 1000W,若将它接到 110V 的电源上,则取用的功率为多少(假定电源内阻很小)?

1.4.3 额定值为 0.5W、50Ω 的电阻,在使用时电流和电压不能超过多少?

1.4.4 额定功率为 3000W 的发电机,只接了一个 1000W 的电炉,请问还有 2000W 到哪里去了?

1.4.5 电动势为 1.5V,内阻为 0.05Ω 的 6 个电池串联,接 49.7Ω 的负载,求负载上的电流。

1.4.6 在如图 1-4-15 所示电路中,假定电路各参数如下:$R_1=R_2=4\Omega$,$E_1=6V$,$E_2=4V$,$R_3=2\Omega$,在求解 R_3 上的电流时,可否将电压源 E_1、E_2 分别变换为电流源后,通过合并并联电流源,从而求解出最终结果? 为什么?

1.4.7 在如图 1-4-16 所示电路中,假定电路各参数如下:$E_1=6V$,$E_2=4V$,$R_1=R_2=4\Omega$,$R_3=2\Omega$,在求解 R_3 上的电流时,可否将电压源 E_1、E_2 分别变换为电流源以后,通过合并并联电流源,从而求解出最终结果? 若可以,结果是什么?

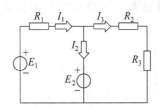
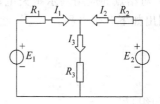

图 1-4-15　思考题 1.4.6 的图　　　　图 1-4-16　思考题 1.4.7 的图

1.5　电路分析基本方法——支路电流法与结点电压法

在电路分析中,对于复杂电路,通过合并串并联电阻、电源等效变换等手段,依旧不能有效简化电路,因此,必须寻求其他求解电路的方法。

下面介绍一种以支路电流作为电路的变量,在给定电路结构、参数的条件下,应用基尔霍夫电流定律和电压定律分别对结点和回路建立求解电路所需要的方程组,通过求解方程组求出各支路电流并最终求出电路其他参数的分析方法。这种方法便是支路电流法。

1.5.1 支路电流法

可结合如图 1-5-1 所示电路来理解利用支路电流法求解电路的方法。在图示电路中,已知电压源电动势、各个电阻的阻值,要求电路的其他参数。

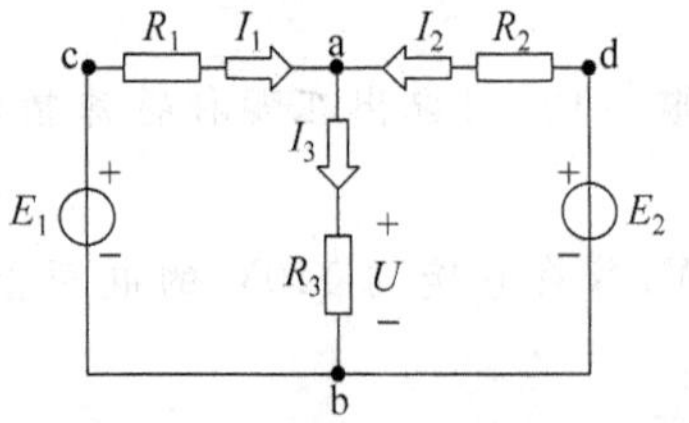

如图 1-5-1 所示电路中有 3 条支路,如果求出了 3 条支路的电流,那么,其他电路参数也就容易求出。

如图 1-5-1 所示电路中具有 2 个结点 a、b,应用基尔霍夫电流定律可列出两个方程。另外,图示电路中具有 3 个回路(abc、abd、cadb),应用基尔霍夫电压定律可列出 3 个方程。方程组中只有 3 个未知变量,可知上面的 5 个方程中有 2 个方程是不独立的。

图 1-5-1 支路电流法求解电路

选择独立方程的原则如下:对 n 个结点、m 条支路的电路,可列出 $n-1$ 个独立的结点电流方程和 $m-n+1$ 个独立的回路电压方程。

在如图 1-5-1 所示电路中,可列出 1 个独立的结点电流方程和 2 个独立的回路电压方程,最终求出各支路电流。

【例 1-5-1】 在如图 1-5-1 所示电路中,$E_1=130\text{V}$,$E_2=80\text{V}$,$R_1=20\Omega$,$R_2=5\Omega$,$R_3=5\Omega$,请求各支路电流。

解法

(1) 在电路图上选定好未知支路电流 I_1、I_2、I_3 及其参考方向如图所示。图示电路中共有 3 个支路和 2 个结点。

(2) 对结点 a 应用基尔霍夫电流定律,对 abc、abd 这两个回路应用基尔霍夫电压定律,可列出如下 3 个方程:

$$\left.\begin{array}{r}130 = 20I_1 + 5I_3 \\ 80 = 5I_2 + 5I_3 \\ I_1 + I_2 = I_3\end{array}\right\}$$

求解方程组,得

$$I_1 = 4\text{A}, \quad I_2 = 6\text{A}, \quad I_3 = 10\text{A}$$

1.5.2 结点电压法

支路电流法是求解电路的基本方法,但随着支路、结点数目的增多,求解极为复杂。

下面介绍一种通过计算结点间的电压来求解电路及其他参数的方法——结点电压法。以两个结点、多个支路的复杂电路的求解为例介绍结点电压法。这种方法特别适合于结点较少、支路较多的电路。

两个结点、多个支路的复杂电路如图 1-5-2 所示。图中,只有两个结点 a、b。结点间的电压为

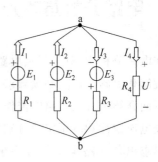

图 1-5-2 具有两个结点的复杂电路

U，对各支路应用基尔霍夫电压定律，有

$$\left.\begin{array}{ll} U = E_1 - R_1 I_1, & I_1 = \dfrac{E_1 - U}{R_1} \\ U = E_2 - R_2 I_2, & I_2 = \dfrac{E_2 - U}{R_2} \\ U = -E_3 + R_3 I_3, & I_3 = \dfrac{E_3 + U}{R_3} \\ U = R_4 I_4, & I_4 = \dfrac{U}{R_4} \end{array}\right\} \quad (1\text{-}5\text{-}1)$$

对结点 a 应用基尔霍夫电流定律，有

$$I_1 + I_2 - I_3 - I_4 = 0$$

将式(1-5-1)代入上式，经整理，可解得如图 1-5-2 所示 2 个结点、4 个支路的电路结点电压如下：

$$U = \frac{\dfrac{E_1}{R_1} + \dfrac{E_2}{R_2} + \dfrac{-E_3}{R_3}}{\dfrac{1}{R_1} + \dfrac{1}{R_2} + \dfrac{1}{R_3} + \dfrac{1}{R_4}} = \frac{\sum \dfrac{E}{R}}{\sum \dfrac{1}{R}} \quad (1\text{-}5\text{-}2)$$

式(1-5-2)是求解两个结点、多个支路的复杂电路的通用公式。利用式(1-5-2)求解电路的步骤如下：

(1) 在电路图上标出结点电压、各支路电流的参考方向。
(2) 根据式(1-5-2)求出结点电压。

注意：

- 在用式(1-5-2)求结点电压时，电动势的方向与结点电压的参考方向相同时取正值，反之，取负值，最终结果与支路电流的参考方向无关。
- 若电路图中的结点数目多于两个，则式(1-5-2)不可直接使用，可列出联立方程或变换为两个结点求解。

(3) 对各支路应用基尔霍夫电压定律，可求出各支路电流。
(4) 求解电路的其他待求物理量。

【例 1-5-2】 在如图 1-5-1 所示电路中，$E_1 = 130\text{V}$，$E_2 = 80\text{V}$，$R_1 = 20\Omega$，$R_2 = 5\Omega$，$R_3 = 5\Omega$，求支路电流 I_3。

解法

选定结点间电压参考方向为 U 方向，根据式(1-5-2)，有

$$U = \frac{\dfrac{E_1}{R_1} + \dfrac{E_2}{R_2}}{\dfrac{1}{R_1} + \dfrac{1}{R_2} + \dfrac{1}{R_3}} = \frac{\dfrac{130}{20} + \dfrac{80}{5}}{\dfrac{1}{20} + \dfrac{1}{5} + \dfrac{1}{5}} = 50\text{V}$$

$$I_3 = \frac{50}{5} = 10\text{A}$$

【例 1-5-3】 在如图 1-5-3 所示电路中，$E_1 = 100\text{V}$，$E_2 = 80\text{V}$，$E_3 = 40\text{V}$，$R_1 = 40\Omega$，$R_2 = 40\Omega$，$R_3 = 20\Omega$，$R_4 = 10\Omega$，请求支路电流 I_4。

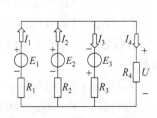

图 1-5-3 【例 1-5-3】的图

解法

选定结点间电压参考方向为 U 方向，根据式(1-5-2)，有

$$U = \frac{\frac{E_1}{R_1} + \frac{E_2}{R_2} + \frac{-E_3}{R_3}}{\frac{1}{R_1} + \frac{1}{R_2} + \frac{1}{R_3} + \frac{1}{R_4}} = \frac{\frac{100}{40} + \frac{80}{40} + \frac{-40}{20}}{\frac{1}{40} + \frac{1}{40} + \frac{1}{20} + \frac{1}{10}} = 12.5\text{V}$$

$$I_4 = \frac{12.5}{10} = 1.25\text{A}$$

1.5.3 电位的引入

电路中某一点的电位是指该点与电路参考电位点（一般情况下，假定电路参考电位点的电位为零）间的电压值，用符号 V 表示，可结合如图 1-5-4 所示电路来理解电位的概念。

一般情况下，电压指两点间的电压。两点间的电压是指两点间的电位差，某点的电位是指该点与电路参考电位点间的电压值，它们是两个不同的概念。在如图 1-5-4 所示电路中，应用欧姆定律，可以轻松算出各点电压值如下：

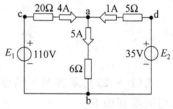

图 1-5-4 电位的计算图 1

$$U_{ab} = 5 \times 6 = 30\text{V}$$
$$U_{ca} = 20 \times 4 = 80\text{V}$$
$$U_{da} = 1 \times 5 = 5\text{V}$$
$$U_{cb} = 110\text{V}$$
$$U_{db} = 35\text{V}$$

上述参数为前面介绍的两点间的电压值，并非该点的电位。在如图 1-5-4 所示电路中，由于没有选择参考电位点，因此，各点电位无法计算。

计算电位时，必须先选定电路中某一点作为参考电位点，该点的电位称为参考电位。通常设参考电位为零，其他各点电位均为与其比较的结果。

首先假定 b 点为参考电位点（零电位），$V_b = 0\text{V}$。电路图如图 1-5-5 所示，各点电位计算如下。

a 点电位：$V_a = U_{ab} = 30\text{V}$；

c 点电位：$V_c = U_{cb} = 110\text{V}$；

d 点电位：$V_d = U_{db} = 35\text{V}$。

若假定 a 点为参考电位点（零电位），$V_a = 0\text{V}$。电路图如图 1-5-6 所示，各点电位计算如下。

b 点电位：$V_b = U_{ba} = -30\text{V}$；

c 点电位：$V_c = U_{ca} = 80\text{V}$；

d 点电位：$V_d = U_{da} = 5\text{V}$。

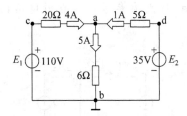
图 1-5-5 电位的计算图 2

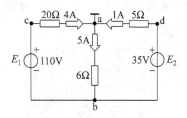
图 1-5-6 电位的计算图 3

计算出各点电位以后，可通过电位来计算电路中的电压值。

如在如图 1-5-5 所示电路中计算 U_{ca}，有

$$U_{ca} = V_c - V_a = 110 - 30 = 80\text{V}$$

计算结果与直接应用欧姆定律计算的结果一致，经过上面的分析，我们可得出关于电位的两点结论：

(1) 电路中某一点的电位是指该点与电路参考电位点(电位为零)间的电压值；
(2) 参考点不同，电路中各点电位随着改变，但任意两点间的电压是不会变化的。

在电路分析中，利用电位的概念，在具体画电路图时，可以不画电源，而在各端标以该点的电位。

在如图 1-5-5 所示电路中，其参考电位点为 b 点，不画出电源 E_1、E_2，而直接将其用 c 点、d 点的电位表示，图 1-5-5 所示电路可简化为图 1-5-7 所示电路。类似地，图 1-5-6 所示电路可简化为图 1-5-8 所示电路。

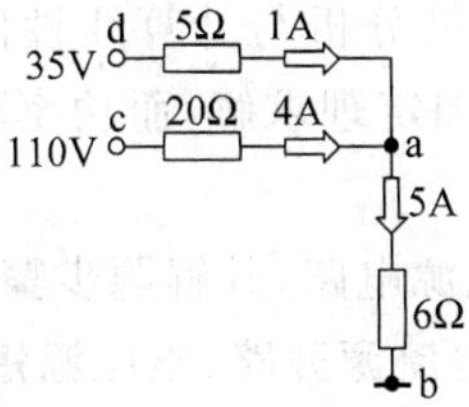

图 1-5-7 图 1-5-5 的简化画法

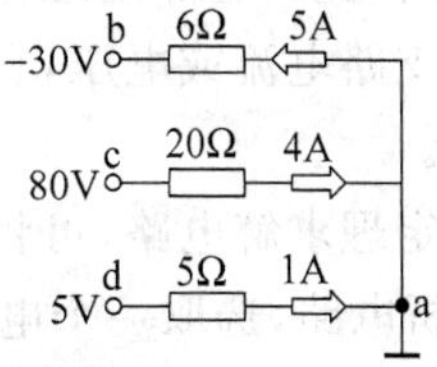

图 1-5-8 图 1-5-6 的简化画法

在更复杂的电路中，为了计算的需要，也可以不画某条支路，而代之的是该支路的电位。通过引入该支路的电位，可将结点数目多于 2 个的电路变换到 2 个，从而直接应用结点电压公式求解电路。读者可到本教材的公开教学网上进一步学习这方面的知识。

思考题

1.5.1 有人说，如图 1-5-9 所示电路的结点电压可用下式求解

$$U = \frac{\dfrac{E_1}{R_1} + \dfrac{E_2}{R_2} + I_3}{\dfrac{1}{R_1} + \dfrac{1}{R_2} + \dfrac{1}{R_4}} = \frac{\sum \dfrac{E}{R} + \sum I}{\sum \dfrac{1}{R}}$$

式中，$\sum \dfrac{1}{R}$ 不包括电流源支路的电阻，你认为是否正确？为什么？

1.5.2 电路如图 1-5-10 所示,请分别画出以 A 点、B 点为参考电位点时电路的简化画法。

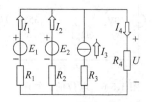

图 1-5-9 思考题 1.5.1 的图

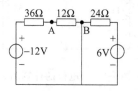

图 1-5-10 思考题 1.5.2 的图

1.6 电路定理

为方便求解电路,下面进一步介绍电路分析中的两个重要定理。

1.6.1 叠加定理

对于线性电路,任何一条支路的电流(或电压),都可看成是由电路中各个电源(电压源或电流源)分别作用时,在此支路中所产生的电流(或电压)的代数和。这便是叠加定理。

从数学的角度,叠加定理体现了线性方程的可加性,是分析与计算线性问题的普遍原理。对于支路电流或电压,它们为线性物理量,可用叠加定理求解,而功率不可以用叠加定理求解。

用叠加定理求解电路,可将多电源电路化为几个单电源电路,其解题步骤如下:

(1) 分析电路,选取一个电源,将电路中其他所有的**电流源开路**、**电压源短路**,画出相应的电路图,并根据电源方向设定待求支路的参考电压或电流方向。

(2) 重复步骤(1),对其余 $N-1$ 个电源画出 $N-1$ 个电路。

(3) 分别对 N 个电源单独作用的 N 个电路计算待求支路的电压或电流。

(4) 应用叠加定理计算最终结果。

【**例 1-6-1**】 请计算两个电压源相互并联并给负载供电时,电源内阻上的电流。

解法

两个电压源相互并联并给负载供电的电路如图 1-6-1 所示,可利用叠加定理求解电路。选定各电流参考方向如图所示。先考虑 E_1 单独作用,将 E_2 短路,电路如图 1-6-2 所示;再考虑 E_2 单独作用,将 E_1 短路,电路如图 1-6-3 所示。

一般情况下,负载电阻都远大于电压源内阻,所以,在分析电路时可将负载视为开路。

对如图 1-6-2 所示电路应用基尔霍夫电压定律,有

$$I'_1 \cong I'_2 \cong E_1/(R_1+R_2)$$

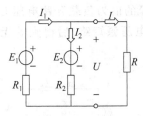 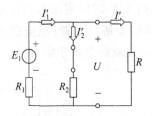 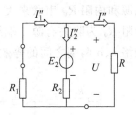

图 1-6-1 【例 1-6-1】的图 1　　图 1-6-2 【例 1-6-1】的图 2　　图 1-6-3 【例 1-6-1】的图 3

对如图 1-6-3 所示电路应用基尔霍夫电压定律,有

$$I''_1 \cong I''_2 \cong -E_2/(R_1+R_2)$$

应用叠加定理,有

$$I_1 \approx I_2 = I'_1 + I''_1 \cong (E_1-E_2)/(R_1+R_2)$$

由于电压源内阻较小,当两个不同电动势的电压源相互并联时,电源内部将流过较大甚至很大的电流,从而毁坏电源。

【例 1-6-2】 请用叠加原理计算如图 1-6-4 所示电路中的电流 I_3。电路中各参数如下：$E_1=130\text{V}, E_2=80\text{V}, R_1=20\Omega, R_2=5\Omega, R_3=5\Omega$。

解法

考虑电源 E_1 单独作用的电路：将电压源 E_2 短路,电路如图 1-6-5 所示。求解电路,有

$$I'_3 = \frac{E_1}{R_2 // R_3 + R_1} \times \frac{R_2}{R_2+R_3} = \frac{R_2}{R_1R_2+R_2R_3+R_3R_1}E_1$$

$$= \frac{5}{20\times 5+5\times 5+5\times 20}\times 130 = \frac{650}{225}\text{A}$$

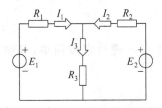 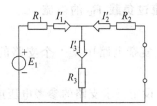

图 1-6-4 叠加原理说明图 1　　　　　图 1-6-5 叠加原理说明图 2

考虑电源 E_2 单独作用的电路：将电压源 E_1 短路,电路如图 1-6-6 所示。求解电路,有

$$I''_3 = \frac{E_2}{R_1 // R_3 + R_2} \times \frac{R_1}{R_1+R_3} = \frac{R_1}{R_1R_2+R_2R_3+R_3R_1}E_2$$

$$= \frac{20}{20\times 5+5\times 5+5\times 20}\times 80 = \frac{1600}{225}\text{A}$$

应用叠加原理,有

$$I_3 = I'_3 + I''_3 = 650/225 + 1600/225 = 10\text{A}$$

1.6.2　戴维宁定理

任何一个有源二端线性网络(如图 1-6-7(a)所示)都可以用一个电动势为 E 的理想

电源和内阻 R_0 串联来表示(如图 1-6-7(b)所示),且电动势 E 的值为负载**开路电压** U_0,内阻 R_0 为除去有源二端线性网络中所有电源(**电流源开路,电压源短路**)后得到的无源网络 a、b 两端之间的等效电阻。这就是戴维宁定理。

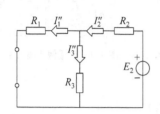

图 1-6-6 叠加原理说明图 3

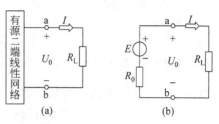

图 1-6-7 戴维宁定理的图

可通过如图 1-6-7 所示电路从以下几个方面来理解戴维宁定理。

1. 有源二端线性网络

所谓有源二端线性网络,就是具有两个出线端的电路部分,其中含有电源元件。在如图 1-6-4 所示电路中,将 R_3 当成负载,其余部分便是一个有源二端线性网络。

2. 有源二端线性网络的等效

有源二端线性网络可以用一个电动势为 E 的理想电源和内阻 R_0 串联来表示。电动势 E 的值为负载 R_L 开路后,a、b 两端的电压。内阻 R_0 为除去有源二端线性网络中所有电源(**电流源开路,电压源短路**)后得到的无源网络 a、b 两端之间的等效电阻。因此,如图 1-6-7(a)所示电路可用如图 1-6-7(b)所示电路等效。

3. 流过负载 R_L 的电流

$$I = E/(R_0 + R_L) \tag{1-6-1}$$

对于复杂电路中某一个支路的电流求解,用戴维宁定理通常较简单,其解题步骤如下:

(1) 设定待求支路的参考电压或电流方向。

(2) 将待求支路开路,画出电路图,求出开路电压 U_0(注意参考方向应与待求支路的参考电压或电流方向一致)。

(3) 将待求支路开路,断开所有电源(**电流源开路,电压源短路**),画出电路图,求出无源网络 a、b 两端之间的等效电阻 R_0。

(4) 画出戴维宁等效电路,求支路电流 I,计算最终结果。

【**例 1-6-3**】 请用戴维宁定理计算【例 1-6-2】。电路中各参数如下:$E_1 = 130\text{V}$,$E_2 = 80\text{V}$,$R_1 = 20\Omega$,$R_2 = 5\Omega$,$R_3 = 5\Omega$。

解法

(1) 待求支路为 R_3,假定 I_3 方向朝下,电路如图 1-6-4 所示。

(2) 将 R_3 开路,画出求解开路电压的等效电路如图 1-6-8 所示,对该电路应用基尔霍夫电压定律,有

$$I_1 = \frac{E_1 - E_2}{R_1 + R_2} = \frac{130 - 80}{25} = 2\text{A}$$

$$U_0 = E_1 - I_1 \times R_1 = 130 - 2 \times 20 = 90\text{V}$$

在如图 1-6-8 所示电路中将 E_1、E_2 短路,可求得等效电源内阻为

$$R_0 = R_1 // R_2 = 4\Omega$$

(3) 由式(1-6-1)得

$$I_3 = 90/(4+5) = 10\text{A}$$

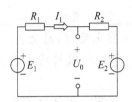

图 1-6-8 【例 1-6-3】的图

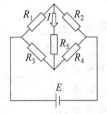

图 1-6-9 【例 1-6-4】的图 1

【**例 1-6-4**】 请用戴维宁定理求如图 1-6-9 所示的电路中流过 R_5 的电流 I_5。图示电路中,$E=12\text{V}$,$R_1=R_2=5\Omega$,$R_3=10\Omega$,$R_4=5\Omega$,$R_5=10\Omega$。

解法

(1) 待求支路为 R_5,假定 I 方向朝下。在如图 1-6-9 所示电路中,将 R_5 支路开路,画出电路图如图 1-6-10 所示。

(2) 求 U_0。

对如图 1-6-10 所示电路用支路电流求 I_{12}、I_{34},有

$$I_{12} = \frac{E}{R_1 + R_2} = \frac{12}{5+5} = 1.2\text{A}$$

$$I_{34} = \frac{E}{R_3 + R_4} = \frac{12}{10+5} = 0.8\text{A}$$

对右边 R_2、R_4 应用基尔霍夫电压定律,有

$$U_0 = R_2 I_{12} - R_4 I_{34} = 5 \times 1.2 - 5 \times 0.8 = 2\text{V}$$

(3) 在图 1-6-9 中,将 R_5 支路开路,电压源 E 短路,画出电路图如图 1-6-11 所示。

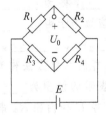

图 1-6-10 【例 1-6-4】的图 2

图 1-6-11 【例 1-6-4】的图 3

(4) 求等效电阻 R_0。

$$R_0 = R_1 // R_2 + R_3 // R_4 = \frac{R_1 R_2}{R_1 + R_2} + \frac{R_3 R_4}{R_3 + R_4} = \frac{5 \times 5}{5+5} + \frac{10 \times 5}{10+5} = 5.8\Omega$$

(5) 由式(1-6-1),有

$$I_5 = \frac{U_0}{R_0 + R_5} = \frac{2}{5.8+10} = 0.126\text{A}$$

戴维宁定理为用电压源模型表示等效电源的定理,读者可到公开教学网上进一步学习用电流源模型表示等效电源的定理。

习题

1-1 填空题

1. 实际电气设备包括_____、_____两个部分。_____通过_____相互联接,形成一个_____便构成一个实际电路。具体分析实际电路时,总是将_____,在一定条件下突出其_____电磁性质,忽略其_____性质,这样的元件所组成的电路称为实际电路的_____,简称_____。

2. 关于电流的方向,有_____和_____之分,应加以区别。带电粒子规则运动形成的电流是_____的物理现象,这种客观存在的电流方向便是_____。习惯上规定:_____为电流的实际方向。

3. 对于电压的方向,应区分_____、_____两种情况。端电压的方向规定为_____,即为_____。电源电动势的方向规定为_____。

4. 在分析计算电路时,常可_____作为其_____。本书不加说明,电路图中所标的电压、电流、电动势的方向均为_____。选定电压电流的_____是电路分析的第一步,只有_____选定以后,电压电流之值才有_____。当_____一致时为正,反之,为负。

5. 若某个元件对外只有_____,这样的元件称为二端元件。若某个电路单元对外只有两个_____,这个电路单元整体称为二端网络。

6. 对二端网络的外部电路而言,如果两个二端网络的_____相同,那么,它们对_____也就相同,也就是说,这两个二端网络_____。

7. 回路是一个_____。从回路任一点出发,沿回路循行一周(回到原出发点),则在这个方向上的_____等于_____。

8. 电路中的_____称为支路,一条支路流过_____,称为_____。电路中_____称为结点。在任一瞬时,_____的电流之和应该等于由_____电流之和。

9. 电阻元件联接方式主要有:_____、_____、_____、_____、_____等。如果电路中有两个或更多个电阻联接在_____,则这样的联接方法称为电阻并联。

10. 一个实际电源可以用_____来表示,用电压形式来表示的模型为_____;用电流形式来表示的模型为_____。其_____是用电动势 E 和内阻 R_0 串联来表示电源的电路模型。

11. 当电源_____时,电源开关断开、电源的_____等于电源电动势、_____为零、电源_____为零。电源短路时电路的_____为零、电源的端电压为零,电源内部将流过很大的_____,是一种非常危险的_____。

12. 理想电压源允许流过_____的电流,这意味着它可以提供无穷大的功率,因此,_____是不存在的。在绝大多数场合下,实际电压源的内阻都_____负载电阻,可以把这个实际电压源当成理想的电压源,_____基本保持不变。

13. 对负载而言,多个电压源串联_____等效,其电动势为_____的代数和,内阻为_____。多个电流源并联可用_____等效,其_____为多个电流源短路电流的代数和,内阻为_____。

14. 对于线性电路,_____支路的电流(或电压),都可看成是由电路中_____时,在此支路中所产生的电流(或电压)的_____。可选取其中的_____,将电路中其他所有的_____开路,_____短路,画出该电源_____下的电路图。

15. 所谓有源二端线性网络,就是具有_____的电路部分,其中含有_____。任何一个有源二端线性网络都可以用一个_____的理想电源和_____串联来表示,且电动势 E 的值为_____,内阻 R_0 为除去有源二端线性网络中所有电源(_____,_____)后得到的_____的等效电阻。

1-2 分析计算题(基础部分)

1. 如图 1-1 所示电路,假定 $E_1=6V$,请判断当 I_1 分别为 1A、—1A 时,I_3 值为正值还是为负值。

2. 在上题中,假定 $I_1=3A$,$R_1=2\Omega$,E_1 为正值,请判断 I_3 为正值还是为负值。当 $E_1=-7V$ 时,请问 I_3 为正值还是为负值?

3. 如图 1-2 所示电路,假定 $I_2=3A$,请计算 I_3、E_2 的值。

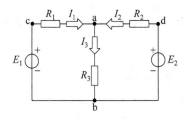

图 1-1 习题 1-2 题 1、2 的图

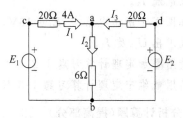

图 1-2 习题 1-2 题 3 的图

4. 如图 1-3 所示电路,假定 $I_2=-1A$,请计算 I_3、E_2、E_1 的值。

5. 如图 1-4 所示电路中,$R_0=1\Omega$,$R_L=49\Omega$,$E=5V$,请计算开关闭合与断开两种情况下的电压 U。

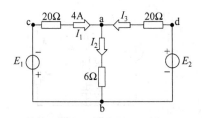

图 1-3 习题 1-2 题 4 的图

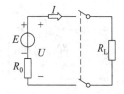

图 1-4 习题 1-2 题 5 的图

6. 如图 1-5 所示电路中,$R_1=4\Omega$,$R_2=R_4=3\Omega$,$R_3=R_5=6\Omega$,$U=6V$。请求 I、U_1。

7. 如图 1-6 所示电路,请求电路的等效电阻及 R_3 上流过的电流。

8. 有一直流电压源,其额定功率 $P_N=300W$,额定电压 $U_N=60V$,内阻 $R_0=0.5\Omega$,负载电阻 R_L 可以调节,其电路如图 1-4 所示。请求:

(1) 额定工作状态下的电流及负载电阻 R_L 的大小；

(2) 开路电压；

(3) 短路电流。

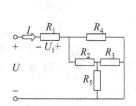

图 1-5 习题 1-2 题 6 的图

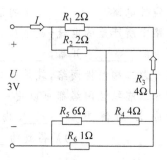

图 1-6 习题 1-2 题 7 的图

9. 若某电源的开路电压 U_0 为 15V，其短路电流 I_S 为 50A，请求该电源的电动势 E 和内阻 R_0，并画出其电流形式的电路模型。

10. 电动势为 3V，内阻为 0.1Ω 的 3 个电池串联，接 99.7Ω 的负载，请求负载上的电流。

11. 如图 1-1 所示电路中，$E_1=12V$，$E_2=8V$，$R_1=R_2=40\Omega$，$R_3=20\Omega$，请用支路电流法求电流 I_3。

12. 如图 1-1 所示电路中，$E_1=16V$，$E_2=8V$，$R_1=R_2=40\Omega$，$R_3=20\Omega$，请用结点电压公式求出 U_{ab} 及 I_3。

13. 请用叠加定理计算习题 1-2 题 11、12。

14. 请用戴维宁定理计算习题 1-2 题 11、12。

1-3 分析计算题（提高部分）

1. 如图 1-7 所示电路，已知 $R_{ab}=3\Omega$，$R_{bc}=1\Omega$，$R_{ca}=2\Omega$，$R_b=2\Omega$，$R_a=1\Omega$，$U=7V$，请求 I。

2. 电路如图 1-8 所示，图中 $E_1=20V$，$E_2=10V$，$R_0=0.5\Omega$，$R_1=R_2=2\Omega$。请在开关 S 断开、闭合两种情况下分析电路的功率平衡。

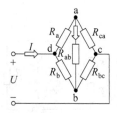

图 1-7 习题 1-3 题 1 的图

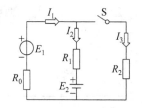

图 1-8 习题 1-3 题 2 的图

3. 如图 1-9 所示电路，$E_1=21V$，$E_2=12V$，$R_0=0.5\Omega$，$R_1=R_2=4\Omega$，分别在以 a 点、b 点为参考电位点的两种情况下引入电位简化电路并画出电路图。

4. 电路如图 1-10 所示，$R_1=2\Omega$，$R_2=3\Omega$，$R_3=6\Omega$，$R_4=1\Omega$，$E_1=6V$，$E_2=2V$，请求 I_3。

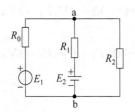
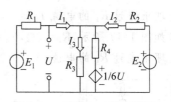

图 1-9　习题 1-3 题 3 的图　　　　　图 1-10　习题 1-3 题 4 的图

5. 电路如图 1-11 所示，请用支路电流法求电流 I。

6. 电路如图 1-12 所示，$R_1=3\Omega$，$R_2=6\Omega$，$R_3=R_4=4\Omega$，$E_1=9V$，$E_2=12V$，请求 I_3。

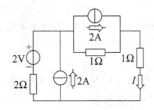
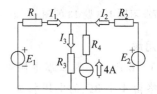

图 1-11　习题 1-3 题 5 的图　　　　　图 1-12　习题 1-3 题 6 的图

7. 电路如图 1-13 所示，$R_1=0.5\Omega$，$R_2=7.5\Omega$，$E_1=2V$，$E_2=11V$，$E_3=19V$，请求 I_2。

8. 有电动势为 1.5V，内阻为 0.2Ω 的 9 个电池。先将 3 个电池串联为一组，再将 3 组电池并联，接 4.3Ω 的负载。请画出电路模型并求负载上的电流。

9. 电路如图 1-14 所示，$R_1=2\Omega$，$R_2=3\Omega$，$R_3=6\Omega$，$R_4=1\Omega$，$E_1=6V$，$E_2=\dfrac{1}{3}V$，$E_3=2V$。请用支路电流法和结点电压法求 I_2 和 I_3。

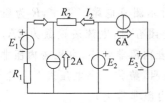
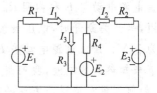

图 1-13　习题 1-3 题 7 的图　　　　　图 1-14　习题 1-3 题 9 的图

10. 电路如图 1-15 所示，$R_1=2\Omega$，$R_2=3\Omega$，$R_3=6\Omega$，$R_4=1\Omega$，$R_5=2\Omega$，$E_1=6V$，$E_2=\dfrac{1}{3}V$，$E_3=2V$，请用结点电压法求 I_2 和 I_3。

11. 电路如图 1-16 所示，$R_1=6\Omega$，$R_2=6\Omega$，$R_3=3\Omega$，$R_4=6\Omega$，$E_1=6V$，$E_2=3V$，请用叠加定理求 I_3。

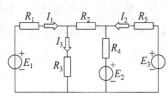
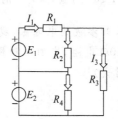

图 1-15　习题 1-3 题 10 的图　　　　　图 1-16　习题 1-3 题 11、12 的图

12. 电路如图 1-16 所示，$R_1=6\Omega,R_2=6\Omega,R_3=3\Omega,R_4=6\Omega,E_1=6V,E_2=3V$，请用戴维宁定理求流过 R_1 的电流 I_1。

13. 电路如图 1-17 所示，$R_1=3\Omega,R_2=6\Omega,R_3=3\Omega,R_4=3\Omega,E_1=6V,E_2=3V$，请用戴维宁定理求流过 R_4 的电流。

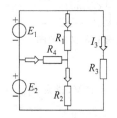 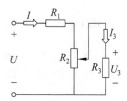

图 1-17　习题 1-3 题 13 的图　　图 1-18　习题 1-4 题 1 的图　　图 1-19　习题 1-4 题 2 的图

1-4　应用题

1. 如图 1-18 所示无源二端电阻网络，通过实验测得：当 $U=15V$ 时，$I=3A$，并已知该电阻网络由 4 个 3Ω 的电阻构成。试问这 4 个电阻是如何联接的？

2. 如图 1-19 所示电路中，$R_1=1k\Omega$，R_2 为可调电阻，阻值为 $10k\Omega$，$R_3=2.5k\Omega$，$U=6V$。请求 R_3 上的电流 I_3 和电压 U_3 的变化范围。

3. 有一个 110V、8W 的指示灯，现在要接在 220V 的电源上，问要串多大阻值的电阻？该电阻应选多大的瓦数？

4. 为测量电源电动势 E 和内阻 R_0，采用如图 1-20 所示测量电路。图中，$R_1=2.5\Omega$，$R_2=5.5\Omega$，当 S_1 闭合、S_2 断开时，电流表读数为 2A；当 S_1 断开、S_2 闭合时，电流表读数为 1A。请求电源电动势 E 和内阻 R_0（电流表内阻忽略不计）。

5. 为测量电源电动势 E 和内阻 R_0，采用如图 1-21 所示测量电路。图中，R 为阻值适当的电阻，当开关断开时，电压表读数为 12V；当开关闭合时，电流表读数为 2A，电压表读数为 11V。请求电源电动势 E 和内阻 R_0（电流表内阻非常小，电压表内阻非常大）。

6. 有一节未知参数的电池，我们想知道其电动势及内阻，给你一个电压表和一个 10Ω 电阻，应如何测量？请说明方法并画出电路（电压表内阻非常大）。

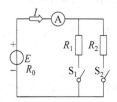 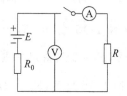

图 1-20　习题 1-4 题 4 的图　　　　图 1-21　习题 1-4 题 5 的图

7. 有一个未知参数的电流源，我们想知道其 I_S 及内阻 R_0，给你一个电压表、一个电流表和一个 10Ω 电阻，应如何测量？请说明方法并画出电路（电流表内阻非常小，电压表内阻非常大）。

CHAPTER 2

第 2 章

正弦交流电路

本章要点

本章从正弦量的概念及其相量模型出发,介绍电阻、电容、电感 3 种基本元件的定义、交流性质及其相量模型;介绍通过引入阻抗来分析正弦交流电路的方法;介绍 RLC 串联电路、功率因数的提高等。读者通过学习本章,应懂得正弦量的相量表示、3 种基本元件的交流性质及其相量模型;理解阻抗的概念;掌握利用阻抗来分析简单交流电路的方法。

交流电路与直流电路不同,其中的电压、电流的大小和方向都是随时间而变化的。在生产和日常生活中所用的交流电一般都是正弦交流电,正弦交流电路是电工电子技术中的一个重要部分。

2.1 正弦量及其相量表示

对比直流电路,正弦交流电路的激励信号为随时间按正弦规律变化的电压或电流,称为正弦电压或正弦电流,统称为正弦量。理解正弦量是分析正弦交流电路的基础。

2.1.1 正弦量的三要素

以电流为例,正弦量的时间函数定义为

$$i(t) = I_m \sin(\omega t + \theta) \tag{2-1-1}$$

其波形如图 2-1-1 所示。当然,正弦量的表示式和波形都是对应于已选定的参考方向而言的。当正弦量的瞬时值为正时,其实际方向与所选的参考方向一致;反之则相反。

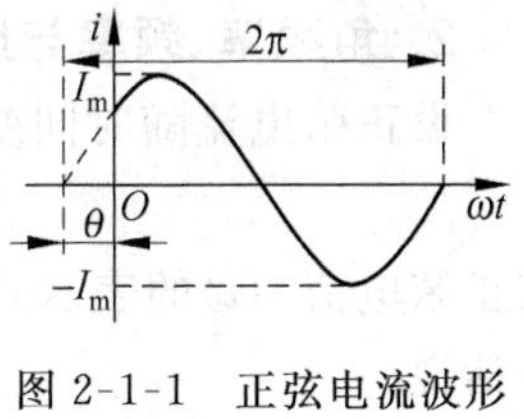

对任一正弦量,当其幅值 I_m(或有效值)、角频率 ω(或频率或周期)和初相位 θ 确定以后,该正弦量就能完全确定下来。因此,幅值、角频率和初相位称为正弦量的三要素,即式(2-1-1)中的 3 个常数。I_m、ω、θ 称为正弦电流的三要素。

图 2-1-1 正弦电流波形

1. 幅值、有效值

正弦量是一个等幅振荡的,正、负交替变化的周期函数。正弦量在整个振荡过程中达到的最大值称为幅值。瞬时值为正弦量在任一时刻的值,所以,前面所说的幅值事实上就是瞬时值中的最大值。幅值用下标 m 表示,如 I_m 表示电流的幅值。

周期量的幅值、瞬时值都不能确切反映它们在电路转换能量方面的效应。为此,工程中通常采用有效值,而不是用周期量的幅值表示周期量的大小。

周期量的有效值定义如下:将一个周期量在一个周期内作用于电阻产生的热量换算为热效应与之相等的直流量,以衡量和比较周期量的效应,这一直流量的大小就称为周期量的有效值,用相对应的大写字母表示。

设周期电流为 i,当其通过电阻 R 时,该电阻在一个周期内吸收的热量为 $\int_0^T i^2 R \, dt$;设直流电流为 I,当其通过该电阻时,在同一周期内吸收的热量为 I^2RT。根据前面有效值的定义,令二者热量相等,即令

$$\int_0^T i^2 R \, dt = I^2 RT$$

就得到周期电流的有效值为

$$I = \sqrt{\frac{1}{T} \int_0^T i^2 \, dt} \tag{2-1-2}$$

式(2-1-2)表示,周期量的有效值等于其瞬时值的平方在一个周期内积分的平均值再取平方根,因此,有效值又称为均方根值。

为了计算正弦电流的有效值,将正弦电流时间函数式

$$i(t) = I_m \sin(\omega t + \theta)$$

代入式(2-1-2),得

$$I = \sqrt{\frac{1}{T} \int_0^T I_m^2 \sin^2(\omega t + \theta) \, dt} = \sqrt{\frac{I_m^2}{T} \int_0^T \frac{1 - \cos 2(\omega t + \theta)}{2} \, dt}$$

$$= \sqrt{\frac{I_m^2}{2T}[t]_0^T} = \frac{I_m}{\sqrt{2}} = 0.707 I_m \tag{2-1-3}$$

可见,正弦量的有效值等于其幅值除以 $\sqrt{2}$,即等于其幅值乘以 0.707。

在工程上,如不加说明,正弦电压、电流的大小一般皆指其有效值。如交流电气设备铭牌上所标的电压值、电流值,一般交流电压表(或电流表)的标尺刻度,白炽灯标印的额定电压等都是指有效值。

2. 角频率、频率与周期

设正弦电流随时间变化的周期为 T,其频率为 f,二者的关系为

$$f = 1/T$$

在正弦电流 $i(t)$ 的表示式中,当正弦量每经过一个周期 T 的时间,相应的相位增加 2π,换句话说,

$$\omega T = 2\pi$$

故得

$$\omega = 2\pi/T$$

式中,ω 表示每经过单位时间,瞬时相角所增加的角度,称为角频率。角频率的单位是弧度/秒(rad/s)。

正弦量的角频率 ω、频率 f 和周期 T 三者的关系为

$$\omega = \frac{2\pi}{T} = 2\pi f \qquad (2\text{-}1\text{-}4)$$

可见，ω、f、T 3 个参数反映的都是正弦量变化的快慢。ω 越大，即 f 越大或 T 越小，正弦量循环变化越快；反之，变化越慢。

我国电力工业标准频率是 50 Hz，它的周期为

$$T = \frac{1}{f} = \frac{1}{50} = 0.02\text{s} = 20\text{ms}$$

它的角频率为

$$\omega = 2\pi f = 2\pi \times 50 = 100\pi = 314\text{rad/s}$$

世界上大多数国家的电力工业标准频率都为 50 Hz，有些国家（如日本）采用 60 Hz。我国采用 50 Hz 作为电力标准频率，习惯上也称之为工频。工程中还常以频率的高低区分电路，如低频电路、高频电路、甚高频电路等。

3．初相位

正弦量随时间变化的角度 $\omega t + \theta$ 称为正弦量的相位角，或称相位。θ 为 $t=0$ 时正弦量的相位，称为初相位。相位和初相位的单位为弧度（rad）或度（°）。初相位 θ 通常在主值范围内取值，即初相位的绝对值 $|\theta|$ 不超过 π。初相位反映了正弦量在 $t=0$（计时起点）时的状态。最大值为 I_m，初相位为 θ 的正弦电流在 $t=0$ 时的值 $i(0) = I_m \sin\theta$。当初相位为正时，电流在 $t=0$ 时的值为正，这表示正弦量的零值出现在计时起点之前；初相位为负，电流在 $t=0$ 时的值为负，这表示正弦量的零值出现在起始时刻之后。

【例 2-1-1】 已知一正弦电压波形如图 2-1-2 所示。试求

(1) 幅值、有效值。
(2) 周期、频率和角频率。
(3) 初相位。
(4) 瞬时值的表示式。

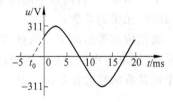

图 2-1-2　正弦电压波形

解法

(1) 由图 2-1-2 可知幅值 $U_m = 311\text{V}$，所以有效值

$$U = \frac{U_m}{\sqrt{2}} = \frac{311}{\sqrt{2}} = 220\text{V}$$

(2) 周期

$$T = (17.5 + 2.5) \times 10^{-3} = 20\text{ms}$$

频率

$$f = \frac{1}{T} = \frac{1}{20 \times 10^{-3}} = 50\text{Hz}$$

角频率

$$\omega = \frac{2\pi}{T} = \frac{2\pi}{20 \times 10^{-3}} = 100\pi \text{ 或 } 314\text{rad/s}$$

(3) 初相位的绝对值

$$|\theta| = \omega t_0 = 100\pi \times 2.5 \times 10^{-3} = \frac{\pi}{4}$$

由于正弦波的零值出现在坐标原点(计时起点)之前,所以初相位为正,故得初相位

$$\theta = \frac{\pi}{4} \text{rad}$$

(4) 已求出三要素 U_m、ω、θ,所以正弦电压波形的瞬时值表示式为

$$u(t) = 311\sin\left(100\pi t + \frac{\pi}{4}\right)$$

2.1.2　两个同频率正弦量的相位差

在线性交流电路中,激励与响应都是同频率的正弦量,因此,在正弦交流电路中,经常遇到的是频率相同的正弦量。

常用相位差来描述两个同频率正弦量的区别。同频率的两个正弦量的相位差等于它们的相位相减,用符号 φ 表示。

设两个同频率的正弦量 u、i 分别为

$$u = U_m \sin(\omega t + \theta_u)$$
$$i = I_m \sin(\omega t + \theta_i)$$

它们的初相位分别为 θ_u、θ_i,则有

$$\varphi = (\omega t + \theta_u) - (\omega t + \theta_i) = \theta_u - \theta_i \tag{2-1-5}$$

上述结果表明,同频率的两个正弦量的相位差等于它们的初相位之差。相位差是一个与时间无关的常数。

初相位相等的两个正弦量,它们的相位差为零,称这两个正弦量同相(如图 2-1-3 (a) 所示,电压 u 与电流 i 是同相的,表示 u、i 同时达到零值,同时达到最大值)。也就是说,两个正弦波的波形在步调上是一致的。

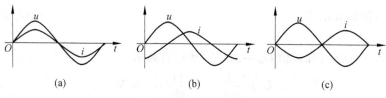

图 2-1-3　3 种特殊相位差

两个正弦量的初相位不等,相位差就不等于零。当相位差不为零时,表示两个正弦量不同时达到零值、最大值、最小值,即两个正弦波步调不一致。常采用"超前"和"滞后"来说明同频率的两个正弦量相位比较的结果。

若相位差 φ 如式(2-1-5)所示,当 $\varphi > 0$ 时,称为 u 超前 i 一个角度 φ;当 $\varphi < 0$ 时,称为 u 滞后 i 一个角度 φ;当 $|\varphi| = \frac{\pi}{2}$ 时,称为 u 与 i 正交(如图 2-1-3(b)所示);当 $|\varphi| = \pi$ 时,称为 u 与 i 反相(如图 2-1-3(c)所示)。

相位差也是在主值范围内取值,即相位差的绝对值 $|\varphi| \leqslant \pi$。

如图 2-1-4 所示同频率的两个正弦波,其相位差 $\varphi=\theta_u-\theta_i>0$,称为 u 超前 i,意为 u 先达到零值。也可以直接由波形确定它们的相位差。两个波形零值(或最大值)之间的角度值($\leqslant\pi$)为两者之间的相位差,先达到零值点的为超前波。可见,在图 2-1-4 中,u 超前 i(或者说 i 滞后 u)。

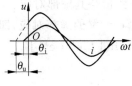

图 2-1-4 u 超前 i 图 2-1-5 复数的表示

2.1.3 正弦量的相量表示

1. 相量的含义

一个正弦量是由它的幅值、角频率和初相位三个要素所决定的。而线性交流电路中的激励与响应都是同频率的正弦量,因此,每个电路的全部稳态响应都是同频率的正弦量,只有幅值与初相位是未知的。

一个正弦量的幅值和初相位可用一个复数同时表示,简要解释如下。

如图 2-1-5 所示,复数 A 具有 3 种表示形式:

$$A = a + jb$$
$$A = r\cos\theta + jr\sin\theta \qquad (2-1-6)$$
$$A = re^{j\theta}$$

式中,$j=\sqrt{-1}$ 为虚数单位[①]。a 为复数 A 的实部,b 为复数 A 的虚部。r 为复数的模,θ 为复数 A 的幅角。

复数 A 的模 r、幅角 θ 与实部 a、虚部 b 之间的关系是

$$a = r\cos\theta, \quad b = r\sin\theta$$
$$r = \sqrt{a^2+b^2}, \quad \theta = \arctan\frac{b}{a}$$

如图 2-1-5 所示的复数可简写为

$$A = r\underline{/\theta} \qquad (2-1-7)$$

由图 2-1-5 可看出,可用一个复数同时表示一个正弦量的幅值(r)和初相位(θ)。这个代表正弦量的复数有一个特殊的名字,称为相量(用对应文字符号的大写字母上加小圆点表示),以区别一般的复数。

2. 相量与正弦量的关系

必须指出的是,相量不是正弦量,但对于给定频率的正弦量,相量与这个正弦量有一一对应关系,解释如下。

---

① 虚数单位在数学上用 i 表示,电工中用 i 表示电流,所以改用 j。

假定复数的幅角 $\theta_1 = \omega t + \theta$，则 A 就是一个复指数函数，即
$$A = re^{j\theta_1} = re^{j(\omega t + \theta)} = r\cos(\omega t + \theta) + jr\sin(\omega t + \theta)$$
对 A 取虚部，得
$$\mathrm{Im}[A] = r\sin(\omega t + \theta)$$
因此，正弦量可以用上述形式的复指数函数唯一描述，正弦量与其虚部对应。

例如正弦电流 $i = I_m\sin(\omega t + \theta_i)$，它与复指数函数 $I_m e^{j(\omega t + \theta_i)}$ 的虚部对应，即
$$i(t) = I_m\sin(\omega t + \theta_i) = \mathrm{Im}[I_m e^{j(\omega t + \theta_i)}] = \mathrm{Im}[I_m e^{j\theta_i} \cdot e^{j\omega t}]$$
$$= \mathrm{Im}[\dot{I}_m e^{j\omega t}] \qquad (2\text{-}1\text{-}8)$$
式中，
$$\dot{I}_m = I_m e^{j\theta_i} = I_m \underline{/\theta_i} \qquad (2\text{-}1\text{-}9)$$

$\dot{I}_m$ 是一个复数，它与上述给定频率的正弦量有一一对应关系。这个用大写字母 I_m 上加小圆点的复数 $\dot{I}_m$ 称为相量，以区别幅值 I_m，也可区别于一般复数。

代表正弦电流的相量 $\dot{I}_m$ 称为电流幅值相量（幅值为相量的模，初相为相量的幅角）。由于 $I = I_m/\sqrt{2}$，故 $\dot{I} = I\underline{/\theta_i}$ 称为电流有效值相量（有效值为相量的模，初相为相量的幅角），常简称为电流相量。

相量与正弦量之间存在着一一对应的关系。由正弦量可求出与之对应的相量，由相量可求出与 $\dot{I}$ 对应的正弦量。但不能说相量等于正弦量，因为相量没有反映正弦量的角频率。实际应用中，正弦量与其相量之间的对应关系可直接表示为
$$I_m\sin(\omega t + \theta_i) \Leftrightarrow I_m\underline{/\theta_i}$$

3. 相量图

相量在复平面上的图形称为相量图，正弦电流 $i = I_m\sin(\omega t + \theta_i)$ 的幅值、有效值相量如图 2-1-6 所示。

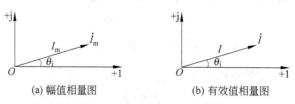

(a) 幅值相量图　　　　(b) 有效值相量图

图 2-1-6　正弦量的相量图

4. 相量的运算

对同频率的正弦量进行加、减，其结果仍为同一频率的正弦量，这些运算可转换为相应的相量运算。

设 $i_1 = I_{m1}\sin(\omega t + \theta_1)$，$i_1$ 与其相量的关系为 $i_1 \Leftrightarrow \dot{I}_{m1}$；又设 $i_2 = I_{m2}\sin(\omega t + \theta_2)$，$i_2$ 与其相量关系为 $i_2 \Leftrightarrow \dot{I}_{m2}$，则两个正弦电流的和为
$$i = i_1 + i_2 = \mathrm{Im}[\dot{I}_{m1} e^{j\omega t}] + \mathrm{Im}[\dot{I}_{m2} e^{j\omega t}] = \mathrm{Im}[(\dot{I}_{m1} + \dot{I}_{m2}) e^{j\omega t}]$$

而 $i = \text{Im}[(\dot{I}_m)e^{j\omega t}]$，$i$ 与其相量的关系为 $i \Leftrightarrow \dot{I}_m$，则

$$\dot{I}_m = \dot{I}_{m1} + \dot{I}_{m2}$$

可见，正弦量的和的相量等于各正弦量的相量相加。

类似地，可得正弦量的差的相量等于各正弦量的相量相减，即

$$i = i_1 - i_2 \Leftrightarrow \dot{I}_m = \dot{I}_{m1} - \dot{I}_{m2}$$

需要说明的是，相量的加、减不是简单的代数加、减，而是对应复数的加、减。

【例 2-1-2】 已知两个正弦量 $i_1 = 10\sqrt{2}\sin(10t+150°)\text{A}$，$i_2 = 20\sqrt{2}\sin(10t-60°)\text{A}$，试求 i_1+i_2，并画出相量图。

解法

i_1 的有效值相量为 $\dot{I}_1 = 10\underline{/150°}\ \text{A}$，$i_2$ 的有效值相量为 $\dot{I}_2 = 20\underline{/-60°}\ \text{A}$，则 i_1+i_2 对应的相量为

$$10\underline{/150°} + 20\underline{/-60°} = 10(-0.866+j0.5) + 20(0.5-j0.866)$$
$$= 1.34 - j12.32 = 12.39\underline{/-83.79°}\ \text{A}$$

所以

$$i_1 + i_2 = 12.39\sqrt{2}\sin(10t - 83.79°)\text{A}$$

当然，本例也可通过三角函数运算直接求解，但更复杂。

用相量求解正弦量，可将三角函数的运算变换为代数运算，使计算简化，这是分析、求解正弦交流电路的主要运算方法。

计算机辅助分析工具 MATLAB 具有非常强大的复数运算功能，在电路分析中应用十分广泛。本例可用 MATLAB 分析并画出相量图如图 2-1-7 所示（在本书后面的内容中，若出现了类似风格的相量图，表示可到公开教学网中对应的知识点下载 MATLAB 源程序）。可到附录 A 中学习本例用 MATLAB 分析并画出相量图的详细实现过程。

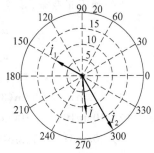

图 2-1-7 【例 2-1-2】的相量图

5. 基尔霍夫定律的相量形式

基尔霍夫电流定律用方程表述为

$$\sum i = 0$$

在正弦交流电路中，各支路电流都是同频率的正弦量。这些正弦电流用其相量表示，得到相量形式为

$$\sum \dot{I} = 0$$

这就是适用于正弦交流电路中基尔霍夫电流定律的相量形式，可表述如下：在正弦交流电路中，对任一结点，流出（或流入）该结点的各支路电流相量的代数和恒为零。

基尔霍夫电压定律用方程表述为

$$\sum u = 0$$

在正弦交流电路中,各支路电压都是同频率的正弦量。将这些正弦量用相量表示,得到相量形式为

$$\sum \dot{U} = 0$$

这就是适用于正弦交流电路中基尔霍夫电压定律的相量形式,表述如下:在正弦交流电路中,沿任一回路,各支路电压相量的代数和恒等于零。

思考题

2.1.1 有两个正弦电压信号 A 和 B。假定 A 信号的幅值有效值为 60,B 信号的幅值有效值为 55,用它们驱动电炉烧水,请问用哪个信号先将水烧开?

2.1.2 有两个正弦电压信号 A 和 B,假定 A 信号频率为 50Hz,B 信号角频率为 300rad/s,请问哪个信号变化快?

2.1.3 有两个有效值、频率均相同的正弦电压信号 A 和 B,假定 A 信号的初相为 $\frac{2}{5}\pi$,B 信号的初相为 $\frac{1}{5}\pi$,请问哪个信号初值大?

2.1.4 求如图 2-1-8 所示周期电压的有效值,并指出其有效值与最大值的关系。

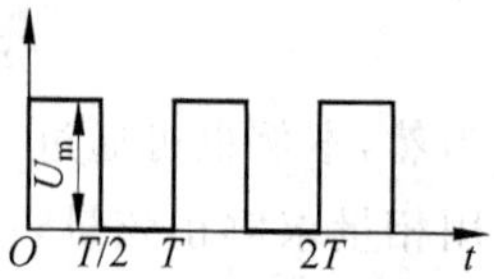

图 2-1-8 思考题 2.1.4 的图

2.1.5 已知如下正弦量,请求 $u_1 - u_2$ 并作出相量图:

$$u_1 = 155.6\sqrt{2}\sin(\omega t - 35°)\text{V}$$
$$u_2 = 269.5\sqrt{2}\sin(\omega t + 35°)\text{V}$$

2.1.6 下列几种情况,哪些可按相量进行加、减运算?结果是什么?

(1) $10\sin 100t + 5\sin(300t + 60°)$

(2) $40\sin 1000t - 100\sin(1000t + 30°)$

(3) $40\sin 314t - 10\sin(600t + 30°)$

(4) $10\sin(1000t + 70°) + 5\cos(1000t - 70°)$

2.1.7 已知一正弦电压的有效值为 10V,问写成 $U = 10\text{V}$ 和 $\dot{U} = 10\text{V}$ 有什么区别?如果已知频率为 f,试写出后者随时间变化的三角函数式。

2.2 三种基本元件及其交流特性

电阻元件、电容元件和电感元件是组成电路的 3 种基本无源电路元件,其理想模型可用相应的参数来表征。理解这 3 种基本电路元件及其交流性质,是分析各种具有不同参数的正弦交流电路的基础。

2.2.1 电阻元件

1. 定义

电阻元件定义如下：在电压与电流关联参考方向下（如图 2-2-1 所示），任一时刻二端元件两端的电压和电流的关系服从欧姆定律，即有

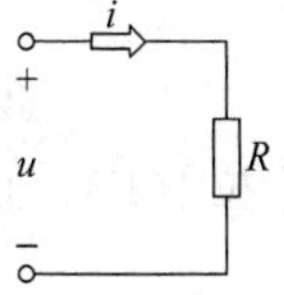

$$u = Ri \tag{2-2-1}$$

式(2-2-1)表明电阻元件的电压与通过的电流呈线性关系。式中，R 称为电阻元件的电阻，电阻的单位为欧[姆]（Ω）。

图 2-2-1 电阻元件

电阻的倒数称为电导，用 G 表示，即

$$G = 1/R \tag{2-2-2}$$

电导的单位是西[门子]（S）。R、G 都是电阻元件的参数。

当用电导时，欧姆定律可表示为

$$i = Gu \tag{2-2-3}$$

金属导体的电阻和它的几何尺寸、金属材料的导电性能有关，即

$$R = \rho \frac{l}{S} \tag{2-2-4}$$

式中，l 为导体长度；S 为导体的截面积；ρ 为电阻率。

电阻率反映了导体材料对电流的阻碍作用。电阻率的单位为欧米（Ωm）。附录 B 中给出了几种常用导电材料的电阻率。例如，铜在温度为 20℃ 时的电阻率 $\rho = 0.0169 \times 10^{-6}$ Ωm，表示截面积为 $1m^2$、长为 $1m$ 的铜导线在 20℃ 时的电阻为 0.0169×10^{-6} Ω。

电阻率的倒数称为电导率，用 σ 表示。σ 与 ρ 的关系如下：

$$\sigma = 1/\rho$$

2. 伏安特性

由于电压和电流的单位是伏[特]（V）和安[培]（A），因此电阻元件特性称为伏安特性。在 u-i 平面上，一个线性电阻元件的伏安关系是通过坐标原点的一条直线（如图 2-2-2 所示）。图中，直线的斜率为 G，R 可由 G 的倒数求得。

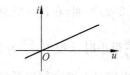

图 2-2-2 电阻元件的伏安特性

3. 功率与能量

在电压 u 和电流 i 关联参考方向下，电阻元件消耗的功率为

$$p = ui = Ri^2 = u^2/R \tag{2-2-5}$$

如用电导 G 表示，电阻元件消耗的功率为

$$p = Gu^2 = i^2/G \tag{2-2-6}$$

电阻元件在从 0 到 t 的时间内吸收的电能为

$$W = \int_0^t Ri^2(\xi) d\xi \tag{2-2-7}$$

电阻元件一般把吸收的电能转换为热能消耗掉。

2.2.2 电容元件

1. 定义

电容元件是一个二端元件(如图2-2-3所示),任一时刻其所储电荷q和端电压u之间具有如下线性关系:

$$q = Cu \tag{2-2-8}$$

式中,C为电容元件的电容,它是电容元件的参数,电容的单位为法[拉](F)。由于法[拉]单位太大,工程上常采用微法(μF)或皮法(pF)。它们的关系为

$$1F = 10^6 \mu F, \quad 1\mu F = 10^6 pF$$

由于电荷和电压的单位是库[仑](C)和伏[特](V),因此,电容元件的特性称为库伏特性。电容元件的库伏特性是q-u平面上通过坐标原点的一条直线,如图2-2-4所示。直线的斜率为C。库伏特性表明q与u的比值C是一个常数。

图2-2-3 电容元件

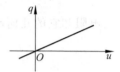
图2-2-4 电容元件库伏特性

2. 伏安特性

虽然电容元件是按照库伏特性定义的,但在应用中,人们总是更为关心其伏安特性。当电容元件的电流i和电压u取关联参考方向(如图2-2-3所示)时,由库伏特性,有

$$i = \frac{dq}{dt} = C\frac{du}{dt} \tag{2-2-9}$$

式(2-2-9)表明,在任一时刻,电容元件的电流与电压的变化率成正比。当$\frac{du}{dt}$很大时,i很大;$\frac{du}{dt}$很小时,i很小;$\frac{du}{dt}$为零(u为直流电压的情况)时,i为零,电容元件相当于开路,或者说电容具有通高频阻低频的电路性质。

3. 功率与能量

在电压u和电流i的关联参考方向下,电容元件吸收的功率为

$$p = ui$$

电容元件吸收的电场能量是瞬时功率p从$-\infty$到t的积分,即

$$W = \int_{-\infty}^{t} u(\xi)i(\xi)d\xi = \int_{-\infty}^{t} u(\xi)\left[C\frac{du(\xi)}{d\xi}\right]d\xi$$

$$= C\int_{u(-\infty)}^{u(t)} u(\xi)du(\xi) = \frac{1}{2}Cu^2(t) - \frac{1}{2}Cu^2(-\infty)$$

电容元件吸收的能量以电场形式储存在元件的电场中。可以认为在$t = -\infty$时,$u(-\infty) = 0$,其电场能量必为零,则上式可写为

$$W(t) = \frac{1}{2}Cu^2(t) \tag{2-2-10}$$

式(2-2-10)表明,电容元件在任一时刻的储能,只取决于该时刻电容元件的电压值,而与电容元件的电流值无关。这就是说,只要电容有电压存在,它就存在储能。

从时间 t_1 到 t_2,电容元件吸收的电能为

$$W = C\int_{u(t_1)}^{u(t_2)} u\mathrm{d}u = \frac{1}{2}Cu^2(t_2) - \frac{1}{2}Cu^2(t_1) = W(t_2) - W(t_1)$$

当电容元件充电时,$|u(t_2)|>|u(t_1)|$,$W(t_2)>W(t_1)$,故在这段时间内元件吸收能量;当电容放电时,$|u(t_2)|<|u(t_1)|$,$W(t_2)<W(t_1)$,故在这段时间内元件释放能量。

故由此可见,电容元件不消耗所吸收的能量,是一种储能元件。

2.2.3 电感元件

1. 定义

电感元件是线圈的理想化模型(如图 2-2-5 所示)。电感元件(简称电感)是一个二端元件,任一时刻,其磁通链[①] ψ 与电流 i 之间具有如下线性关系:

$$\psi = Li \tag{2-2-11}$$

式中,L 为电感元件的电感,它是电感元件的参数。电感的单位是亨[利](H)或毫亨[利](mH)。

由于磁通链和电流的单位是韦[伯](Wb)和安[培](A),因此,电感元件的特性称为韦安特性。电感元件的韦安特性是 ψ-i 平面上通过坐标原点的一条直线,如图 2-2-6 所示,直线的斜率为 L。

图 2-2-5 电感元件

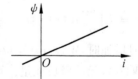

图 2-2-6 电感元件的韦安特性

2. 伏安特性

虽然电感元件是按照韦安特性定义的,但在应用中,人们总是更为关心其伏安特性。

当电流 i 随时间变化时,磁通链 ψ 也相应地随时间变化,在电感元件中产生的感应电压为

$$u = \frac{\mathrm{d}\psi}{\mathrm{d}t}$$

代入电感元件定义式,则有

[①] 电感元件是线圈的理想化模型,一般由多匝线圈组成。磁通链是线圈各匝相链的磁通总和。

$$u = L\frac{\mathrm{d}i}{\mathrm{d}t} \tag{2-2-12}$$

式中,感应电压 u 和电流 i 取关联参考方向(如图 2-2-5 所示)。式(2-2-12)表明了在任一时刻,电感元件的感应电压与电流的变化率成正比。当 $\frac{\mathrm{d}i}{\mathrm{d}t}$ 很大时,u 很大;$\frac{\mathrm{d}i}{\mathrm{d}t}$ 很小时,u 很小;$\frac{\mathrm{d}i}{\mathrm{d}t}$ 为零(i 为直流电流情况)时,u 为零,电感元件相当于短路,或者说,电感具有通低频阻高频的电路性质。

3. 功率与能量

在电压 u 和电流 i 的关联参考方向下,电感元件吸收的功率为

$$p = ui$$

电感元件吸收的磁场能量为其瞬时功率 p 对时间的积分,即

$$W = \int_{-\infty}^{t} u(\xi)i(\xi)\mathrm{d}\xi = \int_{-\infty}^{t}\left[L\frac{\mathrm{d}i(\xi)}{\mathrm{d}\xi}\right]i(\xi)\mathrm{d}\xi$$
$$= \int_{i(-\infty)}^{i(t)} Li(\xi)\mathrm{d}i(\xi) = \frac{1}{2}Li^2(t) - \frac{1}{2}Li^2(-\infty)$$

电感元件吸收的能量以磁场形式储存在元件的磁场中。可以认为在 $t=-\infty$ 时,$i(-\infty)=0$,其磁场能量必为零,则上式可写为

$$W(t) = \frac{1}{2}Li^2(t) \tag{2-2-13}$$

式(2-2-13)表明,电感元件在任一时刻的储能,只取决于该时刻电感元件电流的值,而与电感元件的电压值无关。只要电感电流存在,它就存在储能。

从时间 t_1 到 t_2,电感元件吸收的磁能为

$$W = L\int_{i(t_1)}^{i(t_2)} i(\xi)\mathrm{d}i(\xi) = \frac{1}{2}Li^2(t_2) - \frac{1}{2}Li^2(t_1) = W(t_2) - W(t_1)$$

当电流 $|i|$ 增加时,$W(t_2) > W(t_1)$,故在这段时间内元件吸收能量;当电流 $|i|$ 减小时,$W(t_2) < W(t_1)$,元件释放能量。可见,电感元件不消耗所吸收的能量,所以电感元件是一种储能元件。

3 种基本元件的定义、电压电流关系及能量如表 2-2-1 所示。

表 2-2-1 3 种基本元件的关系式

特征\元件	电阻元件	电容元件	电感元件
定义式	$R=u/i$	$C=q/u$	$L=\psi/i$
电压电流关系式	$u=Ri$ $i=Gu$	$i=C\dfrac{\mathrm{d}u}{\mathrm{d}t}$ $u=\dfrac{1}{C}\int_{-\infty}^{t}i(\xi)\mathrm{d}\xi$	$u=L\dfrac{\mathrm{d}i}{\mathrm{d}t}$ $i=\dfrac{1}{L}\int_{-\infty}^{t}u(\xi)\mathrm{d}\xi$
能量	$\int_{-\infty}^{t}Ri^2(\xi)\mathrm{d}\xi$	$\dfrac{1}{2}Cu^2$	$\dfrac{1}{2}Li^2$

由表 2-2-1 可以看出，电容元件与电感元件存在着对偶关系。在它们的电压电流关系式中，C 和 L、u 和 i 都是对偶元素；定义式中，q 和 ψ、u 和 i 也是对偶元素。

掌握了对偶关系后，如果导出了某一关系式，就等于解决了和它对偶的另一关系式，这将为电路的分析、计算带来方便，使我们得到"由此及彼"的效果。

*2.2.4 含有动态元件直流电路的暂态特性

当电路状态发生改变时，电路将改变原来的工作状态，进入新的工作状态，这种改变需要经历一个过程，称为暂态过程，可通过如图 2-2-7 所示一阶 RC 电路来理解。

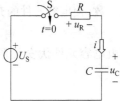

图 2-2-7 一阶 RC 电路

在如图 2-2-7 所示一阶 RC 电路中，电容元件初始没有储能，电容电压为 0。$t=0$ 瞬间，直流电源 U_S 接通，电路中的电压参数发生变化，电容元件两端的电压变化率不为 0，电容元件两端有电流流过。之后，在直流电源 U_S 的作用下，电路中的电压参数将逐渐稳定，电容元件两端的电压变化率将逐渐变为 0，电路进入稳定状态。

可见，电路从一种稳定状态转到另一种新的稳定状态往往不能跃变，而是需要一定过程（时间）的，这个过渡过程称为暂态过程。

暂态过程的产生是由于物质所具有的能量不能跃变而造成的。自然界的任何物质在一定的稳定状态下，都具有一定的或一定变化形式的能量。当条件改变时，能量随着改变，但是能量的积累或衰减是需要一定时间的，这便是暂态过程产生的原因。因为能量的积累或衰减需要时间，因此，从严格意义上讲，电路中任何形式的能量改变必然导致电路进入暂态过程。暂态过程是一种客观存在，只是当暂态时间相对我们的实际要求可以忽略时，认为电路的能量改变没有导致电路进入暂态，这便是理想电阻电路的基本特征。

根据电容、电感元件的定义可知，如果通过电容元件的电流为有限值，则电容电压不能跃变。如果电感元件两端的电压为有限值，则电感电流不能跃变。因此，含电容或电感的电路具有动态特性，称之为动态电路。

如图 2-2-7 所示一阶 RC 电路中，把电路的结构或参数发生的突然变化称为换路，且认为换路是即刻完成的。

设换路在 $t=0$ 时刻进行，并把换路前的最终时刻记作 $t=0_-$，换路后的最初时刻记作 $t=0_+$，换路经历的时间为 0_- 到 0_+。0_+ 与 0、0 与 0_- 之间的间隔都趋于零。初始时刻（$t=0_+$）电路响应（电压、电流）及其导数在 $t=0_+$ 的值，称为初始值。

如图 2-2-7 所示一阶 RC 电路中的电容元件初始没有储能，$u_C(0_-)=0$，由于电容电压不能跃变，因此 $u_C(0_+)=0$，即电容电压的初始值为 0。

之后，在直流电压源的作用下，电容被充电，经过一段时间，电容被充满，暂态过程结束。

如图 2-2-7 所示一阶 RC 电路中的电容电压表达式为

$$u_C = U_S(1 - e^{-\frac{t}{\tau}}) \tag{2-2-14}$$

式中,$\tau = RC$,称为时间常数。

时间常数只取决于电路的参数,与电路的初始储能无关,它反映了电路本身的固有性质。时间常数的大小,反映了一阶电路暂态过程进展的快慢,时间常数越小,暂态过程进展越快,持续时间越短。

暂态过程是电路系统启动运行中的一种客观存在,可利用电路中的暂态实现一些特殊的要求。可通过如图 2-2-8 所示电路来理解。

在电路的输入端 u_1 加上如图 2-2-9(a)所示矩形脉冲,脉冲宽度为 t_p。适当地选择电路参数,使电容元件的充放电时间 $\tau \gg t_p$(即在正脉冲作用期间,电容几乎没有充电),则有

$$u_R \cong u_1 \Rightarrow i = u_1/R$$

由电容元件伏安关系的积分式,有

$$u_2 = \frac{1}{C}\int i \, dt = \frac{1}{RC}\int u_1 \, dt \tag{2-2-15}$$

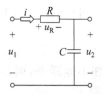

图 2-2-8 暂态利用的实例

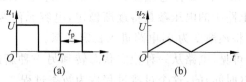

图 2-2-9 积分电路波形

由式(2-2-15)知,输出信号 u_2 与输入信号 u_1 满足近似积分关系,则称图 2-2-8 所示电路为积分电路。图 2-2-9(a)所示输入波形的输出波形如图 2-2-9(b)所示。由输出波形可以看出输出与输入信号的积分关系。

在电子技术中,存在着很多利用电路中的暂态实现应用要求的实用电路。本书第 9 章介绍的 555 定时器及其应用中提到的多谐振荡器便是暂态的典型应用实例。

值得指出的是,在如图 2-2-8 所示电路中,若将电容元件与电阻元件的位置交换一下(如图 2-2-10 所示),便构成另一个应用十分广泛的电路。

在如图 2-2-10 所示电路中加上图 2-2-11(a)所示输入波形,适当地选择电路参数,使电容元件的充放电时间(τ)与输入信号 u_1 的脉冲宽度(t_p)相比忽略不计,即 $\tau \ll t_p$(电容充放电几乎不需要时间),则有

$$u_C \cong u_1 \Rightarrow u_2 = Ri = RC\frac{du_C}{dt} = RC\frac{du_1}{dt} \tag{2-2-16}$$

图 2-2-10 微分电路

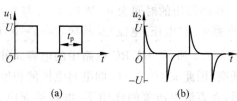

图 2-2-11 微分电路波形图

由式(2-2-16)知,输出信号 u_2 与输入信号 u_1 近似满足微分关系,我们称图 2-2-10 所示电路为微分电路。图 2-2-11(a)所示输入波形的输出波形如图 2-2-11(b)所示。由输入、输出波形可看出输出与输入间的微分关系。

电路的暂态过程也有其有害的一面。如图 2-2-12 所示的一阶 RL 电路,开关断开后,电路将进入暂态。在开关断开的瞬间将可能产生数万伏,甚至数十万伏的高压,将给电路带来致命的伤害,必须设法避免这种情况的发生。

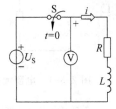

图 2-2-12 一阶 RL 电路

因此,在实际应用中,既可充分利用暂态过程的特性,又必须预防它所产生的危害。

思考题

2.2.1 试说明电容元件的电流为零,其储能是否等于零? 如果其电压为零,其储能是否也等于零?

2.2.2 试求一个 $10\mu F$ 的电容元件充电到 $10V$ 时的电荷及其储存电能。

2.2.3 已知电容元件的电压 $u=10\sin\pi t V, C=2F$。试分别求 $t=0$、$0.25s$、$0.5s$ 时,电容的电流和储存的电能。

2.2.4 已知一电感元件的电压 $u=5V(t\geqslant 4s)$,电感 $L=2H$,$t=0_+$ 时的电流 $i(0_+)=1A$。求电感元件的电流,并作电流 i 的波形图。

2.2.5 电路如图 2-2-13 所示,说明换路瞬间二极管的作用。

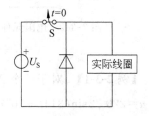

图 2-2-13 思考题 2.2.5 的图

2.3 三种基本元件的相量模型

三种基本元件同频率的正弦电压电流关系的相量模型是分析、计算正弦交流电路的基本依据,可用阻抗来描述。

阻抗的定义如下:二端网络(或元件)上电压相量与电流相量之比,称为该网络(或元件)的阻抗,用大写字母 Z 表示。

2.3.1 电阻元件的相量模型

对于图 2-3-1 所示电阻元件,当有正弦电流 i 通过时,其电压 u 与电流 i 的关系式为

$$u = Ri$$

u 和 i 为同频率的两个正弦量,其相量形式为

$$\dot{U} = R \times \dot{I} \qquad (2\text{-}3\text{-}1)$$

即

$$U \underline{/\theta_u} = RI \underline{/\theta_i}$$

所以

$$U = RI, \quad \theta_u = \theta_i$$

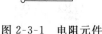

图 2-3-1 电阻元件

u 与 i 之间的相位差 $\varphi = \theta_u - \theta_i = 0$,表示电压 u 与电流 i 同相。

由阻抗的定义,电阻元件的阻抗为

$$Z_R = \frac{\dot{U}_m}{\dot{I}_m} = \frac{\dot{U}}{\dot{I}} = R \qquad (2\text{-}3\text{-}2)$$

电阻元件相量模型如图 2-3-2 所示。电压、电流的相量图见图 2-3-3。

图 2-3-2 电阻元件相量模型

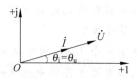

图 2-3-3 电阻元件的电压、电流相量

【例 2-3-1】 对于一个 220V、48.4W 的白炽灯,求此白炽灯的电阻。若外加电压源为 $u = 220\sqrt{2}\sin(314t - 30°)$ V,求其电流有效值。如保持电压值不变,改变电源频率,电流将为多少?

解法

(1) $R = U^2/P = 220^2/48.4 = 1000\,\Omega$

(2) 电阻阻抗与频率无关,如保持电压值不变,则电流保持不变,有

$$I = U/R = 220/1000 = 0.22\text{A}$$

2.3.2 电容元件的相量模型

如图 2-3-4 所示电容元件,当外加正弦电压 u 时,其电流 i 为

$$i = C\frac{\mathrm{d}u}{\mathrm{d}t}$$

其相量形式为(正弦量的微分的相量等于对应的相量乘以 $j\omega$)

$$\dot{I} = j\omega C\dot{U} \quad \text{或} \quad \dot{U} = \frac{\dot{I}}{j\omega C} \qquad (2\text{-}3\text{-}3)$$

图 2-3-4 电容元件

即(相量乘以 j,相位角正向旋转 90°)

$$I \underline{/\theta_i} = \omega CU \underline{/\theta_u + 90°}$$

所以

$$I = \omega CU \quad \text{或} \quad \frac{U}{I} = \frac{1}{\omega C}$$

由此可知，电容元件的电压、电流有效值的比值为 $1/(\omega C)$，单位为欧（Ω）。当 U 一定时，$1/(\omega C)$ 越大，则电流越小；$1/(\omega C)$ 越小，则电流越大。它体现了电容元件的性质，故称为容抗，用符号 X_C 表示，$X_C = 1/(\omega C)$。

当 C 一定时，X_C 与 ω 成反比，这表示高频电流容易通过电容元件，低频电流不容易通过电容元件。对于直流（$\omega = 0$），$X_C \to \infty$，电容元件相当于开路。

由式(2-3-3)还可得出

$$\theta_i = \theta_u + 90°$$

u 与 i 的相位差 $\varphi = \theta_u - \theta_i = -90°$。表示在相位上，电容元件的电流超前电压 $90°$，或电压滞后电流 $90°$。电容元件电压、电流的相量图如图 2-3-5 所示。

电容元件的阻抗为

$$Z_C = \dot{U}_m / \dot{I}_m = \dot{U}/\dot{I} = (U\underline{/\theta_u})/(I\underline{/\theta_i}) = U/I\underline{/\theta_u - \theta_i}$$

$$= \frac{1}{\omega C}\underline{/-90°} = \frac{1}{j\omega C} = -j\frac{1}{\omega C} = -jX_C \tag{2-3-4}$$

电容元件的相量模型如图 2-3-6 所示。

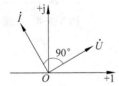

图 2-3-5　电容元件电压、电流相量图　　　图 2-3-6　电容元件相量模型

【例 2-3-2】 一个电容元件的电容 $C = 1600\mu F$，接到有效值为 $100V$，初相位为 $20°$ 的工频电压源上。

(1) 求电容元件的容抗；
(2) 求电容电流 i；
(3) 作出电压、电流的相量图；
(4) 若保持电压值不变，将电源频率调高 1 倍，电容的电流及容抗有何变化？

解法

(1) 先写出电压源表达式及容抗

$$u = 100\sqrt{2}\sin(314t + 20°)$$

$$\dot{U} = 100\underline{/20°}$$

$$Z = \frac{1}{\omega C}\underline{/-90°} = \frac{1}{314 \times 1600 \times 10^{-6}}\underline{/-90°} \approx 2\underline{/-90°}$$

所以

$$X_C = \frac{1}{\omega C} = \frac{1}{314 \times 1600 \times 10^{-6}} = 2\Omega$$

(2) 求电流相量

$$\dot{I} = \frac{\dot{U}}{Z} = \frac{100\,\angle 20°}{2\,\angle -90°} = 50\,\angle 110°$$

由电流相量,可写出电流的表达式如下：

$$i = 50\sqrt{2}\sin(314t + 110°)$$

(3) 作出电压、电流的相量图如图 2-3-7 所示。

(4) 保持电压值不变,将电源频率调高 1 倍,那么容抗将减少到原始值的 1/2,相应地,电容上的电流将增加 1 倍。

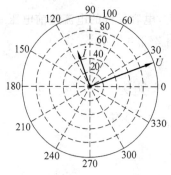

图 2-3-7 【例 2-3-2】的相量图

图 2-3-8 电感元件

2.3.3 电感元件的相量模型

如图 2-3-8 所示电感元件,当正弦电流通过时,其正弦电压与电流的关系为

$$u = L\frac{\mathrm{d}i}{\mathrm{d}t}$$

其相量形式为

$$\dot{U} = \mathrm{j}\omega L \dot{I} \quad \left(\text{或 } \dot{I} = \frac{\dot{U}}{\mathrm{j}\omega L}\right) \tag{2-3-5}$$

即

$$U\,\angle\theta_\mathrm{u} = \omega L I\,\angle\theta_\mathrm{i} + 90°$$

所以

$$U = \omega L I \quad \text{或} \quad \frac{U}{I} = \omega L$$

由此可知,电感元件电压和电流有效值的比值为 ωL,其单位为 Ω。当 U 一定时,ωL 越大,则 I 越小,它体现了电感元件阻碍交流电流的性质,故称为感抗,用符号 X_L 表示,$X_\mathrm{L} = \omega L$。当 L 一定时,X_L 与 ω 成正比,表示高频电流不容易通过电感元件,低频电流容易通过电感元件。而对于直流($\omega = 0$),$X_\mathrm{L} = 0$,电感元件相当于短路。

由式(2-3-5)还可得出

$$\theta_\mathrm{u} = \theta_\mathrm{i} + 90°$$

u 与 i 的相位差 $\varphi = \theta_\mathrm{u} - \theta_\mathrm{i} = 90°$,表示在相位上,电感元件的电压超前电流 $90°$。电压、电

流的相量图如图 2-3-9 所示。

电感元件的阻抗为

$$Z_L = \frac{\dot{U}_m}{\dot{I}_m} = \frac{\dot{U}}{\dot{I}} = \frac{U}{I}\underline{/\theta_u - \theta_i} = \omega L \underline{/90°} = j\omega L = jX_L \quad (2\text{-}3\text{-}6)$$

电感元件的相量模型如图 2-3-10 所示。

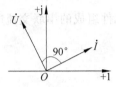

图 2-3-9　电感元件电压、电流相量图　　　图 2-3-10　电感元件相量模型

【例 2-3-3】　一个电感元件的电感 $L=8\text{mH}$，接到有效值为 1V，初相位为 20°的工频电压源上。

(1) 求电感元件的感抗；

(2) 求电感电流 i；

(3) 作出电压、电流的相量图；

(4) 若保持电压值不变，将电源频率调高 1 倍，电感的电流及感抗有何变化？

解法

(1) 先写出电压源相量及感抗

$$u = \sqrt{2}\sin(314t + 20°), \quad \dot{U} = 1\underline{/20°}$$

$$Z = \omega L \underline{/90°} = 314 \times 8 \times 10^{-3} \underline{/90°} \approx 2.5 \underline{/90°}$$

所以

$$X_L = \omega L = 314 \times 8 \times 10^{-3} = 2.5\Omega$$

(2) 求电流相量

$$\dot{I} = \frac{\dot{U}}{Z} = \frac{1\underline{/20°}}{2.5\underline{/90°}} = 0.4\underline{/-70°}$$

由电流相量，可写出电流的表达式如下：

$$i = 0.4\sqrt{2}\sin(314t - 70°)$$

(3) 作出电压、电流的相量图如图 2-3-11 所示。

(4) 保持电压值不变，将电源频率调高 1 倍，那么感抗将增加 1 倍，相应地，电感上的电流将减少到原始值的 1/2。

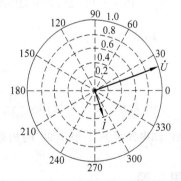

图 2-3-11　【例 2-3-3】的相量图

2.3.4　利用相量模型分析正弦交流电路

当正弦交流电路中的元件用其阻抗表示，元件的端电压、端电流用相量表示时，这样的电路图称为正弦交流电路的相量模型。建立了正弦交流电路的相量模型以后，可利用

直流电阻电路分析方法来分析正弦交流电路,即可通过合并串、并联阻抗,戴维宁等效等手段来简化电路。

显然,阻抗串联的等效阻抗等于各串联阻抗之和,阻抗并联的等效阻抗的倒数等于各并联阻抗倒数之和。由此可得出:多个电容元件并联的等效电容值为多个电容元件的电容值的和。多个电容元件串联的等效电容值的倒数为多个电容元件的电容值倒数的和。多个电感元件的串并联关系与电阻元件类似。

【例 2-3-4】 如图 2-3-12 所示电路为电阻与电容元件组成的串联交流电路,试求 U_R 与 U_S 的相位差。

解法

用相量法求解。

画出相量模型如图 2-3-13 所示,设 $\dot{U}_S = U_S\underline{/\theta_u}$,则

$$\dot{U}_R = \dot{U}_S \frac{R}{\frac{1}{j\omega C} + R} = U_S\underline{/\theta_u} \, R \Big/ \sqrt{R^2 + \left(\frac{1}{\omega C}\right)^2} \underline{/-\arctan(1/\omega CR)}$$

$$= \frac{U_S R}{\sqrt{R^2 + \left(\frac{1}{\omega C}\right)^2}} \underline{/\theta_u + \arctan\left(\frac{1}{\omega CR}\right)}$$

$$= U_R\underline{/\theta_R}$$

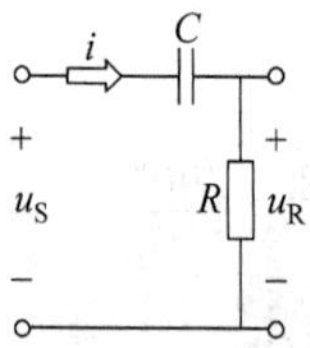

图 2-3-12 【例 2-3-4】的图 1

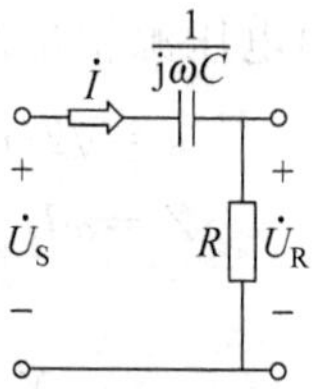

图 2-3-13 【例 2-3-4】的图 2

相位差为

$$\varphi = \theta_R - \theta_U = \arctan\frac{1}{\omega RC}$$

由于 RC 为正实数,$0 < \frac{1}{\omega RC} < \infty$,故 $0 < \varphi < 90°$,u_R 超前 u_S 一个锐角。同时还可看出,此电路实现了小于 90°的相移。

思考题

2.3.1 一个电容元件的电容 $C = 2000\mu F$,接到有效值为 2V,初相位为 20°的工频电压源上。(1)求电容元件的容抗;(2)求电容电流 i;(3)求无功功率和平均储能。

2.3.2 已知 $L = 0.002H$ 的电感元件的电流 $i = 0.637\sin(1000t + 25°)A$。(1)求电感元件的阻抗;(2)求电感电压相量 $\dot{U}$;(3)求电感元件的无功功率和平均储能。

2.3.3 一个电感元件和电容元件分别接到工频正弦电源时,电流都是1A,已知$L=2$H,求电容C。

2.3.4 图2-3-14各图中,电流表A_1和A_2的读数都为10A,试分别求各电路中电流表A的读数。

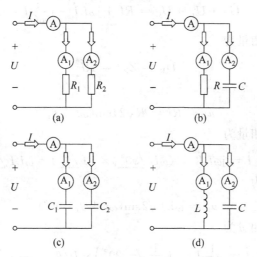

图2-3-14 思考题2.3.4的图

2.3.5 为什么不从动态角度求解【例2-3-4】?二者的响应有什么区别?

2.4 RLC串联电路

由电阻R、电感L和电容C这3个基本元件串联而成的电路便是RLC串联电路,如图2-4-1所示,它是广泛应用的一类交流电路。

2.4.1 RLC串联电路各元件的电压响应特点

设电流$i=\sqrt{2}I\sin(\omega t+\theta_i)$,可利用相量模型求出RLC串联电路各元件的电压响应。如图2-4-1所示电路的相量模型如图2-4-2所示。

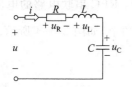

图2-4-1 RLC串联交流电路

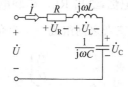

图2-4-2 RLC串联电路的相量模型

设电流i的相量$\dot{I}=I\underline{/\theta_i}$,由直流电阻电路理论,可知如图2-4-2所示电路的等效阻

抗为

$$Z = Z_R + Z_L + Z_C = R + j\omega L - j\frac{1}{\omega C} \quad (2\text{-}4\text{-}1)$$

根据基尔霍夫电压定律，可求出电路总电压 u 的相量为

$$\dot{U} = \dot{U}_R + \dot{U}_L + \dot{U}_C = R\dot{I} + j\omega L\dot{I} - j\frac{1}{\omega C}\dot{I} = Z\dot{I} \quad (2\text{-}4\text{-}2)$$

电阻元件的电压相量为

$$\dot{U}_R = Z_R \dot{I} = R\dot{I}$$

相应的时间函数式为

$$u_R = Ri = R\sqrt{2}I\sin(\omega t + \theta_i)$$

电感元件的电压相量为

$$\dot{U}_L = Z_L \dot{I} = j\omega L\dot{I} = (\omega L \underline{/90°}) \times (I \underline{/\theta_i}) = \omega L I \underline{/\theta_i + 90°}$$

其对应的时间函数式为

$$u_L = \omega L I\sqrt{2}\sin(\omega t + \theta_i + 90°)$$

电容元件的电压相量为

$$\dot{U}_C = Z_C \dot{I} = \frac{1}{j\omega C}\dot{I} = \left(\frac{1}{\omega C}\underline{/-90°}\right) \times I\underline{/\theta_i} = \frac{I}{\omega C}\underline{/\theta_i - 90°}$$

其相应的时间函数式为

$$u_C = \frac{I}{\omega C}\sqrt{2}\sin(\omega t + \theta_i - 90°)$$

RLC 串联电路的电压相量为

$$\dot{U} = \dot{U}_R + \dot{U}_L + \dot{U}_C = \left[R + j\left(\omega L - \frac{1}{\omega C}\right)\right]\dot{I}$$

$$= \sqrt{R^2 + \left(\omega L - \frac{1}{\omega C}\right)^2}\, I\, \underline{/\theta_i + \arctan\dfrac{\omega L - \dfrac{1}{\omega C}}{R}}$$

相应的时间函数式为

$$u = \sqrt{R^2 + \left(\omega L - \frac{1}{\omega C}\right)^2}\, I\sqrt{2}\sin\left(\omega t + \theta_i + \arctan\dfrac{\omega L - \dfrac{1}{\omega C}}{R}\right) \quad (2\text{-}4\text{-}3)$$

RLC 串联电路的电流及各电压相量图如图 2-4-3 所示。

为方便记忆，给出 RLC 串联电路的电压关系的结论：RLC 串联电路的电压相量 $\dot{U}$、$\dot{U}_R$、$\dot{U}_L + \dot{U}_C$ 三者之间组成一个直角三角形，称为电压三角形，如图 2-4-4 所示。

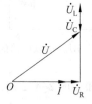

图 2-4-3 RLC 电路相量图

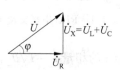

图 2-4-4 电压三角形

由式(2-4-1),阻抗 Z 的实部为电阻 R,虚部为电抗 $X=X_L-X_C$,电抗为感抗与容抗的差。实部为"阻",虚部为"抗",阻抗体现了此串联交流电路的性质,表示了电路的电压相量与电流相量之间的关系。

根据上述性质,在计算阻抗时,可分别求出电阻、感抗、容抗,从而直接写出电路的阻抗(参见【例 2-4-1】)。

可写出 RLC 串联电路的阻抗相量为

$$Z = \sqrt{R^2 + \left(\omega L - \frac{1}{\omega C}\right)^2} \bigg/ \arctan\frac{\omega L - \frac{1}{\omega C}}{R} = |Z|\underline{/\varphi}$$

由上式可见,阻抗的模 $|Z|$ 表示了大小关系,阻抗的幅角 φ 表示了相位关系。

阻抗的模为

$$|Z| = \sqrt{R^2 + \left(\omega L - \frac{1}{\omega C}\right)^2} = \sqrt{R^2 + (X_L - X_C)^2} = \sqrt{R^2 + X^2}$$

为方便记忆,给出 RLC 串联电路的阻抗关系的结论:RLC 串联电路的阻抗的模 $|Z|$、电阻 R、电抗 X 三者之间的关系可用阻抗三角形表示,如图 2-4-5 所示。

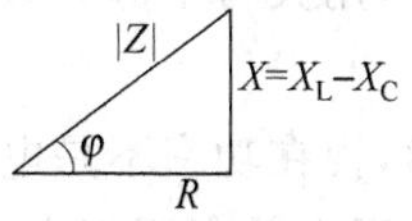

阻抗的幅角称为阻抗角,与电路性质有关。对于感性电路,阻抗角 φ 为正;对于容性电路,阻抗角 φ 为负。

图 2-4-5 阻抗三角形

*2.4.2 RLC 串联电路中的功率分析

下面讨论 RLC 串联交流电路在正弦激励下的功率。

设 RLC 串联交流电路的端电压、端电流分别为

$$u = U\sqrt{2}\sin(\omega t + \varphi)$$
$$i = I\sqrt{2}\sin\omega t$$

当电压 u 与电流 i 取关联参考方向时,RLC 串联交流电路的瞬时功率为

$$p(t) = ui = \sqrt{2}U \times \sqrt{2}I\sin(\omega t + \varphi)\sin\omega t$$

根据三角公式 $\sin x \sin y = \frac{1}{2}[\cos(x-y) - \cos(x+y)]$,有

$$p(t) = UI\cos\varphi - UI\cos(2\omega t + \varphi) \tag{2-4-4}$$

由式(2-4-4)可见,瞬时功率有两个分量:一个为恒定量;另一个为 2 倍于角频率的正弦量。后者平均值为零,所以网络吸收的平均功率就等于瞬时功率的恒定量(即瞬时功率的平均值),用 P 表示,有

$$P = UI\cos\varphi \tag{2-4-5}$$

由三角公式 $\cos(x+y) = \cos x\cos y - \sin x\sin y$,将式(2-4-4)的第 2 项展开,有

$$p(t) = UI\cos\varphi - UI\cos(2\omega t + \varphi)$$
$$= UI\cos\varphi(1 - \cos2\omega t) + UI\sin\varphi\sin2\omega t \tag{2-4-6}$$

由式(2-4-6)可见,第 1 项始终大于或等于零($\varphi \leqslant 90°$),它是瞬时功率的不可逆部分;

第 2 项的值正、负交替,是瞬时功率的可逆部分,说明二端网络与外部电路之间来回交换能量。当 $p(t)>0$ 时,表示二端网络从外部吸收能量;$p(t)<0$,表示二端网络向外部输出能量。

为了衡量二端网络交换能量的能力,定义二端网络与外部交换能量的最大速率为二端网络的无功功率,用 Q 表示,单位为乏(var)[①],定义式如下:

$$Q = UI\sin\varphi \tag{2-4-7}$$

式中,φ 为电压与电流的相位差。

从式(2-4-6)可见,无功功率与瞬时功率的可逆部分有关。相对于无功功率,平均功率又称为有功功率。

由于阻抗角有正有负,所以,无功功率 Q 是一个代数量。RLC 串联交流电路若是感性的,$Q>0$,它吸收的无功功率为正值;若是容性的,$Q<0$,它吸收的无功功率为负值(或发出正的无功功率)。

在电工电子技术中,将正弦交流电路的端电压与端电流有效值的乘积 UI 称为视在功率,用大写字母 S 表示,即

$$S = UI \tag{2-4-8}$$

显然,视在功率不是电路吸收的平均功率,看起来像是一个功率,是一个假想的功率。

视在功率用于表示交流电气设备的容量。变压器的容量是额定电压 U_N 与额定电流 I_N 的乘积,即其额定视在功率为

$$S_N = U_N I_N$$

视在功率的单位是伏安(VA)。

因为

$$S = \sqrt{(UI\cos\varphi)^2 + (UI\sin\varphi)^2} = \sqrt{(UI)^2(\cos^2\varphi + \sin^2\varphi)} = UI$$

所以,视在功率 S、有功功率 P 与无功功率 Q 之间的关系为

$$S = \sqrt{P^2 + Q^2} \tag{2-4-9}$$

可见,S、P 与 Q 三者之间的关系也可用直角三角形表示,称之为功率三角形,如图 2-4-6 所示。图中,φ 又称为功率因数角,且 $\varphi = \arctan\dfrac{Q}{P} = \arctan\dfrac{X}{R}$,$\cos\varphi$ 称为功率因数(详见 2.5 节)。

图 2-4-6 功率三角形

【例 2-4-1】 在由电阻、电感和电容元件所组成的串联电路中,已知 $R=7.5\Omega$,$L=6\mathrm{mH}$,$C=5\mu\mathrm{F}$,外加电压源电压 $u=100\sqrt{2}\sin5000t\mathrm{V}$。

(1) 求电流的有效值与瞬时值表示式。

(2) 求各元件上的电压有效值与瞬时值表示式。

(3) 作出电压、电流的相量图。

(4) 求电路的平均功率和无功功率。

[①] 最新标准将有功功率、无功功率单位统一用 W(瓦)表示,为使读者能读懂传统电工书籍,此处沿用传统单位乏(var)。

解法

先计算 RLC 串联电路的阻抗

感抗：$X_L = \omega L = 5000 \times 6 \times 10^{-3} = 30\Omega$

容抗：$X_C = \dfrac{1}{\omega C} = \dfrac{1}{5000 \times 5 \times 10^{-6}} = 40\Omega$

电抗：$X = X_L - X_C = 30 - 40 = -10\Omega$

电路阻抗：$Z = R + jX = 7.5 - j10 = 12.5\underline{/-53.13°}$

(1) 计算有效值与瞬时值

外加电压源电压有效值相量：$\dot{U} = 100\underline{/0°}$ V

电流有效值相量：$\dot{I} = \dot{U}/Z = 100\underline{/0°}/12.5\underline{/-53.13°} = 8\underline{/53.13°}$ A

电流的有效值：$I = 8$A

电流瞬时值：$i = 8\sqrt{2}\sin(5000t + 53.13°)$ A

(2) 计算各元件的电压有效值相量

电阻电压有效值相量：$\dot{U}_R = R\dot{I} = 7.5 \times 8\underline{/53.13°} = 60\underline{/53.13°}$

电感电压有效值相量：$\dot{U}_L = jX_L\dot{I} = j30 \times 8\underline{/53.13°} = 240\underline{/143.13°}$

电容电压有效值相量：$\dot{U}_C = -jX_L\dot{I} = -j40 \times 8\underline{/53.13°} = 320\underline{/-36.87°}$

各元件电压的有效值、瞬时值分别为：

$U_R = 60$V $u_R = 60\sqrt{2}\sin(5000t + 53.13°)$ V

$U_L = 240$V $u_L = 240\sqrt{2}\sin(5000t + 143.13°)$ V

$U_C = 320$V $u_C = 320\sqrt{2}\sin(5000t - 36.87°)$ V

(3) 作相量图

作出 $\dot{U}$、$\dot{U}_R$、$\dot{U}_L + \dot{U}_C$ 的相量图如图 2-4-7 所示。由图知，它们构成一个直角三角形。

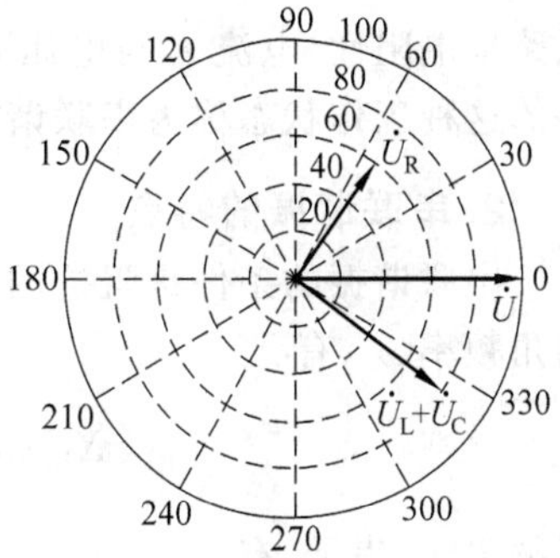

(4) 电路的平均功率为

$P = UI\cos\varphi = 100 \times 8 \times \cos(-53.13°) = 480$W

电路的无功功率为

$Q = UI\sin\varphi = 100 \times 8 \times \sin(-53.13°) = -640$var

图 2-4-7 电压、电流相量图

*2.4.3 RLC 串联电路中的谐振问题

由三种基本元件组成串联电路时，电路可能呈感性（或容性），还可能呈电阻性。一般说来，在具有电感和电容的不含独立源的电路中，在一定条件下，可形成端电压与端电流同相的现象，称为谐振。谐振时，电路的阻抗角为零，即阻抗的虚部为零。

谐振现象在电子技术等领域得到广泛应用。在某些情况下，电路中发生谐振会破坏正常工作，因此有时必须防止发生谐振。

为了利用谐振现象，以线圈和电容器组成谐振电路。谐振电路有串联谐振电路、并联谐振电路和耦合谐振电路等。限于篇幅，在此只讨论串联谐振电路。

1. 什么是串联谐振

如图 2-4-2 所示为 RLC 串联电路的相量模型,其输入阻抗为

$$Z(j\omega) = \frac{U(j\omega)}{I(j\omega)} = R + j\left(\omega L - \frac{1}{\omega C}\right) = R + j(X_L - X_C)$$

$$= R + jX = |Z(j\omega)| \underline{/\varphi(\omega)} \tag{2-4-10}$$

式中

$$X = X_L - X_C = \omega L - \frac{1}{\omega C}$$

$$|Z(j\omega)| = \sqrt{R^2 + X^2}$$

$$\varphi(\omega) = \arctan\frac{X}{R}$$

当 ω 变动时,感抗 X_L 随 ω 成正比变化,容抗 X_C 随 ω 成反比变化,如图 2-4-8 所示。

由图 2-4-8 可看出,当 $\omega < \omega_0$ 时,$X_L < X_C$,$X < 0$,电路呈容性;当 $\omega > \omega_0$ 时,$X_L > X_C$,$X > 0$,电路呈感性。

当 $\omega = \omega_0$ 时

$$X_0 = X_{L0} - X_{C0} = \omega_0 L - \frac{1}{\omega_0 C} = 0$$

$$Z_0 = |Z_0(j\omega_0)| = R$$

电路呈电阻性,电流 $\dot{I}$ 与电压 $\dot{U}$ 同相。工程上将串联电路的这种工作状态称为串联谐振。

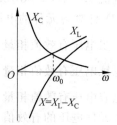

图 2-4-8 RLC 串联电路电抗曲线

2. 串联谐振的特点

串联谐振的条件是阻抗的虚部为零,感抗与容抗相等。由此可求出电路发生谐振时的角频率 ω_0,有

$$X_{L0}(\omega_0 L) = X_{C0}\left(\frac{1}{\omega_0 C}\right) \Rightarrow \omega_0 = \frac{1}{\sqrt{LC}} \tag{2-4-11}$$

用频率 f_0 表示,有

$$f_0 = \frac{1}{2\pi\sqrt{LC}} \tag{2-4-12}$$

可见,谐振角频率 ω_0(或谐振频率 f_0)仅取决于电路的电感和电容,ω_0(或 f_0)称为电路的固有角频率(或固有频率)。改变电路中的 L 或 C,都可以改变电路的固有频率。

串联谐振具有以下特点:

(1) 谐振时电路的阻抗最小,电压一定时,电流最大。

谐振时电路的阻抗为

$$Z(j\omega_0) = Z_0 = R + j\left(\omega_0 L - \frac{1}{\omega_0 C}\right) = R$$

最大电流为

$$\dot{I}_0 = \frac{\dot{U}}{Z_0} = U\underline{/\theta_u}/R = I\underline{/\theta_u}$$

(2) 谐振时电感电压 U_{L0} 等于电容电压 U_{C0},可能大大超过电压 U。解释如下:

谐振时的感抗等于容抗,引入特性阻抗 ρ,有

$$\rho = \omega_0 L = \frac{1}{\omega_0 C} = \sqrt{\frac{\omega_0 L}{\omega_0 C}} = \sqrt{\frac{L}{C}} \tag{2-4-13}$$

谐振时,电感和电容上的电压分别为

$$\left. \begin{array}{l} U_{L0} = \omega_0 L I_0 = \dfrac{\rho}{R} U = QU \\[2mm] U_{C0} = \dfrac{1}{\omega_0 C} I_0 = \dfrac{\rho}{R} U = QU \end{array} \right\} \tag{2-4-14}$$

式中,符号 Q 为谐振时电感电压或电容电压与电源电压的比值,称为串联谐振电路的品质因数,有

$$Q = \frac{U_{L0}}{U} = \frac{U_{C0}}{U} = \frac{\omega_0 L}{R} = \frac{1}{\omega_0 CR} = \frac{1}{R}\sqrt{\frac{L}{C}} = \frac{\rho}{R} \tag{2-4-15}$$

由于 ρ 可能远大于 R,所以,Q 可能远大于 1(实际谐振电路的 Q 值是远大于 1 的),故 $U_{L0}=U_{C0}$,可能远大于 U。因此,串联谐振也称为电压谐振。

在无线电技术和通信工程中,利用串联电路的谐振,可使微弱的输入信号在电容上产生比输入电压大得多的电压。在电力工程中,应避免发生或接近发生串联谐振现象,防止出现过压,以免造成元件的损坏。

谐振时,电压、电流的相量图如图 2-4-9 所示。

谐振时,输入阻抗角 $\varphi=0$,所以功率因数 $\lambda=\cos\varphi=1$,电路的平均功率为

$$P = UI_0\cos\varphi = UI_0 = U\omega_0 C U_{C0} = \omega_0 CQU^2$$

显然,电路的总无功功率为零,电路不与外部交换能量。但电感与电容的无功功率不等于零,电路内部自行交换能量。

如果 $\rho > R$,则 $Q > 1$,ρ 越大于 R,Q 越大。实用谐振电路的 Q 值一般在 20~2000,高质量谐振电路的 Q 值在 200 以上。

【例 2-4-2】 在如图 2-4-10 所示串联谐振电路中,已知 $R=10\Omega$,$L=10\mathrm{mH}$,$C=400\mathrm{pF}$,电源电压的有效值 $U=10\mathrm{V}$。(1)求电路的谐振角频率。(2)求电路的品质因数。(3)求电流、电压的有效值 I、U_{L0} 和 U_{C0}。

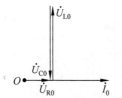

图 2-4-9 谐振时的相量图

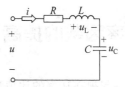

图 2-4-10 【例 2-4-2】的图

解法

(1) 由式(2-4-11),有

$$\omega_0 = \frac{1}{\sqrt{LC}} = \frac{1}{\sqrt{10\times 10^{-3}\times 400\times 10^{-12}}} = 500\times 10^3\ \mathrm{rad/s}$$

(2) 由式(2-4-15)求得电路的品质因数为

$$Q = \frac{\rho}{R} = \sqrt{\frac{L}{C}} \cdot \frac{1}{R} = \sqrt{\frac{10 \times 10^{-3}}{400 \times 10^{-12}}} \times \frac{1}{10} = 500$$

(3) 求电流、电压的有效值

$$I = \frac{U}{R} = \frac{10}{10} = 1\text{A}$$

$$U_{L0} = U_{C0} = QU = 500 \times 10 = 5000\text{V}$$

思考题

2.4.1 指出在 RL 串联交流电路中，下列各式哪些对？哪些不对？

(1) $Z = L$ (2) $Z = \sqrt{R^2 + (\omega L)^2} \big/ {-\arctan(\omega L/R)}$

(3) $Z = \dfrac{U_m \sin(\omega t + \theta_u)}{I_m \sin(\omega t + \theta_i)}$ (4) $Z = \sqrt{R^2 + (\omega L)^2} \big/ \arctan(\omega L/R)$

2.4.2 指出在 RC 串联交流电路中，下列各式哪些对？哪些不对？

(1) $Z = R + \dfrac{1}{\omega C}$ (2) $Z = R - j\omega C$ (3) $Z = R - j\dfrac{1}{\omega C}$

(4) $R + jX_C = \dfrac{\dot{U}}{\dot{I}}$ (5) $R - jX_C = \dfrac{\dot{U}}{\dot{I}}$

2.4.3 指出在 RLC 串联交流电路中，下列各式哪些对？哪些不对？

(1) $Z = R + j(\omega L - \omega C)$ (2) $Z = R + j\left(\omega L + \dfrac{1}{\omega C}\right)$

(3) $Z = R + j\left(\omega L - \dfrac{1}{\omega C}\right)$ (4) $|Z| = \sqrt{(\omega L)^2 - \left(\dfrac{1}{\omega C}\right)^2}$

2.4.4 RLC 串联交流电路的总电压为 u，当 $L > C$ 时，u 超前于电路电流 i；$L < C$ 时，u 滞后于 i，这种说法对不对？

2.4.5 分别说明 RLC 串联交流电路的功率因数小于 1 和等于 1 时，电路呈现什么性质。功率因数是否能大于 1？

2.5 功率因数的提高

平均功率与视在功率的比值称为功率因数，用符号 λ 表示，即

$$\lambda = \frac{P}{S} = \frac{UI\cos\varphi}{UI} = \cos\varphi \tag{2-5-1}$$

式中，φ 为阻抗角，又称为功率因数角。功率因数角反映了电路的性质。电路呈感性，$\varphi > 0$；电路呈容性，$\varphi < 0$。对于纯电抗电路，$|\varphi| = 90°$；对于纯电阻电路，$\varphi = 0$。

功率因数等于阻抗角的余弦，功率因数 λ 总为正值，因此，在标明电气设备功率因数时，习惯上还注明设备的电路性质或电压与电流的相位关系。如电路呈感性时功率因数

为0.6,写为λ＝0.6(感性或电压超前电流)。

实际电力电路中,作为动力的异步电动机是感性负载,功率因数为0.7～0.85,日光灯电路的功率因数为0.3～0.5,感应加热装置的功率因数也小于1。这表明感性负载从电源吸收的能量中有一部分是交换(因为功率因数不等于1)而不是消耗的。功率因数越低,交换部分所占比例越大。

视在功率表示电气设备的额定容量。例如一台发电机的容量为75 000kVA,若功率因数为1,发电机输出有功功率为75 000kW;若功率因数为0.7,则发电机输出有功功率为 $75\,000 \times 10^3 \times 0.7 = 52\,500$ kW。可见,当负载的功率因数为0.7时,电源设备输出功率的能力没被完全利用。因此,为了充分利用电源设备容量,应尽量提高功率因数。

此外,提高功率因数还能减少输电线路的损失。因为发电厂在以一定的电压U向负载输送一定的有功功率P时,负载的功率因数λ越高,通过输电线的电流I(等于$P/u\lambda$)就越小,导线电阻的能量损耗和导线阻抗的电压越小。可见,提高功率因数对国民经济的发展有极其重要的意义。

提高功率因数的常用方法就是与感性负载并联电容器。在保证感性负载获得的有功功率不变的情况下,减小与电源相接的电路的阻抗角(即功率因数角),从而提高了功率因数。

【例2-5-1】 图2-5-1所示电路中,外加电源电压$U=380$V,$f=50$Hz。感性负载吸收的功率$P=20$kW,功率因数$\lambda=0.6$。为将功率因数提高到0.9,求负载两端并联的电容器的值。

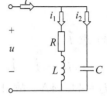

图2-5-1 【例2-5-1】的图1

解法
方法一 通过求无功功率求解
(1) 求并联电容器后电路的总无功功率。由于

$$I = \frac{P}{U \times 0.9} = \frac{20 \times 10^3}{380 \times 0.9} = 58.48 \text{A}$$

$$\varphi = \arccos 0.9 = 25.84°$$

故得

$$Q = 380 \times 58.48 \times \sin 25.84° = 9.69 \text{kvar}$$

(2) 再求电感的无功功率。由于

$$I_1 = \frac{P}{U\lambda} = \frac{20 \times 10^3}{380 \times 0.6} = 87.7 \text{A}$$

$$\varphi_1 = \arccos \lambda = \arccos 0.6 = 53.1°$$

故得

$$Q_L = UI \sin\varphi_1 = 380 \times 87.7 \times \sin 53.1° = 26.65 \text{kvar}$$

所以,电容的无功功率为

$$Q_C = Q - Q_L = (9.69 - 26.65) \times 10^3 = -16.96 \text{kvar}$$

所需并联电容值为

$$C = \frac{Q_C}{-\omega U^2} = \frac{-16.96}{-314 \times 380^2} = 374 \mu\text{F}$$

方法二　相量法

设 $\dot{U}$ 为参考相量，$\dot{U}=380\underline{/0°}$。

(1) 先求 $\dot{I}$。

$$I = \frac{P}{U \times 0.9} = \frac{20 \times 10^3}{380 \times 0.9} = 58.48\text{A}$$

$$\varphi = \arccos 0.9 = 25.84°$$

由于电路为感性负载，电压超前电流，所以

$$\dot{I} = 58.48\underline{/-25.84°}$$

(2) 再求 $\dot{I}_1$。

$$I_1 = \frac{P}{U\lambda} = \frac{20 \times 10^3}{380 \times 0.6} = 87.7\text{A}$$

$$\varphi_1 = \arccos\lambda = \arccos 0.6 = 53.1°$$

所以

$$\dot{I}_1 = 87.7\underline{/-53.1°}$$

(3) 求 $\dot{I}_2$。

$$\dot{I}_2 = \dot{I} - \dot{I}_1 = 58.48\underline{/-25.84°} - 87.7\underline{/-53.1°} = 44.64\underline{/90°}$$

所以，$I_2 = 44.64$A。故可得并联电容值为

$$C = \frac{I_2}{\omega U} = \frac{44.64}{314 \times 380} = 374\mu\text{F}$$

各电流相量如图 2-5-2 所示。

方法三　通用计算公式

可推导出本例的通用计算公式，下面作一简要介绍。

由于 $\dot{I}_2 = \dot{I} - \dot{I}_1$，电路为纯容性的，所以

$$\begin{aligned}I_2 &= I\sin\theta - I_1\sin\theta_1 \\ &= I\sin(-\varphi) - I_1\sin(-\varphi_1) \\ &= I_1\sin\varphi_1 - I\sin\varphi \end{aligned} \quad (2\text{-}5\text{-}2)$$

式中，θ 为电流的初相位；φ 为电压与电流的相位差。

电容为储能元件，不消耗功率，有功功率为 0，所以，

$$UI_1\cos\varphi_1 = UI\cos\varphi = P$$

将式(2-5-2)两边同乘以 U，并用有功功率 P 表示，有

$$UI_2\sin(90°) = UI_1\sin\varphi_1 - UI\sin\varphi$$

即

$$UI_2 = UI_1\sin\varphi_1 - UI\sin\varphi = P\frac{\sin\varphi_1}{\cos\varphi_1} - P\frac{\sin\varphi}{\cos\varphi} = P(\tan\varphi_1 - \tan\varphi)$$

又 $I_2 = \omega C U$，故得

$$C = \frac{P}{\omega U^2}(\tan\varphi_1 - \tan\varphi) \quad (2\text{-}5\text{-}3)$$

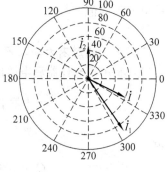

图 2-5-2　【例 2-5-1】的图 2

所以,
$$C = \frac{20 \times 10^3}{314 \times 380^2}(\tan 53.1° - \tan 25.84°) \approx 374\mu F$$

思考题

2.5.1 已知一用电设备的$|Z|=70.7\Omega, R=50\Omega$,求该设备的功率因数。

2.5.2 已知一感性负载的功率因数为0.5,若用同样的感性负载与它并联,其总功率因数是多大?若用电阻与它并联,总功率因数是增大还是减小?

习题

2-1 填空题

1. 正弦交流电路的激励信号为随时间按正弦规律变化的电压或电流,称为_____,统称为_____。对任一正弦量,当其_____(或_____)、_____(或_____)和_____确定以后,该正弦量就能完全确定下来。

2. 正弦量在整个振荡过程中达到的最大值称为_____,正弦量任一时刻的值称为_____。_____、_____都不能确切反映它们在电路转换能量方面的效应,因此工程中通常采用_____表示周期量的大小。其含义为将一个_____在_____作用于电阻产生的热量换算为热效应与之相等的直流量,以衡量和比较周期量的效应,这一直流量的大小就称为周期量的_____,用_____表示。如不加说明,交流电气设备铭牌上所标的电压值、电流值一般皆指其_____。

3. 正弦量随时间变化的角度$\omega t+\theta$称为正弦量的_____,$t=0$时正弦量的相位,称为_____。当_____为正时,表示正弦量的零值出现在计时起点_____;初相位为负时,表示正弦量的零值出现在起始时刻_____。

4. 常用_____来描述两个同频率正弦量的区别。同频率的两个正弦量的_____等于它们的_____,用文字符号_____表示。同频率的两个正弦量的相位差等于它们的_____,是一个与_____无关的常数。

5. 线性交流电路中的激励与响应都是_____的正弦量,因此,每个电路的全部稳态响应都是_____的正弦量,只有_____与_____是未知的。而一个正弦量的_____和_____可用_____同时表示,这个代表正弦量的_____有一个特殊的名字,称为_____。_____不是_____,但对于给定频率的_____,与这个_____有一一对应的关系。

6. 电容元件是一个二端元件,在任一时刻,其所储电荷q和端电压u之间满足$q=Cu$的约束关系。虽然电容元件是按照库伏特性定义的,但在应用中,人们总是更为关心其伏安特性。在任一时刻,电容元件的电流与电压的变化率成正比。具有通高频阻低频的作用。

7. _____是一个二端元件,在任一时刻,其磁通链ψ与电流i之间满足_____的约束关系。虽然_____是按照_____定义的,但在应用中,人们总是更为关心其_____。在任一时刻,电感元件的_____成正比,具有_____的作用。

8. 电路从一种稳定状态转到另一种新的稳定状态往往不能跃变,而是需要一定的过程(时间),这个过渡过程称为_____。从严格意义上讲,电路中任何形式的能量改变必然导致电路进入_____,_____是一种客观存在,只是当暂态时间_____时,认为电路的能量改变没有导致电路进入_____,这便是_____的基本特征。

9. 如果通过电容元件的_____为有限值,则_____不能跃变。如果电感元件两端的_____为有限值,则_____不能跃变。含电容或电感的电路具有动态特性,称为_____。

10. _____只取决于电路的参数,与电路的_____无关,反映了电路_____。_____的大小反映了_____,_____越小,_____进展越快,_____越短。

11. 二端网络(或元件)上_____与_____之比,称为该网络(或元件)的_____。当正弦交流电路中的元件用其_____表示,元件的端电压、端电流用_____表示时,这样的电路图称为正弦交流电路的_____。建立了正弦交流电路的_____以后,可利用_____来分析正弦交流电路。

12. _____用于表示交流电气设备的容量,不是电路吸收的_____,是一个_____的功率。二端网络的_____为二端网络与外部交换能量的_____。相对于_____,平均功率又称为_____。_____、_____与_____之间的关系可用一_____表示,称为_____。

13. 在具有电感和电容的不含独立源的电路中,在一定条件下,形成端电压与端电流同相的现象,称为_____。RLC 串联电路发生_____时,电路的_____最小,_____等于_____,可能大大超过_____。把谐振时_____或_____与_____的比值,称为串联谐振电路的_____。利用串联电路的_____,可使微弱的输入信号在电容上产生比输入电压大得多的电压。

14. _____等于阻抗角的余弦,总为_____。为了充分利用电源设备容量,减少输电线路的损失,应尽量_____功率因数,常用的方法是与_____并联电容器。

2-2 分析计算题(基础部分)

1. 试求下列各正弦波的幅值、有效值、周期、角频率、频率与初相位。

   (1) $i_1 = 10\sin 314t$ A 　　(2) $i_2 = 5\cos(5t + 27°)$ A

   (3) $i_3 = 10\sin 2\pi t$ A 　　(4) $i_4 = \sin\left(2t + \dfrac{3}{4}\pi\right) + \cos\left(2t + \dfrac{\pi}{3}\right)$ A

2. 分别求出下列各组正弦量的相位差,并指出它们之间相位的关系。

   (1) $u_1 = 4\sin(1000t + 60°)$ V, $u_2 = 5\sin\left(1000t + \dfrac{\pi}{3}\right)$ V

   (2) $u_1 = -10\sin(1000t - 120°)$ V, $u_2 = 5\sin(1000t - 30°)$ V

   (3) $i_1 = 10\sin(1000t + 135°)$ A, $i_2 = 5\sin(1000t - 30°)$ A

   (4) $i_1 = 10\sin(1000t + 135°)$ A, $i_2 = 15\sin(1000t + 30°)$ A

3. 指出下列各正弦量的表达式中,哪些对?哪些不对?

(1) $\dot{I}=10\underline{/40°}$ A (2) $I=6$ A (3) $I=5\mathrm{e}^{\mathrm{j}30°}$ A

(4) $i=10\sin\pi t$ A (5) $i=4-\mathrm{j}5$ A (6) $u=U_\mathrm{m}\sin(\omega t+\theta)=U_\mathrm{m}\mathrm{e}^{\mathrm{j}\omega t}$

(7) $\dot{I}=5\mathrm{e}^{30°}$ A (8) $\dot{I}=\sqrt{2}\sin(\omega t-45°)$ (9) $I=\sin 10t$

4. 如图 2-1 所示为正弦交流电路中的一个结点。已知 $\dot{I}_1=8+\mathrm{j}2$ A, $\dot{I}_2=4+\mathrm{j}2$ A, $\dot{I}_3=-6-\mathrm{j}6$ A,求电流有效值相量 $\dot{I}$ 和电流 i。

5. 如图 2-2 所示为正弦交流电路中的一个回路。已知 $\dot{U}_1=10\underline{/-120°}$ V, $\dot{U}_2=4+\mathrm{j}\sqrt{3}$ V,求电压有效值相量 $\dot{U}$ 和电压 u。

6. 已知 $\dot{I}=8+\mathrm{j}6$ A, $f=50$ Hz,请写出正弦量 i 的表达式,并画出相量图和波形图。如果 i 的参考方向选得相反,其表示式、相量图和波形图如何改变?

7. 已知一正弦电压的有效值为 220 V,频率为 50 Hz,初相位为零。
(1) 写出正弦电压的时间函数表示式。
(2) 分别计算 $t=T/6$、$T/4$、$T/2$ 时的电压值。

8. 电流 i 的波形如图 2-3 所示,写出其 sin 函数形式和 cos 函数形式的瞬时值表示式。

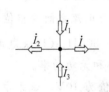
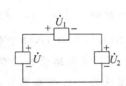
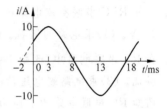

图 2-1 习题 2-2 题 4 的图　　图 2-2 习题 2-2 题 5 的图　　图 2-3 习题 2-2 题 8 的图

9. 已知 $u_1=100\sin 100\pi t$ V,若同频率的正弦电压 u_2 超前 u 的时间为 2 ms,其幅值为 u_1 的 2 倍,试写出正弦电压 u_2 的表示式。

10. 将下列各正弦量表示成有效值相量,并画出相量图。

(1) $u_1=220\sqrt{2}\sin\left(100\pi t+\dfrac{3\pi}{4}\right)$ V; $u_2=110\sin 100\pi t$ V

(2) $i_1=5\sin(314t-15°)$ A; $i_2=10\sin\left(314t+\dfrac{\pi}{4}\right)$ A

11. 已知正弦量的有效值相量 $\dot{I}_1=16+\mathrm{j}12$ A, $\dot{I}_2=5\underline{/60°}$ A,试分别用三角函数式、波形图和相量图表示。

12. 已知 $u_1=10\sqrt{2}\sin(10t+60°)$ V, $u_2=20\sqrt{2}\sin(10t-150°)$ V。请写出 u_1、u_2 的相量并画出相量图。求出它们的相位差。

13. 已知 $u_1=10\sqrt{2}\sin 100\pi t$ V, $u_2=15\sqrt{2}\sin(100\pi t-120°)$ V, $u_3=12\sqrt{2}\sin(100\pi t+120°)$ V,试求 (1) $\dot{U}_2+\dot{U}_3$;(2) $\dot{U}_3-\dot{U}_1$;(3) $\dot{U}_1+\dot{U}_2+\dot{U}_3$;(4) $\dot{U}_1-\dot{U}_2-\dot{U}_3$,并画出相量图。

14. 在下列阻抗表示式中,哪些对?哪些错?
(1) 电阻元件:$Z=R\underline{/0°}$, $Z=R\underline{/10°}$, $Z=R\underline{/-10°}$, $Z=\mathrm{j}R$

(2) 电容元件：$Z=j\omega C$，$Z=\dfrac{1}{j\omega C}$，$Z=\dfrac{1}{\omega C}$，$Z=\omega C$

(3) 电感元件：$Z=\omega L$，$Z=\dfrac{1}{j\omega L}$，$Z=\omega L\underline{/90°}$，$Z=j\omega L$

15. 已知流过 $100\mu F$ 电容元件的电流 $i=\sqrt{2}\sin(100t-30°)$ A。求(1)电容元件的阻抗 Z；(2)电容元件的电压 u。

16. 已知电感元件的电流 $i=10\sqrt{2}\sin314t$ A，$L=50$mH。(1)求电感元件的阻抗。(2)求电感元件的电压 u。(3)分别计算 $t=T/6$、$T/4$、$T/2$ 时电感元件的电流值和电压值。

17. 已知 5Ω 电阻元件的电压为 $220\sqrt{2}\sin(314t-120°)$ V。(1)求元件的阻抗。(2)求元件的电流 i。(3)画出元件电压、电流的相量图。(4)求元件吸收的平均功率与瞬时功率。

18. 已知电容元件的电压 $u=20\sin314t$ V，$C=1200\mu F$。(1)求电容元件的阻抗。(2)求电容元件的电流 i。(3)画出电容元件的电压、电流相量图。(4)求电容元件吸收的有功功率和无功功率。

19. 已知电感元件的电压 $u=20\sin314t$ V，$L=20$mH。(1)求元件的阻抗。(2)求元件的电流 i。(3)画出元件的电压、电流相量图。(4)求元件的有功功率与无功功率。

20. 已知 RLC 串联交流电路的 $R=10\Omega$，$X_L=17.32\Omega$，$X_C=7.32\Omega$，电压 u 的有效值 $U=220$V。(1)求电路的阻抗。(2)求电流的有效值。(3)求电压 u 与电流之间的相位差。

21. 在 RL 串联电路中，已知 $i=5\sqrt{2}\sin(10^6 t+30°)$ A，$R=40\Omega$，$L=30\mu H$。(1)求电路的阻抗。(2)求电路端电压的有效值。(3)求电路吸收的有功功率和无功功率。

22. 已知 RC 串联电路的电阻为 3Ω，容抗为 4Ω，电路端电压有效值为 10V。试求电流、电压有效值 I、U_R 和 U_C。

2-3 分析计算题（提高部分）

1. 请求如图 2-4 所示各电路中电压表 V 的读数。

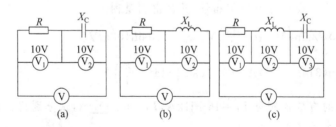

图 2-4 习题 2-3 题 1 的图

2. 如图 2-5 所示电路中 $\dot{I}_S=10\underline{/0°}$ A，请求电压相量 $\dot{U}$，并作电流、电压的相量图。

3. 在如图 2-6 所示电路中，电路的工作频率 $f=50$Hz，电流表读数为 1A，各电压表读数都为 100V。求 R、L 和 C 的值。

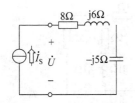
图 2-5　习题 2-3 题 2 的图

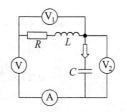
图 2-6　习题 2-3 题 3 的图

4. 求如图 2-7 所示电路中的电压相量 $\dot{U}$，并画出电压、电流的相量图。图中，$\dot{I}_S = 4\underline{/0°}$ A。

5. 求如图 2-8 所示电路中电流表 A 的读数。图中 A_1、A_2 和 A_3 的读数分别为 8A、16A 和 10A。

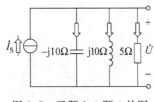
图 2-7　习题 2-3 题 4 的图

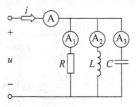
图 2-8　习题 2-3 题 5 的图

6. 求如图 2-9 所示各电路中电流表 A 的读数。

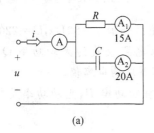

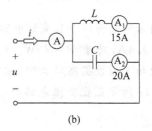

图 2-9　习题 2-3 题 6 的图

7. 求如图 2-10 所示电路的输入阻抗 Z_{ab}。

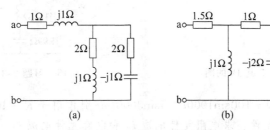

图 2-10　习题 2-3 题 7 的图

8. 求如图 2-11 所示电路的输入阻抗 Z_{ab}。

9. 已知一个线圈的电阻为 6Ω，感抗为 8Ω。该线圈与电容器串联后接到正弦电压源。如

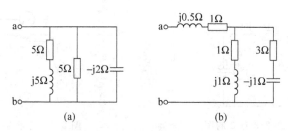

图 2-11 习题 2-3 题 8 的图

果外接电压源电压的有效值恰好等于线圈电压的有效值,求容抗。

10. 求如图 2-12 所示电路中的输入阻抗 Z_i 和 $\dot{U}_{ab}$。已知外加电流源的电流相量 $\dot{I}_S = 1\underline{/45°}$ A。

11. 在如图 2-13 所示电路中,若 $X_L = X_C = R = 100\Omega$,求电路的输入阻抗 Z_{ab}。

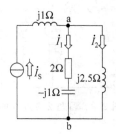
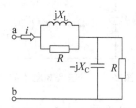

图 2-12 习题 2-3 题 10 的图   图 2-13 习题 2-3 题 11 的图

12. 如图 2-14 所示电路为一个日光灯电路模型。外加 $f = 50\text{Hz}, U = 220\text{V}$ 的电源,负载的电流 $I_1 = 0.4\text{A}$,功率 $P = 40\text{W}$。(1)求电路吸收的无功功率 Q 及功率因数 λ。(2)如要求把功率因数提高到 0.95,求所需并联的电容值。

13. 试求如图 2-15 所示正弦交流电路吸收的有功功率 P,无功功率及其功率因数。图中,$\dot{U}_S = 220\underline{/0°}$。

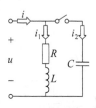
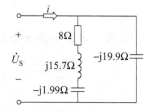

图 2-14 习题 2-3 题 12 的图   图 2-15 习题 2-3 题 13 的图

14. 已知电压源 $u = 150 + 100\sin1000t + 5\sin3000t$ 分别作用于 $R = 100\Omega$ 的电阻元件和 $C = 100\mu\text{F}$ 的电容元件。求电阻元件电流 i_R 和电容元件电流 i_C。

15. 电路如图 2-16(a)所示,图 2-16(b)为 C 分别等于 $10\mu\text{F}$、$20\mu\text{F}$、$30\mu\text{F}$、$40\mu\text{F}$ 时所得的 4 条 u_R 曲线。问 $30\mu\text{F}$ 对应哪条曲线?

16. 如图 2-17 所示为一个正弦交流电路,若电压 u_C 滞后电压 u_S 60°,应如何选择电路的参数?

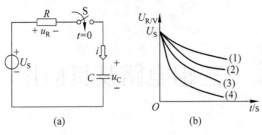
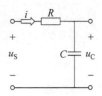

图 2-16　习题 2-3 题 15 的图　　　　图 2-17　习题 2-3 题 16 的图

2-4　应用题

1. 如图 2-18 所示电路中有一个感性负载,外加电源电压的 $U_S=380\text{V}$, $f=50\text{Hz}$,负载吸收的功率 $P=10\text{kW}$, $\lambda=0.5$。为将功率因数提高到 0.9,求所需与此感性负载并联的电容值。

2. 有一个 220V,40W 的白炽灯,接在电压 380V 且频率为 50Hz 的电压源上使用。如果用一个电阻和一个电容与它串联,分别求所需的电阻值和电容值。

3. 收音机天线调谐回路的模型如图 2-19 所示,已知等效电感 $L=250\mu\text{H}$,等效电阻 $R=20\Omega$。若接收频率 $f=1\text{MHz}$,电压 $U_S=10\mu\text{V}$ 的信号。(1)求调谐回路的电容值。(2)求谐振阻抗 Z_0、谐振电流 I_0 及谐振电容电压 U_{C0}。

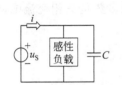
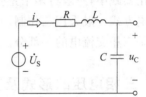

图 2-18　习题 2-4 题 1 的图　　　　图 2-19　习题 2-4 题 3 的图

第 3 章

三相电路及其应用

本章要点

本章从三相电压的特点出发,介绍了三相电源的星形、三角形联接,以及对称三相电路的构成及分析方法;最后介绍了工业、企业配电及安全用电知识。读者学习本章应重点理解三相电压的形式及其特点,三相电路星形联接、三角形联接的特点,能对简单的三相电路进行计算,并且了解工业、企业配电及安全用电知识。

3.1 三相电压

在应用实践中,一般将多个正弦电源组合使用。世界各国电力系统中,电能的生产、传输和供电方式一般采用三相制。工业用的交流电动机多数是三相交流电动机,日常生活用电也是三相交流电的一部分。本节将介绍三相电压。

3.1.1 三相电压的形式及其特点

三相电压一般由三相交流发电机产生,理解三相交流发电机是理解三相电压的基础。

三相交流发电机的原理如图 3-1-1 所示。从图中可看出,三相交流发电机主要由定子与转子两部分组成。转子是一个磁极,它以角速度 ω 旋转。定子是不动的,在定子的槽中嵌有三组同样的绕阻(线圈),即 AX、BY、CZ,每组称为一相,分别称为 A 相、B 相和 C 相。它们的始端标以 A、B、C,末端标以 X、Y、Z,要求绕组的始端之间或末端之间相隔 120°。同时,工艺上保证定子与转子之间的磁感应强度沿定子内表面按正弦规律分布,最大值在转子磁极的北极 N 和南极 S 处。这样,当转子以角速度 ω 顺时针旋转时,将在各相绕组的始端和末端间产生随时间按正弦规律变化的感应电压。

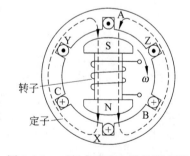

图 3-1-1 三相交流发电机的原理图

这些电压的频率、幅值均相同,彼此间的相位相差 120°,相当于三个独立的正弦电源。三相电源的各相电压分别为

$$\left.\begin{aligned}u_A &= \sqrt{2}U\sin\omega t \\ u_B &= \sqrt{2}U\sin(\omega t - 120°) \\ u_C &= \sqrt{2}U\sin(\omega t + 120°)\end{aligned}\right\} \quad (3\text{-}1\text{-}1)$$

在式(3-1-1)中,以 A 相电压 u_A 作为参考相量,则它们的相量为

$$\left.\begin{aligned}\dot{U}_A &= U\underline{/0°} \\ \dot{U}_B &= U\underline{/-120°} = U\left(-\frac{1}{2} - j\frac{\sqrt{3}}{2}\right) \\ \dot{U}_C &= U\underline{/120°} = U\left(-\frac{1}{2} + j\frac{\sqrt{3}}{2}\right)\end{aligned}\right\} \quad (3\text{-}1\text{-}2)$$

三个频率、幅值相同,彼此间相位相差 120°的电压,称为对称三相电压,其相量图及波形如图 3-1-2 和图 3-1-3 所示。

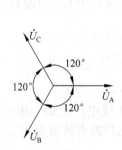
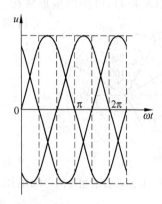

图 3-1-2 对称三相电压相量图 　　　图 3-1-3 对称三相电压的波形图

上述三相电压到达正幅值(或相应零值)的先后次序称为相序。图 3-1-2 所示三相电压的相序为 A→B→C,称为正序或顺序。与此相反,如 B 相超前 A 相 120°,C 相超前 B 相 120°,这种相序称为负序或逆序。今后如无特殊声明,均按正序处理。

对称三相电压的一个特点是

$$\left.\begin{aligned}u_A + u_B + u_C &= 0 \\ \dot{U}_A + \dot{U}_B + \dot{U}_C &= 0\end{aligned}\right\} \quad (3\text{-}1\text{-}3)$$

3.1.2　三相绕组的联接方式

虽然三相发电机的三相电源相当于三个独立的正弦电源,但在实践应用中,三相发电机的三相绕组一般都要按某种方式联接成一个整体后再对外供电。三相绕组有星形联接(简称 Y 联接)与三角形联接(简称△联接)两种联接方式。

如果把发电机的三个定子绕组的末端联接在一起,对外形成 A、B、C、N 四个端,称之为星形联接。中点 N 引出的导线称为中线或零线。A、B、C 三端分别向外引出三根导

线,这三根导线称为端线,俗称火线,如图3-1-4所示。

星形联接的三相电源(简称星形电源)的每一相电压(火线与零线间的电压)称为相电压,其有效值用 U_A、U_B、U_C 表示,一般通用 U_P 表示。相电压的定义如式(3-1-1),相量图如图3-1-2所示。端线 A、B、C 之间的电压(火线与火线之间的电压)称为线电压,其有效值用 U_{AB}、U_{BC}、U_{CA} 表示,一般通用 U_l 表示。

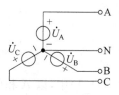

图 3-1-4 三相绕组的星形联接

根据基尔霍夫电压定律的相量形式,有

$$\left.\begin{array}{l} \dot{U}_{AB} = \dot{U}_A - \dot{U}_B \\ \dot{U}_{BC} = \dot{U}_B - \dot{U}_C \\ \dot{U}_{CA} = \dot{U}_C - \dot{U}_A \end{array}\right\} \quad (3\text{-}1\text{-}4)$$

由式(3-1-4),可作出星形联接三相电源的相量图如图 3-1-5 所示(MATLAB 仿真分析图,图中假定相电压有效值为220V)。从相量图可得出 $\dfrac{U_{AB}}{2}=U_A\cos30°=\dfrac{\sqrt{3}}{2}U_A$,又因为 $\dot{U}_{AB}$ 超前 $\dot{U}_A$ 30°,得到

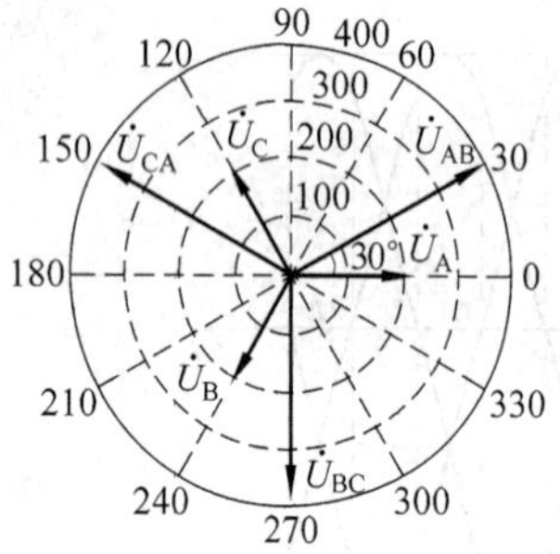

$$\left.\begin{array}{l} \dot{U}_{AB} = \sqrt{3}\,\dot{U}_A \underline{/30°} \\ \dot{U}_{BC} = \sqrt{3}\,\dot{U}_B \underline{/30°} \\ \dot{U}_{CA} = \sqrt{3}\,\dot{U}_C \underline{/30°} \end{array}\right\} \quad (3\text{-}1\text{-}5)$$

由式(3-1-5)可见,三相线电压也是一组对称正弦量,线电压超前相电压 30°,线电压的有效值为相电压有效值的 $\sqrt{3}$ 倍,即

$$U_L = \sqrt{3}\,U_P \quad (3\text{-}1\text{-}6)$$

图 3-1-5 星形联接的相量图

式中,U_L 和 U_P 分别代表线电压和相电压的有效值。

星形电源向外引出了四根导线,可给负载提供线电压和相电压两种电压。通常,低压配电系统中的相电压为220V,线电压为380V。

如果将发电机的三个定子绕组的始端和末端顺次相接,再从各联接点向外引出三根导线,称之为三角形联接。三角形接法没有中点,对外只有三个端子,如图3-1-6所示。

一般情况下,三角形联接的三相电源电压是对称的,所以,回路电压相量之和为零,即

$$\dot{U}_{AB} + \dot{U}_{BC} + \dot{U}_{CA} = 0 \quad (3\text{-}1\text{-}7)$$

其电压相量图如图 3-1-7 所示。因而在不接负载的状态下,电源回路中无电流通过。

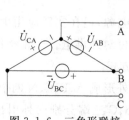

图 3-1-6 三角形联接

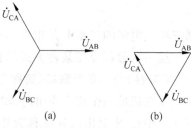

图 3-1-7 三角形联接相量图

由图 3-1-7 可见,三角形联接的三相电源的线电压有效值等于相电压的有效值,而且相位相同,即

$$\dot{U}_\mathrm{L} = \dot{U}_\mathrm{P} \tag{3-1-8}$$

必须指出,三相电源各绕组作三角形联接时,每相始端和末端应联接正确,否则三个相电压之和不为零,在回路内将形成很大的电流,从而烧坏绕组。

思考题

3.1.1 对称三相电源作三角形联接时,若未接负载,电源回路中是否有电流?如果一相电源电压的极性接反,电源回路中是否有电流通过?

3.1.2 已知对称三相电源的每相电压为 220V,请分别求出三相绕组作星形联接和三角形联接时的线电压。

3.2 对称三相电路的特点

三相电源一般都要按某种方式联接成一个整体后再对外供电。三相电源的联接方式有两种:一种是星形联接;另一种是三角形联接。三相负载也有星形和三角形两种接法。三相电源与负载之间有 Y-Y、△-△、Y-△、△-Y 联接方式。若每相负载都相同,称之为对称负载。对称三相电源和对称三相负载相联接,称为对称三相电路(一般情况下,电源总是对称的)。

3.2.1 对称 Y-Y 联接三相电路的特点

对称 Y-Y 联接三相电路包括三相四线制(有中线)与三相三线制(无中线)两种类型。对称 Y-Y 联接的三相四线制电路如图 3-2-1 所示。

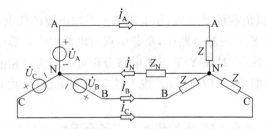

图 3-2-1 对称 Y-Y 联接的三相电路

设每相负载的阻抗都为 $Z=|Z|\underline{/\varphi}$,电源中点 N 与负载中点 N′ 的联接线称为中线。图 3-2-1 中,电源中点与负载中点之间接入中线阻抗 Z_N。各相负载的电流称为相电流,端线中的电流称为线电流。显然,在 Y-Y 三相电路中,每根端线的线电流就是该线所联接的电源或负载的相电流,即

$$\dot{I}_L = \dot{I}_P \tag{3-2-1}$$

三相电路实际上是正弦交流电路的一种特殊类型。因此,前面对正弦电路的分析方法完全适用于三相电路。也就是,先画出相量模型,然后应用电路的基本定律和分析方法求出电压和电流,再确定三相功率。对于对称三相电路来说,还可使分析、计算得以简化。先用结点电压法求出负载中点 N′ 与电源中点 N 之间的电压 $\dot{U}_{N'N}$,根据结点电压式(1-5-2),列出结点电压方程

$$\dot{U}_{N'N} = \frac{1}{Z}(\dot{U}_A + \dot{U}_B + \dot{U}_C) \Big/ \left(\frac{1}{Z_N} + \frac{3}{Z}\right)$$

由于 $\dot{U}_A + \dot{U}_B + \dot{U}_C = 0$,所以 $\dot{U}_{N'N} = 0$,即负载中点与电源中点是等电位点。因此,每相电源及负载与其他各相电源及负载是相互独立的。各相电源和负载中的电流等于线电流,它们是

$$\dot{I}_A = \frac{\dot{U}_A}{Z}$$

$$\dot{I}_B = \frac{\dot{U}_B}{Z} = \frac{\dot{U}_A \underline{/-120°}}{Z} = \dot{I}_A \underline{/-120°}$$

$$\dot{I}_C = \frac{\dot{U}_C}{Z} = \frac{\dot{U}_A \underline{/120°}}{Z} = \dot{I}_A \underline{/120°}$$

中线的电流为

$$\dot{I}_A + \dot{I}_B + \dot{I}_C = 0 \tag{3-2-2}$$

所以,在对称 Y-Y 电路中,中线如同开路。

由以上各式看出,由于 $\dot{U}_{N'N} = 0$,各相电路相互独立;又由于三相电源与负载对称,所以三相电流也对称。因此,对称 Y-Y 三相电路的分析可归结为单相(通常为 A 相)计算的方法。算出 $\dot{I}_A$ 后,根据对称性可推知其他两相电流 $\dot{I}_B$ 和 $\dot{I}_C$。注意,在单相计算电路中,$\dot{U}_{N'N} = 0$ 且与中线阻抗无关。

由于 $\dot{U}_{N'N} = 0$,所以负载的线电压、相电压的关系与电源的线电压、相电压关系相同。

综上所述,在对称 Y-Y 三相电路中,负载中点与电源中点是等电位点,流过中线的电流为零,每相电路相互独立,对称 Y-Y 三相电路分析可归结为单相的计算。线电流、相电流、线电压和相电压分别是一组对称量。线电流等于相电流;线电压超前相电压 30°,有效值为相电压的 $\sqrt{3}$ 倍。

中性线中既然没有电流通过,中性线在许多场合下可以不要,电路如图 3-2-2 所示。从图中可以看出,对称的三相发电机与对称的三相负载之间只有三根线相联,这就是三相三线制电路。

三相三线制电路在生产上应用极为广泛,因为生产上的三相负载(通常所见的是三相电动机)一般都是对称的。

对于对称 △-Y 联接三相电路,只要把三角形电源等效为星形电源;对称 Y-△ 联接三

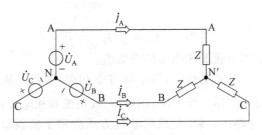

图 3-2-2 三相三线制的三相电路

相电路,只要把三角形负载等效为星形负载,化成对称 Y-Y 联接电路,然后用归结为单相的方法对电路进行分析、计算。

3.2.2 对称△-△联接三相电路的特点

对称△-△联接三相电路如图 3-2-3 所示。每相负载的阻抗为 $Z=|Z|\underline{/\varphi}$。由于每相负载直接联接在每相电源的两条端线之间,所以三角形联接的线电压等于相电压,即

$$\dot{U}_\text{L} = \dot{U}_\text{P}$$

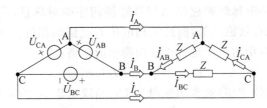

图 3-2-3 对称△-△联接三相电路

但线电流并不等于相电流。根据基尔霍夫电流定律,其相量形式为

$$\left.\begin{aligned}\dot{I}_\text{A} &= \dot{I}_\text{AB} - \dot{I}_\text{CA} \\ \dot{I}_\text{B} &= \dot{I}_\text{BC} - \dot{I}_\text{AB} \\ \dot{I}_\text{C} &= \dot{I}_\text{CA} - \dot{I}_\text{BC}\end{aligned}\right\} \qquad (3\text{-}2\text{-}3)$$

相电流相量可由相电压相量求出。由式(3-2-3),可作出相量图如图 3-2-4 所示。

从相量图可得出 $\dfrac{I_\text{A}}{2} = I_\text{AB}\cos 30° = \dfrac{\sqrt{3}}{2}I_\text{AB}$。又因为 $\dot{I}_\text{A}$ 滞后 $\dot{I}_\text{AB}$ 30°,由此得

$$\left.\begin{aligned}\dot{I}_\text{A} &= \sqrt{3}\dot{I}_\text{AB}\underline{/-30°} \\ \dot{I}_\text{B} &= \sqrt{3}\dot{I}_\text{BC}\underline{/-30°} \\ \dot{I}_\text{C} &= \sqrt{3}\dot{I}_\text{CA}\underline{/-30°}\end{aligned}\right\} \qquad (3\text{-}2\text{-}4)$$

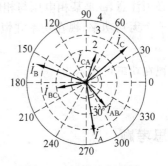

图 3-2-4 电流相量图

由式(3-2-4)可以看出,三个线电流也是一组对称正弦量。线电流滞后相电流 30°,线电流的有效值为相电流有效值的

$\sqrt{3}$倍,即

$$I_L = \sqrt{3} I_P \tag{3-2-5}$$

式中,I_L 和 I_P 分别代表线电流和相电流的有效值。

综上所述,对称△-△三相电路中,线电压等于相电压,线电流滞后相电流 30°,线电流的有效值等于相电流的$\sqrt{3}$倍。线电压、相电压、线电流和相电流都是一组对称正弦量。

应当注意,在三相电路中,三相负载的联接方式决定于负载每相的额定电压和电源的线电压。例如,三相电动机的额定相电压等于三相电源的线电压,应接成三角形。如果二者不相等,额定相电压为 220V 的三相电动机与线电压为 380V 的三相电源联接,应接成星形。

3.2.3 对称三相电路的平均功率

正弦交流电路中,功率的守恒性也适用于三相交流电路,即一个三相负载吸收的有功功率应等于其各相所吸收的有功功率之和,一个三相电源发出的有功功率等于其各相所发出的有功功率之和,即

$$P = P_A + P_B + P_C$$

由于对称三相电路中每组响应都是与激励同相序的对称量,所以,不但每相的相电压有效值相等,相电流有效值相等,而且每相电压与电流的相位差也相等,从而每相的有功功率相等。三相总有功功率就是一相有功功率的 3 倍,即

$$P = 3P_P = 3U_P I_P \cos\varphi \tag{3-2-6}$$

在实际应用中,式(3-2-6)通常用线电压 U_L 和线电流 I_L 的乘积形式来表示。对于对称星形接法,有

$$U_P = \frac{1}{\sqrt{3}} U_L, \quad I_P = I_L$$

对于对称三角形接法,有

$$U_L = U_P, \quad I_P = \frac{1}{\sqrt{3}} I_L$$

因此,无论对称星形接法还是对称三角形接法,三相电路总有功功率为

$$P = \sqrt{3} U_L I_L \cos\varphi \tag{3-2-7}$$

必须注意,φ 是某相电压与相电流间的相位差。

无功功率、视在功率守恒性也适用于三相电路。无功功率可表示为

$$Q = 3U_P I_P \sin\varphi = \sqrt{3} U_L I_L \sin\varphi \tag{3-2-8}$$

视在功率可表示为

$$S = 3U_P I_P = \sqrt{3} U_L I_L \tag{3-2-9}$$

思考题

三相四线制电路中,电源线的中线规定不得加装保险丝,这是为什么?

*3.3 三相电路的计算

前面讨论了 Y-Y、△-△两种对称三相电路的线电压与相电压、线电流与相电流的关系以及三相电路的功率。对于对称三相电路,可取一相来计算。单相的计算电路,就是基本元件组成的串联交流电路。当三相电路的电源或负载不对称时,称之为不对称三相电路。一般而言,三相电源总是对称的,不对称是指负载不对称。

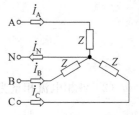

图 3-3-1 【例 3-3-1】的图

【**例 3-3-1**】 有一个星形负载接到线电压为 380V 的三相星形电源上,如图 3-3-1 所示,每相负载的阻抗 $Z=8+j6\Omega$。分别求有中线和无中线两种情况下,各相电流相量、中线电流相量和三相负载吸收的有功功率。

解法

(1) 有中线时,每相负载的相电压为

$$U_P = \frac{U_L}{\sqrt{3}} = \frac{380}{\sqrt{3}} = 220\text{V}$$

(2) 设参考相量为

$$\dot{U}_A = U_P \underline{/0°} = 220 \underline{/0°} \text{ V}$$

则

$$\dot{U}_B = \dot{U}_A \underline{/-120°} = 220 \underline{/-120°} \text{ V}, \quad \dot{U}_C = \dot{U}_A \underline{/120°} = 220 \underline{/120°} \text{ V}$$

(3) 计算电流相量。显然,A 相电流相量为

$$\dot{I}_A = \frac{\dot{U}_A}{Z} = \frac{220 \underline{/0°}}{8+j6} = \frac{220 \underline{/0°}}{10 \underline{/36.87°}} = 22 \underline{/-36.87°} \text{ A}$$

由于阻抗相等,根据 A 相电流相量,可推算出其余两相电流的相量为

$$\dot{I}_B = \dot{I}_A \underline{/-120°} = 22 \underline{/-156.87°} \text{ A}$$

$$\dot{I}_C = \dot{I}_A \underline{/120°} = 22 \underline{/83.13°} \text{ A}$$

中线电流相量为

$$\dot{I}_N = \dot{I}_A + \dot{I}_B + \dot{I}_C = 0 \quad (\text{因为各相电流对称})$$

(4) 负载吸收的有功功率为

$$P = \sqrt{3} U_L I_L \cos\varphi = \sqrt{3} \times 380 \times 22 \times \cos[0° - (-36.87°)] = 11.6\text{kW}$$

(5) 无中线时的计算

由于对称三相电路的线电流与相电流对称,中线电流为零,所以中线断开后,整个电路不受影响,各电流、有功功率与有中线时相同。

【例 3-3-2】 有一个三角形负载接到电压对称的三角形电源上,电路如图 3-3-2 所示。每相负载的阻抗 $Z=8+j6\Omega$,设 $u_{AB}=380\sqrt{2}\sin(314t+30°)\mathrm{V}$。(1)求各相电流和线电流相量。(2)求三相负载吸收的功率。

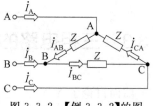

图 3-3-2 【例 3-3-2】的图

解法

(1) 对 △-△ 电路,各负载的相电压即线电压,有

$$\dot{U}_{AB} = 380\underline{/30°}\ \mathrm{V}$$

$$\dot{U}_{BC} = \dot{U}_{AB}\underline{/-120°} = 380\underline{/-90°}\ \mathrm{V}$$

$$\dot{U}_{CA} = \dot{U}_{AB}\underline{/120°} = 380\underline{/150°}\ \mathrm{V}$$

(2) 各相电流相量为

$$\dot{I}_{AB} = \frac{\dot{U}_{AB}}{Z} = \frac{380\underline{/30°}}{8+j6} = \frac{380\underline{/30°}}{10\underline{/36.87°}} = 38\underline{/-6.87°}\ \mathrm{A}$$

$$\dot{I}_{BC} = \frac{\dot{U}_{BC}}{Z} = \frac{\dot{U}_{AB}\underline{/-120°}}{Z} = \frac{380\underline{/-90°}}{10\underline{/36.87°}} = 38\underline{/-126.87°}\ \mathrm{A}$$

$$\dot{I}_{CA} = \frac{\dot{U}_{CA}}{Z} = \frac{\dot{U}_{AB}\underline{/120°}}{Z} = \frac{380\underline{/150°}}{10\underline{/36.87°}} = 38\underline{/113.13°}\ \mathrm{A}$$

(3) 由于电路对称,各线电流相量为

$$\dot{I}_A = \sqrt{3}\dot{I}_{AB}\underline{/-30°} = \sqrt{3}\times 38\underline{/-6.87°}\times\underline{/-30°} = 65.82\underline{/-36.87°}\ \mathrm{A}$$

$$\dot{I}_B = \sqrt{3}\dot{I}_{BC}\underline{/-30°} = \sqrt{3}\times 38\underline{/-126.87°}\times\underline{/-30°} = 65.82\underline{/-156.87°}\ \mathrm{A}$$

$$\dot{I}_C = \sqrt{3}\dot{I}_{CA}\underline{/-30°} = \sqrt{3}\times 38\times\underline{/113.13°}\times\underline{/-30°} = 65.82\underline{/83.13°}\ \mathrm{A}$$

(4) 三相负载吸收的功率为

$$P = \sqrt{3}U_L I_L\cos\varphi = \sqrt{3}\times 380\times 65.82\times\cos[30°-(-6.87°)] = 34.66\mathrm{kW}$$

由【例 3-3-2】与【例 3-3-1】相比较可见,在三相电源不变、负载阻抗不变的条件下,负载由星形接法改为三角形接法时,三角形接法的相电压增加为星形接法时的 $\sqrt{3}$ 倍,相电流也增加为星形接法的 $\sqrt{3}$ 倍;线电流则增加为星形接法的 3 倍,功率也增加为星形接法的 3 倍。

【例 3-3-3】 对称三相电路如图 3-3-3(a)所示。已知三相电源的线电压为 380V,Y 负载每相的阻抗 $Z_1=30+j40\Omega$,△ 负载每相的阻抗 $Z_2=120+j90\Omega$。(1)求负载端的相电流和线电流相量。(2)求每组负载的功率,以及三相电源的总功率。

解法

把三相电源看成星形电源,△ 负载化为等效 Y 负载,该电路可变换为对称的 Y-Y 电路,如图 3-3-3(b)所示(虚设了中线 3 个联接点 N、N_1 和 N_2)。

下面,不加证明地给出 △ 负载化为等效 Y 负载的阻抗关系:

$$Z_Y = \frac{1}{3}Z_\triangle \tag{3-3-1}$$

由式(3-3-1),有

$$Z_2' = \frac{Z_2}{3} = \frac{120+j90}{3} = 40+j30\,\Omega$$

(1) 求 Y 负载的相电流和线电流

由对称三相电路性质可知,计算一相即可。A 相电路如图 3-3-4 所示。

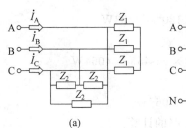 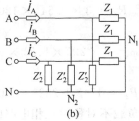 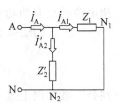

图 3-3-3 【例 3-3-3】的图 1　　　　　　图 3-3-4 【例 3-3-3】的图 2

相电压为

$$U_A = \frac{U_L}{\sqrt{3}} = \frac{380}{\sqrt{3}} = 220\,\text{V}$$

Z_1 与 Z_2' 并联的等效阻抗 Z_{12} 为

$$Z_{12} = \frac{Z_1 Z_2'}{Z_1 + Z_2'} = \frac{(30+j40)(40+j30)}{(30+j40)+(40+j30)} = 25.25\underline{/45°}\,\Omega$$

$$\dot{I}_A = \frac{\dot{U}_A}{Z_{12}} = \frac{220\underline{/0°}}{25.25\underline{/45°}} = 8.71\underline{/-45°}\,\text{A}$$

根据并联分流公式,得

$$\dot{I}_{A1} = \dot{I}_A \times \frac{Z_2'}{Z_1+Z_2'} = 8.71\underline{/-45°} \times \frac{40+j30}{30+j40+40+j30} = 4.4\underline{/-53.1°}\,\text{A}$$

根据对称性可写出

$$\dot{I}_B = \dot{I}_A\underline{/-120°} = 8.71\underline{/-165°}\,\text{A},\quad \dot{I}_C = \dot{I}_A\underline{/120°} = 8.71\underline{/75°}\,\text{A}$$

$$\dot{I}_{B1} = \dot{I}_{A1}\underline{/-120°} = 4.4\underline{/-173.1°}\,\text{A},\quad \dot{I}_{C1} = \dot{I}_{A1}\underline{/120°} = 4.4\underline{/66.9°}\,\text{A}$$

Y 负载的相电流和线电流求解完毕。

(2) 求△负载的相电流和线电流

等效 Y 负载阻抗 Z_2' 的相电流为

$$\dot{I}_{A2}' = \dot{I}_A \frac{Z_1}{Z_2'+Z_1} = 8.71\underline{/-45°} \times \frac{30+j40}{40+j30+30+j40} = 4.4\underline{/-36.9°}\,\text{A}$$

△负载阻抗 Z_2 的相电流(等效 Y 负载的相电流实际上等同于△负载的线电流)为

$$\dot{I}_{AB} = \frac{\dot{I}_{A2}'}{\sqrt{3}\underline{/-30°}} = \frac{4.4\underline{/-36.9°}}{\sqrt{3}\underline{/-30°}} = 2.54\underline{/-6.9°}\,\text{A}$$

根据对称性可得

$$\dot{I}_{BC} = \dot{I}_{AB}\underline{/-120°} = 2.54\underline{/-126.9°}\,\text{A}$$

$$\dot{I}_{CA} = \dot{I}_{AB} \underline{/120°} = 2.54 \underline{/113.1°} \text{ A}$$

(3) 功率计算

Y 负载吸收的功率为（也可用式(3-2-6)求解）

$$P = 3P_{P1} = 3I_{A1}^2 R_1 = 3 \times 4.4^2 \times 30 = 1742 \text{W}$$

△负载吸收的功率为

$$P_2 = 3P_{P2} = 3I_{AB}^2 R_2 = 3 \times 2.54^2 \times 120 = 2323 \text{W}$$

三相电源的总有功功率为

$$P = 3P_P = 3U_P I_P \cos\varphi = 3 \times 220 \times 8.71 \times \cos 45° = 4064 \text{W}$$

或

$$P = P_1 + P_2 = 1742 + 2323 = 4065 \text{W}$$

可到公开教学网上进一步学习负载不对称时三相电路的计算。

思考题

3.3.1 三相四线制电路中，中线阻抗为零。若星形负载不对称，则负载相电压是否对称？如果中线断开，负载电压是否对称？

3.3.2 对称三相电路的线电压为380V，线电流为6.1A，三相负载吸收的功率为3.31kW，求每相负载的阻抗。

3.4 发电、输电及工业、企业配电

三相电路在工业生产、日常生活中应用十分广泛，了解发电、输电及工业、企业配电的基本知识有利于更好地理解三相电路及其应用。

3.4.1 发电与输电概述

目前，世界各国建造的水力发电厂和火力发电厂十分普遍，建造的核电站也不断增多。除有水力、火力、核子能发电厂外，还有用风力、太阳能、沼气为能源的风力、太阳能和沼气发电厂。

一般情况下使用的都是三相同步发电机。图3-4-1所示是同步发电机的示意图，可以看出，一台发电机主要由定子与转子两部分组成。图中，转子是一个磁极，它可以由永久磁铁或电磁铁加工而成，以一定的角速度旋转。磁极有显极与隐极两种。显极式磁极凸出，显而易见，在磁极上绕有励磁绕组。隐极式磁极呈圆柱形，其大半个表面的槽中分布励磁绕组，励磁电流经电刷和滑环流入励磁绕组。目前已采用半导体励磁系统，该系统用三相发电机产生三相交流电，经三相半导体整流器整流后变换为直流作为励磁之用。同步发电机的定子是不动的，常称为电枢。在定子的槽中嵌有绕组，定子由机座、铁心和三相绕组等组成。

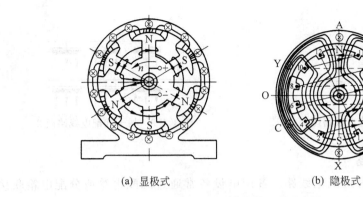

(a) 显极式　　　　(b) 隐极式

图 3-4-1　同步发电机示意图

发电厂生产的电能往往需通过电力网(输电导线系统)输送到远距离的用电地区。例如,黄河三门峡水电站的电能,特别是我国即将建成的、举世瞩目的长江三峡水电站的电能都需输送到远距离的用电地区(如上海市)。发电厂生产的电能要用高压输电线输送到用电地区,再降压分配到用户。从发电厂到用户,其间根据实际需要可经过一个或多个输变电系统。送电距离越远,要求输送的电压越高。我国国家标准中规定输电线的额定电压(指输电线末端的变电所母线上的电压)为 35,110,220,330,500kV 等。

同步发电机的转速在 1000r/min 以下的称为低速。用于低速的发电机是显极式发电机,因为它的机械强度不高。用于高速的发电机是隐极式发电机,因其机械强度较高,其转速为 3000r/min 或 1500r/min。

同步发电机产生三相对称电压。国产三相同步发电机的电压等级有 400/230V 和 3.15,6.3,10.5,11.8,15.75 和 18kV 等多种。

3.4.2　工业、企业配电的基本知识

工业、企业设有中央变电所和车间变电所。中央变电所将输电线末端的变电所送来的电能分配到各车间。车间变电所(或配电箱)将电能分配给各用电设备。车间配电箱一般是地面上靠墙的一个金属柜,柜中装有闸刀开关和管状熔断器等,可配出 4～5 条线路。

从车间配电所(或配电箱)到各用电设备一般采用低压配电线路。低压配电线的额定电压是 380/220V。低压配电线路常用的联接方式有树干式与放射式两种。

1. 树干式配电线路

如图 3-4-2 所示为树干式配电线路,干线一般采用母线槽直接从变电所经开关到车间。支线再从干线经过出线盒到用电设备。这种配电线路适用于比较均匀地分布在一条线上的负载。

图 3-4-3 所示为另一种树干式配电线路。各组用电设备通过总配电箱或分配电箱联接。用电设备既可独立接到配电箱上,也可联接成链状接到配电箱,如图 3-4-4 所示。同一条链上的用电设备一般不得超过 3 个。

图 3-4-2　树干式配电线路图 1

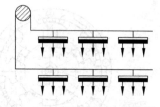
图 3-4-3　树干式配电线路图 2

2. 放射式配电线路

图 3-4-5 所示为放射式配电线路。各用电设备常通过总配电箱或分配电箱联接。用电设备可独立或联成链状接到配电箱。这种线路适用于负载点比较分散，而各负载点又具有相当大的集中负载的线路。

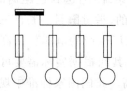
图 3-4-4　用电设备接在配电箱上

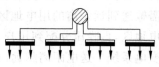
图 3-4-5　放射式配电线路图

放射式供电线路供电可靠，总线路长，导线细，但敷设投资较高。

思考题

为什么远距离输电要采用高电压？

3.5　安全用电

三相电压幅值相对较高，若直接作用于人体，将对人体产生伤害，所以人们应树立良好的安全用电意识。

3.5.1　触电

人体因触电可能受到不同程度的伤害，这种伤害分为电击和电伤两种。

电击造成的伤害程度最严重，使人体内部器官受伤，甚至造成死亡。分析与研究证实，人体因触电造成的伤害程度与以下几个主要因素有关。

（1）人体电阻的大小。人体电阻越大，伤害程度就越轻。我们知道，阻越小，在一定电压作用下其电流越大。大量实验表明，完好、干燥的皮肤的角质外层的人体电阻为 $10\sim100\text{k}\Omega$，受破坏的皮质外层的人体电阻为 $0.8\sim11\text{k}\Omega$。

（2）电流的大小。当通过人体的电流大于 50mA 时，人将会有生命危险。一般情况下,人体接触 36V 电压时,通过人体的电流不会超过 50mA。我们把 36V 电压称为安全电压。如果环境潮湿,则安全电压值规定为正常环境下安全电压的 2/3 或 1/3。达到或超过安全电压,人体就会有危险。

(3) 电流通过人体的时间越长,伤害程度就越大。另一种伤害是在电弧作用下或熔丝熔断时,人体外部受到的伤害,称为电伤,如烧伤、金属溅伤等。

人体触电方式常见为单相触电,有以下两种情况。

(1) 接触正常带电体的单相触电。

一种是电源中点未接地的情况。人手触及电源任一根端线而引起触电。

表面上看,电源中点未接地,似乎不能构成电流通过人体的回路。其实不然,由于端线与地面间可能绝缘不良,形成绝缘电阻;或在交流情况下,导线与地面间形成分布电容。当人站在地面时,人体电阻与绝缘电阻并联而组成并联回路,使人体通过电流,对人体造成危害。

另一种情况是电源中点接地,人站在地面上,当手触及端线时,有电流通过人体到达中点。

(2) 接触正常不带电的金属体的触电。如电机绕组绝缘损坏而使外壳带电,人手触及外壳,相当于单相触电而造成事故。这种事故最为常见,为防止其发生,对电气设备常采用保护接地和接零。

3.5.2 接地

将与电力系统的中点或电气设备金属外壳联接的金属导体埋入地中,并直接与大地接触,称为接地。

在中点不接地的低压系统中,将电气设备不带电的金属外壳接地,称为保护接地,具体如图 3-5-1 所示。

人体接触不带电金属而触电时,因存在保护接地,人体电阻与接地电阻并联,而通常情况下人体电阻远大于接地电阻,所以通过人体的电流很小,不会有危险。

若没有实施保护接地,那么人体触及外壳时,人体电阻与绝缘电阻串联,故障点流入地的电流大小决定于这一串联电路。当绝缘下降时,绝缘电阻减小,人就有触电的危险。

出于运行及安全的需要,常将电力系统的中点接地,这种接地方式称为工作接地,具体如图 3-5-2 所示。

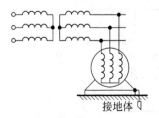

图 3-5-1　保护接地

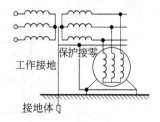

图 3-5-2　工作接地

工作接地的目的是当一相接地而人体接触另一相时,触电电压降低到相电压(不接地的系统中是相电压的$\sqrt{3}$倍),从而降低电气设备和输电线的绝缘水平。当单相短路时,接地电流较大,保险装置断开。

在中点接地的系统中,不宜采用保护接地,理由如下:当电气设备绝缘损坏时,接地电流为

$$I_e = \frac{U_P}{R_0 + R_0'} \tag{3-5-1}$$

式中,U_P为系统的相电压;R_0和R_0'分别为保护接地和工作接地的接地电阻。

为了保证保护装置可靠地动作,接地电流应为保护装置动作电流的1.5倍,或熔丝电流的3倍。由式(3-5-1)知,采用保护接地后,当电气设备绝缘损坏时,接地电阻将增大,若电气设备的功率较大,可能使电气设备得不到保护。

由式(3-5-1)知,外壳对地的电压为

$$U_e = \frac{U_P}{R_0 + R_0'} R_0$$

如果$U_P = 220\text{V}$,$R_0 = R_0' = 4\Omega$,则$U_e = 110\text{V}$,大于人体安全电压,对人体是不安全的。

3.5.3 保护接零

在低压系统中,将电气设备的金属外壳接到零线(中线)上,称为保护接零,如图3-5-3所示。

当正常不带电的电气设备的金属外壳带电时,将形成单相短路而将熔丝熔断,因而设备外壳不带电。即使熔丝熔断前人体触及外壳,流过人体的电流也是很微弱的(因为人体电阻远大于线路电阻)。

此外,在工作接地系统中常常同时采用保护接零与重复接地(将零线相隔一定距离进行多处接地),如图3-5-3所示。由于多处重复接地的电阻并联,使外壳对地的电压大大降低,因而更加安全。在三相四线制系统中,为了确保设备外壳对地的电压为零而专设一根保护零线。工作零线在进入建筑物入口处要接地,进户后再另设一条保护零线。这样,三相四线制就成为三相五线制,以确保设备外壳不带电,如图3-5-4所示。

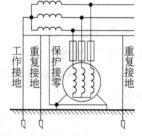

图3-5-3 工作接地、保护接零和重复接地

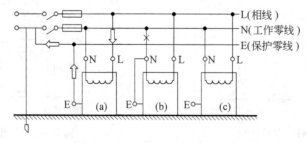

图3-5-4 工作零线与保护零线

图 3-5-4 中画出了 3 种保护接零情况。(a)为正确联接,当因绝缘损坏引起外壳带电时,保护零线流过短路电流,将熔丝熔断,因而切断电源,消除触电事故。(b)是不正确联接,如在"×"处断开,绝缘损坏后外壳带电,将会发生触电事故。(c)是外壳不接零,绝缘损坏后外壳带电,十分不安全,容易发生触电事故。

思考题

3.5.1 为什么机床、金属工作台上的照明灯规定 36V 为额定电压?

3.5.2 保护接地和保护接零有什么作用?它们有什么区别?为什么同一供电系统中只采用一种保护措施?

3.5.3 (1)在三相三线制低压供电系统中,应采取哪种保护接线措施?(2)在三相四线制低压供电系统中,应采取哪种接线措施?

3.5.4 为什么在中点接地系统中,除采用保护接零外,还要采用重复接地?

3.5.5 在图 3-5-5 所示系统中,导线和地的电阻可忽略不计,当电动机 M 与 C 相碰机壳时,中线对地的电压是多少?

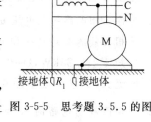

图 3-5-5 思考题 3.5.5 的图

习题

3-1 填空题

1. 三相电压一般由三相交流发电机产生,这些电压的频率、幅值均相同,彼此间的相位相差 120°,相当于_____,称为_____。

2. 在实践应用中,三相发电机的三相绕组一般都要按某种方式联接成一个_____后再对外供电,有_____与_____两种联接方式。如果把发电机的三个定子绕组的_____联接在一起,对外形成 A、B、C、N 四个端,称为_____。将发电机的三个定子绕组的_____顺次相接,再从各联接点向外引出三根导线,称为_____。

3. 星形联接的三相电源的每一相电压_____称为_____,其有效值用 U_A、U_B、U_C 表示,一般通用_____表示。端线 A、B、C 之间的电压_____称为_____,其有效值用 U_{AB}、U_{BC}、U_{CA} 表示,一般通用_____表示。

4. 在对称 Y-Y 三相电路中,负载中点与电源中点是_____,流过中线的电流为_____,每相电路_____。在对称 Y-Y 三相电路中,线电流_____相电流,线电压_____相电压 30°,有效值为相电压的_____倍。在对称△-△三相电路中,线电压_____相电压,线电流_____相电流 30°,线电流的有效值等于相电流的_____倍。

5. 将与电力系统的中点或电气设备金属外壳联接的金属导体埋入地中,并直接与大地接触,称为_____。在_____的低压系统中,将电气设备不带电的金属外壳接地,称为_____。出于运行及安全的需要,常将电力系统的中点接地,这种接地方式称为_____。将电气设备的金属外壳接到零线(中线)上,称为_____。

3-2 分析计算题(基础部分)

1. 对称三相电源的三相绕组作星形联接时,设线电压 $u_{AB}=380\sin(\omega t+30°)$,试写出相电压 u_B 的三角函数式。

2. 已知一个对称 Y-Y 三相电路的线电压为 380V,相电流为 4.4A,负载为纯电阻,求每相负载的电阻值。

3. 已知对称三角形联接三相电路 A 相负载线电流 $\dot I_A=3\underline{/0°}$ A,试写出其余各相的线电流与相电流。

4. 已知对称 △-△ 联接三相电路中的每相电源有效值为 220V,每相负载阻抗角为 50°,试写出各相电压、线电流及相电流相量。

5. 对称三相电路的相电压 $u_A=220\sqrt{2}\sin(314t+60°)$V,相电流 $i_A=5\sqrt{2}\sin(314t+60°)$A,求三相负载的有功功率和无功功率。

6. 已知 $P=1.25$kW,$\lambda=0.6$ 的对称三相感性负载与线电压 380V 的电源相接。(1)求线电流。(2)求负载星形联接时的每相阻抗。(3)求负载三角形联接时的每相阻抗。

7. 三相四线制电路的 A 相电压 $\dot U_A=220\underline{/0°}$ V,负载阻抗 $Z_A=10\Omega$,$Z_B=5+j5\Omega$,$Z_C=5-j5\Omega$。求各电流相量 $\dot I_A$、$\dot I_B$、$\dot I_C$ 和 $\dot I_N$。

8. 对称三相电路的线电压为 380V,每相负载的阻抗为电阻,阻值为 8.68Ω。求负载分别为 Y 和 △ 接法时吸收的功率。

3-3 分析计算题(提高部分)

1. 如图 3-1 所示电路中,三相电源的线电压为 6000V,线路阻抗 $Z_l=1+j1.5\Omega$,每相负载的阻抗 $Z=30+j20\Omega$。求每相负载的线电压及每相负载吸收的功率。

2. 在如图 3-2 所示电路中,已知三相电源线电压 $U_L=380$V,星形负载有功功率 $P_1=10$kW,功率因数 $\lambda_1=0.85$,三角形负载有功功率 $P_2=20$kW,功率因数 $\lambda_2=0.8$。求负载总的线电流的有效值。

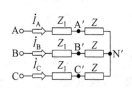

图 3-1 习题 3-3 题 1 的图

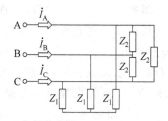

图 3-2 习题 3-3 题 2 的图

3. 在如图 3-3 所示电路中,已知三相电源线电压为 380V,线路阻抗 $Z_l=1+j1\Omega$,Y 形负载阻抗 $Z_Y=4-j3\Omega$,△ 负载阻抗 $Z_\triangle=12+j9\Omega$,中线阻抗 $Z_N=3+j1\Omega$。求线电流 $\dot I_A$、$\dot I_B$ 和 $\dot I_C$(A 相相电压的初相位为零)。

4. 在如图 3-4 所示电路中,已知线电压为 380V,每相负载的阻抗 $Z=3-j4\Omega$。求下列情况下三相负载吸收的总功率:(1)线路电阻 $R_1=0$;(2)线路电阻 $R_1=0.2\Omega$。

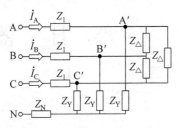

图 3-3 习题 3-3 题 3 的图

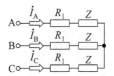

图 3-4 习题 3-3 题 4 的图

5. 在如图 3-5 所示电路中,负载线电压为 380V,三角形负载有功功率 $P=10\text{kW},\lambda=0.8$;星形负载有功功率 $P=5.25\text{kW},\lambda=0.855$,线路阻抗 $Z_1=0.1+j0.2\Omega$。试求电源的线电压的有效值。

6. 如图 3-6 所示的电路接在线电压为 380V 的工频三相四线制电源上。(1)求各相负载的相电流和中线电流。(2)求三相负载的平均功率。

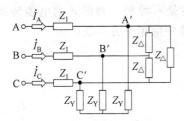

图 3-5 习题 3-3 题 5 的图

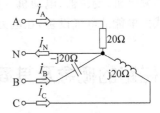

图 3-6 习题 3-3 题 6 的图

7. 对称 Y-Y 三相电路中,电源线电压为 380V,每相负载的阻抗 $Z=38.5\underline{/36.9°}\ \Omega$。求三相负载的视在功率 S、平均功率 P、无功功率 Q 和功率因数 λ。

8. 已知三角形负载电路的线电压为 380V,负载阻抗 $Z=15\underline{/36.9°}\ \Omega$。求每相负载的视在功率和平均功率。

3-4 应用题

1. 对称三相电路的相电压为 220V,感性负载的电流为 10A,功率因数为 0.6。为使功率因数提高到 0.9,需接入星形联接电容电路或三角形联接电容电路。试分别求星形联接和三角形联接时每个电容的值。

2. 有人为了安全,将电炉烤箱的外壳接在 220V 交流电源进线的中线上,这样安全吗?

第 4 章

变 压 器

本章要点

本章从磁路的基本概念出发,介绍了磁路计算的一般方法,以及变压器的理想化条件,实际变压器的电压变换、电流变换和阻抗变换;然后介绍了变压器绕组的极性,同名端的概念,绕组联接应注意的问题;最后介绍了三相变压器和特殊变压器。通过本章的学习,读者应理解磁路的基本概念、磁路分析与电路分析的区别,深入理解变压器的电压变换、电流变换和阻抗变换原理,以及同名端的概念。

电机是一种利用电磁感应原理进行机电能量转换或信号传递的电气设备(或机电元件),包括发电机、变压器、电动机 3 种类型。变压器是一种将一种形式的电能转换为另一种形式的电能的电气设备,在电力系统和电子线路中应用十分广泛。

4.1 磁路的概念及其简单计算

前面介绍了电路的概念及其分析方法,在电动机、变压器等电工设备中,不仅存在着电路,还存在着磁路。本节介绍磁路的概念及其简单计算。

4.1.1 磁路及其相关的几个概念

先介绍什么是磁路。

如图 4-1-1 所示为变压器的示意图。左边为初级绕组,右边为次级绕组,中间部分为用磁性材料制作的闭合铁心。将初级绕组通上变化的电流 i,变化的电场将产生变化的磁场。由于铁心为磁性材料制作,其磁导率 μ 远高于周围的空气,所以,磁通的绝大部分经过铁心而形成一个闭合的通路,这种人为造成的磁通的路径称为磁路。顺便提一下,图 4-1-1 中,产生磁场的电流 i 称为励磁电流。

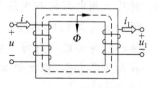

图 4-1-1 磁路示意图

磁路分析与电路分析有许多相似之处,却较电路分析复杂,本节仅介绍磁路分析的基础知识。下面先来了解磁路分析中几个相关的基本概念。

1. 磁感应强度

磁感应强度是表示磁场内某点的磁场强弱和方向的物理量,用符号 B 表示。它与电流之间的方向关系可用右手螺旋法则来确定,其大小可用 $B=\dfrac{F}{lI}$ (F 表示磁通势,I 表示电流,l 表示磁路平均长度)来衡量。在国际单位制中,磁感应强度的单位是特[斯拉](T)。

如果磁场内各点的磁感应强度的大小相等,方向相同,这样的磁场称为均匀磁场。

2. 磁通

磁感应强度 B(对非均匀磁场,B 取平均值)与垂直于磁场方向的面积 S 的乘积,称为通过该面积的磁通,用符号 Φ 表示,即

$$\Phi = BS \quad \text{或} \quad B = \Phi/S \tag{4-1-1}$$

由式(4-1-1)可知,磁感应强度在数值上可看作单位面积上所通过的磁通,因此,又可称为磁通密度。

在国际单位制中,磁通的单位是伏·秒,通常称为韦[伯](Wb)。

3. 磁场强度

磁场强度是计算磁场时引入的一个物理量,也是矢量,用符号 H 表示。通过 H,可确定磁场与电流之间关系,即

$$\oint H \mathrm{d}l = \sum I$$

对于如图 4-1-2 所示的环形线圈,其中的媒质是均匀的,应用上式,有

$$H_x \times 2\pi x = NI$$

即

$$H_x = \frac{NI}{2\pi x} = \frac{NI}{l_x} \quad (\text{或 } H_x l_x = NI) \tag{4-1-2}$$

式中,N 为线圈匝数,$l_x = 2\pi x$ 是半径为 x 的圆的周长,H_x 为半径 x 处的磁场强度。

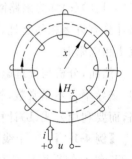

图 4-1-2 磁场强度示意图

式(4-1-2)中,线圈匝数 N 与电流 I 的乘积称为磁通势,用字母 F 表示,单位为安[培](A),即

$$F = NI \tag{4-1-3}$$

4. 磁导率

磁导率 μ 是一个用来衡量物质导磁能力的物理量,它与磁场强度的乘积等于磁感应强度,即

$$B = \mu H \tag{4-1-4}$$

磁性材料由于磁化所产生的磁化磁场不会随外磁场的增强而无限增强,当外磁场(或励磁电流)H 增大到一定值时,磁化磁场的磁感应强度 B 达到饱和。可见,磁导率 μ 不是常数,它随励磁电流的变化而变化。

对某种磁性材料,将 B 和 H 的关系用曲线表示,这条曲线称为磁化曲线。磁性材料

的磁化曲线可通过实验测得,图 4-1-3 中画出了几种材料的磁化曲线。实验测出,真空的磁导率为

$$\mu_0 = 4\pi \times 10^{-7} \text{H/m}$$

5. 磁阻

磁阻是表示磁路对磁通具有阻碍作用的物理量,用符号 R_m 表示,其计算公式如下:

$$R_m = \frac{l}{\mu S} \quad (4\text{-}1\text{-}5)$$

式中,μ 表示磁性材料的磁导率;S 为磁路的截面积;l 表示磁路平均长度。

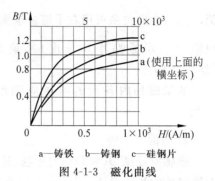

图 4-1-3 磁化曲线
a—铸铁 b—铸钢 c—硅钢片

*4.1.2 磁路的计算

计算磁路常用下面 3 个公式:

$$\left.\begin{array}{l} \Phi = BS \quad (a) \\ Hl = NI \quad (b) \\ \Phi = \dfrac{F}{R_m} \quad (c) \end{array}\right\} \quad (4\text{-}1\text{-}6)$$

式(4-1-6)(c)称为磁路欧姆定律,它与电路欧姆定律的形式类似。可见,磁路计算与电路计算有许多相似之处,磁通势 F、磁通 Φ 和磁阻 R_m 分别对应于电路中的电动势 E、电流 I 和电阻 R。

然而,分析与处理磁路比电路难得多。磁路欧姆定律与电路欧姆定律只是形式上相似,磁导率 μ 不是常数,磁阻 R_m 也不是常数,因此,不能直接应用磁路欧姆定律计算磁路,而要利用公式(b)计算 H,再求解其他量。

【例 4-1-1】 一个线圈绕在一个闭合铁心上,其匝数为 250,铁心中的磁感应强度为 0.9T,铁心的平均长度为 50cm。求:(1)铁心材料为铸铁时,线圈中的电流;(2)铁心材料为铸钢时,线圈中的电流。

解法

先从如图 4-1-3 所示的磁化曲线中查出磁场强度 H,再利用式(4-1-6)(b)求电流。

(1) 查图 4-1-3 得 $H_1 = 9000\text{A/m}$,所以

$$I_1 = H_1 l / N = 9000 \times 0.5 / 250 = 18\text{A}$$

(2) 查图 4-1-3 得 $H_2 = 500\text{A/m}$,所以

$$I_2 = H_2 l / N = 500 \times 0.5 / 250 = 1\text{A}$$

思考题

请从磁路的基本概念的定义出发,证明磁路欧姆定律。

4.2 变压器的工作原理及特性

变压器具有变换电压、变换电流和变换阻抗的功能,在电工电子技术中获得广泛应用。实际的变压器种类较多,按照铁心与绕组的相互配置形式,可分为芯式变压器和壳式变压器;按照相数可分为单相变压器和多相变压器;按照绕组数可分为二绕组变压器和多绕组变压器;按照绝缘散热方式可分为油浸式变压器、气体绝缘变压器和干式变压器等。

不管是何种类型的变压器,其主体结构是相似的,主要由构成磁路的铁心和绕在铁心上的构成电路的原绕组(也叫初级绕组、一次绕组)和副绕组(也叫次级绕组、二次绕组)组成(不包括空心变压器)。铁心是变压器磁路的主体部分,担负着变压器原、副边的电磁耦合任务。绕组是变压器电路的主体部分,与电源相连的绕组称为原绕组,与负载相连的绕组称为副绕组。通常,原、副绕组匝数不同,匝数多的绕组电压较高,因此也称为高压绕组;匝数少的绕组电压较低,因此也称为低压绕组。另外,变压器运行时绕组和铁心中要分别产生铜损和铁损,使它们发热。为防止变压器因过热损坏,变压器必须采用一定的冷却方式和散热装置。

4.2.1 理想变压器

为帮助读者理解变压器的工作原理,对变压器做如下 4 点假设:
(1) 绕组的电阻可以忽略;
(2) 磁通全部通过铁心,不存在铁心外的漏磁通;
(3) 励磁电流很小,可以忽略;
(4) 忽略铁损和铁心的磁饱和。

满足上述假定的变压器称为理想变压器,其模型如图 4-2-1 所示。图中,e_1、e_2 为磁通 Φ 在初级绕组和次级绕组上产生的感应电动势,N_1、N_2 为初级、次级绕组的匝数。

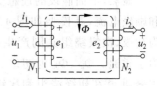

图 4-2-1 理想变压器模型

根据上述假定,在初级,电能全部转换为磁能,有

$$e_1 = N_1 \frac{d\Phi}{dt} = u_1$$

在次级,磁能全部转换为电能,有

$$e_2 = N_2 \frac{d\Phi}{dt} = u_2$$

所以

$$\frac{u_1}{u_2} = \frac{e_1}{e_2} = \frac{N_1}{N_2} = K \qquad (4\text{-}2\text{-}1)$$

即理想变压器的输入、输出电压比等于初级、次级绕组匝数比。

为便于读者进一步理解变压器,我们不加证明地给出理想变压器磁通 Φ 与输入电压

U_1 的关系：

$$U_1 = 4.44 f N_1 \Phi_m = 4.44 f N_1 B_m S \qquad (4\text{-}2\text{-}2)$$

式中，U_1 为 u_1 的有效值(V)，Φ_m 为磁通 Φ 的最大值(Wb)；S 为铁心的截面积，f 为电源频率；B_m 为磁通密度的最大值(T)，通常，在采用热轧硅钢片时取 1.1～1.475T，采用冷轧硅钢片时取 1.5～1.7T。

式(4-2-2)也可改写为

$$N_1 = \frac{U_1}{4.44 f B_m S} \qquad (4\text{-}2\text{-}3)$$

通常在设计、制作变压器时，电源电压 U_1、电源频率 f 已知，根据铁心材料可决定 B_m，再选取一定的铁心的截面积 S，可根据式(4-2-3)计算出初级绕组的匝数；再根据变压器的应用要求，可确定次级匝数，最终设计出变压器。

当次级绕组联接有负载时将产生负载电流 i_2，因此，将产生新的磁通势 $N_2 i_2$，使铁心中的磁通 Φ 发生变化。但磁通 Φ 由 U_1 决定，为了克服磁通势 $N_2 i_2$ 的作用，将在初级产生一个新的磁通势 $N_1 i_1$，以保持磁通 Φ 不变(铁心中，主磁通 Φ_m 基本保持不变，称为变压器的恒磁通特性)，故有

$$N_2 i_2 = N_1 i_1$$

或

$$\frac{i_1}{i_2} = \frac{N_2}{N_1} = \frac{1}{K} \qquad (4\text{-}2\text{-}4)$$

即理想变压器有载工作的输入、输出电流比等于初级、次级绕组匝数比的反比。

4.2.2 实际变压器

显然，上面假设的理想变压器是不存在的。实际变压器总是存在绕组电阻、漏磁通和励磁电流，其模型如图 4-2-2 所示。图中，磁通 Φ 为初级、次级绕组共同产生的磁通势的合成磁道，称为主磁通。$\Phi_{\sigma 1}$、$\Phi_{\sigma 2}$ 为初级、次级的漏磁通。e_1、e_2 为主磁通 Φ 在初级绕组和次级绕组的感应电动势，$e_{\sigma 1}$、$e_{\sigma 2}$ 为初级、次级的漏磁通 $\Phi_{\sigma 1}$、$\Phi_{\sigma 2}$ 产生的感应电动势；N_1、N_2 为初级、次级绕组匝数。

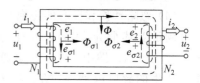

图 4-2-2 实际变压器模型

在绝大多数情况下，由于铁心材料的磁导率远远大于周边空气的磁导率，励磁电流产生的磁通几乎全部从铁心中通过，漏磁通总是可以忽略的。虽然励磁电流不为零，但有载工作时，它与变压器的输入电流相比(励磁电流不是变压器输入电流)，总是非常小，在大多数场合下是可以忽略的。同理，绕组电阻在大多数场合下也是可以忽略的。因此，对于实际变压器，在大多数场合下，可以比照理想变压器分析。

变压器应用十分广泛，可完成电压变换、电流变换及阻抗变换。对于变压器的电压、电流变换作用，实际变压器可以比照理想变压器分析，即输入、输出电压比近似等于初级、次级绕组匝数比，有载工作时的输入、输出电流比近似等于初级、次级绕组匝数比的

反比。对于变压器的阻抗变换功能,可结合图 4-2-3 理解。

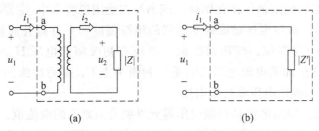

图 4-2-3 变压器的阻抗变换作用

在图 4-2-3 中,图(a)为变压器有载工作的模型,将虚框内部视为二端网络。若图(a)和图(b)中的 u_1 和 i_1 相同,则两个二端网络等效。对图(b)应用欧姆定律,并将变压器的变压、变流关系代入式(4-2-1)和式(4-2-4),有

$$|Z'| = \frac{U_1}{I_1} = \frac{\frac{n_1}{n_2}U_2}{\frac{n_2}{n_1}I_2} = \left(\frac{n_1}{n_2}\right)^2 \frac{U_2}{I_2} = \left(\frac{n_1}{n_2}\right)^2 |Z| = K^2 |Z| \qquad (4-2-5)$$

即对变压器的输入电路来说,变压器的负载阻抗的模折算到输入电路的等效阻抗的模为其原始值的匝数比的平方。因此,可选择合适的匝数比,将负载变换到所需要的、比较合适的数值,这便是变压器的阻抗变换功能,这种做法通常称为阻抗匹配。

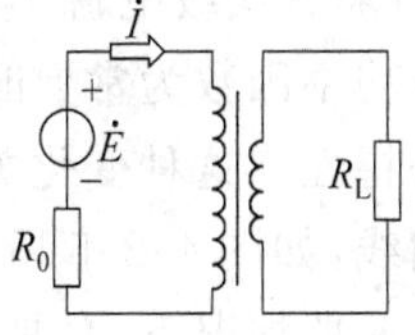

【例 4-2-1】 在如图 4-2-4 所示电路中,交流信号源电动势 $E=128\text{V}$,内阻 $R_0=640\Omega$,负载电阻 $R_\text{L}=10\Omega$。(1)当负载电阻 R_L 折算到初级的等效电阻 R'_L 为信号源内阻 R_0 时,求变压器的匝数比和信号源输出功率。(2)当将负载直接与信号源联接时,信号源的输出功率是多少?

图 4-2-4 【例 4-2-1】的图

解法

(1) 求匝数比。由式(4-2-5),有

$$\frac{N_1}{N_2} = \sqrt{\frac{R'_\text{L}}{R_\text{L}}} = \sqrt{\frac{640}{10}} = 8$$

信号源输出功率为

$$P = \left(\frac{E}{R'_\text{L}+R_0}\right)^2 R'_\text{L} = \left(\frac{128}{640+640}\right)^2 640 = 6.4\text{W}$$

(2) 负载直接与信号源联接时

$$P = \left(\frac{E}{R_\text{L}+R_0}\right)^2 R_\text{L} = \left(\frac{128}{640+10}\right)^2 10 = 0.388\text{W}$$

4.2.3 变压器的额定值、外特性及效率

在介绍变压器的外特性前,我们先介绍变压器的额定值。变压器作为一个实际电工

设备,其工作电压、电流、功率都是有一定限度的。用户在使用电气设备时,应以其额定值为依据。变压器的额定值标注在铭牌上或书写在使用说明书中,主要有:

(1) 额定电压。额定电压是根据变压器的绝缘强度和允许温升而规定的电压值,以伏(V)或千伏(kV)为单位。变压器的额定电压有初级额定电压 U_{1N} 和次级额定电压 U_{2N}。U_{1N} 是指初级应加的电源电压,U_{2N} 是指初级加上 U_{1N} 以后次级的空载输出电压[①]。对三相变压器而言,额定电压都指线电压。

(2) 额定电流。额定电流是根据变压器允许温升而规定的电流值。变压器的额定电流有初级额定电流 I_{1N} 和次级额定电流 I_{2N}。对三相变压器而言,额定电流都指线电流。

(3) 额定容量。变压器额定容量是指变压器次级的额定视在功率 S_N。变压器额定容量反映了变压器传送电功率的能力。S_N、U_{2N}、I_{2N} 之间的关系,对于单相变压器而言,为

$$S_N = U_{2N} I_{2N} \tag{4-2-6}$$

对于三相变压器而言,为

$$S_N = \sqrt{3} U_{2N} I_{2N} \tag{4-2-7}$$

此外,变压器铭牌上还有一些其他额定值,此处不再解释。

下面介绍变压器的外特性。

由于实际变压器的绕组电阻不为零,当初级输入电压 U_1 保持不变时,次级输出电压 U_2 将随着次级电流 I_2 的变化而变化。U_1 为额定值不变,负载功率因数为常数时,$U_2 = f(I_2)$ 的变化关系称为变压器的外特性。这种变化关系的曲线表示,称为变压器的外特性曲线,如图 4-2-5 所示。

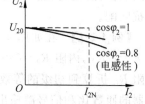

图 4-2-5 变压器外特性曲线

一般情况下,总是希望电压 U_2 的变化愈小愈好。从空载到负载,次级电压 U_2 的变化程度用电压变化率 ΔU 来表示,即

$$\Delta U = \frac{U_{20} - U_{2N}}{U_{20}} \times 100\% \tag{4-2-8}$$

式中,U_{2N}(本书中,不加说明均是)指额定负载下的输出电压。

由于变压器的绕组电阻及漏磁感抗均非常小,因此,变压器的电压变化率不大。通常,电力变压器的电压变化率为 3%~5%。

变压器的输出功率 P_2 和输入功率 P_1 之比为变压器的效率,可用下式确定:

$$\eta = \frac{P_2}{P_1} = \frac{P_2}{P_2 + \Delta P_{Fe} + \Delta P_{Cu}} \tag{4-2-9}$$

式中,ΔP_{Fe} 为变压器的铁损;ΔP_{Cu} 为变压器的铜损。

可以证明,变压器的铁损近似与铁心中磁感应强度的最大值的平方成正比。因此,设计变压器时,其额定最大磁感应强度 B_{mN} 的值不宜选得过大,否则,变压器运行时将因为铁损增加过多而过热,从而损伤甚至损坏线圈,以致毁坏变压器。对运行中的变压器

[①] 许多应用场合下,U_{2N} 也用于表示额定负载下的输出电压。

而言，它具有恒磁性，因此，铁损基本保持不变，称为变压器的不变损耗。变压器的铜损主要是由电流 I_1、I_2 分别在初级、次级绕组电阻上产生的损耗，它要随负载电流的变化而变化，称为变压器的可变损耗。变压器的铁损和铜损均可通过实验测出。

由于变压器没有转动部分，其效率一般都比较高，大多在 95% 以上，属于非常高效的电工设备。

【例 4-2-2】 有一个三相变压器，其额定值如下：$S_N=120\text{kVA}$，$U_{1N}=10\text{kV}$，$U_{2N}=400\text{V}$。请计算初级和次级额定电流。

解法

$$I_2 = \frac{S_N}{\sqrt{3}U_{2N}} = \frac{120\times 10^3}{\sqrt{3}\times 0.4\times 10^3} = 173\text{A}$$

$$I_1 \approx \frac{S_N}{\sqrt{3}U_{1N}} = \frac{120\times 10^3}{\sqrt{3}\times 10\times 10^3} = 6.9\text{A}$$

也可通过变压器的变压、变流关系求得类似结果。

【例 4-2-3】 有一个机床照明变压器，其额定值如下：$B_{mN}=1.1\text{T}$，$S_N=50\text{VA}$，$U_{1N}=380\text{V}$，$U_{2N}=36\text{V}$，其绕组现已毁坏，需要重绕。今测得铁心截面积为 21mm×41mm，铁心叠片存在间隙（有效系数为 0.94）。请计算初级和次级绕组匝数及导线直径（电压变化率取 5%）。

解法

(1) 计算有效截面积，为

$$S = 2.1\times 4.1\times 0.94 = 8.1\text{cm}^2$$

(2) 由式(4-2-3)求得初级绕组匝数为

$$N_1 = \frac{U_1}{4.44fB_mS} = \frac{380}{4.44\times 50\times 1.1\times 8.1\times 10^{-4}} \approx 1921$$

(3) 次级绕组匝数为

$$N_2 = N_1\frac{1.05U_{2N}}{U_1} = 1921\times \frac{1.05\times 36}{380} \approx 191$$

(4) 求导线直径。

初级和次级电流分别为

$$I_2 = \frac{S_N}{U_{2N}} = \frac{50}{36} = 1.39\text{A}, \quad I_1 \approx \frac{S_N}{U_{1N}} = \frac{50}{380} = 0.13\text{A}$$

导线直径可按下式确定：

$$d = \sqrt{\frac{4I}{\pi J}}$$

J 为电流密度，一般取 $J=2.5\text{A/mm}^2$。所以

$$d_1 = \sqrt{\frac{4\times 0.13}{3.14\times 2.5}} = 0.257\text{mm} \quad (取\ 0.25\text{mm})$$

$$d_2 = \sqrt{\frac{4\times 1.39}{3.14\times 2.5}} = 0.84\text{mm} \quad (取\ 0.9\text{mm})$$

思考题

4.2.1 在【例 4-2-3】中，如果直接用额定次级电压计算次级绕组匝数，得到的变压器与原题中设计的变压器有何不同？

4.2.2 在图 4-2-6 所示电磁关系中，主磁通 Φ 为正弦变化的量。请求其在线圈中的感应电动势 e 的有效值。

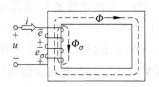

图 4-2-6 思考题 4.2.2 的图

4.3 变压器绕组的极性及其联接

要正确联接与使用变压器，首先应了解绕组的同名端（或称同极性端）的概念，它是同一变压器绕组间相互联接、绕组与其他电器元件相互联接的基本依据。本节具体介绍变压器绕组的极性及其联接。

4.3.1 变压器绕组的极性

变压器绕组的极性是指绕组在任意瞬时两端产生的感应电动势的极性，它总是从绕组的相对瞬时电位的低电位端（用符号"－"表示）指向高电位端（用符号"＋"表示）。对于两个磁耦合联系起来的绕组（如变压器的初级、次级绕组），当在某一瞬时初级绕组某一端点的瞬时电位为正时，次级绕组必定有一个对应的端点，其瞬时电位也为正。把初级、次级绕组中瞬时极性相同的端点称为同名端，也称为同极性端，用符号"·"表示，如图 4-3-1 所示。图中，AX 表示初级绕组，ax 表示次级绕组。

变压器绕组极性与绕组绕向有关。图 4-3-2(a)所示绕组的绕向相同，绕在同一铁柱上。当磁通 Φ 变化时，将在初级、次级绕组中感应出电动势，A 与 a 或 X 与 x 的瞬时电位必然相同，为同名端。图中，感应电动势的极性为某一瞬时磁通 Φ 按图中方向正向增大时的感应电动势极性。图 4-3-2(b)所示绕组的绕向相反，则 A 与 x（或 X 与 a）为同名端。

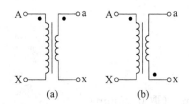

图 4-3-1 变压器绕组极性的表示

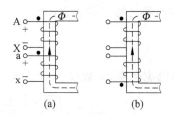

图 4-3-2 绕组极性与绕组绕向的关系

当从外观上无法看出绕组绕向时,可通过实验方法测定同名端。通过实验测定变压器绕组极性有直流感应法和交流感应法两种方法。

直流感应法测定变压器绕组极性的实验电路如图 4-3-3 所示。图中,将变压器的一个绕组通过开关接到电池,一个绕组接毫安表。在开关接通瞬间,若毫安表正偏,则其在两边绕组感应的电动势的实际方向如图 4-3-3 所示。由感应电动势方向可知,A 与 a 为同名端。可类似分析出,毫安表反偏时,A 与 x 为同名端。

交流感应法测定变压器绕组极性的实验电路如图 4-3-4 所示,方法如下:将变压器两个绕组中的任一对端点相互联接(图中为 X 和 x),在一个绕组两端加上一个较低的、适合于测量的交流电压 U_1,再用交流电压表测量 U_2 和 U_3 的值。如果 $U_3=|U_1-U_2|$,则相互联接的端点 X 与 x 为同名端;如果 $U_3=|U_1+U_2|$,则相互联接的端点 X 与 x 为非同名端。

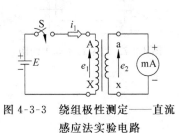

图 4-3-3 绕组极性测定——直流感应法实验电路   图 4-3-4 绕组极性测定——交流感应法实验电路

4.3.2 变压器绕组的联接

正确联接设备是使用电工设备的前提。根据在实际应用中的要求不同,变压器绕组有多种联接方式(如串联、并联)。当使用三相电时,有 △/△、△/Y、Y/△、Y/Y 等多种接法。下面通过一个实际例子介绍变压器绕组联接的方法及应注意的问题。

【例 4-3-1】 请设计一个输入为 220/110V 可选,输出为 36V 的变压器。介绍设计思想并画出原理图。

解法

(1) 根据题意,可设计一个具有两个相同的初级绕组和一个次级绕组的变压器。每个初级绕组与次级绕组构成的变压器的实际参数可满足 110/36V 变压比的应用要求(实际制作参见【例 4-2-3】介绍的方法)。

(2) 由变压器的理论可知,初级电压增加 1 倍,要使输出不变,应将初级绕组的匝数增加 1 倍,可将两个相同的初级绕组串联实现。

(3) 设计原理如图 4-3-5 所示(图中,初级、次级绕组数目为虚数,不是变压器的实际绕组数目)。图中,两个初级绕组的同名端为 A_1、A_2。将 X_1 与 A_2 联接,当 S 拨到 A_2 端时为 110/36V 变压器,当 S 拨到 X_2 端时为 220/36V 变压器。

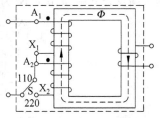

图 4-3-5 【例 4-3-1】的图

需要说明的是,在图 4-3-5 中,如果将 X_1 改与 X_2 联接,那么,当两个初级绕组同时工作时,两个初级绕组的磁动势将相互抵消,铁心中不产生磁通,绕组中将没有感应电动势,变压器不仅不能正常工作,而且由于没有感应电动势的反动势的存在,绕组中将通过巨大的电流,从而毁坏变压器。

上面举了一个通过串联绕组(应注意是非同名端相互联接)提高输入电压的例子,根据串并联理论,当然,也可以通过绕组相互并联来提高输入电流,从而改善变压器的性能参数。两个绕组相互并联的示意图如图 4-3-6 所示。显然,两个相互并联的绕组将构成回路,因此,相互并联的两个绕组应相同,否则将因为两个绕组的感应电动势不同而在回路中产生较大甚至巨大的感应电流,从而毁坏变压器。

图 4-3-6 两个绕组并联图

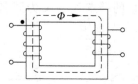

图 4-3-7 思考题 4.3.1 的图

思考题

4.3.1 请标出图 4-3-7 中所示变压器的同名端。

4.3.2 请说出两个单相变压器并联运行的条件。

4.4 三相变压器和特殊变压器

三相电在电力系统中的应用十分广泛,变换三相电压需要三相变压器。此外,还有单绕组变压器、电压互感器、电流互感器、漏磁变压器等特殊用途的变压器。

4.4.1 三相变压器

根据三相电原理,可用 3 个容量、变压比等完全相同的单相变压器按三相联接方式联接构成三相变压器,如图 4-4-1 所示。图中,A、B、C、N 为三相电压变换时的初级电压输入端及公共端;a、b、c、N′为次级电压输出端及公共端。把这种三相变压器称为三相组

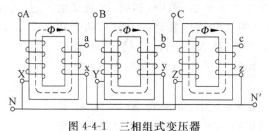

图 4-4-1 三相组式变压器

式变压器。

更为广泛使用的三相变压器是三相芯式变压器。如果一个变压器具有 3 个铁心,每一相的初级、次级绕组绕在同一个铁心柱上,将三相绕组绕在 3 根铁心柱上,三相绕组结构相同,便构成三相芯式变压器,如图 4-4-2 所示。为了识别绕组的接线端子,三相高压绕组的首端和末端分别用 A、B、C 和 X、Y、Z 表示;三相低压绕组的首端和末端分别用 a、b、c 和 x、y、z 表示。

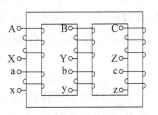

图 4-4-2 三相芯式变压器

比较组式变压器和芯式变压器,显然,在相同的额定容量下,芯式变压器具有成本低、效率高的特点,所以,绝大多数三相变压器均为三相芯式变压器。在本书中,不加说明,三相变压器指三相芯式变压器。然而,组式变压器中的每一台单相变压器比一台三相芯式变压器体积小、重量轻,因此,对一些超高电压、特大容量的三相变压器而言,当制造和运输过程中出现困难时,常采用三相组式变压器。

三相变压器的高压绕组和低压绕组均可以联接成星形("Y"形,若中性点引出中线,用"Y_0"表示)或三角形("△"形)。因此,三相变压器有 △/△、△/Y、Y/△、Y/Y 4 种基本接法,符号中的分子表示高压绕组的接法,分母表示低压绕组的接法。当绕组接成"Y"形时,每相绕组的相电流等于线电流,相电压只有线电压的 $1/\sqrt{3}$。相电压较低,有利于降低绝缘强度要求。因此,变压器的高压绕组常采用"Y"形联接。当绕组接成"△"形时,每相绕组的相电压等于线电压,相电流只有线电流的 $1/\sqrt{3}$,可减小绕组导线的截面积。因此,变压器低压绕组常采用"△"形联接。

三相变压器的变压比不仅与匝数比有关,而且与绕组的联接方式有关。图 4-4-3 所示为三相变压器的两种接法实例,显然,图(a)中的变压比为匝数比,图(b)中的变压比为匝数比的 $\sqrt{3}$ 倍。

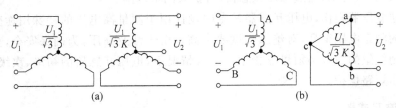

图 4-4-3 三相变压器接法实例

4.4.2 特殊用途变压器

特殊用途的变压器主要有单绕组变压器、电压互感器、电流互感器、漏磁变压器等类型,限于篇幅,在此仅介绍单绕组变压器、电压互感器和电流互感器。

1. 单绕组变压器

图 4-4-4 所示为单绕组变压器的原理结构图,其结构特点是只有一个绕组,依靠绕组自身的耦合完成变压功能,因此又称之为自耦变压器。

自耦变压器的工作原理与普通变压器相同,其电压变换和电流变换关系依旧为

$$\frac{U_1}{U_2} \approx \frac{N_1}{N_2} = K, \quad \frac{I_1}{I_2} \approx \frac{N_2}{N_1} = \frac{1}{K}$$

由于自耦变压器的高、低压绕组间存在着直接电气联系,就存在着将高压侧电压引入低压侧的危险隐患,将危害低压侧的负载设备和工作人员的人身安全。变比 K 越大,高压侧电压越高,这个问题越突出。因此,自耦变压器的变压比不宜大,为 1.5～2.0。

2. 电压互感器

当测量高电压时,由于电压太高,往往难以直接测量,可用电压互感器来扩大测量仪表的电压测量范围。图 4-4-5 所示为电压互感器的接线图,其高压绕组接被测高压线路,低压端接测量仪表(图中为电压表)。

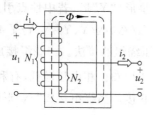

图 4-4-4　单绕组变压器

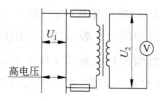

图 4-4-5　电压互感器

根据电压变换原理,有

$$U_1 = KU_2 \qquad (4-4-1)$$

式中,K 为变压比,$K>1$。

由式(4-4-1)可知,通过电压互感器,可扩大测量范围。

与普通变压器相比,电压互感器是专门设计用于测量高电压的特殊用途变压器,其初级绕组的额定电压很高,对绝缘强度要求高。由于涉及高压,为确保安全,其铁心、金属外壳及副绕组的一端必须可靠接地。一般情况下,电压互感器的初级、次级绕组均装有熔断器作短路保护。

3. 电流互感器

当测量大电流时,由于电流太大,往往难以直接测量,可用电流互感器来扩大测量仪表的电流测量范围。图 4-4-6 所示为电流互感器的接线图,其低压绕组串接在被测大电流线路上,高压绕组接测量仪表(图中为电流表)。

根据电压变换原理,有

$$I_1 = \frac{1}{K}I_2 \qquad (4-4-2)$$

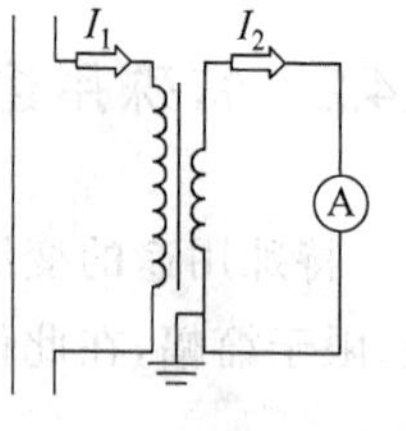

图 4-4-6　电流互感器

式中,K 为变压比,$K<1$。

由式(4-4-2)可知,通过电流互感器,可扩大测量范围。

与普通变压器相比,电流互感器是专门设计用于测量大电流的特殊用途变压器,其初级绕组的额定电流大,对绝缘强度要求高,其铁心、副绕组的一端必须可靠接地。因为初级电流是被测大电流,不由次级电流决定,因此绝不允许次级开路,否则,铁心中将通过较额定值大得多的磁通,铁损剧增,将可能毁坏变压器。

思考题

4.4.1 下列类型的变压器哪些正常工作时可以空载运行?(1)普通变压器;(2)电压互感器;(3)电流互感器。

4.4.2 有如图4-4-7所示三相变压器,请计算其变压比。

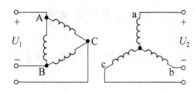

图 4-4-7 思考题 4.4.2 的图

习题

4-1 填空题

1. 在如图4-1所示变压器的示意图中,左边为_____,右边为_____,中间部分为用磁性材料制作的闭合铁心,磁通的绝大部分经过铁心而形成一个闭合的通路,称为_____,产生磁场的电流 i 称为_____。

2. 在如图 4-1 所示变压器的示意图中,若_____的电阻可以忽略,磁通全部通过_____,励磁电流很小,可以忽略,_____和_____可以忽略,则该变压器称为_____。

3. 如图 4-2 所示理想变压器的输入、输出_____等于初级、次级绕组匝数比;有载工作的输入、输出_____等于初级、次级绕组匝数比的反比;负载阻抗的模折算到输入电路的等效阻抗的模为其_____的平方。

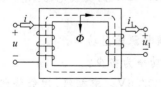

图 4-1 磁路示意图

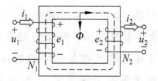

图 4-2 理想变压器模型

4. 当如图 4-2 所示变压器的次级绕组联接有负载时,将产生负载电流 i_2,同时将产生新的_____,并使铁心中_____发生变化。但_____由 U_1 决定,为了克服

_____的作用,将在初级产生一个新的_____,以保持_____的不变,这种性质称为变压器的_____特性。

5. 变压器绕组的_____是指绕组在任意瞬时两端产生的感应电动势的极性,它总是从绕组的相对瞬时电位的_____指向_____。对于两个磁耦合联系起来的绕组,当某一瞬时初级绕组某一端点的瞬时电位为正时,次级绕组必定有一个对应的端点,其瞬时电位也为_____。把初级、次级绕组中瞬时极性相同的端点称为_____,用符号"·"表示。

4-2 分析计算题(基础部分)

1. 在非真空磁性材料构成的磁路中,下列哪组变量不是正比关系?
   a. Φ、B b. I、H c. Φ、I

2. 有一个线圈绕在由铸钢制成的闭合铁心上,其匝数为500,铁心的截面积为20cm²,铁心的平均长度为50cm。如果要在铁心中产生磁通$\Phi=0.002$Wb,求线圈中应通过多大的直流电流。

3. 有一台空载变压器,测得其初级绕组电阻为11Ω。若在初级加额定电压220V,请问初级电流是否为20A?

4. 在习题4-2题2中,变压器为有载运行,请问初级电流是否为20A?

5. 在如图4-3所示变压器中加上初级电压U_1,请标出初级、次级线圈中感应电动势的方向。

6. 如图4-4所示变压器中,初级绕组为500匝,次级为100匝,测得初级电流$i_1=\sqrt{2}\times 20\sin(\omega t-30°)$mA,请求$i_2$(变压器理想)。

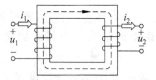
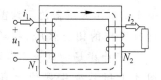

图4-3 习题4-2题5的图   图4-4 习题4-2题6的图

7. 有一个变压器,其初级绕组为500匝。它具有两个次级绕组,绕组1为50匝,绕组2为25匝。在初级加上220V市电,变压器未接负载。求初级电流和次级电压(变压器理想)。

8. 如图4-2-4中,交流信号源电动势$E=10$V,内阻$R_0=200\Omega$,负载电阻$R_L=8\Omega$,变压器的初级、次级绕组匝数比为500/100。
   (1) 求负载电阻R_L折算到初级的等效电阻R_L'和信号源输出功率。
   (2) 当将负载直接与信号源联接时,信号源的输出功率为多少?

9. 某单相变压器的额定容量为50VA,额定电压为220/36V。求初级、次级绕组的额定电流。

4-3 分析计算题(提高部分)

1. 如图4-5所示变压器的次级绕组中间有抽头,当1、3间接16Ω喇叭时阻抗匹配,1、2

接 4Ω 喇叭时阻抗也匹配。求次级线圈两部分的匝数比。
2. 如图 4-6 所示电路已达稳态，变压器非理想，请问电流表读数是多少？若开关断开瞬间电流表正偏，请判断变压器绕组的同名端。

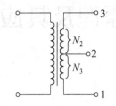

图 4-5 习题 4-3 题 1 的图

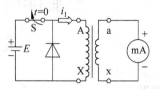

图 4-6 习题 4-3 题 2 的图

3. 请判断图 4-3 和图 4-4 所示变压器初级、次级绕组的同名端。
4. 有一个具有两个初级绕组的变压器，其两个初级绕组如图 4-7 所示联接，问是否正确？
5. 某单位要选用一台 Y/Y-12 型三相电力变压器，将 10kV 交流电压变换到 400V 供动力和照明。已知该单位三相负载的总功率为 320kW，额定功率因数为 0.8。(1)请计算所需三相变压器的额定容量和初级、次级的额定电流。(2)该变压器可带 100W 的灯泡多少个？

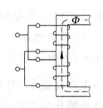

图 4-7 习题 4-3 题 4 的图

4-4 应用题

1. 有两台变压器正在运行，测得第一台变压器的初级电流为 16A，第二台变压器的初级电流为 12A。由此可以得出，第一台变压器的励磁电流大于第二台变压器，这种说法是否正确？为什么？
2. 我们知道，变压器的电压比等于匝数比，现有一台 2000/500 匝的变压器需要重绕，根据上面的理论，为节省成本，改绕为 200/50 匝，它能取代原先的变压器吗？为什么？
3. 对于某单相变压器，其额定容量为 50VA，额定电压为 220/36V，运行时接反了，会出现什么情况？

CHAPTER 5

第5章

三相异步电动机的原理及其应用

本章要点

本章从感应电动机的原理出发,介绍了三相异步电动机的工作原理、结构、机械特性、使用及其控制方法。读者通过学习本章,应懂得电磁感应是电动机的运转基础,理解交流电动机的工作原理;深入理解电动机的电磁转矩、转差率等概念,进而理解电动机的机械特性;理解电动机使用过程中启动、制动、反转、调速等概念及方法;理解常见控制电器的特点,掌握三相异步电动机控制的初步知识。

在生产实践中,各种生产机械均广泛应用电动机来驱动。利用电动机驱动生产机械可有效地简化生产机械的结构,提高自动化程度,减轻繁重的体力劳动,从而提高生产效率。因此,理解并掌握一定的电动机方面的知识对理解各种生产机械在生产过程中的应用有十分重要的意义。

5.1 感应电动机

目前,绝大多数电动机均为感应电动机,也叫异步电动机。异步电动机种类较多,但不同类型的异步电动机的基本运转原理是相同的。

5.1.1 感应电动机的运转原理

可通过如图 5-1-1 所示电动机模型来理解感应电动机的运转原理。

在如图 5-1-1 所示电动机模型中,设闭合线圈 abcd 能以 OO′ 轴为中心旋转。在线圈 ab 边和 cd 边附近的 N 和 S 表示两极旋转磁场。当磁场旋转时,线圈切割磁力线,将在线圈中感应出电动势。在电动势的作用下,闭合线圈将产生电流。该电流与旋转磁场相互作用,使线圈受到电磁力,产生电磁转矩,使线圈随着旋转磁场旋转。旋转磁场旋转越快,线圈旋转也就越快;旋转磁场反转,线圈也跟着反转。这便是感应电动机的运转原理。

在如图 5-1-1 所示电动机模型中,假定线圈与旋转磁场的转速相同,那么,线圈不会切割磁力线,就不可能产生感应电动势,线圈也就不可能旋转。因此,线圈的

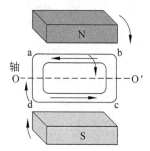

图 5-1-1 感应电动机的运转原理

转速总是略小于旋转磁场的转速,这便是感应电动机又叫异步电动机的由来(以后统一称作异步电动机)。

5.1.2 旋转磁场的产生

显然,如图 5-1-1 所示电动机模型缺乏实用性,其原因主要有以下两点:

(1) 当单线圈工作时,由于线圈与旋转磁场不能同步旋转,线圈的 ab、cd 边不久将落到旋转磁场作用范围以外,此时既不产生感应电动势,也不产生转矩。这种情况的存在将影响电动机的稳定运行。

(2) 直接旋转实际的磁极不太现实,也难以保证电动机运行有足够的功率和稳定性,应以某种方式产生旋转的磁场。

解决第一个不足较为容易,可以转轴 OO' 为中心均匀放置多组线圈(称为转子绕组),当某个线圈处于旋转磁场作用范围以外时,因为其他线圈的作用,将保持电动机的稳定旋转。因此,如何产生旋转磁场是问题的关键。

可利用三相电源产生旋转磁场。解释如下:对实际电动机而言,其运动部分是转子,而产生旋转磁场的电气部件是静止不动的,称为定子。定子绕组如图 5-1-2 所示,三相绕组的 3 个线圈 AX、BY、CZ 完全相同,A、B、C 为首端,X、Y、Z 为末端。三相绕组接成星形,X、Y、Z 接在一起,A、B、C 接到三相电源上,构成对称三相交流电路。三相绕组中,流过三相对称电流。以 A 相电流为参考量,各相电流的瞬时表达式为

$$i_A = \sqrt{2}I\sin\omega t$$
$$i_B = \sqrt{2}I\sin(\omega t - 120°)$$
$$i_C = \sqrt{2}I\sin(\omega t + 120°)$$

各相电流波形如图 5-1-3 所示。当定子绕组中通入上述三相电流后,它们共同产生的合成磁场随着电流的交变而在空间不断地旋转,即三相电源可产生旋转磁场。

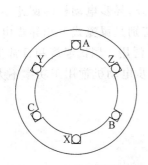
图 5-1-2 定子绕组示意图

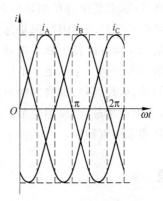
图 5-1-3 三相电流波形

可通过图 5-1-4 来理解三相电源产生旋转磁场的原理。

在 $\omega t=0$ 的瞬时,定子绕组电流方向如图 5-1-4(a)所示。这时,$i_A=0$,i_B 为负,i_C 为正。三相电流所产生的合成磁场轴线的方向为自上而下。在 $\omega t=60°$ 的瞬时,定子绕组电流方向如图 5-1-4(b)所示。这时,$i_C=0$,i_B 为负,i_A 为正。三相电流所产生的合成磁场轴线的方向较 $\omega t=0$ 的瞬时旋转了 60°。类似地在 $\omega t=90°$ 的瞬时,定子绕组电流方向如图 5-1-4(c)所示。三相电流所产生的合成磁场轴线的方向较 $\omega t=0$ 的瞬时旋转了 90°。

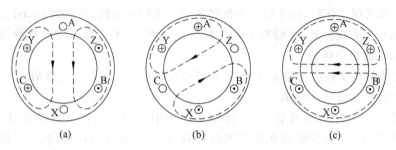

图 5-1-4 三相电流产生的旋转磁场($P=1$)

5.1.3 电动机的分类

电动机可分为交流电动机和直流电动机两大类。交流电动机又分为异步电动机(或称为感应电动机)和同步电动机。直流电动机按照励磁方式的不同分为他励、并励、串励和复励电动机四种。

异步电动机按照供电电源的相数,分为多相异步电动机和单相异步电动机。多相异步电动机以三相为主。三相异步电动机可自启动。按照转子绕组构造上的不同,三相异步电动机又分为鼠笼式和绕线式。单相异步电动机一般按启动方式分类。按启动方式,单相异步电动机分为电阻启动单相异步电动机、电容启动单相异步电动机、电容运转单相异步电动机、双值电容单相异步电动机和罩极单相异步电动机等。

异步电动机的功率因数都是滞后的,要求电网提供大量滞后无功功率,这就明显地增加了电网负荷并降低了异步电动机的运行效率。另外,异步电动机的调速不方便,这是异步电动机的另一个不足。虽然如此,异步电动机特别是鼠笼式三相异步电动机,由于结构简单、运行可靠、维修方便和价格便宜等特点,广泛用于国民经济和日常生活的各个领域,是生产量最大、应用面最广的电动机。单相异步电动机常用于功率不大的电动工具和某些家用电器中。

思考题

5.1.1 什么是三相电源的相序?旋转磁场的转向是否和三相电源的相序有关?
5.1.2 为什么感应电动机又叫异步电动机?

5.2 三相异步电动机的结构、主要特性及铭牌数据

5.1 节介绍了三相异步电动机的运转原理,本节介绍三相异步电动机的结构、主要特性及铭牌数据。

5.2.1 三相异步电动机的结构

如图 5-2-1 所示为一个三相异步电动机,其工作原理和 5.1 节介绍的感应电动机的原理相同,其结构包括两个基本部分:定子(静止部分)和转子(运动部分)。图 5-2-2 所示为三相异步电动机的内部结构。

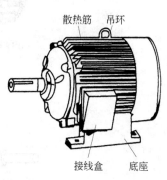

图 5-2-1 异步电动机的外观

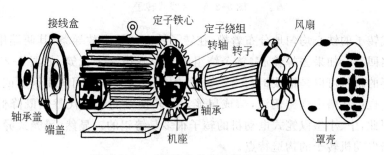

图 5-2-2 三相异步电动机的内部构造

1. 定子

定子是电动机的静止部分,主要由定子铁心、定子绕组和机座三部分组成。

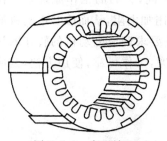

图 5-2-3 定子铁心

定子铁心是电动机磁路的一部分,由 0.5mm 厚的硅钢片冲片叠成。冲片内圆上冲有许多形状相同的槽,用来嵌放三相定子绕组,如图 5-2-3 所示。三相定子绕组用于产生旋转磁场,可用高强度漆包圆导线、高强度漆包扁导线或玻璃丝包扁线绕制成。可以根据需要,将三绕组接成 Y 接法或△接法。机座是用来固定和支撑定子铁心的。中、小型异步电机多采用铸铁机座,大型电机采用钢板焊接机座。

2. 转子

转子是电动机的旋转部分,主要由转子铁心、转子绕组和转轴三者组成。

转子铁心是电动机磁路的一部分,也由 0.5mm 厚的硅钢片冲片叠成,固定在转轴(或转子支架)上,其外圆上有槽,以放置转子绕组。根据转子绕组的形式,分为鼠笼式(如图 5-2-4 所示)和绕线式(如图 5-2-5 所示)两大类。

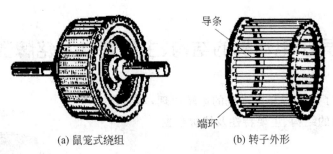

(a) 鼠笼式绕组   (b) 转子外形

图 5-2-4　鼠笼式转子

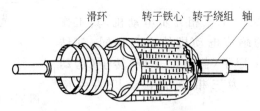

图 5-2-5　绕线式转子

　　鼠笼式转子的铁心均匀地分布着槽,在转子铁心的槽中放导条,其两端用端环联接,以形成短路回路。如果去掉铁心,整个绕组的外形好像一个鼠笼,如图 5-2-4(b)所示。导条与端环的材料可以是铜或铝。当用铜时,铜导条与端环之间应用铜焊或银焊的方法焊接起来。也可在槽中浇铸铝液,铸成鼠笼。用较便宜的铝来代替铜既降低了成本,制造也快。因此,中、小型鼠笼式电动机的转子很多是铸铝的。显然,鼠笼式异步电动机的"鼠笼"是指电动机转子的构造特点。

　　绕线式转子的绕组和定子绕组相似,是用绝缘的导线联接成三相对称绕组。每相的始端联接在 3 个铜制的滑环上,再通过电刷把电流引出。滑环固定在转轴上,可与转子一道旋转。

　　鼠笼式电动机与绕线式电动机只是在转子的构造上不同,它们的工作原理是一样的。绕线式电动机通过电刷和滑环实现在转子回路中接入附加电阻,从而改善电动机的启动性能或调节电动机的转速,因此,在要求启动电流小或要求调节电动机的转速的场合下得到广泛应用。鼠笼式电动机由于构造简单,价格低廉,工作可靠,使用方便,是应用最广泛的一种电动机。

5.2.2　三相异步电动机的主要特性

　　电动机是驱动生产机械的电气设备,其主要特性便是机械特性。要理解电动机的机械特性,首先应理解电动机的转差率、转矩等概念。

1. 三相异步电动机的转差率

　　三相电源产生旋转磁场,以带动转子转动。但转子的转速 n 总是要略小于旋转磁场的转速(用 n_0 表示,常称为三相异步电动机的同步转速,转速单位是 rad/min 或 r/min),

这便是异步的含义。异步电动机的转差率 s 用于描述转子转速与旋转磁场的转速之间的差别,定义为转子转速 n 与旋转磁场转速 n_0 相差的程度,即

$$s = \frac{n_0 - n}{n_0} \tag{5-2-1}$$

转差率是异步电动机的一个重要物理量。一般情况下,转子转速只是略小于电动机的同步转速。在额定负载下,电动机的转差率为 1%~9%。

式(5-2-1)也可写为

$$n = (1-s)n_0 \tag{5-2-2}$$

要计算转差率,需要先计算电动机的同步转速 n_0。对某一电动机而言,同步转速是个常数,由下式确定

$$n_0 = \frac{60f}{p} \tag{5-2-3}$$

式中,p 为旋转磁场的极对数;f 为通入绕组的三相电流的频率。

一般情况下,三相电流的频率是个常数,为工频。在我国,工频 $f=50\text{Hz}$。可见,旋转磁场的转速决定于磁场的极对数。

旋转磁场的极对数和三相绕组的安排有关。在图 5-1-4 中,每相绕组只有一个线圈,绕组始端之间相差 120°,那么,产生的旋转磁场具有一对极,磁极对数为 1,三相异步电动机的极对数为 1。如果每相绕组有两个线圈串联,绕组始端之间相差 60°,那么,产生的旋转磁场具有两对极,三相异步电动机的极对数为 2。

为方便读者学习,把不同极对数所对应的旋转磁场的转速列于表 5-2-1。

表 5-2-1 不同极对数的旋转磁场转速/(r/min)

p	1	2	3	4	5	6
n_0	3000	1500	1000	750	600	500

【例 5-2-1】 有一台三相异步电动机,其额定转速 $n=1425\text{r/min}$。请计算电动机的磁极对数和额定负载时的转差率(工频 $f=50\text{Hz}$)。

解法

一般情况下,转子的转速 n 只是略小于旋转磁场的转速,查表 5-2-1 可知,与 1425r/min 最接近的旋转磁场的转速 $n_0=1500\text{r/min}$,与此对应的磁极对数 $p=2$。

因此,额定负载时的转差率为

$$s = \frac{n_0 - n}{n_0} \times 100\% = \frac{1500 - 1425}{1500} \times 100\% = 5\%$$

2. 三相异步电动机的电磁转矩

电动机的作用是把电能转换为机械能,它输送给生产机械的是电磁转矩 T(简称转矩)和转速。因此,在选用电动机时,总是要求电动机的转矩与转速的关系(称为机械特性)符合机械负载的要求。所以,了解电动机的转矩的大小受哪些因素影响,如何计算,对更好地使用电动机意义深远。

由三相异步电动机的原理(如图 5-1-1 所示)可知:旋转磁场与转子电流 I_2 相互作用

产生电磁力矩。旋转磁场的大小以每极磁通 Φ_m 来衡量,可见,电磁转矩 T 正比于磁通 Φ_m。

另外,转子绕组中存在着电阻、电感,转子电流 I_2 应滞后于其感应电动势 φ_2 角。可见,电磁转矩 T 还正比于转子电流 I_2 的有功分量 $I_2\cos\varphi_2$。电磁转矩的表达式如下:

$$T = K_T \Phi_m I_2 \cos\varphi_2 \tag{5-2-4}$$

式中,K_T 为转矩系数,与电动机的结构有关。

直接利用式(5-2-4)计算转矩很不方便,可通过寻找电动机的电路模型来获得计算转矩更为简便的公式。

3. 三相异步电动机的电路模型

在三相异步电动机中,既存在磁路,也存在电路。当定子绕组接上三相电源(相电压为 u_1)时,有三相电流(相电流为 i_1)通过,并产生旋转磁场①。旋转磁场的磁通通过定子铁心和转子铁心构成闭合磁路(事实上,定子铁心和转子铁心之间存在着很小的气隙)。这个磁场不仅在每相转子绕组中感应出电动势 e_2,而且在每相定子绕组中感应出电动势 e_1。此外,还有漏磁通,将分别在定子绕组和转子绕组感应出电动势 $e_{\sigma1}$、$e_{\sigma2}$。因此,可画出如图 5-2-6 所示的三相异步电动机的每相电路②。

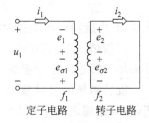

图 5-2-6 三相异步电动机的每相电路

将图 5-2-6 与变压器的电路模型(图 5-2-2)相比,不难发现,三相异步电动机机中的电磁关系与变压器的电磁关系类似,三相异步电动机的定子绕组相当于变压器的原绕组,转子绕组相当于变压器的副绕组,只是电动机的转子绕组一般是短接的。因此,可参照变压器分析电动机的电路。

三相异步电动机的旋转磁场由按正弦规律变化的三相电源产生,因此,也按正弦规律变化。假定定子绕组中每相绕组的磁通为 Φ,它与感应电动势 e_1 的关系为

$$E_1 = 4.44 f_1 N_1 \Phi_m ③ \approx U_1 \tag{5-2-5}$$

式中,f_1 为磁通 Φ 的变化频率④;U_1 为 u_1 的有效值;Φ_m 为磁通 Φ 的最大值;N_1 为定子绕组的匝数。

类似地,转子绕组中的感应电动势 e_2 为

$$E_2 = 4.44 f_2 N_2 \Phi_m \tag{5-2-6}$$

式中,f_2 为转子电流 i_2 的变化频率;Φ_m 为磁通 Φ 的最大值;N_2 为转子绕组的匝数。

由于旋转磁场和转子间的相对转速为 $(n_0 - n)$,所以转子频率为

$$f_2 = \frac{P(n_0 - n)}{60} = \frac{n_0 - n}{n_0} \times \frac{Pn_0}{60} = sf_1 \tag{5-2-7}$$

由此,式(5-2-6)可改写为

---

① 实际上,三相异步电动机中的旋转磁场由定子电流和转子电流共同产生。
② 对鼠笼式电动机转子而言,在一般情况下,每根导条相当于一相。
③ 实际上,由于电机每相绕组分布在不同的槽中,其中的感应电动势并非同相,在式中应引入绕组系数 k。因为 k 虽然小于1,但接近1,故略去。
④ 由于旋转磁场和定子间的相对转速为 n_0,由式(5-2-3)知,磁通 Φ 的变化频率 f_1 等于定子绕组电流的频率。

$$E_2 = 4.44sf_1N_2\Phi_m \tag{5-2-8}$$

令 R_2、X_2 为转子每相绕组的电阻和感抗（漏磁感抗），可得出转子每相电路的转子电流 I_2 和功率因数 $\cos\varphi_2$ 为

$$I_2 = \frac{E_2}{\sqrt{R_2^2 + X_2^2}} = \frac{sE_{20}}{\sqrt{R_2^2 + (sX_{20})^2}} \tag{5-2-9}$$

$$\cos\varphi_2 = \frac{R_2}{\sqrt{R_2^2 + X_2^2}} = \frac{R_2}{\sqrt{R_2^2 + (sX_{20})^2}} \tag{5-2-10}$$

式中，X_{20} 为在 $n=0$，即 $s=1$ 时的转子感抗，$X_2 = sX_{20}$；E_{20} 为在 $n=0$，即 $s=1$ 时的转子电动势，$E_2 = sE_{20}$。

由上可知，转子电路的各个物理量，如电动势、电流、频率、感抗及功率因数等都与转差率有关。

4. 电磁转矩 T 的含义

由式(5-2-5)，有

$$\Phi_m = \frac{E_1}{4.44f_1N_1} \approx \frac{U_1}{4.44f_1N_1} \propto U_1 \tag{5-2-11}$$

即 Φ_m 正比于 U_1。

由式(5-2-9)，有

$$I_2 = \frac{sE_{20}}{\sqrt{R_2^2 + (sX_{20})^2}} = \frac{s(4.44f_1N_2\Phi_m)}{\sqrt{R_2^2 + (sX_{20})^2}} = \frac{sK_T'U_1}{\sqrt{R_2^2 + (sX_{20})^2}} \tag{5-2-12}$$

式中，对一个具体的电动机而言，K_T' 为常数。

将式(5-2-10)、式(5-2-11)和式(5-2-12)代入式(5-2-4)，合并常数后，有

$$T = K\frac{sR_2(U_1)^2}{R_2^2 + (sX_{20})^2} \tag{5-2-13}$$

式中，K 为常数。

式(5-2-13)更明确地表明了电动机电磁转矩与电源电压、转差率（或转速）等外部条件及电路参数 R_2、X_{20} 之间的关系。由式(5-2-13)可知，转矩 T 与定子每相的电压 U_1 的平方成正比，所以，当电源有所变动时，对转矩的影响很大。此外，转矩 T 还受转子电阻 R_2 的影响。

也可以由式(5-2-13)进一步理解电磁转矩的含义。电磁转矩反映的是电动机功率与转速之间的关系。转矩的单位是牛·米（N·m），其等价量纲为 $\frac{瓦(W)}{转速(rad/min)}$，即 $\frac{瓦(W)·分(min)}{转(rad)}$。

通过上面的分析可以看出，电磁转矩是反映电动机做功能力的物理量。

5. 三相异步电动机的机械特性曲线

电动机是电能转换为机械能的设备，电动机的机械特性是电动机最主要的特性。电磁转矩反映了电动机做功能力，反映了电动机的机械特性。

由式(5-2-13)知，当电源电压 U_1 和频率 f_1 恒定时，X_{20} 为常数，电磁转矩 T 仅为转

差率 s 的函数[1]。把转矩 T 与转差率 s 的关系曲线 $T=f(s)$ 或转速 n 与转矩 T 的关系曲线 $n=f(T)$ 称为电动机的机械特性曲线。

显然,一般情况下,电源电压 U_1 和频率 f_1 是不变的,电动机的机械特性随转子绕组电阻 R_2 的不同而不同。图 5-2-7 所示为电动机的 $T=f(s)$ 关系曲线的一个实例。

由图 5-2-7 及式(5-2-13)可知:在 $0<s<s_m$ 区间,电磁转矩随转差率的增加而增加。这是因为当 s 很小时,$sX_{20}\ll R_2$,略去 sX_{20} 不计,可近似认为 T 与 s 成正比。在 $s_m<s<1$ 区间,电磁转矩随转差率的增加而减小。这是因为当 s 较大时,$sX_{20}\gg R_2$,略去 R_2 不计,可近似认为 T 与 s 成反比。s_m 称为临界转差率,对应 s_m 的电磁转矩最大,为 T_{MAX}。

$T=f(s)$ 特性曲线只是间接地表示了电磁转矩与转速之间的关系。若把 $T=f(s)$ 特性曲线的 s 轴变成 n 轴,然后把 T 轴平行移动到 $n=0$,$s=1$ 处,将换轴后的坐标轴顺时针旋转 $90°$,可得到电动机机械特性曲线的另一种形式,即转速 n 与转矩 T 的关系曲线 $n=f(T)$。图 5-2-7 所示 $T=f(s)$ 关系曲线对应的 $n=f(T)$ 关系曲线如图 5-2-8 所示。

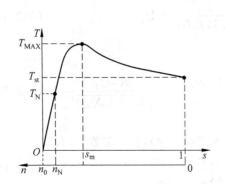

图 5-2-7 三相异步电动机的 $T=f(s)$ 曲线

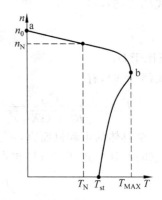

图 5-2-8 三相异步电动机的 $n=f(T)$ 曲线

由图 5-2-8 可看出,ab 区间为电动机的稳定运行区间。电动机运行在稳定区间时,不需借助其他机械和人为调节,自身具有自动适应负载变化的能力。它的电磁转矩随负载转矩的增加而自动增加,随负载转矩的减小而自动减小。电动机的稳定工作区间的直线较平坦,电动机转速变化不大,这种特性称为电动机硬的机械特性。对于某些电动机,为满足特定的应用要求,可在转子电路中串接电阻,这时电动机在稳定区工作,电动机转速可变化较大,这种特性称为电动机的软特性。

6. 额定转矩 T_N、最大转矩 T_{MAX} 和启动转矩 T_{st}

在图 5-2-7 中有 3 个值有特殊意义,下面分别介绍其含义。

(1) 额定转矩 T_N

额定转矩是电动机在额定负载时的转矩,可根据电动机铭牌上的额定功率(输出机械功率)和额定转速由下式求得:

$$T_N = 9550 \times \frac{P_N}{n_N} \tag{5-2-14}$$

---

[1] R_2 为转子绕组电阻,对具体的电动机而言为常数。

式中，P_N 为额定功率，单位为 kW；n_N 为额定转速，单位为 rad/min；T_N 为额定转矩，单位为 (N·m)。

(2) 最大转矩 T_{MAX}

由图 5-2-7 知，转矩有一个最大值，称为最大转矩或临界转矩。对应于最大转矩的转差率为 s_m，称为临界转差率。由临界转差率的含义，有

$$s_m X_{20} = R_2$$

所以

$$s_m = \frac{R_2}{X_{20}} \text{①} \tag{5-2-15}$$

将式(5-2-15)代入式(5-2-13)，有

$$T_{MAX} = K \frac{U_1^2}{2X_{20}} \tag{5-2-16}$$

由式(5-2-15)和式(5-2-16)知，T_{MAX} 与 U_1^2 成正比，而与转子绕组电阻 R_2 无关。s_m 与 R_2 成正比。

最大转矩 T_{MAX} 表明了电动机的最大负载能力，当负载转矩超过最大转矩时，电动机带不动负载，发生所谓的闷车现象，使电动机急剧发热，从而损伤或损坏电动机。

考虑到电动机在运行中应有一定的过载能力，电动机的额定转矩 T_N 应小于最大转矩 T_{MAX}，它们的比值称为过载系数 λ，即

$$\lambda = \frac{T_{MAX}}{T_N} \tag{5-2-17}$$

一般情况下，三相异步电动机的过载系数为 1.8~2.2。

(3) 启动转矩 T_{st}

启动转矩 T_{st} 是指电动机在刚接通电源启动时刻($n=0$，$s=1$)的转矩。将 $s=1$ 代入式(5-2-13)，有

$$T_{st} = K \frac{R_2 (U_1)^2}{R_2^2 + (X_{20})^2} \tag{5-2-18}$$

显然，启动转矩 T_{st} 应大于额定转矩。若启动转矩 T_{st} 小于额定转矩(假定负载转矩等于额定转矩)，将因为启动转矩 T_{st} 小于负载转矩而使电动机不能启动。一般把启动转矩与额定转矩的比值称为异步电动机的启动能力。

由式(5-2-18)知，可通过调大电压或适当地增大转子电阻来提高电动机的启动转矩，从而改善电动机的启动性能。

【例 5-2-2】 有两台三相异步电动机，其功率均为 10kW，额定转速 $n_{N1} = 2930$rad/min，$n_{N2} = 1450$rad/min，它们的过载系数均为 2，请计算它们的额定转矩和最大转矩。

解法

由式(5-2-14)和式(5-2-17)求得两台电动机的额定转矩和最大转矩(单位为 N·m)为

---

① 也可通过求电磁转矩 T 的极值求得 s_m，即通过计算 $dT/ds = 0$ 时的 s 值，求得 s_m。

$$T_{N1} = 9550 \times \frac{10}{2930} = 32.6, \quad T_{MAX1} = 2 \times 32.6 = 65.2$$

$$T_{N2} = 9550 \times \frac{10}{1450} = 65.9, \quad T_{MAX2} = 2 \times 65.9 = 131.8$$

【例 5-2-3】 有一台绕线式三相异步电动机,转子每相绕组的电阻 $R_2=0.02\Omega$,漏磁电抗 $X_{20}=0.04\Omega$。现在要使启动转矩等于最大转矩,在转子绕组的电路中应串接多大的启动电阻?

解法

电动机的最大转矩对应的转差率为临界转差率。电动机启动时,转差率为 1;当临界转差率为 1 时,启动转矩恰好等于最大转矩。

假定串接电阻的阻值为 R_{2T},由式(5-2-15),有

$$\frac{R_2 + R_{2T}}{X_{20}} = 1$$

则

$$R_{2T} = X_{20} - R_2 = 0.04 - 0.02 = 0.02\Omega$$

5.2.3 三相异步电动机转矩计算的实用公式

采用式(5-2-13)可计算出三相异步电动机的转矩,但由于电动机的铭牌及产品手册上一般并不给出转子绕组每相的电阻及电抗等数值,因此,采用式(5-2-13)计算转矩依旧不方便。

下面不加证明地给出计算转矩的两个实用公式,利用它们,可根据铭牌及产品手册上给出的数据计算出某一转差率时的转矩。

$$\frac{T}{T_{MAX}} = \frac{2}{\frac{s}{s_m} + \frac{s_m}{s}} \tag{5-2-19}$$

式中,s 为转矩为 T 时的转差率,s_m 为转矩为 T_{MAX} 时的转差率。

$$s_m = s_N(\lambda + \sqrt{\lambda^2 - 1}) \tag{5-2-20}$$

式中,λ 为过载系数。

【例 5-2-4】 有一台绕线三相异步电动机,从手册上查得额定功率为 30kW,额定转速 $n_N=722$rad/min,过载系数为 3.08。试求额定转矩、最大转矩及启动转矩。

解法

(1) 求额定转矩:由式(5-2-14),有

$$T_N = 9550 \times \frac{P_N}{n_N} = 9550 \times \frac{30}{722} = 396.8(N \cdot m)$$

(2) 求最大转矩:由式(5-2-17),有

$$T_{MAX} = \lambda \times T_N = 3.08 \times 396.8 = 1222.1(N \cdot m)$$

(3) 求启动转矩:由式(5-2-19)求得 $s=1$ 时的电磁转矩为启动转矩,为此,先求临时转差率 s_m。由式(5-2-20),有

$$s_{\mathrm{m}} = s_{\mathrm{N}}(\lambda + \sqrt{\lambda^2 - 1}) = \frac{750 - 722}{750} \times (3.08 + \sqrt{3.08^2 - 1}) = 0.224$$

由式(5-2-19),有

$$T = \frac{2}{\frac{s}{s_{\mathrm{m}}} + \frac{s_{\mathrm{m}}}{s}} \cdot T_{\mathrm{MAX}} = \frac{2}{\frac{1}{0.224} + \frac{0.224}{1}} \times 1222.1 = 521.3(\mathrm{N \cdot m})$$

5.2.4 三相异步电动机的铭牌数据

获取一台实际电动机的额定数据主要有两种途径:通过电动机的铭牌或查电动机的使用手册。因此,看懂铭牌是正确使用电动机的基础。现以 Y132M-4 型电动机为例,说明铭牌上各数据的含义。

表 5-2-2 所示为三相异步电动机铭牌数据的一个实例。此外,三相异步电动机的主要技术数据还有功率因数、效率、过载系数等。简单解释如下。

表 5-2-2 三相异步电动机铭牌数据实例

三相异步电动机					
型号	Y132M-4	功率	7.5kW	频率	50Hz
电压	380V	电流	15.4A	接法	△
转速	1440r/min	绝缘等级	B	工作方式	连续
年 月 编号				××电机厂	

1. 型号说明

表 5-2-2 中第二行第一列为电动机的型号(Y132M-4),可分为四部分理解型号命名。

型号 Y132M-4 左边的 Y 表示电动机类型为三相异步电动机。异步电动机的产品名称代号及其汉字意义摘录于表 5-2-3。中间的数字 132 表示机座中心高为 132mm;字母 M 表示机座长度代号为 M(中机座);右边的 4 表示磁极数为 4(磁极对数为 2)。

表 5-2-3 异步电动机产品名称代号

产品名称	新代号	汉字意义	老代号
异步电动机	Y	异	J,JO
绕线式异步电动机	YR	异绕	JR,JRO
防爆型异步电动机	YB	异爆	JB,JBS
高启动转矩异步电动机	YQ	异起	JQ,JQO

2. 电压、电流

铭牌上所标的电压、电流是指电动机额定运行时定子绕组的线电压和线电流。

3. 额定功率

铭牌上所标的功率值是指电动机额定运行时转轴上输出的机械功率值,应注意它与输入功率的区别。输入功率 P_1 可通过额定电压、电流和功率因数求得。当表 5-2-2 所示电动机的功率因数为 0.85 时,有

$$P_1 = \sqrt{3}U_L I_L \cos\varphi = \sqrt{3} \times 380 \times 15.4 \times 0.85 = 8.6 \text{kW}$$

输出功率 P_2 与输入功率 P_1 的比值称为电动机额定运行的效率。当表 5-2-2 所示电动机的功率因数为 0.85 时,其额定运行的效率 η 为

$$\eta = P_2/P_1 = 7.5/8.6 \times 100\% = 87\%$$

一般鼠笼式电动机在额定运行时的效率为 72%~93%,在额定功率的 75% 左右时效率最高。

思考题

5.2.1 极数为 3 的三相异步电动机,其每相绕组有几个串联线圈,绕组始端之间相差多少度?

5.2.2 你认为电源的波动对运行中的电动机有无影响?请说出理由。

5.2.3 铭牌上所标的额定电流是否是电动机空载运行的电流?

5.2.4 请求表 5-2-2 所示电动机的转差率和转子电流的频率。

5.2.5 请求表 5-2-2 所示电动机的启动转矩(过载系数为 2)。

5.2.6 为什么三相异步电动机不在最大转矩 T_{MAX} 或接近最大转矩处运行?

5.3 三相异步电动机的使用

由三相异步电动机的机械特性可以看出,要更好、更高效地使用电动机,应根据生产机械的负载特性选择合适的电动机。此外,还应考虑电动机的启动、制动、散热、调速、效率等实际问题。在此,仅介绍电动机的启动、制动及调速。

5.3.1 三相异步电动机的启动

电动机的转子由静止不动到达稳定转速的过程称为电动机的启动。简单地说,就是把电动机开动起来。电动机启动时,应满足以下两点:

(1) 能产生足够大的启动转矩 T_{st},使电动机很快转起来。

(2) 启动电流 I_{st} 不要太大,以免影响电网上其他电气设备的正常工作。

下面从三相异步电动机的启动特点出发,介绍三相异步电动机的启动。

1. 三相异步电动机的启动过程的特点

(1) 启动电流 I_{st} 较额定电流大得多

在刚启动时,由于旋转磁场对静止的转子有着很大的相对转速,磁通切割转子导条的速度很快,因此,启动时转子绕组中感应出的电动势和产生的转子电流都很大。转子

电流的增大将使定子电流相应增大。对一般中、小型鼠笼式电动机而言,其定子启动电流(指线电流)与额定电流之比为 5~7 倍。

因为三相异步电动机的启动电流比额定电流大得多,因此,频繁启动电动机将使电动机过热,从而损伤或损坏电动机。另外,电动机的启动电流对线路是有影响的,过大的启动电流在短时间内会在线路上造成较大的电压降落,而使负载端的电压降低,影响邻近负载的正常工作。例如对邻近的异步电动机,电压的降低将影响它们的转速(下降)和电流(增大),甚至可能使它们的最大转矩瞬时小于负载转矩,致使电动机停下来。

(2) 转子功率因数低

在刚启动时,虽然转子电流很大,但因为电动机启动时,转子频率最高(为定子电流频率),转子感抗很大,所以转子的功率因数是很低的。因此,启动转矩实际上不大,它与额定转矩之比为 1.0~2.2 倍。

由此可知,异步电动机启动时的启动电流较大。为了减小启动电流(有时也为了提高或减小启动转矩),必须采用适当的启动方法。

2. 三相异步电动机的启动方法

由于三相异步电动机的启动电流比额定电流大得多,因此对额定电流较大的异步电动机而言,应根据电网,以及机械负载对启动转矩的要求等具体情况进行具体分析。绕线式异步电动机启动性能好,可通过适当地增大转子电阻来提高电动机的启动转矩,同时达到减小启动电流的目的(由式(5-2-18)知,在转子电路中接入大小适当的启动电阻 R_{st},可达到减小启动电流,同时提高启动转矩 T_{st} 的目的)。绕线式电动机的启动接线图如图 5-3-1 所示。

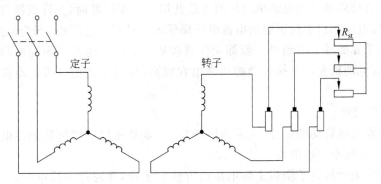

图 5-3-1 绕线式电动机的启动接线图

对鼠笼式电动机,其启动方式有两种:直接启动和降压启动。

(1) 直接启动(全压启动)

直接启动就是启动时利用闸刀开关或接触器直接将电动机接到具有额定电压的电源上。直接启动时电动机的启动电流为额定电流的 5~7 倍,因此当额定电流较大时,线路电压下降较多,将影响周边负载的正常工作。虽然如此,由于这种启动方法简单、可靠且启动迅速,因此在条件允许(如容量较小、不频繁启动的电动机)时应尽量采用此种方法。

究竟多大容量的电动机允许直接启动呢？这和周边电网的状况及电动机功率大小有关。通常，电动机直接启动时，电网的电压降不得超过额定电压的5%～15%。显然，如果周边电网的变压器容量越大，相同电流引起的电压降越小，允许直接启动的电动机容量就越大。一般可参考下面的经验公式确定：

$$\frac{\text{直接启动的启动电流}}{\text{电动机的额定电流}} \leq \frac{3}{4} + \frac{\text{电源变压器容量(kVA)}}{4 \times \text{电动机功率(kW)}} \quad (5\text{-}3\text{-}1)$$

【例 5-3-1】 有一台额定功率为25kW的三相异步电动机，其启动电流与额定电流比为6：1，问在600kVA(千伏安)的变压器下能否直接启动？一台40kW的三相异步电动机，其启动电流与额定电流比为5.5：1，问能否直接启动？

解法

① 对于25kW的三相异步电动机，由式(5-3-1)，有

$$\frac{3}{4} + \frac{600}{4 \times 25} = 6.75 > 6$$

允许直接启动。

② 对于40kW的三相异步电动机，有

$$\frac{3}{4} + \frac{600}{4 \times 40} = 4.5 < 5.5$$

不允许直接启动。

判别一台电动机能不能直接启动，各地电业管理机构有一定的规定。如有些地区规定：用电单位如有独立的变压器，在电动机频繁启动的情况下，电动机容量小于变压器容量的20%；如果电动机不经常启动，它的容量小于变压器容量的30%，这两种情况下都允许电动机直接启动。当电动机与照明负载共用一台变压器时，允许直接启动的电动机最大容量，以电动机启动时引起的电源电压降低不超过额定电压的5%为原则。

二三十千瓦的异步电动机一般都允许直接启动。随着电力网的发展和控制系统的完善，鼠笼式电动机允许直接启动的功率也在提高，数百千瓦的异步电动机也常采用直接启动。

(2) 降压启动

在不允许直接启动的场合，应采用降压启动，就是在启动时降低加在电动机定子绕组上的电压，以减小启动电流。

降低加在电动机定子绕组上的电压的方法有多种，如通过串接电阻或电抗来启动、星形-三角形(Y-△)转换启动、自耦变压器降压启动等。

① 星形-三角形(Y-△)转换启动

如果电动机在正常工作时其定子绕组是联接成三角形的，那么在启动时可把它联成星形，等到转速接近额定值时再换接成三角形。这种启动方法称为鼠笼式电动机的星形-三角形(Y-△)转换启动。

电动机正常工作时，其定子绕组是联接成三角形(如图5-3-2(b)所示)的，其工作电压为380V。启动时，将定子绕组联成星形(如图5-3-2(a)所示)，定子各相绕组电压为220V，这样，在启动时就把定子各相绕组电压降到了正常电压的$\frac{1}{\sqrt{3}}$。

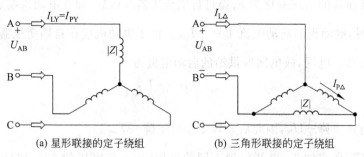

(a) 星形联接的定子绕组　　(b) 三角形联接的定子绕组

图 5-3-2　鼠笼式电动机的星形-三角形(Y-△)转换启动

由三相电路知识知,当定子绕组联成星形时,线电流 I_{LY} 等于相电流 I_{PY};当定子绕组联成三角形时,线电流 $I_{L\triangle}$ 为相电流 $I_{P\triangle}$ 的 $\sqrt{3}$ 倍。故有

$$\frac{I_{LY}}{I_{L\triangle}} = \frac{\dfrac{U_L}{\sqrt{3}|Z|}}{\dfrac{\sqrt{3}U_L}{|Z|}} = \frac{1}{3}$$

可见,鼠笼式电动机的星形-三角形(Y-△)转换启动电流为直接启动电流的 $\dfrac{1}{3}$。由式(5-2-18)知,其启动转矩也减小到直接启动时的 $\dfrac{1}{3}$。因此,这种方法只适合于空载或轻载时启动。

鼠笼式电动机的星形-三角形(Y-△)转换启动可通过星三角启动器来实现。

② 自耦变压器降压启动

利用自耦变压器降压启动的原理如图 5-3-3 所示。启动时,先把开关 S_2 扳到"启动"位置。当转速接近额定值时,将开关 S_2 扳到"工作"位置,切除自耦变压器。启动过程分析如下。

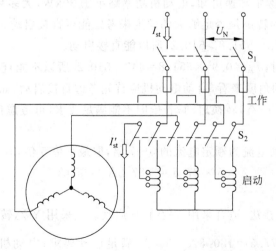

图 5-3-3　自耦变压器降压启动接线图

设自耦变压器的电压变比为 k，经过自耦变压器降压后，加在电动机端点上的电压变为 $\frac{1}{k}U_N$。此时，电动机的启动电流 $I'_{st}=\frac{1}{k}I_{stN}$。由于电动机接在自耦变压器的副边，自耦变压器的原边接至电网，故电网所供给的启动电流为

$$I_{st}=\frac{1}{k}I'_{st}=\frac{1}{k^2}I_{stN}$$

由于端电压下降 $\frac{1}{k}U_N$，因此启动转矩相应下降 $\frac{1}{k^2}T_{stN}$。

自耦变压器备有抽头，以便得到不同的电压（如电源电压的 73%、64% 和 55%），用户可根据对启动转矩的要求而选用。如用星形-三角形（Y-△）转换启动时，启动转矩为直接启动时的 $\frac{1}{3}$，不能满足要求，可采用自耦变压器启动。如选择 $\frac{1}{k}=0.8$，则从电网吸收的电流为直接启动时的 0.64，启动转矩也是直接启动时的 0.64。

采用自耦变压器降压启动，将使设备费用增加。因此，自耦变压器降压启动适用于容量较大或正常运行时联成星形而不能采用星形-三角形（Y-△）转换启动的鼠笼式异步电动机。对于不仅要求启动电流小，而且要求有相当大的启动转矩的场合，往往不得不采用启动性能较好而价格较贵的绕线式电动机了。

【例 5-3-2】 有一台定子绕组接法为三角形的鼠笼式异步电动机，其额定电流为 77.5A，额定转矩 T_N 为 290.4N·m，启动转矩 T_{st} 为 551.8N·m，最大转矩 T_{MAX} 为 638.9N·m，额定转速为 970r/min。

① 假定负载转矩为 510.2N·m，请问在 $U_1=U_N$ 和 $U_2=0.9U_N$ 两种情况下，电动机能否直接启动（电动机运行在额定负载，下同）？

② 若负载转矩为 260N·m，要求启动电流不超过 350A，应如何启动？

③ 如果负载转矩为 160N·m，要求启动电流不超过 250A，应如何启动？

解法

① 由额定转矩、额定转速可知，电动机功率略小于 30kW，大多数情况下电网均允许直接启动，故应从启动转矩是否足够大的角度来考虑能否直接启动。

当 $U_1=U_N$ 时，$T_{st}=551.8>510.2$，所以能直接启动。

当 $U_2=0.9U_N$ 时，$T_{st}=0.9^2×551.8=447<510.2$，所以不能直接启动。

② 从使用方便的角度来看，启动电动机应首先考虑直接启动；如果不允许直接启动，可考虑星形-三角形（Y-△）转换启动；若依旧不能满足要求，可考虑自耦变压器降压启动或其他方法。

直接启动时，启动电流为额定电流的 5~7 倍，取最小值 5 倍，有

$$5×77.5=387.5A>350A$$

所以不允许直接启动。

电动机为三角形接法，适合采用 Y-△转换启动。当采用 Y-△转换启动时，电动机的启动电流为 $\frac{1}{3}×7×77.5=180.8A<350A$，满足启动要求；电动机的启动转矩为 $\frac{1}{3}×551.8=183.9<260$，小于负载转矩，不能启动。

考虑用自耦变压器降压启动。如选用电源电压的 73% 的抽头,有
$$0.73^2 \times 7 \times 77.5 \approx 289 < 350$$
$$0.73^2 \times 551.8 = 294 > 260$$
可见能满足启动要求,可采用自耦变压器降压启动。

③ 由②中分析知,电动机不允许直接启动,考虑用 Y-△转换启动,有
$$\frac{1}{3} \times 7 \times 77.5 = 180.8 < 250$$
$$\frac{1}{3} \times 551.8 = 183.9 > 160$$
可见能满足启动要求,可采用 Y-△转换启动。

5.3.2 三相异步电动机的调速

1. 电动机调速的含义

用人为的方法,在同一负载下使电动机转速改变以满足生产机械需要,称为电动机的调速。有的生产机械在工作过程中需要调速,例如各种切削机床的主轴运动随着工件与刀具的材料、工件直径、加工工艺的要求及走刀量的大小不同,要求有不同的转速,以获得最高的生产率并保证加工质量。如果采用电气调速,可以大大简化机械变速机构。

由图 5-2-8 可看出,电动机运行时不需借助其他机械和人为调节,自身就具有自动适应负载变化的能力,这种情况称为电动机的转速改变,与电动机的调速是两个不同的概念。

2. 三相异步电动机调速的方法

由式(5-2-2)和式(5-2-3),有
$$n = (1-s)n_0 = \frac{60f}{p}(1-s) \tag{5-3-2}$$

由式(5-3-2)可知,三相异步电动机的转速由电源频率、旋转磁场极对数和转差率确定。因此,改变三相异步电动机的转速有 3 种方法。

(1) 通过改变电源频率 f 的方法来改变电动机的转速(变频调速)。

(2) 通过改变旋转磁场极对数 p 的方法来改变电动机的转速(变极调速)。

(3) 通过改变异步电动机的转差率 s 的方法来改变电动机的转速(变滑差调速)。

前两者是鼠笼式电动机的调速方法,后者是绕线式电动机的调速方法,简要介绍如下。

(1) 变频调速

由于电源频率 f 与异步电动机的同步转速成正比,因此,电源频率改变时,异步电动机的转速随之改变。

异步电动机的额定频率称为基频,变频调速时可从基频往上调(转速从额定转速往上调),也可从基频往下调(转速从额定转速往下调)。

由 $U_1 = 4.44 f_1 N_1 \Phi_m$ 和 $T = K_T \Phi_m I_2 \cos\varphi_2$ 两式可知:

① 当把转速调低时,在把频率 f_1 调低的同时,应把电源电压 U_1 同步调低,使磁通和转矩近似不变,称为恒转矩调速。

若只把频率 f_1 调低,而保持电源电压 U_1 不变,那么定子铁心的磁通将增加,导致励磁电流和铁损增加,使电动机过热。

② 当把转速调高时,在把频率 f_1 调高的同时,应保持电源电压 U_1 不变,这时磁通和转矩减小,功率基本保持不变,称为恒功率调速。

若在把频率 f_1 调高的同时将电源电压 U_1 也调高,那么电源电压将超过电动机的额定电压,这是不允许的。

通过变频可使异步电动机得到平滑无级调速,但实现变频调速需要一套独立的变频设备。异步电动机的变频调速示意图如图 5-3-4 所示。近年来,变频调速技术发展很快,有力地推动了变频调速的推广。

(2) 变极调速

由式(5-3-2)知,如果极对数 p 减小一半,则旋转磁场的转速提高 1 倍,转子转速差不多也提高 1 倍。因此,可通过改变异步电动机的极对数来实现调速。

如何改变异步电动机的极对数呢?可通过图 5-3-5 来理解。

图 5-3-4 异步电动机变频调速示意图

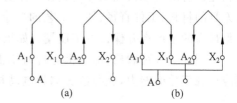

图 5-3-5 异步电动机变极调速示意图

图 5-3-5 所示异步电动机定子绕组每相有两个线圈。图(a)中的两个线圈串联,极对数 $p=2$;图(b)中的两个线圈反并联(头尾相联),极对数 $p=1$。在换极时,一个线圈中的电流方向不变,而另一个线圈中的电流必须改变方向。

利用变极实现调速简便、经济,但它不能实现平滑无级调速。特别应指出的是,不是所有电动机都能利用变极实现调速,它只限于在多速电动机上使用。

(3) 变滑差调速

对于绕线式电动机,可在其转子电路中接入一个调速电阻。改变电阻的大小,可改变异步电动机的转差率,从而实现平滑调速。接入电阻的大小与转差率的关系由下式确定①

$$\frac{s_N}{s} = \frac{R_2}{R_2 + R_2'} \tag{5-3-3}$$

式中,R_2' 为接入电阻的阻值,R_2 为绕组电阻,s_N 为额定转差率,s 为接入电阻后的转差率。

【例 5-3-3】 有一台绕线式三相异步电动机,转子每相绕组电阻 $R_2=0.022\Omega$,额定转速 $n_N=1450\text{r/min}$。现要将其调速到 1200r/min,请问应在转子绕组的电路中串联多大的调速电阻?

---

① 对同一负载,转速改变时,转矩不变。利用转矩相等可得出等式。

解法

(1) 先求额定转差率 s_N

$$s_N = \frac{n_0 - n_N}{n_0} = \frac{1500 - 1450}{1500} = 0.033$$

再求转速为 1200r/min 时的转差率 s：

$$s = \frac{n_0 - n}{n_0} = \frac{1500 - 1200}{1500} = 0.2$$

(2) 求调速电阻

由式(5-3-3)，有

$$R'_2 = \frac{R_2 \times s}{s_N} - R_2 = \frac{0.022 \times 0.2}{0.033} - 0.022 = 0.11\Omega$$

以上 3 种调速方法都不十分理想，这是异步电动机的不足之处。在调速性能要求高的场合，应选用调速性能好的电动机，如直流电动机。

5.3.3 三相异步电动机的制动

电动机电源断开后，由于惯性的作用，电动机尚需一段时间才能完全停下来。在某些应用场合下，要求电动机能够准确停位和迅速停车，以提高生产效率，保证生产安全。在电动机断开电源后，采用一定措施使电动机停下来称为电动机的制动（俗称刹车）。

制动的方法有机械制动和电气制动两种。常用的电气制动方法有能耗制动、反接制动、发电反馈制动等。

(1) 能耗制动

能耗制动的原理如图 5-3-6 所示。当切断三相电源时，接通直流电源，使直流电流通过定子绕组而产生固定不动的磁场。转子电流与直流电流固定磁场相互作用产生与电动机转动方向相反的转矩，实现制动。它是通过消耗转子的动能（转换为电能）来制动的，因而称为能耗制动。制动转矩的大小与直流电流的大小有关，一般为电动机额定电流的 0.5～1 倍。

能耗制动能量消耗小，制动平稳，但需要直流电源。

(2) 反接制动

反接制动的原理如图 5-3-7 所示。在电动机停车时，将接到电源的三根导线中的任意两根对调位置，旋转磁场将反向旋转，产生与转子惯性转动方向相反的转矩，实现制动。

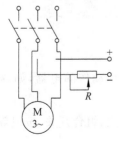

图 5-3-6 能耗制动

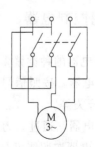

图 5-3-7 反接制动

应特别指出的是,当转速接近零时,应利用某种控制电器将电源自动切断,否则电动机将反转。

反接制动时,由于旋转磁场与转子的相对转速很大,因而电流较大,对功率较大的电动机进行制动时应考虑限流。反接制动方法简单,效果较好,但能量消耗较大。

(3) 发电反馈制动

当转子的转速 n 超过旋转磁场的转速 n_0 时,电动机已转入发电机运行,这时的转矩也是制动的,称为发电反馈制动。

思考题

5.3.1 请求【例 5-3-2】所示电动机的临界转差率。

5.3.2 绕线式电动机采用转子串电阻启动时,所串电阻愈大,启动转矩是否也愈大?

5.3.3 对于【例 5-3-2】所示电动机,若负载转矩为 510.2N·m,要求启动电流不超过 400A,有什么办法启动电动机?

5.3.4 在绕线式异步电动机转子绕组中接入适当的电阻,是提高了电动机的启动性能还是降低了启动性能?是提高了电动机的效率还是降低了效率?

5.4 三相异步电动机的控制

控制是一个古老的话题,在生产实践中,控制扮演着非常重要的角色。机械化生产代替手工作坊,对机器的熟练操作成为提高生产效率的关键因素之一。电动机等电气设备的广泛应用有效地改善了生产过程的电气化程度,利用继电器、接触器等控制电器构成的三相异步电动机控制系统的广泛应用有力地推动着国民经济的发展。大规模、超大规模集成电路的进一步应用引起了控制领域新的变革,机器人开始出现并逐渐走向应用。

本节从几种常用控制电器的功能和特点出发,介绍基本控制电路的构成及三相异步电动机的控制实现。

5.4.1 常用控制电器

常用控制电器的种类繁多,按动作性质可分为:

(1) 自动电器 按照信号或某个物理量的变化而自动动作的电器,如继电器、接触器、自动空气开关等。

(2) 手动电器 通过人力操作而动作的电器,如刀开关、组合开关、按钮等。

常用控制电器按职能可分为:

(1) 控制电器 用来控制电器的接通、分断及电动机的各种运行状态,如按钮、接触器等。

(2) 保护电器 实现某种保护功能,如熔断器、热继电器等。

当然,不少电器既可作为控制电器,也可用作保护电器,它们之间并无明显的界限。

1. 组合开关

组合开关常用来作为机床控制线路中电源的引入开关,也可以用它直接启动或停止小容量鼠笼式电动机,以及使电动机正、反转。局部照明电路也常用组合开关来控制。

组合开关有单极、双极、三极和四极等几种,以额定持续电流为主要选用参数,一般有 10A、25A、60A 和 100A 等,是一种常用的手动控制电器。组合开关的文字符号为 Q,图形符号如图 5-4-1 所示。

图 5-4-1 组合开关符号

2. 按钮

按钮是一种手动的、可以自动复位的开关,通常用来接通或断开低电压、弱电流的控制回路。

我国按钮的额定电压交流一般为 500V,直流为 440V;额定电流一般为 5A。按照按钮的数目,有单按钮、双联按钮和三联按钮等类型。

电器元件的触点有常开、常闭两种类型。在正常状态下就闭合的触点,称为常闭触点,反之,称为常开触点。只有常闭触点的按钮称为常闭按钮,只有常开触点的按钮称为常开按钮,同时具有常闭触点和常开触点的按钮称为复合按钮。按钮的文字符号为 SB,图形符号如图 5-4-2 所示。

如图 5-4-3 所示为复合按钮的剖面图,它主要由按钮帽、动触点、静触点、复位弹簧及外壳组成。正常状态下,上面的一对静触点被动触点接通,为常闭触点;下面的一对静触点处于断开状态,为常开触点。

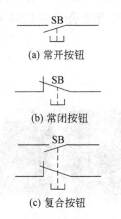

图 5-4-2 按钮电气符号

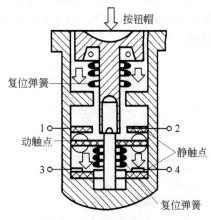

图 5-4-3 复合按钮实例

当按钮帽被按下时,常闭触点先断开,动触点沿箭头方向动作;之后,按钮帽被完全按下,常开触点闭合,这种动作特点称为"先断后合"。按钮释放后,在复位弹簧的作用下,原先闭合的常开触点先断开;之后,断开的常闭触点闭合,按钮回到正常状态(也是"先断后合")。

复合按钮的"先断后合"的动作特点可用来实现控制电路中的联锁要求。理解"先断后合"的动作特点对实际控制线路的分析非常有帮助。

3. 接触器

接触器是最常用的一种自动开关。它是一种利用电磁吸力控制触点闭合或断开的电器,可根据外部信号来接通或断开电动机或其他带有负载的电路,适合于频繁操作和远距离控制。

接触器主要由电磁系统和触点系统组成。电磁系统由吸引线圈、静铁心、动铁心(或衔铁)和反力弹簧组成。触点系统分为主触点和辅助触点两种。主触点允许流过较大电流,可与主电路联接。辅助触点通过的电流较小,常接在控制电路中。当主触点断开时,其间可能产生电弧,对接触器造成损伤,应采取灭弧措施。接触器的文字符号为KM,图形符号如图5-4-4所示。

接触器是利用电磁铁的吸引力而动作的。当吸引线圈加上额定电压后,将产生电磁力,吸引动铁心而使常闭触点断开,常开触点闭合。当吸引线圈断电时,电磁吸力消失,弹簧力使动铁心释放,触点恢复原来的状态。

交流接触器大都具有常闭、常开两种类型的触点,也具有"先断后合"的动作特点。

接触器包括交流和直流两大类,两者工作原理相同,不同之处在于交流接触器的吸引线圈由交流电源供电,直流接触器的吸引线圈由直流电源供电。

选用接触器时应注意其额定电流、线圈电压和触点数量等。常用交流接触器有CJ10、CJ12、CJ20和3TB等系列。CJ10系列接触器的主触点的额定电流有5A、10A、20A、40A、75A、120A数种;线圈额定电压有36V、110V、220V、380V 4种,可根据控制电路的电压选择相应的型号。图5-4-5所示为常熟开关制造有限公司的CK1系列接触器的外观图。

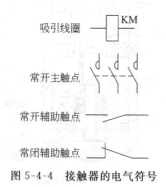

图5-4-4 接触器的电气符号

图5-4-5 接触器外观图

4. 继电器

继电器是一种根据外界输入信号(电量或非电量)来控制电路通断的自动切换电器。根据所传递信号的不同,分为电压继电器、电流继电器、热继电器、时间继电器和中间继电器等;根据动作原理,分为电磁式、感应式、电子式、热继电器等多种。

电压(电流)继电器为电磁式继电器,与接触器的结构和动作原理相同,不同的是电压(电流)继电器没有主触点,加在吸引线圈的额定电压(电流)比较小,常用于弱电信号控制强电的应用场合。当在电压(电流)继电器的吸引线圈加上额定电压(电流)时,继电器动作,使常闭触点断开、常开触点闭合,实现对另一个电路的控制。它是构成顺序控制系统的中心部件。电磁继电器的文字符号为K,图形符号如图5-4-6所示。

图 5-4-6 继电器

中间继电器实质上是一种电压继电器,其触点数量较多,容量较大,能起到中间放大作用,故称之为中间继电器。中间继电器通常用来传递信号和同时控制多个电路,其技术参数以线圈的等级及触点(常开或常闭)数量为主要考虑对象。

时间继电器具有延时动作的特点,有通电延时和断电延时两种类型,是一种反映时间间隔的自动控制电器。

热继电器是一种保护电器,由热元件、双金属片、脱扣机构和常闭触点等构成。当流过热元件中的电流超过容许值而使双金属片受热时,双金属片向上弯曲,因而脱扣,将常闭触点断开。热继电器可用来保护电动机,使之免受长期过载的危害。

图 5-4-7 所示为松下公司生产的几种继电器的外观及内部结构。

图 5-4-7 几种继电器

常见的电工控制电器还有熔断器(一种短路保护电器,发生短路或严重过载时,熔断器的熔丝或熔片立即熔断,从而切断电源)、自动空气断路器等,常用电机、电器的文字及图形符号如表5-4-1所示。有兴趣的读者可在各门户类网站输入"接触器"、"继电器"等关键词进行搜索,以了解电工控制电器产品的最新发展动态。

5.4.2 顺序控制的基本电路

利用控制电器,可构成各种顺序控制系统。顺序控制系统主要由启动电路、停止电路、保持电路、联锁电路、定时电路等基本电路组合而成。

表 5-4-1　常见电机、电器的图形符号

名　称	符　号	文字符号	名　称	符　号	文字符号
三相鼠笼式异步电动机	M 3~	M	接触器常开主触点	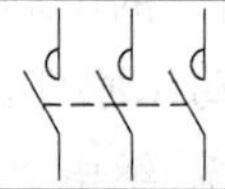	KM
三相绕线式异步电动机	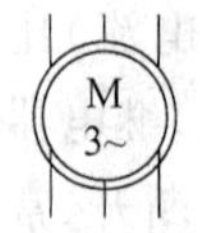 M 3~		接触器常开辅助触点		
	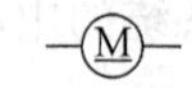		接触器常闭辅助触点	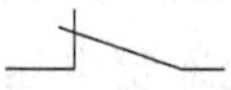	
直流电动机	M		接触器吸引线圈		
三极组合开关		Q	继电器常开触点		K
			继电器常闭触点		
按钮常开触点		SB	继电器吸引线圈		
按钮常闭触点			时间继电器常开延时闭合触点		KT
行程常闭开关触点		ST	时间继电器常闭延时断开触点		
行程常开开关触点			时间继电器常闭延时闭合触点		
热继电器常闭触点		KH	时间继电器常开延时断开触点		
热继电器热元件	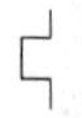			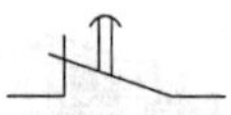	
熔断器	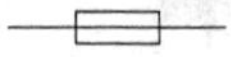	FU			

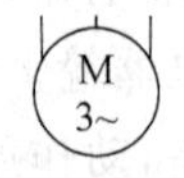

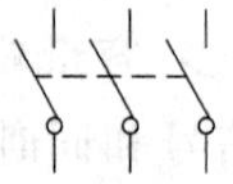

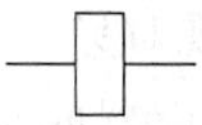

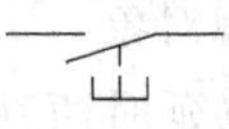

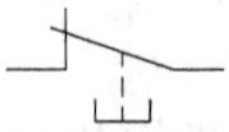

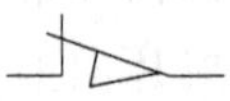

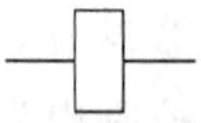

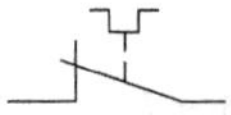

1. 启动电路

启动操作是控制的基本操作,可用具有常开触点的继电器来实现,参考电路如图 5-4-8 所示。图中有两个控制元件:按钮和继电器。当按钮被按下时,额定电压 U 加在继电器吸引线圈上,继电器的常开触点闭合,灯泡与电源接通后被点亮。当按钮松开后,线圈中没有电流流过,闭合触点断开,继电器复位,灯泡与电源断开,灯熄灭。

若图 5-4-8 所示控制电路中的按钮被按下不松开,灯持续被点亮;当松开按钮时,灯熄灭。这种控制方式称为点动控制方式,常用于调试控制电路。

2. 停止电路

停止正在进行的操作是自动控制的另一种基本操作,可用具有常闭触点的继电器来实现,参考电路如图 5-4-9 所示。

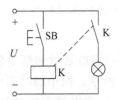
图 5-4-8　启动电路接线展开图

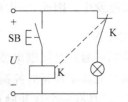
图 5-4-9　停止电路接线展开图

3. 保持电路

在许多应用场合下，总是希望一旦启动某项操作便自动继续该项操作，直到发出终止命令。实现上述控制要求的电路便是保持电路，参考电路如图 5-4-10 所示。图中有 3 个控制元件：常开和常闭两个按钮，以及一个具有两个常开触点的继电器。当常开按钮 SB_2 被按下时，额定电压 U 加在继电器吸引线圈上，继电器的两个常开触点闭合，灯泡与电源接通后被点亮。当按钮松开后，因继电器的两个常开触点的其中一个与按钮 SB_2 并联，将使电路状态保持不变。此后，当常闭按钮 SB_1 按下时，闭合触点断开，线圈中没有电流流过，继电器复位，灯泡与电源断开，灯熄灭。

图 5-4-10 所示电路的动作特点为：只要按钮被按下过一次，灯便持续点亮。这种控制方式称为长动控制方式，常用于启动连续运行的电气设备。

4. 联锁电路

工程控制中经常存在这样的情况：当操作 A 发生时，操作 B 禁止发生；操作 B 发生时，操作 A 禁止发生。能够实现这样的控制要求的电路称为联锁电路，参考电路如图 5-4-11 所示。图中有 4 个控制元件：两个常开按钮和两个具有一个常开触点及一个常闭触点的继电器。

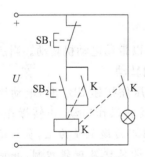
图 5-4-10　保持电路接线展开图

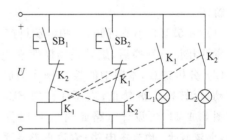
图 5-4-11　联锁电路接线展开图

当按钮 SB_1 按下时，额定电压 U 加在继电器 K_1 的吸引线圈上，继电器 K_1 的常闭触点断开、常开触点闭合，灯泡 L_1 与电源接通后被点亮。由于与按钮 SB_2 联接的常闭触点已经断开，所以，即使按钮 SB_2 按下，灯泡 L_2 也不会被点亮。当按钮 SB_1 松开后，继电器 K_1 的线圈中没有电流流过，闭合触点断开，断开触点闭合，联锁电路复位。各继电器触点动作顺序为"先断后合"。可类似地分析出按钮 SB_2 按下时也可实现联锁控制。

联锁电路应用十分广泛。图 5-4-13 所示是电动机的正、反转控制电路。当接触器 KM_1 的主触点闭合时，若接触器 KM_2 的主触点也处于闭合状态，将因三相电源被短路而导致意外事故发生。因此,应用联锁电路对电动机的正、反转操作进行控制。

5. 延时电路

延时控制可通过时间继电器来实现。时间继电器包括通电延时和断电延时两种类型。用时间继电器实现延时控制的参考电路如图 5-4-12 所示。图中的时间继电器为通电延时继电器,具有一个常开触点及一个常闭触点。设时间继电器延时时间为 1 分钟。当按钮 SB 按下时,额定电压 U 加在继电器 KT 的吸引线圈上。压住按钮使线圈持续通电,1 分钟后,继电器 KT 的常闭触点断开、常开触点闭合,灯泡 L_2 与电源断开后熄灭,灯泡 L_1 与电源接通后被点亮。由于时间继电器为通电延时继电器,所以当按钮松开后,时间继电器立即复位,灯泡 L_1 与电源断开后熄灭,灯泡 L_2 与电源接通后被点亮。

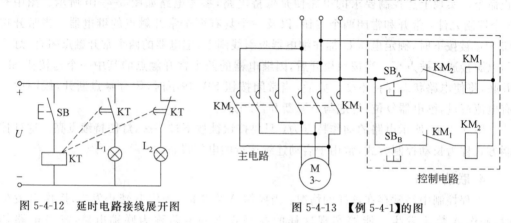

图 5-4-12 延时电路接线展开图　　图 5-4-13 【例 5-4-1】的图

【例 5-4-1】 请设计一个三相电动机正、反转的控制电路。要求控制电路具有 A、B 两个按钮,压住按钮 A,电动机正转;压住按钮 B,电动机反转;两个按钮压住时,以最先压下的按钮为准。

解法

(1) 由 5.1.2 小节可知,三相电源可产生旋转磁场,以带动电动机转动。当三相电源的任意两相位置互换后,旋转磁场极性改变,电动机反向转动。

(2) 分析题意,本题中的控制操作为联锁控制。当压住按钮 SB_A 时,电动机正转操作启动,反转操作被禁止;当压住按钮 SB_B 时,电动机反转操作启动,正转操作被禁止。参照图 5-4-11,可设计电路如图 5-4-13 所示(左边电路以传递能量为主,负责给电动机供电,电流较大,称为**主电路**;右边电路主要用来完成信号传递及逻辑控制,并按一定规律来控制主电路工作,电流较小,称为**控制电路**)。

图 5-4-13 中包括 4 个控制电器:两个按钮、两个交流接触器(在基本控制电路中,主要控制电器为继电器。在本例题及后面的电动机控制电路中,主要控制电器为接触器。继电器、接触器的动作特点相同,使用接触器的主要原因是接触器的主触点允许流过大电流)。

假定 KM_1 动作时电动机正转,则当按钮 SB_A 按下时,额定交流电加在交流接触器 KM_1 的吸引线圈上,KM_1 的常闭辅助触点断开、常开主触点闭合,电动机正转,反转操作被禁止。松开按钮 SB_A,接触器复位,电动机停止转动。类似地可知按钮 SB_B 按下时,电动机反转。

控制过程如下：

① SB_A 压下→KM_1 通电；

② KM_1 常闭触点断开→确保 KM_2 断电；

③ KM_1 常开触点闭合→电动机正转。

在上面的控制电路中，接触器的动作特点是"先断后合"。必须指出的是，若接触器的动作特点不满足"先断后合"，可能会在接触器动作瞬间产生联锁控制的两个操作同时发生的情形，将对电动机造成危害。

5.4.3 三相异步电动机的常见控制电路

电动机是驱动生产机械的主要设备，下面介绍三相异步电动机的常见控制电路。

1. 正、反转控制

正、反转控制原理在【例 5-4-1】中作过介绍。实际控制系统应考虑安全、方便、实用、可靠等因素，参考控制电路如图 5-4-14 所示。图中，组合开关作为控制系统的电源总开关。熔断丝、热继电器用于保护电动机。右边的控制电路由保持电路和联锁电路组合而成。因该控制电路具有保持功能，所以在线路中增加了按钮 SB_0，用于停止正在运转的电动机。

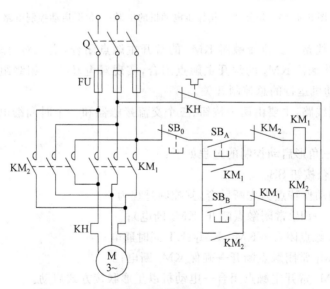

图 5-4-14　具有电气联锁保护的正、反转控制电路

2. 鼠笼式三相异步电动机的星形-三角形(Y-△)启动控制

5.3.1 小节介绍了鼠笼式三相异步电动机的星形-三角形（Y-△）启动的方法。从自动控制的角度来看，Y-△启动过程包括电动机的星形联接运行及三角形联接运行两种控制操作，要求在启动时电动机以星形联接运行方式运行，延时一段时间（电动机启动完

毕)后将电动机切换到以三角形联接方式运行。参考控制电路如图 5-4-15 所示。解释如下：

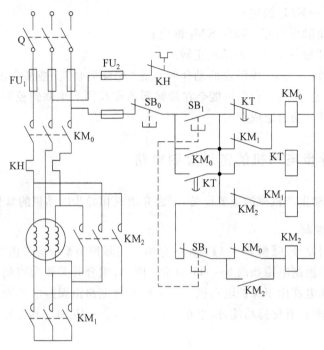

图 5-4-15　鼠笼式三相异步电动机的星形-三角形启动控制电路

左边为主干线路。交流接触器 KM_1 的常开主触点闭合，实现对电动机三相绕组的星形联接；交流接触器 KM_2 的常开主触点闭合，实现对电动机三相绕组的三角形联接；KM_0 为三相电动机运行的总控制开关。

右边为控制线路，主要由两个按钮、三个交流接触器和一个时间继电器(延时时间为 Δt)构成。

实现星形-三角形启动控制的过程如下：

(1) 压下复合按钮 SB_1

复合按钮的动作特点为先断后合，其控制过程为：

① SB_1 压下→SB_1 常闭触点断开(KM_2 断电)；

② SB_1 常开触点闭合→KM_0、KM_1、KT 同时通电；

③ KM_0、KM_1 常闭触点断开→确保 KM_2 断电；

④ KM_0、KM_1 常开主触点闭合→电动机以星形联接方式启动。

由于 KM_0 的常开辅助触点闭合、常闭辅助触点断开，确保了对星形联接运行及三角形联接运行两种控制操作的保持及联锁控制。

(2) 复合按钮 SB_1 压下后立即松开

因控制线路具有保持及联锁控制功能，电动机继续以星形联接方式启动。

(3) 时间继电器上电延时动作

从时间继电器通电开始，经过 Δt 时间的连续通电后，时间继电器的常闭触点断开、

常开触点闭合,将电动机切换到三角形联接方式运行。控制过程如下:
① KT 常闭触点断开→KM_0 断电(**先切断总开关**);
② KT 常开触点闭合→KM_2 通电;
③ KM_2 常闭触点断开→KM_1 断电;
④ KM_2 常开主触点闭合→电动机切换到三角形联接方式;
⑤ KM_1 完全复位→KM_0 通电→电动机以三角形联接方式运行。

3. 三相异步电动机的制动控制

三相异步电动机的制动方法在 5.3.3 小节中作过介绍,主要有能耗制动、反接制动、发电反馈制动等。反接制动方法简单,但要求控制系统能根据电动机的转速进行控制,需要用到速度继电器。当按下制动按钮时,将电动机切换到反方向旋转,电动机正向转速迅速下降。当转速接近零时,切断电源,制动结束。能耗制动参考电路如图 5-4-16 所示。

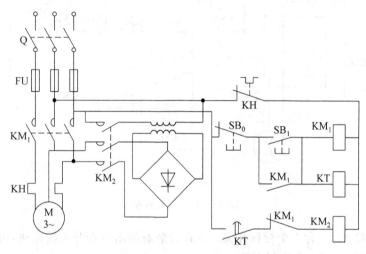

图 5-4-16　鼠笼式三相异步电动机能耗制动参考电路

SB_1 为正常运行的启动按钮。SB_1 压下后,其常闭触点断开,KM_2 断电,制动电路不工作。松开 SB_1 后,电动机继续运行。断电延时继电器 KT 的常开触点处于闭合状态。

SB_0 为电动机停止运行的按钮。SB_0 压下后,电动机进入制动状态,控制过程如下:
① SB_0 压下→KM_1 断电→电动机工作电源切断;
② KM_1 原先闭合的常开触点断开→KT 断电延时开始计时;
③ KM_1 原先断开的常闭触点闭合→KM_2 通电→KM_2 常开触点闭合→电动机开始制动;
④ KT 经过 Δt 时间的连续断电后,原先闭合的常开触点断开,KM_2 断电,制动结束。

4. 行程控制

行程控制是根据生产机械的运动部件的位置或位移变化,通过行程开关自动接通或断开相应的控制电路,使受控对象按控制要求动作的一种控制方式,常用于自动往复运动控制和终端保护等。

行程开关的动作原理与按钮类似，区别是按钮是人力按动，行程开关则是运动部件压动。行程控制实例如图 5-4-17 所示。

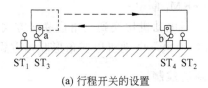

(a) 行程开关的设置

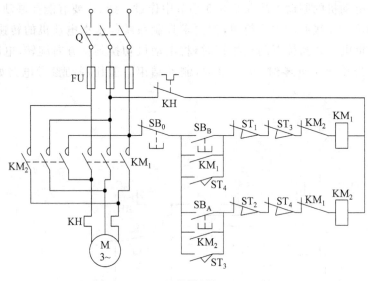

(b) 控制电路

图 5-4-17　行程控制

图(a)中的 $ST_{1\sim4}$ 为 4 个行程开关。工作台装有撞击行程开关的撞块，由电动机驱动左、右运动。图(b)所示为控制电路。

假定工作台初始位置在 b 点，接触器 KM_1 动作时工作台向左运动。因撞块压住了行程开关 ST_4，ST_4 的常闭触点断开，常开触点闭合，接触器 KM_2 被断开，工作台向右运动被禁止，工作台向左运动。

若工作台初始在中间某个位置，按一下按钮 SB_B，接触器 KM_1 通电，工作台向左运动。当工作台在中间运动时，各行程开关处于常态，工作台继续向左运动。当工作台继续向左运动并达到 a 点位置时，因撞块压住了行程开关 ST_3，接触器 KM_1 被断开，工作台停在 a 点。之后，因接触器 KM_2 通电，工作台开始向右运动。工作台继续向右运动将到达并停在 b 点。因接触器 KM_1 通电，工作台将又开始向左运动。周而复始，只要不按下总停按钮 SB_0，工作台将在 a、b 两点间往返运动。

类似地，当工作台初始在中间某个位置时，按一下按钮 SB_A，工作台将在 a、b 两点间往返运动，区别只是工作台初始时向右运动。

5.4.4 三相异步电动机的 PLC 控制系统简介

可编程控制器(简称 PLC)[①]是在传统触点控制系统基础上发展起来的一种新型电气控制装置,是传统继电接触器控制系统与计算机技术、通信技术相结合的产物。它利用计算机控制其内部的无触点继电器、定时器、计数器,达到控制的目的,具有可现场编程、可靠性高、通用性强、方便与计算机联接、控制灵活等优点。

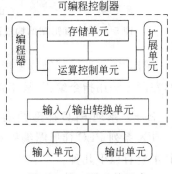

图 5-4-18　PLC 的组成

各种 PLC 的结构、规格等差别较大,但其硬件组成基本相同,主要由存储单元、运算控制单元、输入/输出转换单元、编程器及扩展单元等组成,如图 5-4-18 所示。

由图 5-4-18 可知,PLC 具有传统计算机的体系结构,并在传统计算机的基础上从控制角度对输入、输出进行了扩充。除可实现通常意义上的输入(如按键)、输出(如显示、打印)外,PLC 可针对不同控制对象按不同标准将信号输出(如继电器输出、晶体管集电极输出、可控硅输出等),可方便实现对控制的编程。在 PLC 的编程语言中,梯形图(有时也把梯形图称为电路或程序,把梯形图的设计称为编程)是最常用的一种编程语言。限于篇幅,本节从梯形图的角度介绍三相异步电动机的 PLC 控制。

1. 梯形图的构成

梯形图与继电接触器控制系统的电路图很相似,通常用 ┤├ 、┤╱├ 图形符号分别表示 PLC 编程元件的常开和常闭触点,用 ─◯─ 表示其线圈,用不同的文字表示不同的类型。

梯形图的构成特点为:

(1) 梯形图按照从左到右、自上而下的顺序排列,两侧的垂直公共线称为公共母线。

(2) 每一个继电器线圈为一个逻辑行,称为一层阶梯。每一逻辑行起始于左母线,然后是各触点的串、并联联接,最后是线圈与右母线联接。线圈一般不允许直接与左母线相连,如图 5-4-19 所示。

(3) 编制梯形图时,应避免将触点画在垂直线上(无法用指令编程),如图 5-4-20 所示。

(4) 编制梯形图时,应尽量做到"上重下轻、左重右轻",以符合"从左到右、自上而下"的程序执行顺序。

阅读梯形图时,可以假想有一个电流,即所谓的"能流",从左流向右。必须指出的是,在梯形图中并没有真正的物理电流流过,"能流"只是一个概念上的电流。

[①] 可编程控制器(Programmable Controller)本应称为 PC。为与个人计算机区别,现在一般将可编程控制器简称为 PLC(可编程逻辑控制器)。

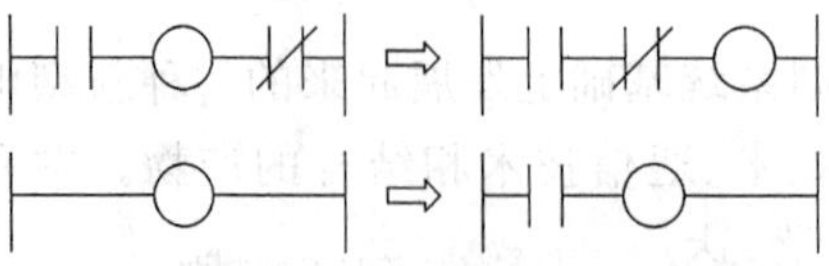

图 5-4-19　梯形图的构成图 1 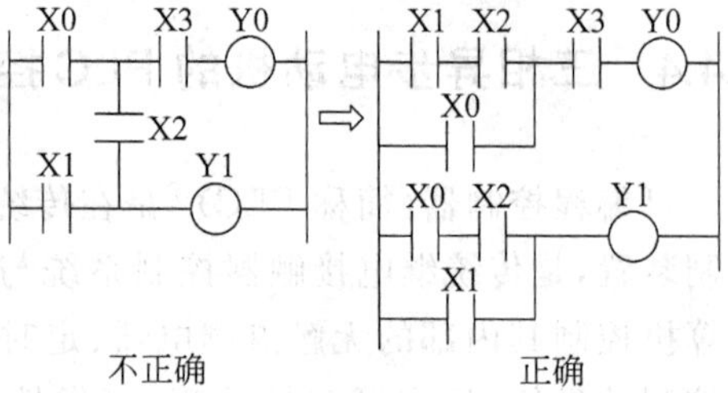　　　　　图 5-4-20　梯形图的构成图 2

利用"能流",可帮助读者形象理解梯形图描述的用户程序的动作特点。在图 5-4-20 中,左图无法用指令编程,故不正确;利用"能流",可将左图改画为右图。

2. FX 系列 PLC 梯形图编程元件

FX 系列 PLC 梯形图编程元件(有些 PLC 的梯形图去掉了右边的垂直线,如 FX 系列)主要有以下几种。

(1) 输入继电器(X)

FX 系列 PLC 的输入、输出继电器的元件编号用八进制数表示,如 X10 表示第 8 个输入继电器。输入、输出继电器的数目即为 PLC 的 I/O 点数。

输入继电器是 PLC 接收外部输入开关量信号的窗口,用文字 X 表示。PLC 通过光电耦合器将外部输入信号状态读入并存储在输入映像寄存器。输入端可以外接常开或常闭触点。当外部触点闭合时,对应的输入映像寄存器为"1",反之为"0"。输入继电器的状态由外部输入状态决定,一般不可以受用户程序控制,也不可将输入继电器直接驱动负载。在梯形图中,不允许出现输入继电器的线圈。

必须指出的是,在 PLC 中,继电器只是沿用了继电接触器控制系统中继电器的概念,在其内部,并不存在真正意义上的继电器,为"软继电器"。对硬继电器而言,其触点数是固定的。在梯形图中,"软继电器"的常开、常闭触点可以重复多次使用,也就是说,"软继电器"的触点数是不固定的。

(2) 输出继电器(Y)

输出继电器用来将输出信号传递给外部负载,用文字 Y 表示,有 3 种输出类型:继电器输出、可控硅输出及晶体管输出。输出继电器只能由内部程序驱动,不能由外部输入信号直接驱动。

(3) 辅助继电器(M)

辅助继电器类似继电接触器控制系统中的中间继电器,用文字 M 表示。在 PLC 中,辅助继电器也是"软继电器",既不能接收输入信号,也不能直接驱动负载。因为辅助继电器为"软继电器",又不存在外部接点,所以 PLC 提供了较多的辅助继电器供用户选择、使用,包括通用、掉电保持及特殊用途类型三大类。

(4) 定时器(T)

定时器用于限时控制,其作用与继电控制器中的时间继电器相同,用文字 T 表示。显然,定时器也是"软继电器",也没有外部接点,所以 PLC 也提供了较多的时间继电器供用户选择、使用。在 FX 系列 PLC 通用定时器中，T0～T199 为计时单位为 100ms 的定时器（T192～T199 为专门用途），T200～T245 为计时单位为 10ms 的定时器。常数 K 作为定时器的设定值。

FX 系列 PLC 的定时器全部为通电延时定时器，可通过图 5-4-21(a)所示梯形图来理解。在图 5-4-21(a)中，当输入继电器接通时，定时器 T10 的"线圈"通电，设定值为 10，计时单位为 100ms，所以延时时间为 1s。当定时器 T10 的"线圈"连续通电 1s 后，常开触点闭合，输出继电器 Y0 通电（编号为 Y0 的输出触点接通）。

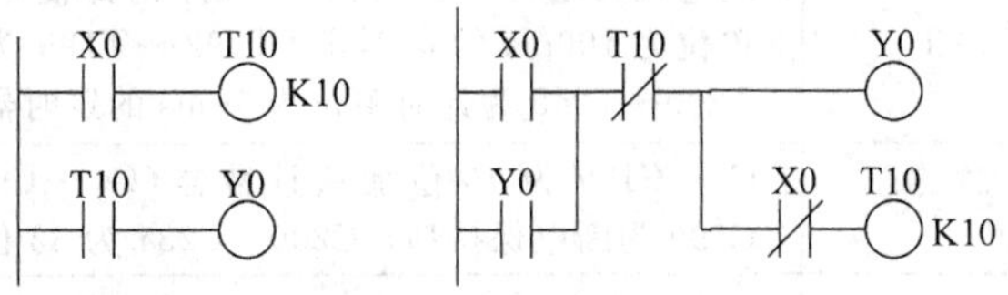

图 5-4-21　定时器

当需要断电延时的定时器时，可修改图 5-4-21(a)中的梯形图，使通电延时定时器在断电时通电，从而起到断电延时的作用，参考梯形图如图 5-4-21(b)所示。图中，当输入继电器接通时，常闭触点断开、常开触点闭合，输出继电器 Y0 接通，通电延时定时器断开。当输入继电器断开时，输出继电器 Y0 依旧接通，此时延时定时器也接通。当定时器 T10 的"线圈"连续通电 1s 后，T10 的常闭触点断开，输出继电器 Y0 断电，实现断电延时。

(5) 计数器(C)

计数器用文字 C 表示，有通用和断电保持两种类型。对断电保持型计数器而言，当电源中断时，计数器停止计数，但可保持当前计数值不变。当电源再次接通后，计数器继续计数。

FX 系列 PLC 编号 C0～C234 的计数器为内部计数器，可对 X、Y、M、S 等编程元件计数。其中，C0～C199 为 16 位加计数器（C0～C99 为通用型，C100～C199 为断电保持型）。在图 5-4-22 中，加计数器 C0 的设定值为 10。当输入触点 X0 接通时，加计数器 C0 复位；断开输入触点 X0，计数器开始对输入信号 X1 计数。当输入脉冲上升沿到来时（**由断开变为接通**），计数器当前值加 1。在 10 个脉冲之后，计数器 C0 的常开触点闭合，输出继电器 Y0 通电。此后，当输入脉冲上升沿再次到来时，计数器状态不变，直到复位脉冲到来后才开始重新计数。

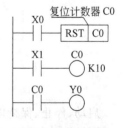

图 5-4-22　计数器

编号为 C200～C234 的计数器为 32 位加/减计数器（C200～C219 为通用型、C220～C234 为断电保持型），其计数方式由特殊辅助继电器 M8200～M8234 设定。当 M8200 继电器为 ON 时，C200 为减计数器；反之，为加计数器。

FX 系列 PLC 梯形图编程元件的文字、编号范围及简要功能说明如表 5-4-2 所示。

表 5-4-2　FX 系列 PLC 梯形图编程元件简表

元件名称	字母	简要说明
输入继电器	X	由外部输入状态决定，一般不能由户程序控制。在梯形图中，绝对不允许出现输入继电器的线圈
输出继电器	Y	将输出信号传递给外部负载，由内部程序驱动，有 3 种输出类型，即继电器输出、可控硅输出及晶体管输出
辅助继电器	M	内部程序驱动，其触点在程序内部使用
定时器	T	通电延时定时器，其触点在程序内部使用。T0～T199 为计时单位为 100ms 的定时器（T192～T199 为专门用途定时器），T200～T245 为计时单位为 10ms 的定时器
计数器	C	C0～C199 为 16 位加法计数器（C0～C99 为通用型，C100～C199 为断电保持型），C200～C234 为 32 位加/减计数器
状态器	S	编制步进控制程序时的基本元件，与 STL 指令结合使用

3. 5 种基本控制电路的梯形图

启动、停止电路如图 5-4-23 所示（图(a)为接线图，图(b)为启动梯形图，图(c)为停止梯形图）。保持电路如图 5-4-24 所示（图(a)为接线图，图(b)为梯形图）。

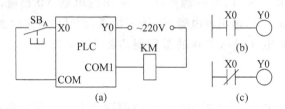

图 5-4-23　启动、停止电路

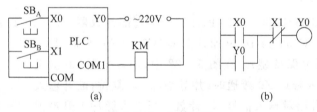

图 5-4-24　保持电路

启动、停止、保持电路的原理较简单，读者可对照触点控制电路自行分析。

联锁电路如图 5-4-25 所示（图(a)为接线图，图(b)为梯形图）。图中，当按钮 SB$_A$ 按下时，输入继电器 X0 接通，Y1 断电，Y0 通电，实现联锁控制。可类似地分析出按钮 SB$_B$ 按下时，也可实现联锁控制。电路具有自保持特点，SB 为总停按钮。

必须指出的是，梯形图中的联锁电路只能保证输出触点 Y1 和 Y0 对应的硬件继电器 KM$_0$ 和 KM$_1$ 的常开触点不会同时接通。如果因主电路电流过大或接触器质量不好，某一接触器的主触点被断电时产生的电弧熔焊，从而导致黏接，这时，线圈断电后其主触点依然是接通的。此时，如果另一个接触器的线圈通电，将导致两个接触器同时接通，对

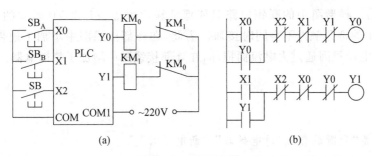

图 5-4-25 联锁电路

系统造成危害。

为了防止上述事故的发生,应在可编程控制器的外部电路中设置由 KM_0 和 KM_1 的常闭辅助触点组成的硬件联锁电路。如 KM_0 的主触点被断电时产生的电弧熔焊,KM_1 的常闭辅助触点将处于断开状态,因此,KM_1 不可能通电。

延时控制电路比较简单,请读者参照图 5-4-12 自己设计。

【例 5-4-2】 请分析如图 5-4-26 所示的三相异步电动机的 PLC 正、反转控制系统。该系统的 I/O 分配如表 5-4-3 所示,其中,SB_A 为正转启动按钮,SB_B 为反转启动按钮,SB 为停止按钮,KM0 为正转驱动继电器,KM1 为反转驱动继电器,主电路如图 5-4-13 所示。

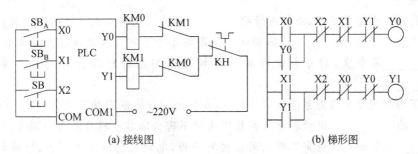

(a) 接线图　　　　　　　　　　　　(b) 梯形图

图 5-4-26 三相异步电动机的 PLC 正、反转控制

表 5-4-3 I/O 分配表

输	入	输	出
SB_A	X0	KM0	Y0
SB_B	X1	KM1	Y1
SB	X2		

解法

正转启动按钮 SB_A 按下时,继电器 X0 的常闭触点断开,确保继电器 Y1 断电,Y1 各触点恢复初始状态;之后,继电器 X0 的常开触点闭合,继电器 Y0 通电,电动机正转;接着,Y0 的常闭触点断开,确保继电器 Y1 断电;最后,继电器 Y0 的常开触点闭合,保持电动机正转。

可类似分析反转启动按钮 SB_B 按下时,电动机的反转启动原理。

由图 5-4-13 所示的主电路知,当接触器 KM0 和 KM1 的主触点同时接通时,将导致三相电源短路。梯形图中的联锁电路只能保证输出触点 Y1 和 Y0 对应的硬件继电器 KM0 和 KM1 的常开触点不会同时接通。为此,在外部接线图中增加了硬件联锁电路。此外,为防止电动机因通过大电流而损坏,在外部接线图中增加了热继电器。

思考题

5.4.1 什么是"先断后合"、"通电延时"、"断电延时"?

5.4.2 接触器和继电器有何异同?

5.4.3 热继电器、熔断器均会因通过过大电流而切断电源,所以,在图 5-4-17 中,因为存在热继电器,可将熔断器去掉。你认为这种说法是否正确?

5.4.4 图 5-4-17 中的行程开关 ST_1、ST_2 有何作用?

5.4.5 PLC 的"定时器"元件类似于触点控制系统的通电延时时间继电器,可否用它来实现断电延时的动作特点?

习题

5-1 填空题

1. 三相电源产生旋转磁场,旋转磁场的_____称为三相异步电动机的同步转速。旋转磁场带动转子转动,_____的转速总是要略小于三相异步电动机的同步转速,这便是_____的含义,转子转速与旋转磁场转速相差的程度称为三相异步电动机的_____。

2. 转矩 T 与转差率 s 的关系曲线 $T=f(s)$,或转速 n 与转矩 T 的关系曲线 $n=f(T)$ 称为电动机的_____。电动机运行在稳定区间不需借助其他机械和人为调节,自身具有_____。电动机的稳定工作区间直线较平坦,电动机转速变化不大,这种特性称为电动机_____。对于某些电动机,为满足特殊的应用要求,可在转子电路中_____,这时电动机在稳定区工作时,电动机转速可变化较大,这种特性称为电动机的_____。

3. 启动转矩 T_{st} 是指电动机在_____的转矩。额定转矩是电动机在_____时的转矩。电动机启动时,启动转矩 T_{st} 应大于_____,把_____与_____的比值称为异步电动机的启动能力。电动机启动时,应产生足够大的_____,并确保启动电流 I_{st} 不要太大。

4. 在电动机刚启动时,由于旋转磁场对静止的转子有着很大的相对转速,因此,_____较_____大得多。此外,电动机启动时,转子感抗很大,转子的功率因数却很低。为了减小_____(有时也为了提高或减小启动转矩),必须采用适当的_____。

5. 电动机运行时不需借助其他机械和人为调节,自身具有自动适应负载变化的能力,这种情况称为_____。用人为的方法,在同一负载下使电动机转速改变,以满足生产机械需要称为_____。

6. 控制电器元件的触点有常开、常闭两种类型。在正常状态下就闭合的触点,称为

_____触点,反之,称为_____触点。只有_____的按钮称为常闭按钮,只有_____的按钮称为常开按钮,同时具有_____和_____的按钮称为复合按钮。_____先断开,之后,_____闭合,这种动作特点称为"先断后合"。

7. 接触器是最常用的一种自动开关,是一种利用_____控制触点闭合或断开的电器,可根据外部信号来_____电动机或其他带有负载的电路,适合于频繁操作和远距离控制。

8. 继电器是一种根据外界输入信号(电量或非电量)来控制电路通断的自动切换电器。根据所传递信号的不同,主要分为_____、_____、_____、时间继电器、中间继电器等。

9. 图5-1所示控制电路中的按钮_____时,灯持续被点亮,称为点动控制方式,常用于_____控制电路。只要按钮_____,灯便持续点亮,这种控制方式称为长动控制方式,常用于_____连续运行的电气设备。

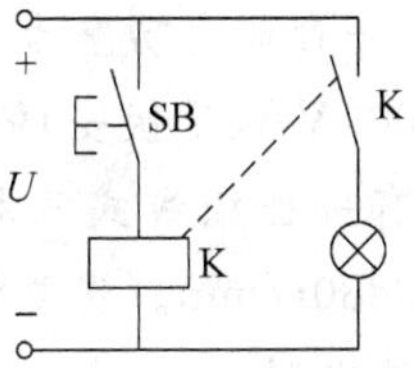

10. 当操作A发生时,操作B_____;操作B_____时,操作A禁止发生。能够实现这样的控制要求的电路称为_____。

图5-1 习题5-1题9的图

11. 在PLC的编程语言中,_____是最常用的一种。它与继电接触器控制系统的电路图很相似,通常用_____图形符号分别表示PLC编程元件的_____和_____触点,用_____表示其线圈。它不是_____,是_____。有时也把它称为_____或程序,把它的设计称为编程。

12. 梯形图中,文字X表示_____继电器,Y表示_____继电器。它们只是沿用了继电器的概念,在其内部,并不存在真正意义上的继电器,而是对应着相应的_____。与硬继电器相比,它的_____数是不固定的。X继电器的状态由_____确定。当外部触点闭合时,对应的输入映像寄存器为"_____",反之为"_____"。_____继电器的状态一般不可以受用户程序控制。

5-2 分析计算题(基础部分)

1. 有一台三相异步电动机,其额定转速 $n=2910$ r/min。请计算电动机的磁极对数和额定负载时的转差率。

2. 有一台三相异步电动机,其额定转速 $n=2880$ r/min,功率为10kW,过载系数为2,请计算它的额定转矩和最大转矩。

3. 有一台三相异步电动机,其铭牌数据如下:

三相异步电动机		
型号 Y132M-4	功率 10kW	频率 50Hz
转速 1440r/min	绝缘等级 B	工作方式 连续
年 月 编号		××电机厂

请求电动机的转差率和额定转矩。

4. 在题 5-2-3 所示电动机中，假定过载系数为 2，请求电动机的启动转矩。

5. 有一台三相异步电动机，其功率为 10kW，额定转速为 960r/min，最大转矩为 210N·m，求过载系数。

6. 有一台三相异步电动机，其功率为 15kW，额定转速为 1440r/min，启动转矩为 58 N·m，求过载系数。

7. 有一台三相异步电动机，其启动转矩为 80N·m，额定转速为 1440r/min，过载系数为 3，求其额定转矩及额定功率。

8. 在题 5-2-3 所示电动机中，假定过载系数为 2.5，在额定负载下电动机能否正常启动？若过载系数为 3，电动机能否正常启动？

9. 有一台额定功率为 30kW 的三相异步电动机，其启动电流与额定电流比为 6∶1，问在 500kVA（千伏安）的变压器下能否直接启动？

10. 有一台绕线式三相异步电动机，转子每相绕组电阻 $R_2 = 0.022\Omega$，额定转速 $n_N = 2880$r/min。现要将其调速到 2520r/min，请问应在转子绕组的电路中串接多大的调速电阻？

11. 有一台额定功率为 90kW 三角形接法的三相异步电动机，在 1500kVA（千伏安）的变压器下工作，其启动电流与额定电流比为 6∶1，额定转矩 T_N 为 250.4 N·m，启动转矩 T_{st} 为 850.8 N·m，应如何启动？

12. 请指出图 5-2 所示电动机运行控制电路各接线图的错误。

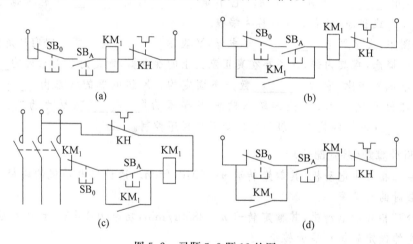

图 5-2 习题 5-2 题 12 的图

13. 请利用 5 种基本控制电路组合构成一个既能点动控制，又能长动控制的控制电路。

14. 电动机运行控制电路如图 5-3 所示。当 KM_1 主触点闭合时，电动机正转；KM_2 主触点闭合时，电动机反转。请说明电路实现的控制功能及不足。

15. 请改正图 5-4 所示各梯形图的错误或不合理之处。

5-3 分析计算题（提高部分）

1. 有一台绕线式三相异步电动机，转子每相绕组电阻 $R_2 = 0.02\Omega$，漏磁电抗 $X_{20} =$

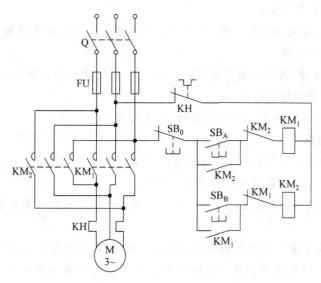

图 5-3 习题 5-2 题 14 的图

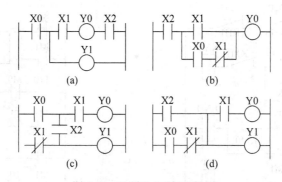

图 5-4 习题 5-2 题 15 的图

0.04Ω。其启动转矩为 $60\mathrm{N\cdot m}$，额定转矩为 $70\mathrm{N\cdot m}$。问在额定负载下电动机能否正常启动？若在转子绕组的电路中串接一个 0.02Ω 的电阻，问在额定负载下电动机能否正常启动？

2. 有一台三相电动机在轻载下运行，已知每相输入功率为 $20\mathrm{kW}$，功率因数为 0.6。为提高功率因数，在线路中并联接入对称的三角形电容网络，测得功率因数为 0.9。求每相电容 C 及无功功率。

3. 转子每相电阻 $R_2 = 0.02\Omega$，感抗 $X_{20} = 0.08\Omega$，转子电动势 $E_{20} = 16\mathrm{V}$。请求启动及额定运行两种情况下转子电路的电流及功率因数。

4. 有一台并励电动机正在运行，工作在额定条件下，转速为 3000 转。因负载需要，将其调速到 2400 转继续运行，问此时电动机是否能长期满足变化后的负载要求？

5. 有一台并励电动机，其额定电压 $U_N = 220\mathrm{V}$，额定电流 $I_N = 102\mathrm{A}$，效率为 90%，额定转速为 $n_N = 980\mathrm{r/min}$，求额定转矩。

6. 有两台电动机，要求 M_1 转动时 M_2 不得转动，反之亦然。请用继电接触器设计一个实现上述要求的控制电路。

7. 有两台电动机,要求 M_1 先启动,之后,M_2 才可启动。请用继电接触器设计一个实现上述要求的控制电路。

8. 在习题 5-3 题 7 中,若停车时要求 M_2 先停,之后,M_1 才可停。请用继电接触器设计一个实现上述要求的控制电路。

9. 图 5-5 中,小车 a、b 分别由电动机驱动,要求按下启动按钮后能顺序完成下面的动作:(1)小车 a 从 3 运动到 4;(2)接着小车 b 从 1 运动到 2;(3)之后小车 a 从 4 回到 3;(4)最后小车 b 从 2 回到 1。

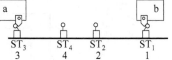

图 5-5 习题 5-3 题 9 的图

10. 在习题 5-3 题 7 中,若要求每次动作结束后下一个动作开始前有停顿,应如何设计控制电路?

11. 图 5-6 所示为某生产机械的两台电动机的控制电路,请分析其动作特点。

12. 请画出图 5-7 所示梯形图中 Y0 的动作时序图。假定输入继电器 X0 被接通 1s 后断开。

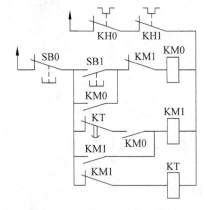

图 5-6 习题 5-3 题 11 的图

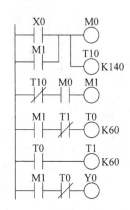

图 5-7 习题 5-3 题 12 的图

5-4 应用题

1. 某人在检修三相异步电动机时将转子抽掉,而在定子绕组上加三相额定电压,会产生什么后果?

2. 在绕线式异步电动机的转子电路中串接电阻既可改善启动性能,又可提高调速性能,故在实际应用中,将专门的启动电阻兼作调速用途即可。你认为这种做法是否正确?

3. 有人参照图 5-4-14 设计了一个异步电动机正、反转控制电路。调试时曾发生以下几种故障:

(1) 总开关 Q 合上时,电动机立即开始正转;按下停止按钮 SB_0,电动机停止转动,松开后又继续正转。

(2) 总开关 Q 合上时,电动机正转控制正常;反转可以启动,但不能停止。

(3) 控制电路设计没有错误,可是无论按什么按钮,电动机都不启动。

(4) 总开关 Q 合上后按下启动按钮,电动机正转(或反转);但松开启动按钮后,电动机停止转动。

请分别分析上述故障发生时的接线错误。

4. 请用 PLC 设计一个三岔路口的红、绿灯控制系统,要求为:路 1 先通行 60s;之后,路 2 通行 30s,路 1 再通行 30s;最后,路 3 通行 20s。

下 篇

电子技术

下篇

甲千九木

第6章

放大器基础

本章要点

读者学完本章应重点理解 PN 结的单向导电性,以及三极管的电流控制特点;掌握半导体二极管、三极管的模型;能利用三极管的直流、交流小信号模型分析简单的三极管应用电路;深入理解放大的实质及利用三极管构成小信号放大器的一般原则;掌握三极管放大电路的 3 种基本组态及其特性;理解场效应管的电压控制特点,对照三极管理解场效应管的外特性及其模型。

电的发现是人类社会最伟大的发现之一。电子的流动是一种能量的流动,在带给人们光明与动力的同时,推动了一个时代的进步,推动着电气化时代的兴旺与繁荣。

半导体器件的出现赋予了电子的流动以新的内涵,半导体器件的应用使这种能量的流动成为一种信号的传递,一种超强功能的集成信息的传输。

6.1 半导体二极管及其模型

半导体器件是组成各种电子电路的基础,半导体二极管(简称二极管,下同)是最常用的半导体器件之一。

6.1.1 什么是 PN 结

导电能力介于导体和绝缘体之间的物质称为半导体。用于制造半导体器件的材料主要是硅(Si)、锗(Ge)和砷化镓(GaAs)。其中硅用得最多,砷化镓主要用来制作高频高速器件。

在半导体工业中,将硅(锗)高度提纯并制成单晶体,称为单晶硅(锗),这种纯净的具有单晶体结构的半导体称为本征半导体,在热力学零度(-273.16℃)时,本征半导体没有自由电子,如图 6-1-1 所示,因此不能导电。

常温下,本征半导体中的少量价电子可能获得足够的能量,摆脱共价键的束缚,成为自由电子,这种现象称为本征激发,如图 6-1-2 所示。少量的价电子成为自由电子后,同时在原来的共价键中留下一个空位,称为"空穴"。本征激发使本征半导体具有微弱的导电性。

在本征半导体中掺入微量的杂质(其他元素的原子),就成为杂质半导体,其导电性能将大大增强。按掺入的杂质不同,可分为 N 型半导体和 P 型半导体。

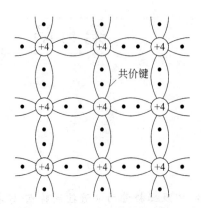
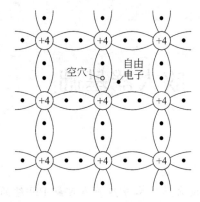

图 6-1-1 本征半导体结构示意图　　　　图 6-1-2 本征激发

在硅（或锗）晶体中掺入少量**五价**元素原子，这样的杂质半导体称为电子半导体或N型半导体。N 型半导体中，自由电子的浓度大大高于空穴浓度，主要依靠自由电子导电。

在硅（或锗）晶体中掺入少量**三价**元素原子，这样的杂质半导体称为空穴半导体或P型半导体。P 型半导体中的空穴浓度大大高于自由电子浓度，主要依靠空穴导电。

若对一块半导体采用不同的掺杂工艺，使其一侧成为 P 型半导体，另一侧成为 N 型半导体，则由于在它们的交界面两种载流子的浓度差很大，将在交界面两侧形成一个由不能移动的正、负离子组成的**空间电荷区**，也就是 **PN 结**，如图 6-1-3 所示。

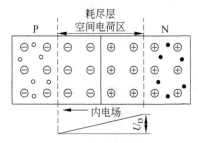
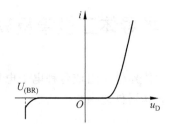

图 6-1-3 平衡状态下的 PN 结　　　　图 6-1-4 PN 结的伏安特性

6.1.2 PN 结的伏安特性

PN 结具有单向导电性，正偏导通，反偏截止，其伏安特性曲线如图 6-1-4 所示，简要解释如下。

当 PN 结外加正向电压（简称正偏，大于 PN 结导通压降），即外电源的正极接 P 区，负极接 N 区时，PN 结导通，形成较大的正向电流，如图 6-1-4 右半区所示。

当 PN 结外加反向电压（简称反偏），即外电源的正极接 N 区，负极接 P 区时，流过 PN 结的电流很小，PN 结截止，如图 6-1-4 中间区所示。

当 PN 结反偏电压超过某一数值（$U_{(BR)}$）后，反向电流会急剧增加，这种现象称为反向击穿。$U_{(BR)}$ 称为反向击穿电压。PN 结反向击穿时，必须对其电流加以限制，以免 PN

结因过热而永久性损坏。当反向电压降低时,PN 结恢复正常。

6.1.3　二极管的伏安特性及其主要参数

将 PN 结用外壳封装起来,再引出两个电极,就构成了半导体二极管,简称二极管,其图形符号如图 6-1-5 所示,文字符号为 D。

二极管的主体是 PN 结,因此二极管的伏安特性与 PN 结的伏安特性类似,但由于管壳、引线等因素的影响,两者的特性仍有区别。

图 6-1-6 所示为典型二极管在常温时的伏安特性。特性曲线分 3 个区:正向工作区、反向工作区和击穿区。

图 6-1-5　二极管符号　　　　图 6-1-6　二极管伏安特性

(1) 正向工作区

$u_D > 0$ 的区域是正向工作区。当正向电压比较小时,正向电流几乎等于零。只有当正向电压超过某一数值后,正向电流才明显增大(mA 量级),这一电压值称为导通电压,用 U_{ON} 表示。在常温下,硅管的 $U_{ON} \approx 0.5V$,锗的 $U_{ON} \approx 0.1V$。当正向电压超过导通电压以后,电流与电压的关系基本上是一条指数曲线。**一般二极管正向导通工作的压降,硅管为 0.6~0.8V,锗管为 0.2~0.3V。**

(2) 反向工作区

$U_{(BR)} < u_D < 0$ 的区域是反向工作区。二极管的反向电流很小,硅管的反向电流在 nA 量级,锗管的反向电流在 μA 量级,因此一般认为**二极管反向截止**。

(3) 击穿区

$u_D < U_{(BR)}$ 的区域是击穿区。反向击穿电压 $U_{(BR)}$ 一般在几十伏以上。

二极管的主要参数有:

(1) 最大整流电流 I_F

I_F 是指二极管长时间稳定工作时允许流过的最大正向平均电流,它的值决定于 PN 结的面积和外界散热状况。在实际应用时,在规定散热条件下,正向平均电流必须小于 I_F,否则二极管将因 PN 结温升过高而损坏。

(2) 最大反向工作电压 U_R

U_R 是指二极管使用时所允许外加的最大反向电压,超过此值,二极管可能被击穿。因此 U_R 在数值上必须小于反向击穿电压 $U_{(BR)}$,一般取 $U_R = 1/2 U_{(BR)}$ 或 $U_R = 2/3 U_{(BR)}$。

(3) 反向电流 I_R

I_R 是指二极管未击穿时的反向电流。I_R 愈小，二极管的单向导电性愈好。理论上 $I_R = I_S$，所以 I_R 受温度影响大。

6.1.4 二极管的简化电路模型

先引入理想二极管。二极管具有单向导电性，即二极管正偏时导通，反偏时截止。若二极管导通时的电阻为零，截止时电阻为无穷大，则这样的二极管称为理想二极管，其伏安特性曲线及电路模型如图 6-1-7(a)所示。

当然，理想二极管是不存在的，实际二极管导通时，电阻不为零，导通电压随电流的增加略有增加。尽管如此，二极管导通时的导通电压增幅不大，可认为二极管正向导通电压基本不变，记为 U_{ON}。可得出工程近似分析中二极管伏安特性曲线及电路模型如图 6-1-7(b)所示。

【例 6-1-1】 图 6-1-8(a)所示电路中，二极管的 $U_{ON} = 0.7V$，$R = 1k\Omega$。试计算当 U_D 分别为 0V、1V 和 10V 时 I 的值。

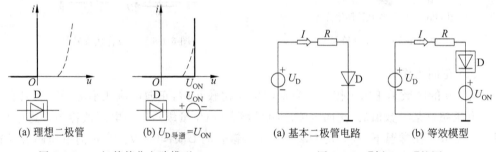

图 6-1-7 二极管简化电路模型 　　　　图 6-1-8 【例 6-1-1】的图

解法

将图 6-1-8(a)中的二极管用图 6-1-7(b)所示简化电路模型替代，得到图 6-1-8(b)所示简化等效电路。

由图 6-1-8(b)可见，当 $U_D < U_{ON}$ 时，理想二极管截止，回路无电流流过；当 $U_D > U_{ON}$ 时，理想二极管导通，回路电流可由下式求得：

$$I \approx \frac{U_D - U_{ON}}{R}$$

由前面的分析可知：

当 $U_D = 0V$ 时，二极管截止，$I = 0$；

当 $U_D = 1V$ 时，二极管导通，$I \approx \dfrac{U_D - U_{ON}}{R} = \dfrac{1 - 0.7}{1} = 0.3 \text{mA}$；

当 $U_D = 10V$ 时，$I \approx \dfrac{U_D - U_{ON}}{R} = \dfrac{10 - 0.7}{1} = 9.3 \approx 10 \text{mA}$。

由此可见，当 $U_D \gg U_{ON}$ 时，可忽略二极管的导通压降，视二极管为理想二极管。

6.1.5 二极管的应用

二极管具有单向导电性和反向击穿特性,在电路中有着广泛的应用。

(1) 整流电路

把交流电压变换成直流电压的过程称为整流。图 6-1-9(a)所示是半波整流电路。在实际电路中,若输入正弦电压 u_i 的幅度远大于二极管的导通电压 U_{ON},可视 D 为理想二极管。当 u_i 为正半周时,二极管正偏导通,$u_o=u_i$;当 u_i 为负半周时,二极管反偏截止,$u_o=0$。因此,输出为半周的正弦脉冲电压显然含有直流成分,如图 6-1-9(b)所示。

(2) 限幅电路

限幅电路是防止输出电压超过给定值的电路,又称为削波电路。图 6-1-10 所示是单向削波电路,限制输出电压不超过 $U+U_{ON}$(忽略 r_D)。当 $u_i<U+U_{ON}$ 时,D 截止,$u_o=u_i$;当 $u_i \geqslant U+U_{ON}$ 时,D 导通,$u_o=U+U_{ON}$。

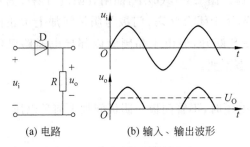

图 6-1-9 半波整流电路

(a) 电路　　(b) 输入、输出波形

图 6-1-10 单向削波电路

(3) 稳压电路

二极管反向击穿后的伏安特性十分陡峭,击穿电压 U_Z 在较大电流范围内几乎不变。利用这种特性可以构成稳压电路,如图 6-1-11 所示。当输入电压 U_I 或负载 R_L 发生变化时,稳压管中的电流 I_Z 发生变化,但输出电压 U_O(稳压管两端电压)几乎恒定(U_Z)。这种二极管又称为稳压管,符号如图 6-1-12 所示。

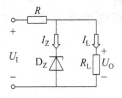

图 6-1-11 稳压电路

图 6-1-12 稳压管符号

*6.1.6 晶闸管

晶闸管是晶体闸流管(Thyristor)的简称,俗称可控硅。晶闸管不是二极管,但在应用中具有与二极管相似的特性,可通过如图 6-1-13 所示实验电路来理解。

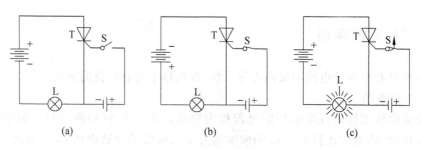

图 6-1-13　晶闸管实验电路

如图 6-1-13 所示实验电路中的 T 为晶闸管,具有阳极、阴极、门极(控制极)3 个极。图 6-1-13(a)中,虽然晶闸管阳极与阴极间加上了正向电压,但由于门极电路中的开关 S 处于断开状态,所以灯泡不亮,晶闸管不导通。图 6-1-13(b)中,虽然晶闸管门极电路中的开关 S 处于闭合状态,门极与阴极间加上了正向电压,但由于晶闸管阳极与阴极间加上了反向电压,所以灯泡不亮,晶闸管不导通。图 6-1-13(c)中,晶闸管阳极与阴极间加上正向电压,晶闸管门极电路中的开关 S 首先处于闭合状态,门极与阴极间加上了正向电压,灯泡发光,晶闸管导通;之后,虽然开关 S 断开,但由于晶闸管内部导电通路已经形成,所以灯泡继续发光,晶闸管保持导通状态不变。

晶闸管的应用特点总结如下:

(1) 当晶闸管阳极与阴极间加上反向电压时,不管门极与阴极间加上何种电压,晶闸管都不导通。

(2) 当晶闸管阳极与阴极间加上正向电压,且门极与阴极间也加上正向电压时,晶闸管导通。

(3) 晶闸管在导通情况下,只要阳极与阴极间有一定的正向电压,不论门极电压如何,晶闸管均保持导通,即晶闸管导通后,门极失去作用。

(4) 晶闸管在导通情况下,当阳极与阴极间的正向电压减小到接近于零时,晶闸管关断。

晶闸管是一种大功率的开关型半导体器件。晶闸管的出现,使半导体器件从弱电领域进入强电领域。晶闸管在可控整流、交流调压、无触点电子开关等电子电路中应用广泛。

思考题

6.1.1　在本征半导体中,电子浓度与空穴浓度有什么关系?

6.1.2　欲使二极管具有良好的单向导电性,管子的正向电阻和反向电阻分别是大一些好,还是小一些好?

6.2 半导体三极管及其模型

半导体三极管又称为晶体三极管,简称三极管、晶体管。它由两块相同类型的半导体中间夹一块异型半导体构成。根据半导体排列方式的不同,三极管又分NPN、PNP两种类型,如图6-2-1所示,其文字符号为T。

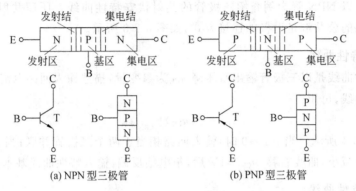

图6-2-1 三极管结构示意图及符号

6.2.1 三极管的电流控制特性

三极管是一个电流控制器件,其内部结构是非常复杂的。三极管有3个区:发射区、基区、集电区;3个极:发射极、基极、集电极;两个结:发射结、集电结。从工艺上看,晶体管有这样的特点:发射区是高浓度掺杂区,基区很薄且杂质浓度低,集电结面积大。

可通过图6-2-2来理解三极管的电流控制特性。

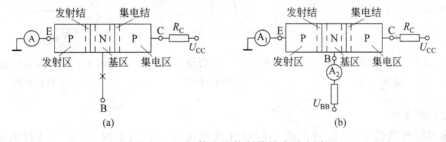

图6-2-2 三极管电流控制特性实验电路

图6-2-2(a)中,将三极管B极悬空,C、E两极通过电阻接在电源上,观察毫安表,显示为0。分析电路,三极管C、E两极相当于两个背靠背的二极管,由二极管的单向导电性知,C、E两极没有电流流过。

图6-2-2(b)中,将三极管B极通过电阻接电源,调整基极电路参数,使基极电流约为数十微安,C、E两极通过电阻接在电源上,观察毫安表,显示有毫安级电流通过。

究其原因,基极电流相当于1个控制信号,当基极电流流过基区时,改变了三极管内部导电载流子的分布,在发射极、集电极间形成了1个导电通路,因此毫安表有显示,这便是三极管的电流控制特性。

6.2.2 三极管的伏安特性

三极管的伏安特性全面地描述了各电极电流和电压之间的关系,是分析三极管电路的基础。这里以 NPN 管为例介绍三极管的共射伏安特性曲线。所谓共射,是指输入回路与输出回路的公共端是射极的连接方式,如图 6-2-3 所示。

1. 输入特性曲线

输入特性曲线是以三极管输出端压降 u_{CE} 为参变量,描述输入回路电流 i_B 与电压 u_{BE} 之间关系的曲线,可用

$$i_B = f(u_{BE})|_{u_{CE}=常数} \tag{6-2-1}$$

表示,如图 6-2-4 所示。当 $u_{CE}=0$ 时,输入回路相当于两个二极管并联;当 u_{CE} 增大时,集电结正偏电压减小,曲线右移;$u_{CE} \geqslant 1V$ 后,集电结反偏,输入特性曲线基本上是重合的。

2. 输出特性曲线

输出特性曲线是以 i_B 为参变量,描述输出回路电流 i_C 与电压 u_{CE} 之间关系的曲线,用

$$i_C = f(u_{CE})|_{i_B=常数} \tag{6-2-2}$$

表示,如图 6-2-5 所示。通常把三极管输出特性曲线分为 3 个工作区:

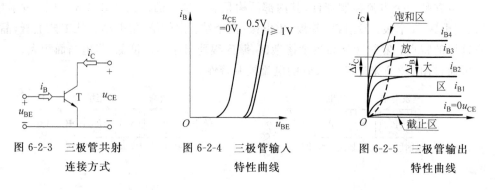

图 6-2-3 三极管共射连接方式　　图 6-2-4 三极管输入特性曲线　　图 6-2-5 三极管输出特性曲线

(1) 放大区

输出特性曲线中,曲线近似水平的部分是放大区。在放大区,三极管具有电流放大作用

$$I_C = \bar{\beta} I_B, \quad \Delta i_C = \beta \Delta i_B$$

此时,三极管发射结正偏,集电结反偏。

(2) 截止区

一般将 $i_B \leqslant 0$ 的区域称为截止区,这时 $i_C \approx 0$。为了可靠截止,三极管发射结和集电结都应处于反向偏置。

(3) 饱和区

输出特性曲线中,靠近纵坐标的附近,曲线的上升部分属于三极管饱和区。在饱和区,$i_C < \beta i_B$,晶体管失去放大能力,此时 $u_{CE} < u_{BE}$。一般小功率三极管在深度饱和时,$U_{CES} = 0.3\text{V}$,晶体管**发射结和集电结都处于正向偏置**。

读者应牢记各工作区状态下对应的各结偏置状态。

必须指出的是,无论输入特性曲线还是输出特性曲线,均有一个参变量,究其原因,三极管是一个电流控制器件,必须合理产生控制信号,才能使三极管正常工作。此外,三极管输出特性曲线分为3个工作区,可从三极管的电流控制特性的角度来理解:当三极管无控制电流产生时,三极管截止,无输出电流,三极管工作在截止区;当控制电流的大小适中时,控制电流可有效控制输出电流,输出电流与控制电流保持线性比例关系,三极管工作在放大区。显然,输出电流不可能无限上升,当控制电流过大时,输出电流将不再与控制电流保持比例关系,三极管工作在饱和区。

在模拟电子电路中,主要讨论三极管工作在放大区的应用。

6.2.3 三极管的主要参数

描述三极管特性的参数很多,这里只介绍工程近似分析中常用的参数。

1. 共射、共基直流电流放大系数 $\bar{\beta}$、$\bar{\alpha}$

集电极电流与基极电流的直流量之比称为共射直流电流放大系数,记为 $\bar{\beta}$,即

$$\bar{\beta} = \frac{I_C}{I_B} \tag{6-2-3}$$

集电极电流与发射极电流的直流量之比称为共基直流电流放大系数,记为 $\bar{\alpha}$,即

$$\bar{\alpha} = \frac{I_C}{I_E} \tag{6-2-4}$$

2. 共射、共基交流电流放大系数 β、α

集电极电流与基极电流的变化量之比称为共射交流电流放大系数,记为 β,即

$$\beta = \frac{\Delta i_C}{\Delta i_B} \tag{6-2-5}$$

集电极电流与发射极电流的变化量之比称为共基交流电流放大系数,记为 α,即

$$\alpha = \frac{\Delta i_C}{\Delta i_E} \tag{6-2-6}$$

$\beta(\alpha)$体现共射(共基)接法三极管的电流放大作用。

β 与 $\bar{\beta}$(α 与 $\bar{\alpha}$)有交、直流的区别,但在放大区,两者数值近似相等,因此在估算时一般不再区分。

3. 集-基极、集-射极反向截止电流 I_{CBO}、I_{CEO}

I_{CBO}表示当发射极开路时,集电极与基极之间的反向截止电流。I_{CEO}表示当基极开路

时,集电极和发射极之间的反向截止电流,又称为穿透电流。它们的关系是:

$$I_{CEO} = (1+\bar{\beta})I_{CBO} \qquad (6-2-7)$$

$I_{CBO}(I_{CEO})$ 是少数载流子漂移运动形成的,因此受温度影响很大,是反映晶体管优劣的主要指标。

4. 集电极最大允许电流 I_{CM}

当集电极电流 I_C 过大时,晶体管的 β 值要下降。β 值下降到正常数值的三分之二时的集电极电流,称为集电极最大允许电流 I_{CM}。

5. 集-射极反向击穿电压 $U_{(BR)CEO}$

基极开路时,加在集电极和发射极之间的最大允许电压,称为集-射极反向击穿电压 $U_{(BR)CEO}$。u_{CE} 超过此值,管子会击穿。

6. 集电极最大允许耗散功率 P_{CM}

三极管工作时集电极损耗的功率为 $P_C = i_C u_{CE}$,P_C 将转化成热能使管子温度升高。P_C 太大,温度会过高,管子特性将明显变坏,甚至烧坏。P_{CM} 是保证三极管正常工作时,允许集电极所消耗的最大功率,称为集电极最大允许耗散功率。

每种型号的管子都有确定的 P_{CM} 值,由 $P_{CM} = i_C u_{CE}$,可在三极管输出特性曲线上作出 P_{CM} 曲线,它是一条双曲线。

由 I_{CM}、$U_{(BR)CEO}$ 和 P_{CM} 3 个极限参数可共同确定晶体管的安全工作区,如图 6-2-6 所示。

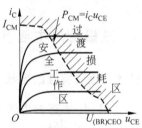

图 6-2-6 晶体管的安全工作区

6.2.4 三极管电路模型

前面指出,模拟电子电路主要讨论三极管工作在放大区的应用,模拟电路的主要应用是实现对交流信号的放大。要实现对交流信号的放大,首先应使三极管工作在放大区,之后可叠加交流小信号,实现对交流信号的放大。

1. 三极管简化直流电路模型

三极管电路在只有直流电源供电时,其各极的电压和电流值不变,它们反映在三极管特性曲线上是对应的一个点,称为直流工作点,记为 Q 点。要使三极管工作在放大区,首先应合理设置 Q 点。常用三极管简化直流电路模型来分析三极管电路的 Q 点。

三极管的输入特性与二极管非常类似。在正常放大工作情况下,硅管的发射结电压 $U_{BE} = 0.6 \sim 0.7\text{V}$,锗管的 $U_{BE} = 0.2 \sim 0.3\text{V}$。在近似分析时,可视 U_{BE} 基本不变,用发射结导通电压 $U_{BE(ON)}$ 表示,一般硅管取 $U_{BE(ON)} = 0.7\text{V}$,锗管取 $U_{BE(ON)} = 0.3\text{V}$。从输出特性看,在放大区,$I_C = \bar{\beta}I_B$,即输出电流 I_C 受输入电流 I_B 控制。因此三极管在放大模式下,输入端可近似用直流电压源等效,输出端用电流控制电流源等效,得到三极管简化直流电路模型如图 6-2-7 所示。

2. 三极管的小信号电路模型

如果输入信号是一个直流量（决定 Q 点）叠加一个小信号变化量，则这个小信号变化量将引起输出信号的变化。

当 U_{CE} 为常数时，Δu_{BE} 和 i_B 之比

$$r_{be} = \left.\frac{\Delta u_{BE}}{\Delta i_B}\right|_{U_{CE}} \tag{6-2-8}$$

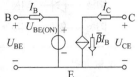

图 6-2-7 简化直流电路模型

称为三极管的输入电阻，它表示了三极管的输入特性，因此三极管的输入电路可用 r_{be} 等效。在 Q 点附近的小范围内，r_{be} 可根据式(6-2-8)从输入特性曲线求得，请读者参考相关书籍。

对于低频小功率三极管，r_{be} 常用下式估算：

$$r_{be} \approx 200(\Omega) + (1+\beta)\frac{26(mV)}{I_{EQ}(mA)} \tag{6-2-9}$$

在输出特性曲线上，当 U_{CE} 为常数时，Δi_C 和 Δi_B 之比

$$\beta = \left.\frac{\Delta i_C}{\Delta i_B}\right|_{U_{CE}} \tag{6-2-10}$$

称为三极管的电流放大系数。在 Q 点附近的小范围内（小信号条件），β 是一个常数，由它确定 Δi_C 受 Δi_B 的控制关系。因此，三极管的输出电路可用受控电流源来等效。β 可根据式(6-2-10)，从输出特性曲线求得。在三极管手册中，β 常用 h_{fe} 表示。

在输出特性曲线上还可以看到，当 I_B 为常数时，Δi_C 将随 Δu_{CE} 增加而略有增加，Δu_{CE} 和 Δi_C 之比

$$r_{ce} = \left.\frac{\Delta u_{CE}}{\Delta i_C}\right|_{I_B} \tag{6-2-11}$$

称为三极管的输出电阻。在小信号条件下，r_{ce} 也是一个常数。因此，三极管的输出电流除了受输入控制的部分，还应包括反映 Δu_{CE} 影响流过 r_{ce} 的部分，即输出电路由受控电流源与输出电阻并联等效。r_{ce} 可根据式(6-2-11)，从输出特性曲线求得。

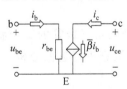

图 6-2-8 简化小信号电路模型

由于 r_{ce} 很大，为几十千欧到几百千欧，一般忽略不计。在小信号条件下，可构造三极管的简化小信号电路模型如图 6-2-8 所示。图中 Δi_B 用 i_b 表示，Δu_{BE} 用 u_{be} 表示，其他与此类似。在近似分析时，常用简化模型。

为方便读者学习，将二极管和三极管的特性及其等效电路列于表 6-2-1 中。

6.2.5 三极管电路的分析方法

在三极管电路中一般存在两种电量：一种是决定三极管工作状态的直流量；另一种是反映电路信号变化的交流量。因此对三极管电路的分析有直流分析和交流分析两种。针对不同的场合和不同的问题，可采用不同的模型，进而有不同的分析方法。这里介绍等效电路法，即利用三极管电路模型进行直流分析和交流分析。

表 6-2-1 二极管和三极管的特性及其简化模型

	符号及描述	特性曲线	简化模型
二极管	阳极 —▷|— 阴极 阳极 —▶|— 阴极 电流方程： $i = I_S(e^{u/u_T} - 1)$ U_{ON}： 硅：0.7V；锗：0.3V	（特性曲线图，标注 80℃、20℃、$U_{(BR)}$、I_S、U_{ON}、u_D）	（二极管简化模型：D 与 U_{ON} 串联）
三极管	（NPN 与 PNP 符号图） 输入电阻 r_{be}： $r_{be} \approx 200(\Omega) + (1+\beta)\dfrac{26(\text{mV})}{I_{EQ}(\text{mA})}$ 输出电阻 r_{CE} 一般很大，分析时忽略	输入特性：（i_B - u_{BE} 曲线，$u_{CE}=0\text{V}、0.5\text{V}、\geq 1\text{V}$） 输出特征：（$i_C$ - u_{CE} 曲线，饱和区、放大区、截止区，i_{B1}~i_{B4}，$i_B=0$）	直流模型：（含 I_B、$U_{BE(ON)}$、$\bar{\beta}I_B$、U_{BE}、U_{CE}、I_C） 小信号模型：（含 i_b、r_{be}、βi_b、u_{be}、u_{ce}、i_c）
		以 NPN 管共射连接方式为参考	

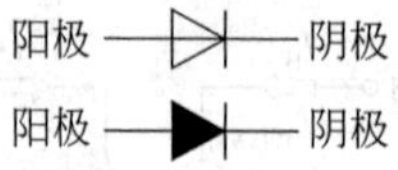

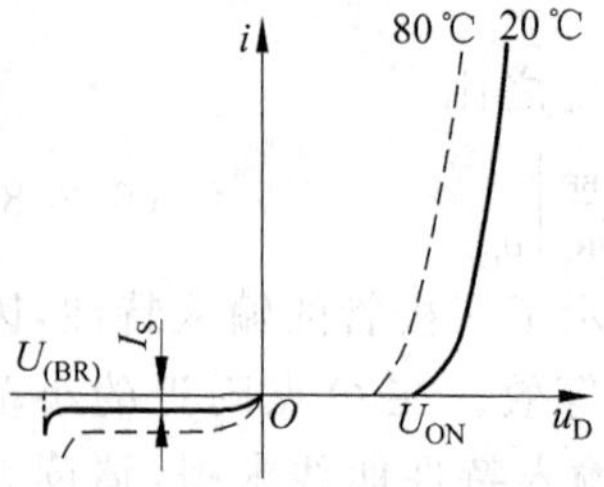

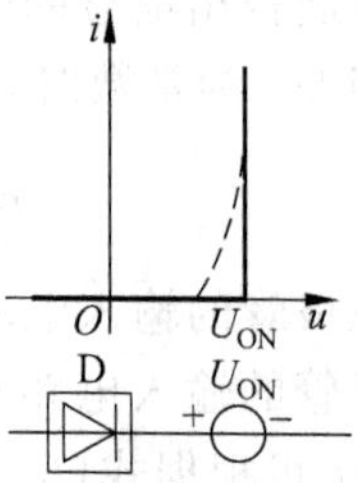

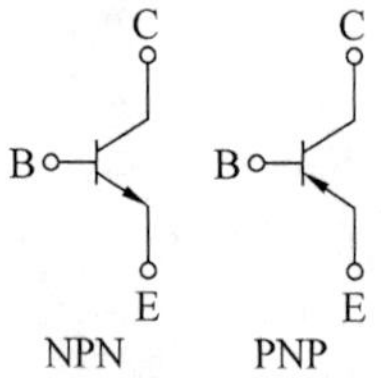

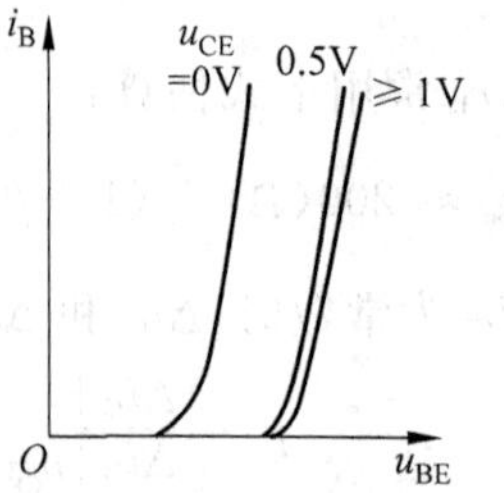

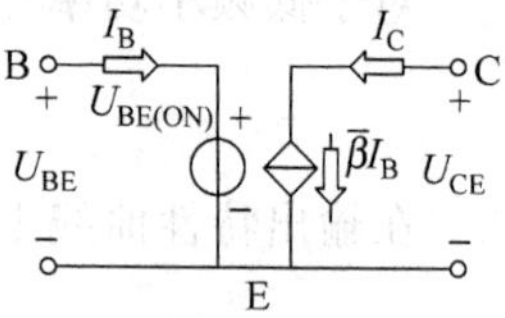

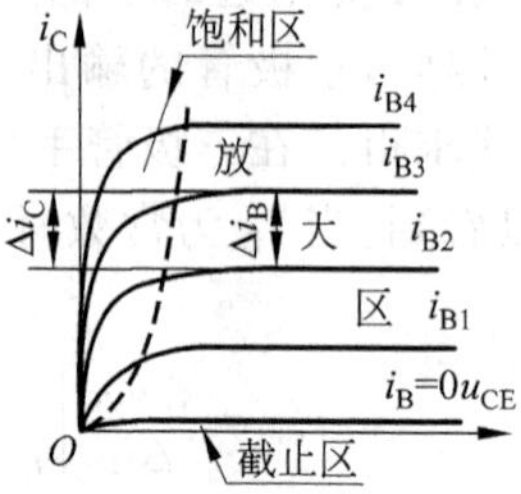

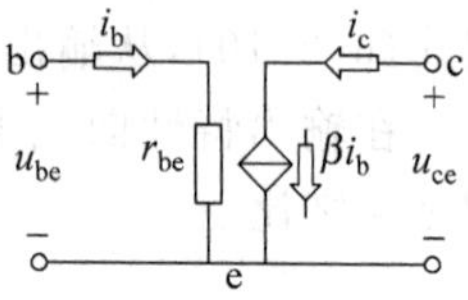

1. 三极管电路的直流分析

直流分析就是求解 Q 点的分析。直流分析的主要目的是确定三极管的工作状态。在工程上，求解 Q 点时，常用三极管简化直流电路模型替代三极管进行近似分析。这是一种简单而有效的直流分析方法，其基本步骤如下：

（1）假设三极管工作在放大状态，用其简化直流电路模型代替三极管；

（2）确定三极管各极电压和电流值，主要指 I_B、I_C 和 U_{CE}；

（3）根据结果验证或确定三极管实际的工作模式，必要时再作分析。

下面通过例题来说明。

【例 6-2-1】 电路如图 6-2-9(a)所示，已知 $\beta=100$，其他元件的参数在图中标出。试分析三极管各极的电压和电流值，并确定三极管的工作状态。

解法

（1）三极管工作在放大状态的条件是三极管发射结正偏，集电结反偏。U_{BB} 使三极管发射结正偏。假设三极管工作在放大状态，用简化直流电路模型代替三极管，得到等效

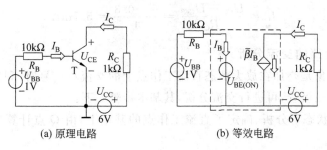

(a) 原理电路　　　　　　　(b) 等效电路

图 6-2-9　【例 6-2-1】的图

电路如图 6-2-9(b) 所示。

(2) 由输入回路求 I_B 得

$$I_B = \frac{U_{BB} - U_{BE(ON)}}{R_B} = \frac{1-0.7}{10}\text{mA} = 30\mu\text{A}$$

$$I_C = \beta I_B = 100 \times 30 = 3\text{mA}$$

由输出回路求 U_{CE} 得

$$U_{CE} = U_{CC} - I_C R_C = 6 - 3 \times 1 = 3\text{V}$$

(3) 分析表明，$U_{CE}=3\text{V}>0.7\text{V}$，使集电结反偏，因此可以确定三极管工作在放大状态。

【例 6-2-2】　在【例 6-2-1】中，若将 R_C 增大到 $2\text{k}\Omega$，其他元件参数不变，试判断这时三极管的工作状态。如果 R_C 仍为 $1\text{k}\Omega$ 不变，将 R_B 减小为 $3\text{k}\Omega$，三极管的工作状态又将如何？

解法

(1) 当 R_C 增大到 $2\text{k}\Omega$ 时，仍假设三极管工作在放大状态，按【例 6-2-1】的分析，I_B、I_C 不变，U_{CE} 变化为

$$U_{CE} = U_{CC} - I_C R_C = 6 - 3 \times 2 = 0 < U_{BE} = 0.7\text{V}$$

这时集电结正偏，因此三极管工作在饱和状态。在饱和条件下

$$U_{CES} = 0.3\text{V}$$

$$I_C = \frac{U_{CC} - U_{CES}}{R_C} = \frac{6-0.3}{2} = 2.85\text{mA}$$

(2) 如果 R_C 仍为 $1\text{k}\Omega$ 不变，将 R_B 减小为 $3\text{k}\Omega$，仍假设三极管工作在放大状态，按【例 6-2-1】的分析得

$$I_B = \frac{U_{BB} - U_{BE(ON)}}{R_B} = \frac{1-0.7}{3}\text{mA} = 100\mu\text{A}$$

$$I_C = \beta I_B = 100 \times 100\mu\text{A} = 10\text{mA}$$

由输出回路求 U_{CE} 得

$$U_{CE} = U_{CC} - I_C R_C = 6 - 10 \times 1 = -4\text{V} < U_{BE} = 0.7\text{V}$$

这时集电结正偏，因此三极管工作在饱和状态。在饱和条件下

$$U_{CES} = 0.3\text{V}$$

$$I_C = \frac{U_{CC} - U_{CES}}{R_C} = \frac{6-0.3}{1} = 5.7\text{mA}$$

2. 三极管电路的交流分析

当分析的对象是叠加在放大状态直流工作点上的交流小信号时,利用三极管的小信号电路模型代替三极管,可进行交流分析,其基本步骤如下:

(1) 在直流状态下分析、确定了直流工作点的基础上,由 Q 点计算三极管的小信号电路模型参数;

(2) 画出原电路的交流通路(交流量流经的通路),用三极管的小信号电路模型代替交流通路中的三极管,得到交流等效电路;

(3) 根据交流等效电路进行交流分析,求出叠加在 Q 点上的各交流量。根据需要,还可进一步求出电路的动态参数。

【例 6-2-3】 电路如图 6-2-10(a)所示,已知 $u_i = 10\sin\omega t\,\text{mV}$,$\beta=100$,其他元件参数在图中标出。试求三极管各极的交流电压和电流值。

解法

(1) 首先求 Q 点。

Q 点是指只有直流电源供电(即无交流信号)时,三极管的电压和电流值。因此分析 Q 点时,应视 u_i 为零,就直流量流经的通路(称为直流通路)进行分析。对于图 6-2-10(a),将 u_i 短路,则得到直流通路和图 6-2-9(a)一样,因此 Q 点分析同【例 6-2-1】。可以确定三极管工作在放大状态,且 $I_{CQ}=3\text{mA}$(为了强调 Q 点,此处 I_C 用 I_{CQ} 表示)。由式(6-2-8),且 $I_{EQ} \approx I_{CQ}$,求得

$$r_{be} \approx 200(\Omega) + (1+\beta)\frac{26(\text{mV})}{I_{EQ}(\text{mA})} \approx 200 + 100 \times \frac{26}{3}\Omega \approx 1\text{k}\Omega$$

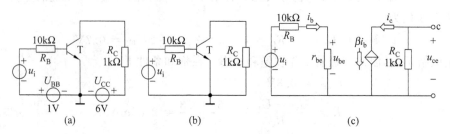

图 6-2-10 【例 6-2-3】的图

(2) 直流电源的电量不变,即变化量为零,因此在交流通路中将其视为零,得到交流通路如图 6-2-10(b)所示。用小信号电路模型代替三极管,得到交流等效电路如图 6-2-10(c)所示。

(3) 根据交流等效电路求得

$$i_b = \frac{u_i}{R_B + r_{be}} = \frac{10\sin\omega t}{10+1} = 0.91\sin\omega t \approx 1\sin\omega t\ \mu\text{A}$$

$$u_{be} = i_b r_{be} = 1\sin\omega t \times 1 = 1\sin\omega t\ \text{mV}$$

$$i_c = \beta i_b = 100 \times 1\sin\omega t = 100\sin\omega t \text{ μV}$$
$$u_{ce} = -i_C R_C = -100\sin\omega t \times 1 = -100\sin\omega t \text{ mV}$$

在后面的内容中，读者会看到，$\dfrac{u_{ce}}{u_{be}} = -100$ 反映了三极管放大电路的电压放大能力。

思考题

6.2.1　三极管从结构上看可以分成哪两种类型？两者的特性有什么异同？
6.2.2　三极管可以有几种工作模式？它们有哪些典型的应用？
6.2.3　在设计三极管开关电路时，哪些工作区是有用的？

6.3　用三极管构成小信号放大器的一般原则

利用三极管工作在放大、截止、饱和 3 种状态下的不同特性，可用其构成放大、恒流、开关等功能的电路。放大器是电子电路中最基础、应用最广泛的一种电路。

生活中放大现象到处可见，种类很多，如光学放大、力学放大、电学放大、电子学放大。本节讨论的放大器用于电子学的放大，它将输入信号不失真地放大到电路的输出端。在小信号放大时，根据人们对电压、电流、功率等各电量关心程度的不同，分别称为电压放大、电流放大、功率放大。但不管是什么放大，其实质都是对功率进行放大。这是电子学放大与其他类型放大的根本区别。

6.3.1　小信号放大器的一般结构

从前面的分析知道，在小信号时，三极管可用线性电路来等效，因此小信号放大器可以看成一个线性有源二端网络。对于输入信号源，放大器可视为它的负载，因此放大器输入口可等效成一个电阻与信号源相连；对于负载，放大器可视为它的信号源，因此放大器输出口可等效成一个电压源与负载相连。这样，构成如图 6-3-1 所示的小信号放大器的结构示意图。

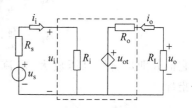

图 6-3-1　放大器的结构示意图

6.3.2　放大器的基本性能指标

描述放大器性能的指标很多，这里仅介绍在信号频率适中的范围内，反映小信号放大器最基本性能的几个指标。

1. 输入电阻 R_i

放大器在输入端口的等效电阻称为输入电阻，定义为输入电压与输入电流的比，即

$$R_i = \frac{u_i}{i_i} \tag{6-3-1}$$

由图 6-3-1 写出输入电压与信号源电压的关系为

$$u_i = \frac{R_i}{R_i + R_s} u_s \tag{6-3-2}$$

式(6-3-2)表明，R_i 越大，放大器获取输入电压的能力越强。因此输入电阻是衡量放大器向信号源获取信号能力的指标。

2. 输出电阻 R_o

放大器在输出端口可等效为一个电源，等效电源的内阻 R_o 称为输出电阻。由图 6-3-1 可以看出，当负载开路、信号源为零时，在输出端加电压 u_o，与产生的电流 i_o 的比，就是定义的输出电阻，即

$$R_o = \frac{u_o}{i_o}\bigg|_{R_L=\infty,\, u_s=0} \tag{6-3-3}$$

由图 6-3-1 写出放大器带负载的输出电压 u_o 与负载开路时的输出电压 u_{ot} 的关系为

$$u_o = \frac{R_L}{R_L + R_o} u_{ot} \tag{6-3-4}$$

式(6-3-4)表明，R_o 越小，负载对 u_o 的影响越小。因此输出电阻是衡量放大器带负载能力的指标。

3. 增益 A

增益 A 又称为放大倍数，定义为放大器输出量与输入量的比，即

$$A = \frac{x_o}{x_i} \tag{6-3-5}$$

是衡量放大器放大能力的指标。根据输出、输入电量的不同，又分

$$A_u = \frac{u_o}{u_i}，电压增益；\quad A_i = \frac{i_o}{i_i}，电流增益$$

$$A_g = \frac{i_o}{u_i}，互导增益；\quad A_r = \frac{u_o}{i_i}，互阻增益$$

它们分别是衡量电压放大、电流放大、互导放大、互阻放大 4 种放大器的放大能力的指标。

4. 源增益 A_s

源增益定义为放大器输出量与信号源电量的比，即

$$A_s = \frac{x_o}{x_s} \tag{6-3-6}$$

与增益的定义类似，根据输出、输入电量的不同，也分 4 种源增益 A_{us}、A_{is}、A_{gs} 和 A_{rs}。源增益 A_s 与增益 A 之间存在一定的关系，如：

$$A_{us} = \frac{u_o}{u_s} = \frac{u_o}{u_i} \cdot \frac{u_i}{u_s} = A_u \cdot \frac{\frac{R_i}{R_i + R_s} u_s}{u_s} = A_u \cdot \frac{R_i}{R_i + R_s} \tag{6-3-7}$$

式(6-3-7)表明，R_i 越大，放大器性能越稳定。

6.3.3 基本放大器的工作原理及组成原则

如图 6-3-2 所示是基本共射放大器,它由 NPN 三极管 T,电阻 R_B、R_C,直流电压源 U_{CC}、U_{BB},输入电压源 u_i 组成。现以该电路为例说明放大器的工作原理和组成原则。

1. 工作原理

当 $u_i=0$ 时,放大器处于直流工作状态,称为静态。在输入回路中,直流电源 U_{BB} 使三极管发射结正偏,并与 R_B 共同决定基极电流:

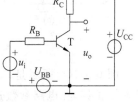

图 6-3-2 基本共射放大器

$$I_{BQ} = (U_{BB} - U_{BE(ON)})/R_B$$

在输出回路中,足够大的 U_{CC} 使三极管集电结反偏,保证三极管工作在放大状态,有

$$I_{CQ} = \beta I_{BQ}, \quad U_{CEQ} = U_{CC} - I_{CQ}R_C$$

这样建立起的合适的直流工作点 I_{BQ}、U_{BEQ}、I_{CQ} 和 U_{CEQ},又称为静态工作点。

当 $u_i \neq 0$ 时,放大器处于交流工作状态,称为动态。在输入回路中,输入电压源 u_i 叠加在 U_{BB} 上,使三极管基极电流在 I_{BQ} 的基础上也叠加了一个变化量 i_b,即 $i_B = I_{BQ} + i_b$,进而使 $u_{BE} = U_{BEQ} + u_{be}$,$i_C = I_{CQ} + i_c$,$u_{CE} = U_{CEQ} + u_{ce}$。$u_{ce}$ 就是在输出端产生的随 u_i 变化而变化的输出电压 u_o。当电路参数选择合适时,可以使输出电压 u_o 比输入电压 u_i 大得多,从而实现对电压的放大。

2. 组成原则

从上面的分析可以知道,在组成放大器时必须遵循以下原则:

(1) 放大器外加直流电源的极性必须保证放大管工作在放大状态。对于三极管,即必须保证发射结正偏,集电结反偏。

(2) 输入回路的接法应该使放大器的输入电压 u_i 能够传送到放大管的输入回路,并使放大管产生输入电流变化量(i_b)或输入电压变化量(u_{be}、u_{gs})。

(3) 输出回路的接法应使放大管输出电流的变化量(i_c、i_d)能够转化为输出电压的变化量(u_{ce}、u_{ds}),并传送到放大器的输出端。

(4) 选择合适的电路元器件参数,使输出信号不产生明显的失真。

只要满足上述原则,即使电路的形式有所变化,仍然能够实现放大的作用。

【例 6-3-1】 试分析图 6-3-3 所示的电路是否可能实现放大。

解法

如图 6-3-3(a)所示,在电路参数选择合适的情况下,U_{BB}、U_{CC} 可以使三极管发射结正偏,集电结反偏,保证三极管工作在放大状态。但是,电路的输入信号 u_i 被 U_{BB} 短路,不能使三极管的输入电流或电压产生变化,即上述组成放大器的原则(2)不能满足,故该电路不能实现放大。

图 6-3-3(b)所示电路也不能实现放大,因为电容 C 有隔直的作用,将 U_{BB} 与三极管隔开,三极管发射结没有正向的偏置电压,$I_B = 0$。

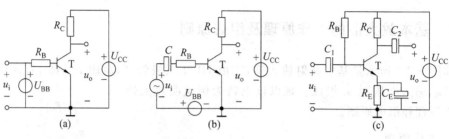

图 6-3-3 【例 6-3-1】的图

图 6-3-3(c)所示是单电源供电的共射放大器,可以实现放大。U_{CC} 通过 R_B 使三极管发射结正偏,在电路参数选择合适的情况下,U_{CC} 能够保证集电结反偏,使三极管工作在放大状态;输入信号 u_i 通过 C_1 加到 VT 发射结,产生变化的 u_{be} 和 i_b;$i_c = \beta i_b$,i_c 流过 R_C 产生变化的 u_{R_C},进而产生变化的 u_{ce},并通过 C_2 加到负载上,实现了电压放大。

有兴趣的读者可到公开教学网上学习有关放大电路的静态分析和动态分析等方面的知识。

思考题

6.3.1 放大器的基本性能指标增益 A、输入电阻 R_i 和输出电阻 R_o 分别用来衡量放大器的什么能力?

6.3.2 放大器为什么必须建立合适的静态工作点?

6.3.3 在放大器中,如果要计算小信号的响应,为什么必须先知道其电流工作点?

6.4 放大器的 3 种组态及其典型电路

三极管有 3 个极,在构成放大器输入和输出两个端口时,必然有一个极是公共端。将发射极、集电极和基极分别作为输入/输出端口的公共端,依照放大器的组成原则,可构成放大器的 3 种基本组态。

6.4.1 放大器 3 种组态的基本电路

放大器 3 种组态的基本电路如图 6-4-1 所示。工程上不管多么复杂的放大器,都是在这 3 种基本组态电路的基础上演变而来的,简要解释如下。

图 6-4-1(a)所示为基本共射放大器。放大器输入、输出公共端为发射极,U_{BB} 保证发射结正偏,U_{CC} 保证集电结反偏,三极管工作在放大状态,输入电压 u_i 通过电阻 R_B 传送到放大管的输入回路。图 6-4-1(b)所示为基本共基放大器。放大器输入、输出公共端为基极,U_{BB} 保证发射结正偏,U_{CC} 保证集电结反偏,三极管工作在放大状态,输入电压 u_i 通过电阻 R_E 传送到放大管的输入回路。图 6-4-1(c)所示为基本共集放大器。放大器输

入、输出公共端为集电极，U_{BB}保证发射结正偏，U_{CC}保证集电结反偏，三极管工作在放大状态，输入电压 u_i 通过电阻 R_B 传送到放大管的输入回路。

(a) 共射放大器　　(b) 共基放大器　　(c) 共集放大器

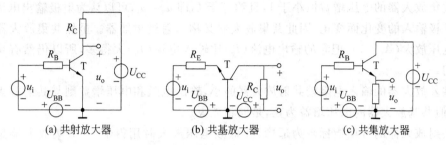

图 6-4-1　放大器的基本组态

6.4.2　放大器 3 种组态的典型电路

放大器 3 种组态的基本电路的特性较差。放大器 3 种组态的典型电路如图 6-4-2 所示。

(a) 共射放大器　　(b) 共基放大器　　(c) 共集放大器

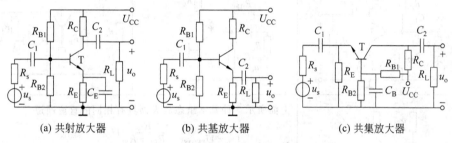

图 6-4-2　放大器 3 种组态的典型电路

如图 6-4-2 所示电路采用 U_{CC}单电源供电，U_{CC}通过 R_{B1}、R_{B2}的分压使发射结正偏，只要 R_C、R_E 参数合理，就能使集电结反偏，保证三极管工作在放大状态。R_E 的作用是稳定静态工作点；C_1、C_2 用来隔断放大器与信号源和负载的直流通路，使放大器的工作状态与信号源和负载之间互不影响，同时交流信号能顺利通过放大器并传递到负载。这样的结构既符合放大器的组成原则，同时又提高了电路的稳定性。因此，该电路在实际中经常被采用。

将如图 6-4-2 所示各电路的输入电压源短路，电容开路，可以画出各电路的直流通路，如图 6-4-3 所示（典型的共射、共集、共基 3 个放大器的直流通路相同）。

通常，实际电路满足 $I_B \ll I_{RB2}$，$I_B \ll I_C$，因此

$$U_B \approx \frac{R_{B2}}{R_{B2}+R_{B1}}U_{CC} \tag{6-4-1}$$

$$I_{CQ} \approx I_E = \frac{U_B - U_{BE(ON)}}{R_E} = \frac{\dfrac{R_{B2}}{R_{B2}+R_{B1}}U_{CC} - U_{BE(ON)}}{R_E} \tag{6-4-2}$$

$$U_{CEQ} = U_{CC} - I_{CQ}(R_C + R_E) \tag{6-4-3}$$

图 6-4-3　直流通路

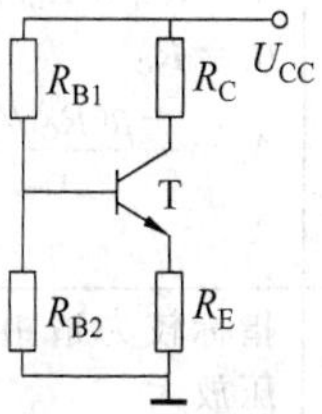

将如图 6-4-2 所示各电路中的直流电压源短路，电容也短路时，可以画出各电路的交流通路如表 6-4-1 所示，表中 $R_B = R_{B1} /\!/ R_{B2}$。

对于交流信号,由于三极管的接法不同,交流通路也就不同,因此它们有着不同的性能特点。

共集放大器的电压增益恒小于1,且约等于1,即 $u_o \approx u_i$,可以认为射极输出电压几乎跟随基极输入的变化而变化,因此共集放大器又称为射极跟随器。虽然共集放大器不能实现电压放大($A_u < 1$),但它的输出电流(I_e)比输入电流(I_b)大得多,所以仍然有功率放大作用。

共基放大器的输入电阻较共射放大器的小,输出电阻和电压增益则与共射放大器的相当,但共基放大器的电压增益为正,是同相放大。

共射放大器的各项指标较为适中,在低频电压放大时用得最多;共集放大器是 3 种基本组态中输入电阻最大、输出电阻最小的电路,多用作输入、输出级;共基放大器的频率特性最好,常用于宽带放大。3 种基本组态放大器性能比较列于表 6-4-1。

表 6-4-1 三种基本组态放大器性能比较

	共射放大器	共集放大器	共基放大器
电路形式	(电路图)	(电路图)	(电路图)
直流分析	(电路图)	上面所示 3 种基本组态放大器具有相同的直流通道: $I_{CQ} \approx I_E = \dfrac{U_B - U_{BE(ON)}}{R_E} = \dfrac{\dfrac{R_{B2}}{R_{B2}+R_{B1}}U_{CC} - U_{BE(ON)}}{R_E}$ $U_{CEQ} = U_{CC} - I_{CQ}(R_C + R_E)$ $r_{be} \approx 200(\Omega) + (1+\beta)\dfrac{26(\text{mV})}{I_{EQ}(\text{mA})}$		
交流通道	(电路图)	(电路图)	(电路图)
交流小信号参数	$R_i = R_{B1} \mathbin{/\mkern-6mu/} R_{B2} \mathbin{/\mkern-6mu/} r_{be}$ $R_o = R_C$ $A_u = \dfrac{-\beta(R_C \mathbin{/\mkern-6mu/} R_L)}{r_{be}}$	$R_i = R_B \mathbin{/\mkern-6mu/} (r_{be} + (1+\beta)R'_L)$ $R'_L = R_E \mathbin{/\mkern-6mu/} R_L$ $R_o = R_E \mathbin{/\mkern-6mu/} \dfrac{R_s \mathbin{/\mkern-6mu/} R_B + r_{be}}{(1+\beta)}$ $A_u = \dfrac{(1+\beta)(R_E \mathbin{/\mkern-6mu/} R_L)}{r_{be} + (1+\beta)(R_E \mathbin{/\mkern-6mu/} R_L)}$	$R_i = R_E \mathbin{/\mkern-6mu/} \dfrac{r_{be}}{1+\beta}$ $R_o = R_C$ $A_u = \dfrac{\beta(R_C \mathbin{/\mkern-6mu/} R_L)}{r_{be}}$
用途	指标较为适中,常用作低频电压放大	输入电阻最大,输出电阻最小,多用作输入、输出级	频率特性最好,常用于宽带放大

【例 6-4-1】 试分析如图 6-4-4 所示电路的特点并估算其放大倍数。

解法

如图 6-4-4 所示电路包括两级放大器,放大器级与级之间通过电容连接,称为阻容耦合。

由于电容的隔直作用,各级直流通路相互独立,静态工作点互不影响。此外,电容对低频信号呈现的电抗大,传递低频信号的能力弱,所以不能反映直流成分的变化,不适合放大缓慢变化的信号。

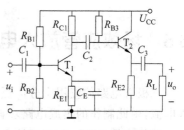

图 6-4-4 【例 6-4-1】的图

图 6-4-4 中,第一级放大器为典型共射放大电路;第二级具有和前面介绍的典型共集放大器相同的特性,可近似认为该电路的电压放大倍数为第一级典型共射放大电路的电压放大倍数。

在上面的电路中,增加一级共集放大器(输出电阻小)的目的是改善电路的输出特性。此外,为了减小耦合电容对信号的衰减,耦合电容的选取一般在几十微法到几百微法,这样大的电容是不可以集成化的。所以,如图 6-4-4 所示电路只适用于用分立元件组成的交流放大器。

【例 6-4-2】 试分析如图 6-4-5 所示电路的特点。

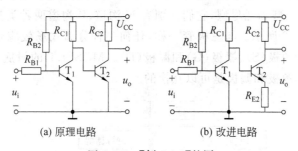

(a) 原理电路　　　　　　(b) 改进电路

图 6-4-5 【例 6-4-2】的图

解法

如图 6-4-5 所示电路包括两级放大器,放大器级与级之间不通过任何元件就直接相连,称为直接耦合。

如图 6-4-5 所示电路由于没有耦合电容的存在,具有良好的低频特性,可以对缓慢信号进行放大,适合于直流(零频)放大器,也容易将电路集成在一块硅片上,构成集成放大器。

当然,电路采用直接耦合方式相连也存在不足。

在图 6-4-5(a)中,R_{C1} 既是第一级的集电极电阻,又可作为第二级的基极电阻,所以省去了 R_{B2}。在静态时,T_1 管的 U_{CEQ1} 等于 T_2 管的 U_{BEQ2},一般情况下,$U_{BEQ2}=0.7V$,所以 T_1 管处于临界饱和的状态,显然信号容易失真。这说明前、后级的相互影响导致了工作点的不合理,需要采取措施,对前、后级之间的电平进行配置。

图 6-4-5(b)所示电路在 T_2 管的射极加电阻 R_{E2},以提高 T_2 管的基极电位,进而使 U_{CEQ1} 满足要求,$U_{CEQ1}=U_{BQ2}=U_{BEQ2}+U_{RE2}$,是图 6-4-5(a)所示电路的一种改进。

如图 6-4-5 所示电路称为多级共射放大电路,常用作集成运算放大器的中间级。

6.5 场效应管放大电路

三极管电路的应用十分广泛,但由于三极管是电流控制器件,存在着相对较大的输入电流,由此制作的集成电路功耗相对较大,不利于超大规模集成电路的制造。

场效应管(FET)是利用输入回路的电场效应来控制输出回路电流的一种半导体器件,并以此命名。场效应管的外特性与三极管有许多相似的地方,除此之外,它还有突出的优点:输入电阻大、功耗低、噪声低、热稳定性好、抗辐射能力强,目前已成为制造超大规模集成电路的主要器件。

6.5.1 场效应管的种类

场效应管的种类较多,图 6-5-1 所示是场效应管的"系列树"。可以看出,场效应管有结型和绝缘栅型两大类。结型场效应管(JFET)有 N 沟道、P 沟道两种;绝缘栅场效应管(MOSFET)又分增强型和耗尽型,它们分别有 N 沟道、P 沟道两种类型。不同类型场效应管的符号如图 6-5-2 所示。与三极管一样,任何一种分离式场效应管都有 3 个与外部连接的电极,分别为源极(S)、栅极(G)和漏极(D)。MOSFET 的衬底(B)一般和源极相连。大多数情况下,源极和漏极是可以互换的。

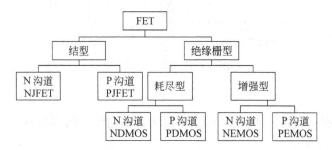

图 6-5-1 场效应管的系列树

6.5.2 场效应管的特性

场效应管为电压控制器件,输入电流 $i_G \approx 0$,输入特性显而易见。这里以 N 沟道场效应管为例,介绍管子的输出特性和转移特性,如图 6-5-3 所示(图的左边为输出特性曲线,右边为转移特性曲线)。

首先介绍两个相关概念:

(1) 夹断:是指当 u_{GS} 小于某一数值时,D、S 间导电通道消失,$i_D \approx 0$。此时,u_{GS} 的值称为夹断电压 $U_{GS(off)}$。

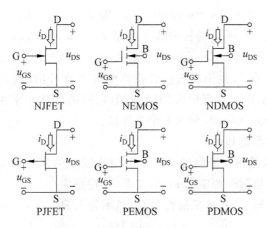

图 6-5-2 场效应管电路符号一览表

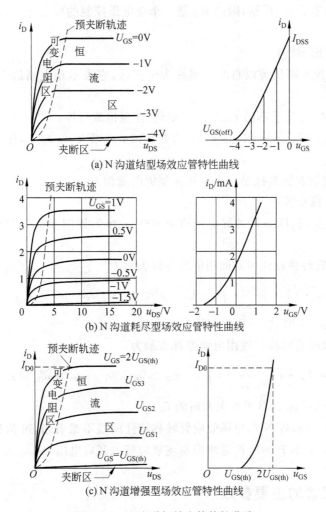

(a) N 沟道结型场效应管特性曲线

(b) N 沟道耗尽型场效应管特性曲线

(c) N 沟道增强型场效应管特性曲线

图 6-5-3 N 沟道场效应管特性曲线

(2) 预夹断：当 $u_{GD}(=u_{GS}-u_{DS})=U_{GS(off)}$，即 $u_{DS}=u_{GS}-U_{GS(off)}$ 时，靠近 D 端的导电通道开始被夹断，称为预夹断。特性曲线上满足 $u_{DS}=u_{GS}-U_{GS(off)}$ 方程的连线称为预夹断轨迹。预夹断前，$u_{DS}<u_{GS}-U_{GS(off)}$；预夹断后，$u_{DS}>u_{GS}-U_{GS(off)}$。

由如图 6-5-3 所示各 N 沟道场效应管特性曲线不难看出，虽然结型和 MOS 型场效应管在电路结构和工作原理上有很大的区别，但它们的特性非常相似，输出特性曲线相同，和三极管输出特性曲线相似，分为 3 个工作区：

(1) 可变电阻区（非饱和区）

图 6-5-3 中的虚线是预夹断轨迹。预夹断轨迹以左的区域称为可变电阻区，它表示预夹断前漏极电流 i_D 与漏—源电压 u_{DS} 的关系，其特点为

- u_{GS} 一定时，i_D 与 u_{DS} 几乎呈线性关系，斜率为 $1/R_{DS}$

$$R_{DS}=\frac{u_{DS}}{i_D}\bigg|_{u_{GS}=\text{常数}}$$

- 直线的斜率受 u_{GS} 控制，因此 R_{DS} 是一个受电压控制的可变电阻，可变电阻区由此得名。

(2) 恒流区（饱和区）

图 6-5-3 中，预夹断轨迹以右的区域称为恒流区，它表示预夹断后 i_D 与 u_{DS} 的关系，其特点为

- u_{GS} 不变时，i_D 几乎不随 u_{DS} 增大而变化，体现恒流特性；
- 在 $0>u_{GS}>U_{GS(off)}$ 区间，i_D 受 u_{GS} 的控制，$|u_{GS}|$ 增大，i_D 减小，体现电压控制电流的特性。

因此，场效应管在恒流区是一个电压控制的电流源。

(3) 夹断区（截止区）

当 $u_{GS}<U_{GS(off)}$ 时，D、S 间的导电通道被夹断，$i_D\approx 0$，即图 6-5-3 中靠近横轴的区域，称为夹断区。

结型场效应管转移特性可近似用电流方程表示为

$$i_D=I_{DSS}\cdot\left(1-\frac{u_{GS}}{U_{GS(off)}}\right)^2, \quad U_{GS(off)}<u_{GS}<0, \quad u_{DS}>u_{GS}-u_{GS(off)} \quad (6\text{-}5\text{-}1)$$

其中，I_{DSS} 是在 $u_{GS}=0$ 时，管子预夹断的漏极电流。

MOS 型场效应管转移特性用电流方程表示为

$$i_D=I_{D0}\cdot\left(\frac{u_{GS}}{U_{GS(th)}}-1\right)^2, \quad u_{GS}>u_{GS(th)}, \quad u_{DS}>u_{GS}-u_{GS(th)} \quad (6\text{-}5\text{-}2)$$

式中，I_{D0} 是 $u_{GS}=2U_{GS(th)}$，管子预夹断时的 i_D。

由如图 6-5-3 所示各 N 沟道场效应管转移特性曲线不难看出，N 沟道结型管和耗尽型 MOS 管的 $U_{GS(off)}$ 小于 0，N 沟道增强型场效应管的开启电压 $U_{GS(th)}$ 大于 0。

6.5.3 场效应管的主要参数

场效应管的主要参数如下所述。

1. 开启电压 $U_{GS(th)}$

$U_{GS(th)}$ 是增强型 MOS 管的参数,指 u_{DS} 不变时,D、S 间形成导电通道(使 $|i_D|>0$)所需的最小 $|u_{GS}|$ 值。

2. 夹断电压 $U_{GS(off)}$

$U_{GS(off)}$ 是结型管和耗尽型 MOS 管的参数,指 u_{DS} 不变时,D、S 间导电通道消失($i_D \approx 0$)所对应的最小 $|u_{GS}|$ 值。

3. 直流输入电阻 $R_{GS(DC)}$

栅—源电压 u_{GS} 与栅极电流 i_G 之比是 $R_{GS(DC)}$。由于 $i_G \approx 0$,因此 $R_{GS(DC)}$ 很大。结型管 $R_{GS(DC)}>10^7\,\Omega$,MOS 管 $R_{GS(DC)}>10^9\,\Omega$。

4. 低频跨导 g_m

$$g_m = \left.\frac{\Delta i_D}{\Delta u_{GS}}\right|_{U_{DS}=常数} \qquad (6\text{-}5\text{-}3)$$

单位是 S(西门子)或 mS。它是转移特性曲线上工作点的切线的斜率,体现了 Δu_{GS} 对 Δi_D 的控制作用。

5. 漏—源击穿电压 $U_{(BR)DS}$

在恒流区,i_D 几乎不受 u_{DS} 的影响,但当 u_{DS} 过大时,i_D 将急剧增加。使 i_D 急剧增加的 u_{DS} 称为漏—源击穿电压 $U_{(BR)DS}$。$u_{DS}>U_{(BR)DS}$ 时,管子击穿,甚至烧坏。

6. 栅—源击穿电压 $U_{(BR)GS}$

场效应管在正常工作时,i_G 几乎为零。当 u_{GS} 超过一定的限度时,i_G 发生突变,管子被击穿。使 i_G 发生明显变化的 u_{GS} 值称为栅—源击穿电压 $U_{(BR)GS}$。对于 MOS 管,栅—源击穿,管子则损坏。

6.5.4 场效应管的模型

1. 直流模型

由于 $i_G \approx 0$,场效应管输入端可视为开路;转移特性反映了输入电压 u_{GS} 对输出电流 i_D 的控制作用,可用电压控制电流源等效,这样构成的场效应管直流电路模型如图 6-5-4 所示,其中受控源 $I_D(U_{GS})$ 由式(6-5-1)和式(6-5-2)表示。

2. 小信号模型

场效应管小信号电路模型如图 6-5-5 所示。输入开路是对 $i_G \approx 0$ 的等效;受控电流源是对转移特性的等效,g_m 是转移特性工作点上切线的斜率。对电流方程求导,可得到 g_m 的表达式为

$$g_m = \frac{2}{U_{GS(th)}}\sqrt{I_{D0}I_{DQ}}\,(\text{NEMOS}) \qquad (6\text{-}5\text{-}4)$$

$$g_m = \frac{-2}{U_{GS(off)}} \sqrt{I_{DSS} I_{DQ}} \quad (\text{NJFET, NDMOS}) \qquad (6\text{-}5\text{-}5)$$

输出电阻 r_{ds} 反映了 Δu_{DS} 和 Δi_D 的关系(可用 $r_{ds} = 100/I_{DQ}$ 近似估算),为几十千欧到几百千欧,一般忽略不计。在近似分析中常采用简化小信号模型,如图6-5-6所示。

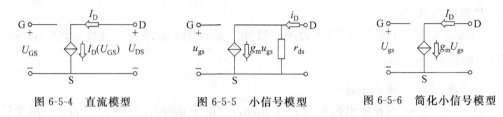

图 6-5-4 直流模型　　　　图 6-5-5 小信号模型　　　　图 6-5-6 简化小信号模型

场效应管电路的分析与三极管电路非常类似。在直流通路中,利用场效应管直流模型(转移特性方程)可以进行直流分析;在交流通路中,用场效应管小信号电路模型代替场效应管,可以进行交流分析。场效应管的符号、特性及简化分析模型列于表6-5-1。

表 6-5-1　场效应管的符号、特性及简化分析模型

	结型场效应管		绝缘栅增强型场效应管		绝缘栅耗尽型场效应管
符号	NJFET	符号	NEMOS	符号	NDMOS
	PJFET		PEMOS		PDMOS
转移特性	(NJFET 转移特性曲线,I_{DSS}, $U_{GS(OFF)}$, u_{GS} 轴 $-4\,-3\,-2\,-1\,0$)	转移特性	(NEMOS 转移特性曲线,I_{D0}, $U_{GS(th)}$, $2U_{GS(th)}$)	转移特性	(NDMOS 转移特性曲线,i_D/mA,u_{GS}/V)

续表

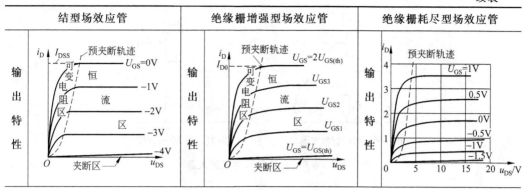

6.5.5 场效应管放大器的构成

场效应管(FET)是电压控制电流源器件,利用 u_{GS} 对 i_D 的控制作用,可以构成放大器;其漏极 D、栅极 G、源极 S 分别和三极管的集电极 C、基极 B、发射极 E 相对应,所以两者的放大器也类似。场效应管放大器也有 3 种基本接法,即共源放大器、共漏放大器和共栅放大器。图 6-5-7 所示的是 N 沟道结型场效应管放大器 3 种基本接法的交流通路。三极管放大器要保证放大管工作在放大区,必须设置合适的静态工作点。同样,场效应管放大器要保证放大管工作在恒流区,也必须设置合适的静态工作点。

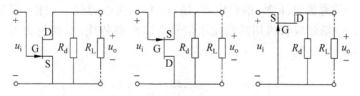

图 6-5-7 场效应管放大器 3 种基本接法

6.5.6 自给偏压放大电路

图 6-5-8(a)所示电路为 N 沟道结型场效应管构成的自给偏压共源放大器。该电路放大管的栅—源间静态电压 U_{GSQ} 是靠 I_{SQ} 流过 R_S 产生的电压来提供的,所以称为自给

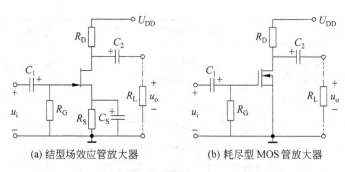

(a) 结型场效应管放大器　　　　(b) 耗尽型 MOS 管放大器

图 6-5-8　自给偏压共源放大器

偏压。

场效应管放大器的分析与三极管放大器类似,通过直流分析确定静态工作点,通过交流分析求解性能指标。

将放大器中的电容开路,得到直流通路如图 6-5-9(a)所示,场效应管用其直流模型替代,得到直流等效电路如图 6-5-9(b)所示(熟悉后可直接从原理电路分析)。

由于栅极电流 $I_G=0$,电阻 R_G 不产生电压降,所以栅极电位 $U_{GQ}=U_{RG}=0$;而漏极电流 I_{DQ} 流过电阻 R_S 将产生电压降,使源极电位 $U_{SQ}=I_{DQ}R_S$,因此,栅—源之间的静态电压为

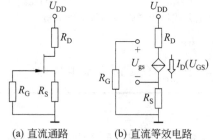

(a) 直流通路　　(b) 直流等效电路

图 6-5-9　图 6-5-8(a)的直流分析

$$U_{GSQ}=U_{GQ}-U_{SQ}=-I_{DQ}R_S \tag{6-5-6}$$

又假设场效应管工作在恒流区,由式(6-5-1)可知,在静态时

$$I_{DQ}=I_{DSS}\cdot\left(1-\frac{U_{GSQ}}{U_{GS(off)}}\right)^2 \tag{6-5-7}$$

由式(6-5-6)和式(6-5-7)可求得 I_{DQ} 和 U_{GSQ}。由输出回路可得到

$$U_{DSQ}=U_{DD}-I_{DQ}(R_D+R_S) \tag{6-5-8}$$

将放大器中的直流电压源、耦合电容(C_1、C_2)、旁路电容(C_S)短路,得到交流通路如图 6-5-10(a)所示;场效应管再用其简化小信号电路模型替代,得到放大器的小信号等效电路如图 6-5-10(b)所示。

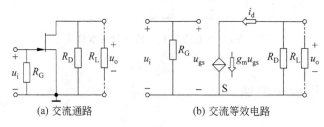

(a) 交流通路　　　　　(b) 交流等效电路

图 6-5-10　图 6-5-8(a)的交流分析

根据电路,有

$$R_i = R_G \qquad (6\text{-}5\text{-}9)$$

$$R_o = R_D \qquad (6\text{-}5\text{-}10)$$

$$A_u = \frac{u_o}{u_i} = \frac{-i_d(R_D /\!/ R_L)}{u_{gs}} = \frac{-g_m u_{gs}(R_D /\!/ R_L)}{u_{gs}}$$

$$= -g_m(R_D /\!/ R_L) \qquad (6\text{-}5\text{-}11)$$

图 6-5-8(b)所示电路是 N 沟道耗尽型 MOS 管构成的自给偏压的一种特例,其 $U_{GSQ}=0$,所以又称为零偏置放大器。显然,图 6-5-8(b)所示电路的分析与图 6-5-8(a)基本相同。

由于自给偏压使放大管 $U_{GSQ}=-I_{DQ}R_S \leqslant 0$,所以,对于 N 沟道增强型 MOS 管构成的放大器(要求 $U_{GSQ}>U_{GS(th)}>0$)不再适用。

6.5.7 分压式偏置电路

图 6-5-11 所示电路为 N 沟道增强型 MOS 管构成的分压式偏置共源放大器。它与典型共射放大器非常类似,通过 R_{G1} 和 R_{G2} 对 U_{DD} 分压来设置静态工作点,故称为分压式偏置电路。

从如图 6-5-11 所示的原理电路容易看出其直流通路。由于 $I_G=0$,所以电阻 R_{G3} 不产生电压降,即 $U_{RG3}=0$,栅极电位

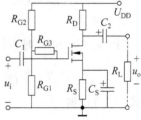

图 6-5-11 分压式偏置电路

$$U_{GQ} = \frac{R_{G1}}{R_{G1}+R_{G2}} \cdot U_{DD} \qquad (6\text{-}5\text{-}12)$$

源极电位

$$U_{SQ} = I_{DQ}R_S \qquad (6\text{-}5\text{-}13)$$

因此,栅—源电压为

$$U_{GSQ} = U_{GQ} - U_{SQ} = \frac{R_{G1}}{R_{G1}+R_{G2}} \cdot U_{DD} - I_{DQ}R_S \qquad (6\text{-}5\text{-}14)$$

又假设场效应管工作在恒流区,由式(6-5-2)知,在直流时,

$$I_{DQ} = I_{D0} \cdot \left(\frac{u_{GSQ}}{U_{GS(th)}} - 1\right)^2 \qquad (6\text{-}5\text{-}15)$$

式(6-5-14)与式(6-5-15)联立可求得 I_{DQ} 和 U_{GSQ}。根据输出回路列方程,可得到

$$U_{DSQ} = U_{DD} - I_{DQ}(R_D + R_S) \qquad (6\text{-}5\text{-}16)$$

图 6-5-11 所示电路具有和图 6-5-8(a)相同的交流通路,其电压放大倍数如式(6-5-11)所示。

从上面的分析看到,共源放大器与共射放大器非常类似,都具有电压放大的能力,且输出波形与输入波形反相。只是场效应管的输入电流近似为零,管子的输入电阻近似为无穷大,所以放大器的输入电阻决定于偏置电阻。因此,偏置电阻 R_G 等应选择得大一些,这也是为什么在分压式偏置中要引入 R_{G3} 的理由。只要选择大的偏置电阻,共源放大器的输入电阻将比共射放大器的大得多。

【例 6-5-1】 已知图 6-5-11 所示电路中,$U_{DD}=12\text{V}$,$R_D=10\text{k}\Omega$,$R_S=5\text{k}\Omega$,$R_{G1}=$

$200\text{k}\Omega$,$R_{G2}=200\text{k}\Omega$,$R_{G3}=1\text{M}\Omega$,$R_L=10\text{k}\Omega$。所用的场效应管为 N 沟道增强型,其参数 $I_{D0}=1\text{mA}$,$U_{GS(th)}=2\text{V}$。试求:(1)静态值;(2)电压放大倍数。

解法

(1) 由直流通路求 U_{GSQ}、I_{DQ}、U_{DSQ}

由式(6-5-14)和式(6-5-15)得

$$U_{GSQ} = U_{GQ} - U_{SQ} = \frac{R_{G1}}{R_{G1}+R_{G2}} \cdot U_{DD} - I_{DQ}R_S = \frac{200}{200+200}\times 12 - I_{DQ}\times 5$$

$$I_{DQ} = 1\times\left(\frac{U_{GSQ}}{2}-1\right)^2$$

联立求解,得

$$I_{DQ1}\approx 0.5\text{mA}, \quad I_{DQ2}\approx 1.25\text{mA}$$
$$U_{GSQ1}=3.5\text{V}, \quad U_{GSQ2}=-0.25\text{V}$$

根据 N 沟道增强型 MOS 管工作在恒流区的条件,可以确定 $I_{DQ}=0.5\text{mA}$,$U_{GSQ}=3.5\text{V}$ 为真解。由式(6-5-16)得

$$U_{DSQ}=U_{DD}-I_{DQ}(R_D+R_S)=12-0.5\times(10+5)=4.5\text{V}$$

(2) 求 A_u

当 $I_{DQ}=0.5\text{mA}$ 时,可由式(6-5-4)确定管子的模型参数 g_m 为

$$g_m=\frac{2}{U_{GS(th)}}\sqrt{I_{D0}I_{DQ}}=\frac{2}{2}\sqrt{1\times 0.5}=0.707\text{mA/V}$$

由式(6-5-11)得

$$A_u=-g_m(R_D \mathbin{/\mkern-6mu/} R_L)=-0.707\times 10 \mathbin{/\mkern-6mu/} 10 \approx 3.5$$

可以看到,场效应管放大器的放大能力比三极管放大器差。

思考题

为什么增强型绝缘栅场效应放大器无法采用自给偏置?

习题

6-1 填空题

1. 导电能力介于导体和绝缘体之间的物质称为_____,纯净的具有单晶体结构的半导体称为_____。
2. 常温下,本征半导体中的少量价电子可能获得足够的能量,摆脱共价键的束缚,成为自由电子,这种现象称为_____,并使本征半导体具有_____。
3. 在本征半导体中掺入微量_____,就成为杂质半导体,其_____将大大增强,可分为_____和_____两种类型。
4. 若对一块半导体采用不同的掺杂工艺,使其一侧成为_____,另一侧成为_____,则将在交界面两侧形成一个由不能移动的正、负离子组成的空间电荷区,也就

是_____。
5. 二极管具有_____，_____导通，_____截止。
6. 晶闸管不是二极管,是一种大功率的_____半导体器件。晶闸管的出现,使半导体器件从_____领域进入了_____领域。
7. 三极管工作在放大区的条件是_____正偏,_____反偏。而当三极管进入饱和区时,晶体管发射结和集电结都处于_____。
8. 三极管电路在只有直流电源供电时,各极的电压和电流值_____,反映在三极管特性曲线上是对应的一个点,称为_____,记为_____。要使三极管工作在放大区,首先应合理设置_____。
9. _____是衡量放大器向信号源获取信号能力的指标,而_____是衡量放大器带负载能力的指标。
10. 共集放大器又称为_____,是 3 种基本组态中_____最大、_____最小的电路,多用作_____。
11. 放大器级与级之间通过电容连接,称为_____,不适合放大_____的信号,只适用于_____的交流放大器;而放大器级与级之间采用_____相连,则需要对前、后级之间的_____进行配置。
12. 场效应管有_____、_____两大类,前者有_____、_____两种;后者又分_____和_____两种。
13. 场效应管为_____,具有_____大、_____低、噪声低、热稳定性好、抗辐射能力强等突出优点,但其_____比三极管差。

6-2 分析计算题（基础部分）

1. 在如图 6-1 所示电路中，已知 $u_i=10\sin100\omega t\text{V}$，$R=2\text{k}\Omega$，分别画出下列两种情况下 u_o 的波形。
   (1) 将二极管视为理想二极管。
   (2) 二极管的导通电压 $U_D=0.7\text{V}$。
2. 在如图 6-2 所示电路中,当电源 $U=5\text{V}$ 时,测得 $I=1\text{mA}$。若把电源电压调整到 $U=10\text{V}$,则电流是等于 2mA、大于 2mA,还是小于 2mA？

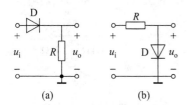

图 6-1　习题 6-2 题 1 的图

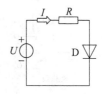

图 6-2　习题 6-2 题 2 的图

3. 在三极管放大器中,测得几个三极管的各电极电位分别为下列各组数值,判断它们的类型,并确定 e、b、c。
   (1) $U_1=2\text{V}$，$U_2=2.7\text{V}$，$U_3=6\text{V}$
   (2) $U_1=2.8\text{V}$，$U_2=3\text{V}$，$U_3=6\text{V}$
   (3) $U_1=2\text{V}$，$U_2=5.8\text{V}$，$U_3=6\text{V}$

(4) $U_1=2V, U_2=5.3V, U_3=6V$

4. 试分析图 6-3 所示电路能否实现放大，并说明理由。

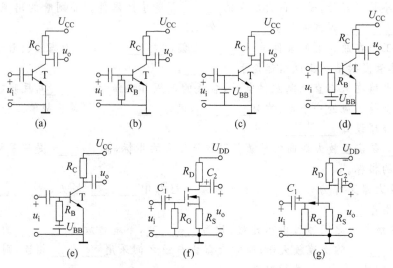

图 6-3 习题 6-2 题 4 的图

5. 用万用表直流电压挡测得电路中的三极管各电极的对地电位如图 6-4 所示，试判断这些三极管的工作状态。

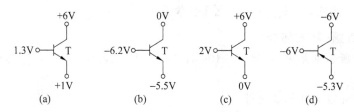

图 6-4 习题 6-2 题 5 的图

6. 在图 6-5 所示电路中，已知 $\beta \gg 1$，$U_{BE(ON)}=0.7V$，试求 I_C、U_{CE} 的值。

图 6-5 习题 6-2 题 6 的图　　　图 6-6 习题 6-2 题 7 的图

7. 图 6-6 所示电路中，已知 $\beta=100$，$U_{BE(ON)}=0.7V$。

(1) 试估算 I_C 和 U_{CE} 的值，并说明三极管的工作状态。

(2) 若 R_2 开路，再计算 I_C 和 U_{CE} 的值，并说明此时三极管的工作状态。

8. 几个场效应管的转移特性如图 6-7 所示，判断它们的类型。

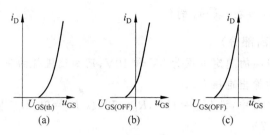

图 6-7　习题 6-2 题 8 的图

9. 请判别图 6-8 所示各特性曲线分别代表的管子的类型。

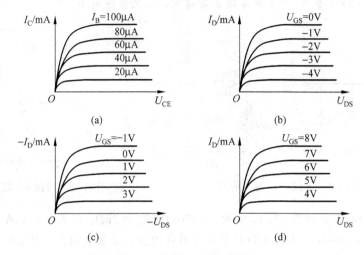

图 6-8　习题 6-2 题 9 的图

10. 图 6-9 所示电路中，场效应管的 $r_{ds} \gg R_D$。
   (1) 写出 A_u、R_i 和 R_o 的表达式。
   (2) 若 C_S 开路，A_u、R_i 和 R_o 如何变化？写出变化后的表达式。

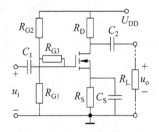 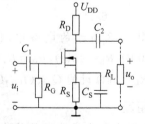

图 6-9　习题 6-2 题 10 的图　　　　图 6-10　习题 6-2 题 11 的图

11. 在图 6-10 所示的放大器中，已知耗尽型 MOS 场放大管的 $I_{DSS}=4\text{mA}$，$U_{GS(off)}=-4\text{V}$，$U_{DD}=15\text{V}$，$R_G=5\text{M}\Omega$，$R_D=R_L=5\text{k}\Omega$，$R_S=2\text{k}\Omega$，电容都足够大。
   (1) 求静态工作点 I_{DQ}、U_{GSQ} 和 U_{DSQ}。
   (2) 求电压增益 A_u（设 $r_{ds}\to\infty$）、输入电阻 R_i 和输出电阻 R_o。

(3) 如 $R_S=0$，其他元件的参数不变，问 A_u 是否有变化？如有变化，变为多大？

(4) 若 C_S 开路，R_S 存在，求 A_u 的值。

6-3 分析计算题（提高部分）

1. 设硅稳压管 D_{Z1} 和 D_{Z2} 的稳定电压为 5V 和 10V，已知稳压管的正向压降为 0.7V，求如图 6-11 所示电路的输出电压 U_o。

2. 在如图 6-12 所示电路中，设 $U_{CC}=12V$，$R_B=50kΩ$，$R_C=3kΩ$，三极管的 $β=50$，管子导通时的 $U_{BE(ON)}=0.7V$。

   (1) 判断该电路的静态工作点位于哪个区域。

   (2) 若 $R_B=50kΩ$ 不变，为使电路能正常放大，R_C 的数值最大不能超过多少？

   (3) 若 $R_C=3kΩ$ 不变，为使电路能正常放大，R_B 至少应有多大？

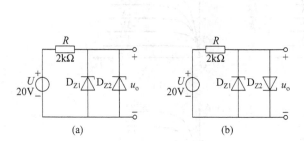

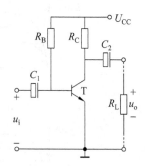

图 6-11　习题 6-3 题 1 的图　　　　图 6-12　习题 6-3 题 2、3 的图

3. 在如图 6-12 所示电路中，已知 $R_B=470kΩ$，$R_C=2kΩ$，且 $I_{CQ}=1mA$，$U_{CEQ}=7V$，$U_{BEQ}=0.7V$，$β=50$。下列 3 种计算电压增益的方法是否正确？为什么？

   (1) $A_u=\dfrac{U_o}{U_i}=\dfrac{U_{CEQ}}{U_{BEQ}}=\dfrac{7}{0.7}=10$

   (2) $A_u=\dfrac{U_o}{U_i}=\dfrac{-I_{CQ}R_C}{U_{BEQ}}=-\dfrac{1\times2}{0.7}\approx-3$

   (3) $A_u=\dfrac{U_o}{U_i}=-\dfrac{i_cR_C}{i_bR_i}=-β\dfrac{R_C}{R_i}=β\dfrac{R_C}{R_B//r_{be}}\approx-\dfrac{50\times2}{1.6}$
   $=-62.5$

4. 在如图 6-13 所示的电路中，已知 $U_{CC}=12V$，$β=100$，$r_{be}=300Ω$，$R_B=45kΩ$，$R_C=R_S=3kΩ$，请分别计算 $R_L=∞$ 和 $R_L=3kΩ$ 时的 Q 点（I_{CQ}，U_{CEQ}）、A_u、A_{us}、R_i 和 R_o。

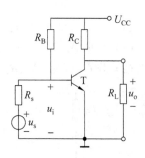

图 6-13　习题 6-3 题 4 的图

6-4 应用题

1. 某放大器在负载开路时的输出电压为 6V；接入 2kΩ 的负载电阻后，输出电压降为 4V。试说明放大器的输出电阻为多少。

2. 有两个放大倍数相同，输入和输出电阻不同的放大器 A 和 B，对同一个具有内阻的信号源电压进行放大。在负载开路的条件下测得 A 的输出电压大，这说明了什么问题？

3. 写出测试单管放大器电压增益 A_u 所需的仪器，并在图 6-14 上画出其连线图。各仪器可用方框表示。
4. 判断如图6-15所示电路能否对正弦电压进行线性放大。如不能，指出错在哪里，并改正。要求不减元件，且电压增益绝对值要大于1，U_o无直流成分。
5. 在如图6-16所示电路中，已知三极管$U_{CES}=1V$，若u_i为正弦信号，为了在负载上获得有效值为10V的电压，问电源电压U_{CC}至少应选多大？

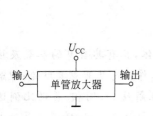

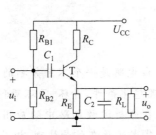

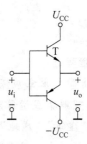

图 6-14　习题 6-4 题 3 的图　　图 6-15　习题 6-4 题 4 的图　　图 6-16　习题 6-4 题 5 的图

第 7 章 集成运算放大器及其他模拟集成电路

本章要点

读者学完本章应深入理解集成电路是一个不可分割的整体,具有其自身的参数及技术指标;理解集成运算放大器的理想化条件,开环、闭环两种工作状态及其重要结论;理解"虚短""虚断""虚地"的含义及在分析运放电路中的应用;理解反相、同相、差动比例这3种基本运放电路及其应用;了解集成运放在信号处理、振荡等方面的应用;懂得运算放大器产生"虚短"的原因是在电路中引入了负反馈,并了解利用反馈理论分析运放电路的方法。

如果在一块微小的半导体基片上,将用晶体管(或场效应管)组成的实现特定功能的电子电路制造出来,这样的电子电路称为集成电路。与分立元件不同,集成电路是一个不可分割的整体,它体积小、重量轻,减少了电路的焊接点,具有更好的可靠性。集成电路的问世是电子技术领域的巨大进步,带来了从设计理论到方法的新的革命。集成电路按集成度可分为小规模、中规模、大规模及超大规模集成电路;就功能而言,可分为模拟集成电路和数字集成电路。本章主要介绍集成运算放大器。

7.1 集成运算放大器简介

集成运算放大器是一种高增益的直接耦合放大器,简称集成运放或运放,结合其他元件,可构成放大、运算、处理、振荡等多种电路,是最常用的一类模拟集成电路。

7.1.1 集成运算放大器的组成框图

集成运算放大器的基本组成如图 7-1-1 所示。

图 7-1-1 集成运算放大器的组成框图

从图 7-1-1 可以看出,集成运算放大器一般包括 4 个基本部分:输入级、中间级、输出级和偏置电路。

1. 输入级

输入级提供与输出端成同相关系和反相关系的两个输入端,电路形式为差动放大电路,要求输入电阻高,是提高运算放大器质量的关键部分。

下面简要解释差动放大的含义。

作用在差动放大器两个输入端的一对**数值相等、极性相反**的输入信号(即 $u_{i1}=-u_{i2}=u_{id}/2$),称为差模输入信号;作用在差动放大器两个输入端的一对**数值相等、极性相同**的输入信号(即 $u_{i1}=u_{i2}=u_{ic}$),称为共模输入信号(用 u_{ic} 表示)。

能够有效地放大差模信号和强有力地抑制共模信号的电路便是差动放大电路。理想状态下,当差动放大电路输入共模信号时,其输出为零。在图 7-1-1 中,若 $u_{i1}=u_{i2}=10\text{mV}$,电路理想,其输出为零。

当然,理想电路是不存在的,实际的差动放大电路对共模信号的放大能力很小。为了综合衡量差动放大器对差模信号的放大能力和对共模信号的抑制能力,特别引入一个性能指标——共模抑制比,记作 K_{CMRR},定义为

$$K_{CMRR} = \left|\frac{A_d}{A_c}\right| \tag{7-1-1}$$

式中,A_d 为差模电压增益;A_c 为共模电压增益。

工程中,式(7-1-1)常用对数形式表示,记作 K_{CMR},单位为分贝(dB),

$$K_{CMR} = 20\lg\left|\frac{A_d}{A_c}\right| \tag{7-1-2}$$

共模抑制比越大,电路的性能越好。对于电路参数理想对称的双端输出情况,共模抑制比无穷大。实际的差放电路大约为 60dB,性能较好的差放电路的共模抑制比可达 120dB。

当然,加到差动放大器两个输入端的信号通常既不是单纯的差模信号,又不是单纯的共模信号,而是任意信号 u_{i1}、u_{i2}。对它们进行改写,有

$$u_{i1} = \frac{u_{i1}+u_{i2}}{2} + \frac{u_{i1}-u_{i2}}{2} = u_{ic} + \frac{u_{id}}{2} \tag{7-1-3}$$

$$u_{i2} = \frac{u_{i1}+u_{i2}}{2} - \frac{u_{i1}-u_{i2}}{2} = u_{ic} - \frac{u_{id}}{2} \tag{7-1-4}$$

可见,差动放大器两个输入端的任意信号都可以分解为一对共模信号和一对差模信号。

2. 中间级

中间级主要完成对输入电压信号的放大,一般采用多级共射放大电路实现,可较好地改善基本组态放大器放大能力有限的不足。

3. 输出级

输出级提供较高的功率输出、较低的输出电阻,一般由互补对称电路或射极输出器构成,可较好地改善基本组态放大器负载能力有限的弱点。

4. 偏置电路

偏置电路提供各级静态工作电流,一般由各种恒流源电路组成。

7.1.2 集成运算放大器的符号、类型及主要参数

集成电路是一个不可分割的整体,可用电路符号及其参数描述其性能。因此,在选用集成电路时,应根据实际要求及集成电路的参数说明确定其型号,就像选用其他电路元件一样。理解集成电路的电路符号、主要参数及种类是应用集成电路的基础。

1. 集成运算放大器的电路符号

集成运算放大器的符号如图 7-1-2 所示。图(a)为理想运放符号。图中,三角形表示信号传递的正方向。∞表示 $A_{uo} \to \infty$。图(b)为实际运放的简化画法。由图可看出,集成运算放大器具有同相("+"号端)、反相("−"号端)两个输入端。当同相端接地,反相端接输入 u_i 时,输出 u_o 与输入 u_i 反相,如图 7-1-3(a)所示;与此相反,若反相端接地,同相端接输入 u_i,输出 u_o 与输入 u_i 同相,如图 7-1-3(b)所示。

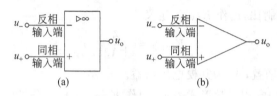

图 7-1-2 集成运算放大器的电路符号

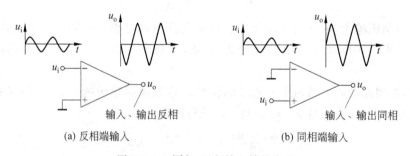

图 7-1-3 同相、反相输入端的含义

2. 集成运算放大器的主要参数

(1) 开环电压放大倍数 A_{uo}

开环电压放大倍数 A_{uo} 是指在集成运放输入端与输出端没有外接电路元件时所测出的差模电压放大倍数。集成运算放大器的开环连接实例如图 7-1-3 所示。A_{uo} 一般为 $10^4 \sim 10^7$,即 $80 \sim 140$dB。

(2) 最大输出电压 U_{opp}

U_{opp} 是指能使输出电压和输入电压保持不失真关系的最大输出电压。

(3) 输入失调电压 U_{IO}

理想情况下,当两个输入端 $u_{i1} = u_{i2} = 0$ 时,集成运算放大器的输出 $u_o = 0$。运放的输入级为差动放大器,在实际制作时不可能完全对称,因此,当输入为零时,u_o 可能不为零。

为了使输出电压为零,在输入端需要加一定的补偿电压,称之为输入失调电压 U_{IO},一般为几毫伏。

(4) 输入失调电流 I_{IO}

输入失调电流 I_{IO} 是指输入信号为零时,两个输入端的静态基极电流之差,即 $I_{IO}=|I_{B1}-I_{B2}|$。I_{IO} 一般在零点零几微安级。

(5) 输入偏置电流 I_{IB}

输入偏置电流 I_{IB} 是指输入信号为零时,两个输入端的静态基极电流的平均值,即 $I_{IB}=(I_{B1}+I_{B2})/2$,一般在零点几微安级。

(6) 共模输入电压范围 U_{ICM}

运算放大器具有对共模信号抑制的性能,但当输入共模信号超出规定的共模电压范围时,其共模性能将大为下降,甚至造成器件损坏。这个电压范围称为共模输入电压范围 U_{ICM}。

其他重要参数还有差模输入电阻、差模输出电阻、温度漂移、共模抑制比、静态功耗等。要求差模输入电阻高,差模输出电阻低。

可见,集成运放具有开环电压放大倍数高、输入电阻高(约几百千欧)、输出电阻低(约几百欧)、漂移小、可靠性高、体积小等主要特点。

3. 集成运算放大器的类型

集成运放类型较多,型号各异,可分为通用型和专用型两大类。

(1) 通用型

通用型运放的各项指标适中,基本上兼顾各方面应用,如 F007。

(2) 专用型

专用型集成运放主要有高输入阻抗型、高速型、高压型、大功率型、宽带型、低功耗型等多种类型。

通用型运放的价格便宜,便于替换,是应用最广的一种。在选择运放时,除非有特殊要求,一般都选用通用型。通用型运放 F007 如图 7-1-4 所示。

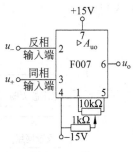

图 7-1-4 F007

7.1.3 集成运算放大器的理想化条件

在分析运算放大器时,一般可将它看成是一个理想运算放大器。理想运放的条件主要是:

(1) 开环电压放大倍数 $A_{uo} \to \infty$;

(2) 差模输入电阻 $r_{id} \to \infty$;

(3) 开环输出电阻 $r_o \to 0$;

(4) 共模抑制比 $K_{CMRR} \to \infty$。

实际运放的上述技术指标与理想运算放大器接近。工程分析时将理想运放代替实际放大器所引起的误差,在工程上是允许的。因此,在分析运放电路时,一般将其视为理想运放。

7.1.4 什么是反馈

实际运放的开环电压放大倍数非常大,一般不可以直接应用于信号放大。在实际应用中,常使用反馈技术来稳定放大电路的放大倍数。

将输出信号(电压或电流)的一部分或全部以某种方式回送到电路的输入端,使输入量(电压或电流)发生改变,这种现象称为反馈。

由反馈的概念可以得出:具有反馈的放大电路包括基本放大电路及反馈网络两个部分,其组成框图如图 7-1-5[①] 所示。图中,$\dot{X}_i$ 表示输入信号,$\dot{X}_o$ 表示输出信号,$\dot{X}_f$ 表示反馈信号,$\dot{X}_d$ 表示净输入信号,它们可以是电压或电流。箭头表示信号传递的方向。

由图 7-1-5 可以看出,在具有反馈的放大电路中,信号具有两条传输途径。一条是正向传输途径,信号经放大电路从输入端传向输出端,该放大电路称为基本放大电路。另一条是反向传输路径,输出信号通过某通道经放大电路从输出端传向输入端,该通道称为反馈网络。

判断电路有无反馈,可以根据输入端与输出端是否存在反馈网络来判断。如图 7-1-6 所示电路中,图 7-1-6(a)和图 7-1-6(c)存在反馈网络,有反馈;图 7-1-6(b)不存在反馈网络,无反馈。

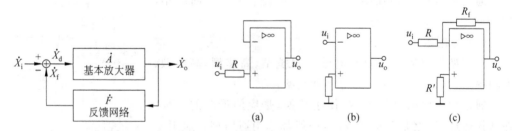

图 7-1-5　反馈电路组成框图　　　　图 7-1-6　反馈电路组成框图

反馈有正反馈、负反馈之分。若反馈信号在输入端与输入信号相加,使净输入信号增加,称为正反馈;若反馈信号在输入端与输入信号相加,使净输入信号减小,称为负反馈。反馈的正、负也称为反馈的极性。

可用下面的方法判断反馈的极性。

如图 7-1-7 所示电路中,当输入信号 u_i 增大时(图中,用符号"⊕"表示增大,"⊖"表示减小),由同相输入端的含义,放大器 A_1 的输出 u_{o1} 也增大,u_{o1} 加在放大器 A_2 的同相输入端,将使输出 u_o 增大。输出 u_o 反馈到输入端,反馈信号 u_f 增大,使差模输入 u_d 减小。可见,级间反馈极性(反馈元件为 R_5)为负反馈。类似地,可判断放大器 A_2 的反馈极性(反

[①] 放大电路常用于放大正弦交流信号,故使用物理量的相量形式。

馈元件为 R_4)也为负反馈;可判断如图 7-1-8 所示电路中的级间反馈(反馈元件为 R_5)、放大器 A_2 的反馈的极性(反馈元件为 R_4)均为正反馈。

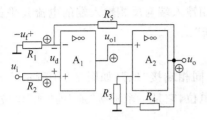 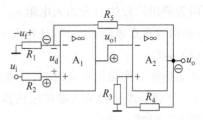

图 7-1-7 反馈的极性判断图 1　　　　　　图 7-1-8 反馈的极性判断图 2

7.1.5 集成运放的两种工作状态及相应结论

运放具有开环、闭环两种工作状态。

当运放开环工作时,无输出到输入的反馈,如图 7-1-3 所示。因为理想运放的开环电压放大倍数 $A_{uo} \to \infty$,所以,一个微弱的差模输入信号将使输出为极值,故将运放开环工作称为运放工作在饱和区(也叫非线性区)。

由理想运放的条件可得出运放工作在非线性区的两点结论[①]:

(1) 输出电压 u_o 只有两种状态:U_{opp} 或 $-U_{opp}$(U_{opp} 为最大输出电压)

当 $u_+ > u_-$ 时,$u_o = U_{opp}$;当 $u_+ < u_-$ 时,$u_o = -U_{opp}$;$u_+ = u_-$ 为两种状态的转折点。

(2) 同相输入端与反相输入端的输入电流都等于零

在如图 7-1-9 所示运放电路中,有输出到输入的反馈,运放闭环工作。若反馈类型为负反馈,那么输出与输入满足线性关系,称运放工作在线性区。

由负反馈、理想运放的条件可得出运放工作在线性区的 3 个重要概念。

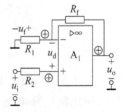

图 7-1-9 集成运放闭环工作的电路实例

(1) 虚短

如图 7-1-9 所示运放电路(反馈极性为负反馈)中,集成运放两个输入端之间的电压几乎等于零,如同将这两点短路一样。但是这两点实际上并未真正被短路,只是表面上似乎短路,因而是虚假的短路,故将这种现象称为"虚短"。

产生虚短的原因是运放电路中引入了负反馈。简要解释如下。

如图 7-1-9 所示电路中,假定 $R_1 = R_f$,$u_i = 0.1V$。电路刚接通瞬间,$u_+ = 0.1V$(别忘了,运放的差模输入电阻非常大),$u_- = 0V$。因运放的放大倍数非常大,运放进入非线性区,$u_o = U_{opp}$。U_{opp} 反馈到反相端,u_- 电位开始上升,当 u_- 非常接近 u_+ 时,电路逐渐稳定,$u_o = 0.2V$。电路稳定时,u_+ 和 u_- 电位非常接近,这便是"虚短"。

---

① 集成运放的标称电源绝对值总是大于 U_{opp}。当然,运放也可在非标称电源下工作,其输出也将因电源的不同而不同。不加说明,运放工作在标称电源环境。

(2) 虚断

因为理想运放的差模输入电阻 $r_{id} \to \infty$，故同相输入端与反相输入端的电流几乎都等于零，如同这两点被断开一样，这种现象称为"虚断"。

(3) 虚地

理想运放工作在线性区时，若反相端有输入，同相端接"地"（如图 7-2-1 所示），$u_- = u_+ = 0$。这就是说反相输入端的电位接近于"地"电位，它是一个不接"地"的"地"电位端，通常称为"虚地"。

【例 7-1-1】 请计算如图 7-1-9 所示电路的电压输出表达式及输入、输出电阻。

解法

当运放满足工作在线性区的条件时，可使用"虚短"和"虚断"的概念分析电路。如图 7-1-9 所示电路可用如图 7-1-10 所示电路形象地表示。

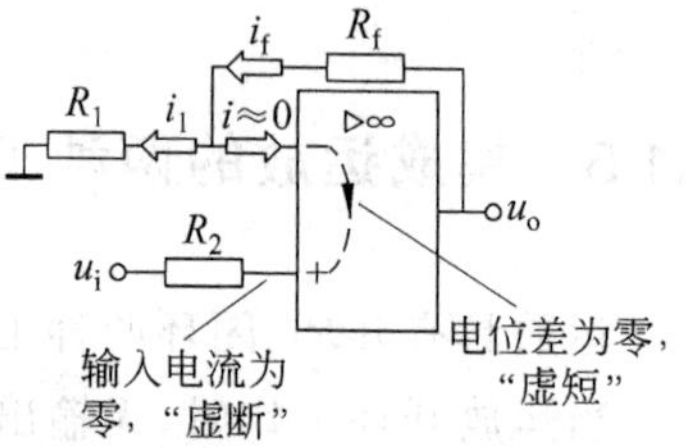

(1) 由"虚断"，有 $i \approx 0$，所以 $i_1 = i_f$。

(2) 由"虚短"，有 $u_- = u_+ = u_i$，所以

$$i_1 = \frac{u_i}{R_1}, \quad i_f = \frac{u_o - u_i}{R_f}, \quad i_1 = i_f$$

得到

$$\frac{u_i}{R_1} = \frac{u_o - u_i}{R_f}$$

$$u_o = \left(1 + \frac{R_f}{R_1}\right) u_i \tag{7-1-5}$$

图 7-1-10 【例 7-1-1】的图

由式(7-1-5)知，图 7-1-9 所示电路的输出 u_o 与输入 u_i 为线性比例关系，相位相同，故称为同相比例运算电路。

(3) 由"虚断"知，如图 7-1-9 所示电路的输入阻抗等于集成运放的差模输入电阻 r_{id}，即具有非常高的输入阻抗。

(4) 由"虚断"，得输出电阻为

$$R_o = r_o // (R_f + R_1) \approx r_o \to 0$$

图 7-1-10 中，流过 R_2 的电流近似为零，接入 R_2 的目的是保持输入回路的对称，起平衡作用，R_2 称为平衡电阻且 $R_2 = R_1 // R_f$。

思考题

7.1.1 请从负反馈的角度解释"虚短"的原因。

7.1.2 由理想运放工作在线性区的 3 个重要概念分析如图 7-1-11 所示电路的接法是否正确。若正确，写出输出表达式；若错误，说明原因。

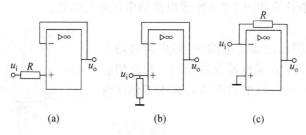

(a)　　　　　　　(b)　　　　　　　(c)

图 7-1-11　思考题 7.1.2 的图

7.2　用集成运放构成放大电路

放大功能是集成运放的基本功能,利用集成运放可方便构成各种要求的放大电路。可通过几个例题来理解。

【**例 7-2-1**】　请计算如图 7-2-1 所示电路的电压输出表达式及输入、输出电阻。

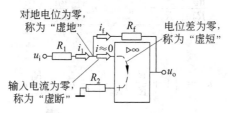

图 7-2-1　【例 7-2-1】的图

解法

(1) 图 7-2-1 中,电路反馈极性为负反馈(具体分析见 7.6 节),运放工作在线性区。由"虚断",有 $i_1 \approx 0$,所以 $i_1 = i_f$。

(2) 由"虚地",有

$$i_1 = \frac{u_i}{R_1}, \quad i_f = \frac{-u_o}{R_f}, \quad i_1 = i_f$$

所以

$$\frac{u_i}{R_1} = \frac{-u_o}{R_f}$$

$$u_o = -\frac{R_f}{R_1} \times u_i \tag{7-2-1}$$

由式(7-2-1)知,如图 7-2-1 所示电路的输出 u_o 与输入 u_i 为线性比例关系,相位相反,故称为反相比例运算电路。当 $R_f = R_1$ 时,有

$$u_o = -u_i, \quad A_{uf} = \frac{u_o}{u_i} = -1$$

这就是反相器。

(3) 由于"虚短"($u_- = 0$),所以输入电阻 $R_i = R_1$。

(4) 由于"虚短"($u_- = 0$),所以输出电阻 $R_o = r_o // R_f \approx r_o \to 0$。

【例 7-2-2】 请计算如图 7-2-2 所示电路的电压放大倍数。

解法

(1) 同相与反相比例运算电路中,集成运放均工作在线性区。图 7-2-2 所示电路为同相与反相比例运算电路的线性叠加,所以图中的集成运放也工作在线性区。

由"虚断",有

$$u_+ = u_{i2} \times \frac{R_3}{R_2 + R_3}, \quad i \approx 0$$

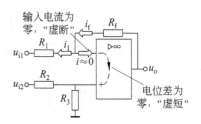

图 7-2-2 【例 7-2-2】的图

所以 $i_1 = i_f$。

(2) 由"虚短",有 $u_- = u_+$,所以

$$i_1 = \frac{\frac{u_{i2} \times R_3}{R_2 + R_3} - u_{i1}}{R_1}, \quad i_f = \frac{u_o - \frac{u_{i2} \times R_3}{R_2 + R_3}}{R_f}, \quad i_1 = i_f$$

所以

$$\frac{\frac{u_{i2} \times R_3}{R_2 + R_3} - u_{i1}}{R_1} = \frac{u_o - \frac{u_{i2} \times R_3}{R_2 + R_3}}{R_f}$$

整理后有

$$u_o = \left(1 + \frac{R_f}{R_1}\right)\frac{R_3}{R_2 + R_3}u_{i2} - \frac{R_f}{R_1}u_{i1} \tag{7-2-2}$$

当 $R_f = R_3$, $R_1 = R_2$ 时,

$$u_o = \frac{R_f}{R_1}(u_{i2} - u_{i1}) \tag{7-2-3}$$

由式(7-2-3)知,图 7-2-2 所示电路的输出 u_o 与输入的差 $(u_{i2} - u_{i1})$ 为线性比例关系,故称为**差动比例运算电路**。

(3) 由"虚断"知,如图 7-2-2 所示电路的输入阻抗不高(请读者自己分析),电路的输出电阻近似为集成运放的差模输出电阻 r_o。

同相、反相与差动比例运算电路是利用集成运放构成放大器及各种运算电路的基础,它们均具有很低的输出电阻,具有良好的负载特性。此外,同相比例运算电路还具有很高的输入电阻,具有很好的输入特性;差动比例运算电路零点漂移小。利用上述电路的组合,可构成满足复杂要求的各种类型的放大电路。

【例 7-2-3】 请计算如图 7-2-3 所示电路的输入、输出关系。

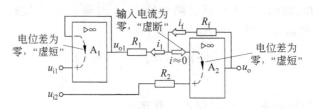

图 7-2-3 【例 7-2-3】的图

解法

如图 7-2-3 所示电路包括 A_1 和 A_2 两级放大器。

(1) A_1 为同相比例运算电路($R_f=0, R_1=\infty$),由式(7-1-5),有

$$u_{o1} = u_{i1} \tag{7-2-4}$$

即输出电压等于输入电压,故 A_1 也称为电压跟随器。

(2) A_2 为差动比例运算电路①,由"虚短"和"虚断",有

$$u_{2-} = u_{2+} = u_{i2} \quad i \approx 0, \quad i_1 = i_f$$

所以

$$i_1 = \frac{u_{i2} - u_{i1}}{R_1}, \quad i_f = \frac{u_o - u_{i2}}{R_f}, \quad i_1 = i_f$$

得到

$$\frac{u_{i2} - u_{i1}}{R_1} = \frac{u_o - u_{i2}}{R_f}$$

整理后有

$$u_o = \left(1 + \frac{R_f}{R_1}\right) u_{i2} - \frac{R_f}{R_1} u_{i1}$$

【例 7-2-4】 有一个来自传感器的原始电压信号较微弱,现要将其送到计算机中进行处理,请利用前面所学的知识设计一个放大电路,将原始电压信号放大到一定强度后供计算机处理。

解法

原始电压信号较微弱,要求放大器的输入电阻高,零点漂移小。在前面介绍的 3 种比例运算电路中,同相比例运算电路的输入电阻高,差动比例运算电路的零点漂移小,可这样设计放大器:用两级同相比例运算电路构成差动放大器,完成对输入信号的采集,并对原始信号进行预放大;再用一级差动比例运算电路完成对输入信号的放大。设计的电路如图 7-2-4 所示。图中,$R_1=R_5, R_2=R_6, R_3=R_7, R_4=R_8$。

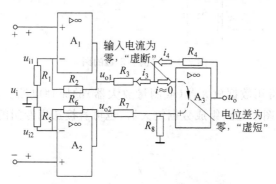

图 7-2-4 【例 7-2-4】的图 1

---

① 将图 7-2-2 所示标准差动比例运算电路中的 R_3 开路即为 A_2。因此,令式(7-2-2)中 $R_3=\infty$,即可直接写出 A_2 的放大倍数。

由式(7-1-5)及差动放大器的知识,有

$$u_{o1} - u_{o2} = \left(1 + \frac{R_2}{R_1}\right)(u_{i1} - u_{i2}) = \left(1 + \frac{R_2}{R_1}\right)u_i$$

所以,A_1 和 A_2 两级同相比例运算电路构成差动放大器的放大倍数为

$$A_{uf1} = \frac{u_{o1} - u_{o2}}{u_i} = \frac{u_{o1} - u_{o2}}{u_{i1} - u_{i2}} = 1 + \frac{R_2}{R_1}$$

由式(7-2-3),有

$$u_o = \frac{R_4}{R_3}(u_{o2} - u_{o1}) = -\frac{R_4}{R_3}(u_{o1} - u_{o2})$$

所以,A_3 差动比例运算电路的放大倍数为

$$A_{uf2} = \frac{u_o}{u_{o1} - u_{o2}} = -\frac{R_4}{R_3}$$

如图 7-2-4 所示放大电路的放大倍数为

$$A_{uf} = A_{uf1} \times A_{uf2} = -\frac{R_4}{R_3}\left(1 + \frac{R_2}{R_1}\right)$$

实际电路不可能完全对称,总是存在一定的零点漂移。对微弱信号而言,实际电路的零点漂移将对原始信号的测量与放大产生一定影响。为此,可将图 7-2-4 所示电路中 A_1 和 A_2 的电阻 R_1 改用一个阻值 $2R_1$ 的可变电阻,通过微调可变电阻来调整电路的零点,以有效克服零点漂移,如图 7-2-5 所示。

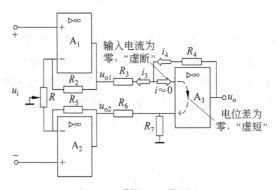

图 7-2-5　【例 7-2-4】的图 2

图 7-2-5 所示为常用数据放大器(或测量放大器)的原理电路。在实际应用中,读者可根据应用要求参照图示电路组成数据放大器,也可直接选用专门的数据放大器芯片。

思考题

7.2.1　【例 7-2-3】中,去掉放大器 A_1,将 u_{i1} 与 u_{o1} 短接,电路的输入、输出关系不变。因此,去掉 A_1 对电路的性能没有影响。你认为这种说法是否正确?

7.2.2　如图 7-2-2 所示差动比例运算电路为同相、反相比例运算电路的线性叠加,故可用叠加原理求解电路。说出你的求解方法。

7.3 用集成运放构成信号运算电路

7.3.1 用集成运放实现信号的加、减

信号运算是集成运算放大器的另一基本功能。可方便地利用同相、反相、差动比例运算电路实现信号的加、减运算。用反相比例运算电路实现加法的电路如图 7-3-1 所示。

将 u_{i1} 和 u_{i2} 视为信号源,由叠加原理可知,输出 u_o 为 u_{i1} 和 u_{i2} 单独作用产生响应的代数和。

将 u_{i2} 短路,流过电阻 R_{12} 的电流为 $0(u_-=0)$,电路为反相比例运算电路。由式(7-2-1),有

$$u_{o1} = \frac{-R_f}{R_{11}} u_{i1}$$

将 u_{i1} 短路,可求得 u_{i2} 单独作用时的输出 u_{o2} 为

$$u_{o2} = \frac{-R_f}{R_{12}} u_{i2}$$

所以

$$u_o = u_{o1} + u_{o2} = -\left(\frac{R_f}{R_{11}} u_{i1} + \frac{R_f}{R_{12}} u_{i2}\right) \tag{7-3-1}$$

当 $R_{11} = R_{12} = R_1$ 时,有

$$u_o = u_{o1} + u_{o2} = -\frac{R_f}{R_1}(u_{i1} + u_{i2}) \tag{7-3-2}$$

由式(7-3-2)知,如图 7-3-1 所示电路的输出电压与输入电压之和成比例关系,故称为加法运算电路。可参照图 7-3-1 构造更多输入信号的加法电路。

也可用同相比例运算电路实现加法,电路如图 7-3-2 所示。

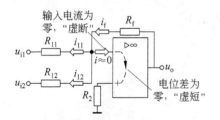

图 7-3-1 用反相比例运算电路构成加法器

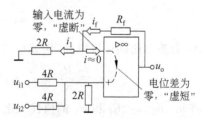

图 7-3-2 用同相比例运算电路构成加法器

由于"虚断",u_+ 可由结点电压公式(1-5-2)求出,

$$u_+ = \frac{\frac{u_{i1}}{4R} + \frac{u_{i2}}{4R}}{\frac{1}{4R} + \frac{1}{4R} + \frac{1}{2R}} = \frac{1}{4}(u_{i1} + u_{i2})$$

$$u_- = \frac{2R}{2R + R_f} u_o$$

由于"虚短",有
$$u_- = u_+$$
则
$$\frac{2R}{2R+R_f}u_o = \frac{u_{i1}+u_{i2}}{4}$$
$$u_o = \frac{2R+R_f}{8R}(u_{i1}+u_{i2})$$

当 $R_f = 2R$ 时,有
$$u_o = \frac{1}{2}(u_{i1}+u_{i2}) \tag{7-3-3}$$

可见,如图 7-3-2 所示电路实现了加法功能。

由【例 7-2-2】知,差动比例运算电路的输出电压与输入电压之差成比例关系,故又称为减法运算电路。

【例 7-3-1】 如图 7-3-3 所示电路中,$u_{i1}=u_{i2}=1\text{V}$,$u_{i3}=0.5\text{V}$,求 u_o。

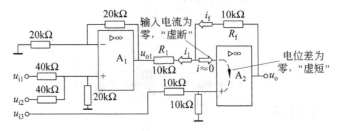

图 7-3-3 【例 7-3-1】的图

解法

如图 7-3-3 所示电路包括两级集成运放,A_1 为同相比例运算电路构成的加法电路。由式(7-3-3),有
$$u_{o1} = \frac{1}{2}(u_{i1}+u_{i2})$$

A_2 为差动比例运算电路,由式(7-2-3),有
$$u_o = \frac{R_f}{R_1}(u_{i3}-u_{o1}) = \frac{R_f}{R_1}\left[u_{i3}-\frac{1}{2}(u_{i1}+u_{i2})\right]$$

将 u_{i1}、u_{i2}、u_{i3}、R_f 和 R_1 的值代入上式,有
$$u_o = -0.5\text{V}$$

7.3.2 用集成运放实现信号的微分与积分

输出电压与输入电压成积分关系的电路称为积分运算电路。用集成运放构成的积分运算电路如图 7-3-4 所示。

由"虚短",有 $u_- \approx u_+ = 0$。

由"虚断",有 $i \approx 0$,所以

$$i_1 = i_f = -\frac{u_i}{R_1}$$

由电容元件伏安关系的积分式,有

$$u_o = u_C = \frac{1}{C_f}\int i_f dt = \frac{1}{C_f}\int i_1 dt = -\frac{1}{R_1 C_f}\int u_i dt \tag{7-3-4}$$

由式(7-3-4)知,如图 7-3-4 所示电路实现了输出 u_o 对输入信号 u_i 的积分。

当输入信号 u_i 为直流信号 U 时,输出为

$$u_o = -\frac{U}{R_1 C_f} t \tag{7-3-5}$$

由式(7-3-5)知,随着时间的推移,输出将线性增长。显然,集成运放的输出不可能无限制地增长,当积分时间足够长时,集成运放将进入非线性区(如图 7-3-5 所示),输出与输入不再保持积分关系。

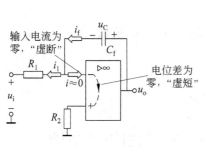

图 7-3-4 积分运算电路

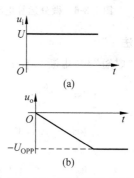

图 7-3-5 积分运算实例

由 2.2.4 小节知,在一阶 RC 电路中,当输出信号取自电容时,在一定条件下,输出信号与输入信号满足近似积分关系。但在该电路中,当输入一定时,输出随电容元件的充电按指数规律变化,线性度较差。而由集成运放构成的积分运算电路,其充电电流基本恒定,具有较好的线性度,因此在信号运算、控制和测量系统中得到了广泛应用,主要有:

(1) 正弦波移相

在如图 7-3-4 所示积分电路的输入端施加一个正弦激励 $u_i = U_m \sin\omega t$,经积分电路积分后,其输出 $u_o = \frac{U_m}{\omega RC}\cos\omega t$ 为余弦函数,实现了对输入正弦波的 90°移相。

(2) 时间延迟

(3) 将方波变换为三角波

由图 7-3-5 知,当输入为直流时,其输出在一段时间内为斜线。可见,当输入为方波时,适当选择电路参数,可使输出为三角波。

微分运算是积分运算的逆运算,只需将积分电路的反相输入端的电阻和反馈电容调换位置,就成为微分运算电路,如图 7-3-6 所示。

由"虚短"和"虚断",有

$$u_- \approx u_+ = 0, \quad i \approx 0, \quad i_1 = i_f$$

所以

$$i_1 = C_1 \frac{du_C}{dt} = -C_1 \frac{du_i}{dt}$$

$$u_o = R_f i_f = R_f i_1 = -R_f C_1 \frac{du_i}{dt} \tag{7-3-6}$$

由式(7-3-6)知,如图 7-3-6 所示电路实现了输出 u_o 对输入 u_i 的微分。

图 7-3-6 所示电路为理想的微分电路,在实际应用时存在较多的问题,稳定性不高。

【例 7-3-2】 请分析如图 7-3-7 所示电路的输入、输出关系。

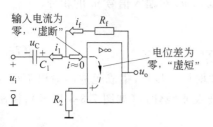
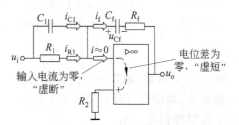

图 7-3-6　微分运算电路　　　　图 7-3-7　【例 7-3-2】的图

解法

由"虚短"和"虚断",有 $u_- \approx u_+ = 0, i \approx 0, i_{R1} + i_{C1} = i_f$,所以

$$i_{R1} = \frac{u_i}{R_1}, \quad i_{C1} = C_1 \frac{du_i}{dt},$$

$$u_{Cf} = \frac{1}{C_f} \int i_f dt = \frac{1}{C_f} \int (i_{R1} + i_{C1}) dt$$

$$u_o = -(R_f i_f + u_{Cf}) = -\left[R_f(i_{R1} + i_{C1}) + \frac{1}{C_f} \int (i_{R1} + i_{C1}) dt\right]$$

$$= -\left[\frac{R_f}{R_1} u_i + R_f C_1 \frac{du_i}{dt} + \frac{1}{R_1 C_f} \int u_i dt + \frac{C_1}{C_f} \int du_i\right]$$

$$= -\left[\left(\frac{R_f}{R_1} + \frac{C_1}{C_f}\right) u_i + R_f C_1 \frac{du_i}{dt} + \frac{1}{R_1 C_f} \int u_i dt\right]$$

由上式知,输出 u_o 与输入 u_i 之间相位相反,且存在着比例、微分、积分等关系,这便是自动控制中经常用到的比例—积分—微分调节器(简称 PID 调节器)。

【例 7-3-3】 请设计一个模拟下面微分方程的电路:

$$y' + 2y + x = 0$$

解法

可用积分电路实现,参考电路如图 7-3-8 所示。图中,$R_f = 50 k\Omega, R_1 = 100 k\Omega, C_f = 10 \mu F$。简要分析如下:

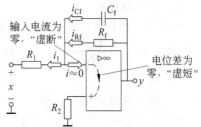

图 7-3-8　【例 7-3-3】的图

由"虚短"、"虚断",有 $u_- \approx u_+ = 0, i \approx 0, i_1 = i_{Cf} + i_{Rf}$,所以

$$i_1 = -\frac{x}{R_1}, \quad i_{Cf} = C_f \frac{dy}{dt}, \quad i_{Rf} = \frac{y}{R_f}$$

$$i_1 = i_{Cf} + i_{Rf}$$

则

$$-\frac{x}{R_1} = C_f \frac{dy}{dt} + \frac{y}{R_f}$$

$$R_1 C_f \frac{dy}{dt} + \frac{R_1}{R_f} y + x = 0$$

将参数代入,有

$$y' + 2y + x = 0$$

*7.3.3 其他常用集成运算放大器应用电路

集成运放应用广泛,常用的集成运算放大器应用电路主要有有源滤波器、电压比较器和振荡器等。

1. 有源滤波器

在电子技术及控制系统中,常需研究电路在不同频率信号激励下的响应随频率变化的情况,研究响应与频率的关系。把电路响应与频率的关系称为电路的频率特性或频率响应。

对电容、电感元件而言,当激励频率改变时,其电抗值(容抗、感抗)将随着改变。RC、RL 电路接相同幅值、不同频率的输入信号(激励)时,将产生不同幅值的输出信号(响应)。可见,RC、RL 电路具有让某一频带内的信号容易通过,而不需要的其他频率的信号不容易通过的特点,具有这样特点的电路称为滤波器。

根据电容通高频、阻低频的特点,低频信号更容易通过如图 7-3-9 所示 RC 串联电路从而进入下一级电路,称该电路为一阶 RC 低通滤波器。

当输入信号角频率 $\omega = \omega_0 = \dfrac{1}{RC}$ 时,输出电压幅度的绝对值降低到输入电压幅度的 $\dfrac{1}{\sqrt{2}}$,功率为原始值的 $\dfrac{1}{2}$,因此,ω_0 称为半功率点角频率(也称为截止角频率)。

由于下一级电路的接入将影响 RC 串联电路中等效电阻的阻值,因此,如图 7-3-9 所示一阶 RC 低通滤波器的负载特性差。

用集成运放构成的滤波器具有和集成运放基本相同的负载特性,有较好的稳定性,应用十分广泛。

用集成运放构成滤波器的方法如图 7-3-10 所示。由图知,用集成运放构成的滤波器由同相比例运算电路和 RC 网络组成的无源滤波器两部分组成。因集成运放是有源器件,故将集成运放构成的滤波器称为有源滤波器。

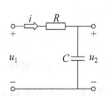

图 7-3-9 RC 低通滤波器

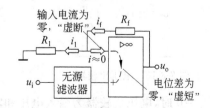

图 7-3-10 用集成运放构成滤波器的方法

假定无源滤波器的输出为 $\dot{U}_+$，由式(7-1-5)，有

$$\dot{U}_\circ = \left(1 + \frac{R_f}{R_1}\right)\dot{U}_+ \tag{7-3-7}$$

可见，用集成运放构成的滤波器具有和其内部包含的无源滤波器基本相同的频率特性及和集成运放基本相同的负载特性，有较好的稳定性。

一阶低通有源滤波器电路实例如图 7-3-11 所示。为了改善滤波效果，使 $\omega > \omega_0$ 时信号衰减得快些，可将两级 RC 电路串接起来，形成二阶低通有源滤波器，如图 7-3-12 所示。

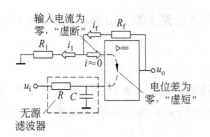
图 7-3-11 一阶低通有源滤波器

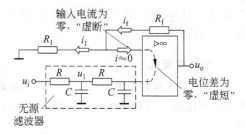
图 7-3-12 二阶低通有源滤波器

可以这样理解二阶低通有源滤波器具有更好的滤波效果：当 $\omega = \omega_0$ 时，输入信号 u_i 经一级 RC 电路滤波，输出 u_1 的幅值为原始值 u_i 的 0.707，衰减系数为 3dB；u_1（**频率并未变化**）又经一级 RC 电路滤波，又被衰减 3dB。可见，输入信号 u_i 被衰减了 6dB，具有更好的滤波效果。

当然，滤波器包括低通、高通、带通等多种类型，更多的滤波器电路请读者参考专门的书籍。

2. 电压比较器

理想运放开环工作时，其输出电压 $u_\circ$ 只有两种状态：U_{opp} 或 $-U_{opp}$（U_{opp} 为最大输出电压）。如图 7-3-13 所示电路中，U_R 为参考电压，u_i 为输入电压。运算放大器工作于开环状态。根据理想运放工作在开环时的特点可知，当 $u_i < U_R$ 时，$u_\circ = U_{opp}$；当 $u_i > U_R$ 时，$u_\circ = -U_{opp}$。$u_i = U_R$ 为转折点，为状态变化的门限电平。可见，如图 7-3-13 所示电路可用来比较输入电压和参考电压的大小，称为电压比较器。因为图 7-3-13 所示电路为一个门限电平的比较器，所以也叫做单门限比较器，其电压传输特性如图 7-3-14 所示。

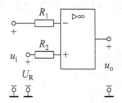
图 7-3-13 电压比较器

图 7-3-14 电压传输特性

当 $U_R = 0$ 时，电压比较器为输入电压和零电平的比较器，称为过零比较器，其电路如图 7-3-15 所示，其电压传输特性如图 7-3-16 所示。

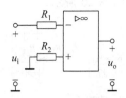

图 7-3-15 过零电压比较器

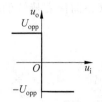

图 7-3-16 电压传输特性

由以上分析可知,电压比较器在其输入端进行模拟信号大小的比较,在输出端则以高电平或低电平来反映比较结果。也就是说,电压比较器输入的是模拟量,输出的是数字量。

一般情况下,集成运放的最大输出电压 U_{opp} 比较大,不便于与数字系统联接,可在比较器的输出端与"地"之间跨接一个双向稳压管 D_Z,如图 7-3-17 所示。假定稳压管的稳定电压为 U_Z,则因为稳压管的作用,输出电压 u_o 被限制在 U_Z 或 $-U_Z$。

必须指出的是,单门限比较器虽然结构简单,但抗干扰能力差,采用滞回比较器(也叫施密特触发器)可较好解决这一问题。关于滞回比较器,请参阅 9.5 节。

3. 振荡器

振荡器是电子电路的基本电路之一,是用来产生一定频率和幅度的交流信号的电路单元,无需外接输入便可产生一定频率和幅度的交流信号。这是振荡器与放大器最根本的区别,可通过图 7-3-18 来理解。

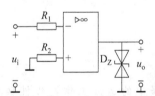

图 7-3-17 有限幅的过零比较器

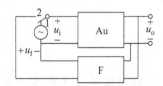

图 7-3-18 自激振荡的条件

Au 是放大电路,F 是反馈电路。当开关合在端点 1 上时,电路与输入信号 u_i(正弦信号源)接通,输出电压为 u_o,反馈电压为 u_f。若设法使反馈电压 $u_f = u_i$,则反馈电压 u_f 恰好作为放大电路的输入维持电路的稳定输出。将信号源切除,开关合在端点 2 上时,电路的输出仍然保持不变,这时,放大电路成为振荡电路。可见,振荡器的输入信号来自其自身输出端的反馈,应包括放大电路、正反馈电路两部分。

此外,振荡电路无需外接信号源,依靠自身建立振荡。当振荡电路与电源接通时,在电路中激起一个微小的扰动信号,这就是起始信号。经过一段时间,振荡电路建立稳定的振荡输出。由于初始上电的扰动信号是一个随机信号,包括各种频率成分,为得到稳定的正弦波,振荡电路应包括选频电路。

综上所述,振荡电路主要包括放大电路、反馈电路、选频电路 3 个部分。

如图 7-3-19 所示为文氏桥振荡电路,它由 RC 串并联电路组成的选频、正反馈网络和同相比例运算电路组成,起振条件为

$$R_f > 2R_1$$

可利用二极管正向伏安特性的非线性实现自动稳幅,如图 7-3-20 所示。

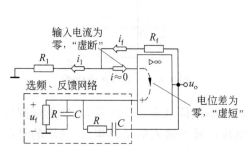
图 7-3-19 文氏桥振荡电路

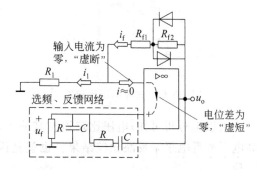
图 7-3-20 自动稳幅的 RC 振荡电路

R_f 分 R_{f1} 和 R_{f2} 两部分。在 R_{f2} 上正、反向并联两只二极管,它们在输出电压 u_o 的正、负半周内分别导通。在起振之初,由于 u_o 幅度很小,不足以使二极管导通,正向二极管近于开路,此时 $R_f(=R_{f1}+R_{f2})>2R_1$。而后,随着振荡幅度的增大,正向二极管导通,其正向电阻渐渐减小,直到 $R_f=2R_1$ 时,振荡稳定。

当然,RC 振荡电路的振荡频率由 R 和 C 决定。当要求实现很高的频率时,要求 R 和 C 很小,实现起来比较困难。因此,RC 振荡电路的振荡频率较低,一般用来产生 1Hz~1MHz 的信号。对于 1MHz 以上的信号,应采用 LC 振荡电路。此外,RC 振荡电路的频率稳定度不高。若要求高稳定度的振荡频率,应采用石英晶体振荡器,具体请参考专门的书籍。

思考题

7.3.1 请问如图 7-3-11 所示一阶低通有源滤波器中的运放工作在线性区还是非线性区?

7.3.2 请说明振荡建立的过程。

7.3.3 请结合图 7-3-20 及振荡建立的过程,说明 RC 振荡电路的频率稳定度不高的原因。

7.4 运放电路中的负反馈

负反馈是稳定放大电路的放大倍数及输出的有效手段,理解负反馈对于更好地应用运放电路有十分重要的意义。

按照反馈信号的取样对象,负反馈分为电压反馈和电流反馈。当反馈信号取自输出电压时,称为电压反馈;当反馈信号取自输出电流时,称为电流反馈。电压反馈可稳定输出电压,电流反馈可稳定输出电流。判断方法如下:若输出电压为零,反馈信号也为零,此反馈为电压反馈;若反馈信号不为零,则为电流反馈。

根据上述判断方法,图 7-4-1 所示为电压串联负反馈,图 7-4-2 所示也为电压并联负反馈。

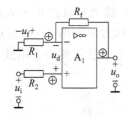

图 7-4-1 电压串联负反馈

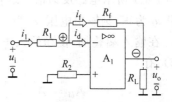

图 7-4-2 电压并联负反馈

根据反馈信号在输入端的联接方式,负反馈又分为串联反馈和并联反馈。如果在输入端的反馈信号以电压形式叠加,称为串联反馈;若以电流形式叠加,称为并联反馈。判断方法如下:净输入电压减小的反馈是串联反馈;净输入电流减小的反馈为并联反馈。

可将负反馈分为 4 种组态,即电压串联负反馈、电流串联负反馈、电压并联负反馈和电流并联负反馈。

1. 从反馈的角度计算工作在线性区的运放电路[①]

工作在线性区的理想运放电路满足"虚短"、"虚断",可通过"虚短"、"虚断"的概念来分析电路。产生"虚短"的原因主要是在运放电路中引入了负反馈,也可从负反馈的角度分析电路,这有助于更好地理解及应用运放电路。

先介绍用反馈分析电路的几个重要公式[②]。

如图 7-1-5 所示反馈电路模型中,A 是基本放大电路的放大倍数,F 为反馈系数,有

$$A = \frac{X_o}{X_d}, \quad F = \frac{X_f}{X_o} \tag{7-4-1}$$

当反馈网络断开,具有反馈的放大电路处于开环工作状态时,反馈信号 $X_f = 0$,有

$$A = \frac{X_o}{X_i}$$

因此,A 又称为开环放大倍数。

当反馈网络接通时,具有反馈的放大电路处于闭环工作状态,相应的输出、输入比称为闭环放大倍数,记为 A_f。

下面,我们不加证明地给出 A_f 的计算公式,有

$$A_f = \frac{A}{1 + AF} \tag{7-4-2}$$

当 $AF \gg 1$(具有反馈网络的运放电路一般均满足 $AF \gg 1$)时,有

$$A_f = \frac{A}{1 + AF} \approx \frac{1}{F} \tag{7-4-3}$$

由式(7-4-1)和式(7-4-3)可求出不同组态的广义放大倍数 A_f。通过 A_f 可求出闭环

---

① 对于学时数较少的专业,可将本小节后面的内容列为自学内容。
② 在本节的计算中,不考虑各物理量的相位,故不用其相量表示形式。

电压放大倍数 A_{uf} 及其他物理量。

2. 电压串联负反馈

如图 7-4-1 所示电路反馈信号取自输出电压 u_o，经 R_f 接到运放反相输入端后经 R_1 接地。设 u_i 为正，则输出电压 u_o 为正，反馈信号 u_f 的实际方向如图 7-4-1 所示，它与输入信号 u_i 在输入端叠加，使净输入电压 u_d 减小，故为电压串联负反馈。由式(7-4-1)和式(7-4-3)，有

$$A_{uf} = A_f = \frac{1}{F} = \frac{u_o}{u_f} = \frac{R_1 + R_f}{R_1} = 1 + \frac{R_f}{R_1}$$

如图 7-4-1 所示电路为同相比例运算电路，上述结果与【例 7-1-1】的计算结果一致。

3. 电压并联负反馈

如图 7-4-2 所示电路为反相比例运算电路，其反馈信号取自输出电压 u_o，经 R_f 接到运放反相输入端。设 u_i 为正，则输出电压 u_o 为负。此时，反相输入端电位(**近似等于零**)高于输出端电位，反馈电流 i_f、输入电流 i_1 的实际方向如图中所示。i_f 与电流 i_1 在输入端叠加，使净输入电流 i_d 减小，故为电压并联负反馈。由式(7-4-1)和式(7-4-3)，有

$$A_f = \frac{1}{F} = \frac{u_o}{i_f} = -R_f$$

由"虚断"和"虚短"，有

$$A_{uf} = \frac{u_o}{u_i} = \frac{u_o}{i_1 R_1} = \frac{u_o}{i_f R_1} = A_f \cdot \frac{1}{R_1} = -\frac{R_f}{R_1}$$

上述结果与【例 7-2-1】的计算结果一致。

在图 7-4-2 中，在输出端接一个负载电阻 R_L，按上面的方法重新分析电路可知，负载电阻的接入对输出电压基本没有影响。可见，电压负反馈可稳定输出电压。

4. 电流串联负反馈

如图 7-4-3 所示电路反馈信号取自输出电流 i_o，经 R_L 接到运放反相输入端。设 u_i 为正，则输出电流 i_o 为正，反馈信号 u_f 的实际方向如图中所示，它与输入信号 u_i 在输入端叠加，使净输入电压 u_d 减小，故为电流串联负反馈。由式(7-4-1)和式(7-4-3)，有

$$A_f = \frac{1}{F} = \frac{i_o}{u_f} \approx \frac{1}{R}$$

所以

$$A_{uf} = \frac{u_o}{u_i} = \frac{i_o(R + R_L)}{u_f} = A_f(R + R_L)$$

$$= \frac{R + R_L}{R} = 1 + \frac{R_L}{R}$$

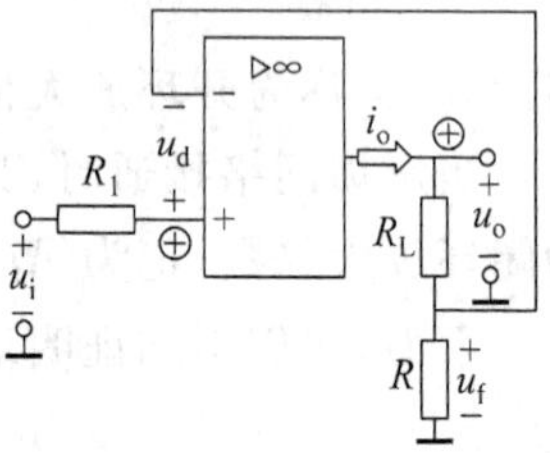

图 7-4-3　电流串联负反馈

从电路结构上看，如图 7-4-3 所示电路为同相比例运算电路，可知上述结果与前面的分析一致。所以

$$i_o = \frac{u_f}{R} \approx \frac{u_i}{R}$$

可见,如图 7-4-3 所示电路的输出电流与负载电阻 R_L 的大小基本没有关系,电流负反馈可稳定输出电流。因此,如图 7-4-3 所示电路也称为同相输入恒流源电路,或称为电压—电流变换电路。改变电阻 R 的值,可改变输出电流。

5. 电流并联负反馈

如图 7-4-4 所示电路的反馈信号取自输出电流 i_o,经 R_L 和 R_f 接到运放反相输入端。设 u_i 为正,则输出电压 u_o 为负,反馈电流 i_f 和输入电流 i_1 的实际方向如图中所示,i_f 与电流 i_1 在输入端叠加,使净输入电流 i_d 减小,故为电流并联负反馈。求解电路,有

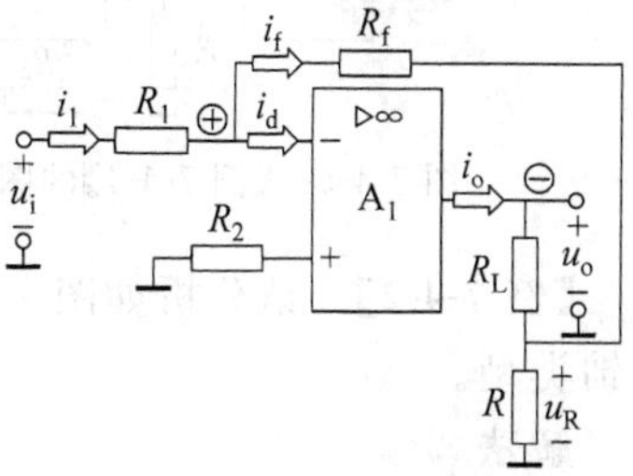

$$i_1 = \frac{u_i}{R_1}, \quad i_f = -\frac{u_R}{R_f}$$

由"虚断",有 $i_1 \approx i_f$,则

$$u_R = -\frac{R_f}{R_1} u_i$$

图 7-4-4 电流并联负反馈

输出电流为

$$i_o = \frac{u_R}{R} - \frac{u_i}{R_1} = -\left(\frac{R_f}{R_1 R} + \frac{1}{R_1}\right) u_i = -\frac{1}{R_1}\left(\frac{R_f}{R} + 1\right) u_i \tag{7-4-4}$$

可见,如图 7-4-4 所示电路的输出电流与负载电阻 R_L 的大小基本没有关系,电流负反馈可稳定输出电流。因此,图 7-4-4 所示电路也称为反相输入恒流源电路。

由式(7-4-1)及式(7-4-3),有

$$A_f = \frac{1}{F} = \frac{i_o}{i_f} = \frac{i_o}{i_1} = \frac{-\frac{1}{R_1}\left(\frac{R_f}{R}+1\right)u_i}{\frac{u_i}{R_1}} = -\left(\frac{R_f}{R}+1\right)$$

由"虚断"和"虚短",有

$$A_{uf} = \frac{u_o}{u_i} = \frac{i_o R_L - \frac{R_f}{R_1} u_i}{u_i} = -\frac{R_f}{R_1} + \frac{i_o R_L}{i_f R_1} = -\frac{R_f}{R_1} + A_f \frac{R_L}{R_1}$$

$$= -\frac{R_f}{R_1} - \left(\frac{R_f}{R}+1\right)\frac{R_L}{R_1} = -\frac{R_f + R_L}{R_1} - \frac{R_f R_L}{R R_1}$$

下面,我们给出不同类型负反馈电路的联接特点:

(1) 反馈信号直接从输出端引出,为电压反馈;从负载电阻 R_L 靠近"地"端引出,是电流反馈。

(2) 输入信号和反馈信号均加在反相输入端,为并联反馈;输入信号和反馈信号均加在不同的输入端,为串联反馈。

【例 7-4-1】 请分析如图 7-4-5 所示电路的级间反馈类型及电压放大倍数。

解法

图 7-4-5 所示电路包括两级放大电路,电路框图如图 7-4-6 所示。放大器 1 为理想运放,放大倍数为∞;放大器 2 为同相比例运算电路,放大倍数为正值。两级放大器的组合等同于一个理想运放,所以,图 7-4-5 所示电路的等效电路如图 7-4-1(**同相比例运算电路**)所示,为电压串联负反馈。由式(7-4-1),有

$$A_{uf} = A_f = \frac{1}{F} = \frac{u_o}{u_f} = \frac{R_1 + R_5}{R_1} = 1 + \frac{R_5}{R_1}$$

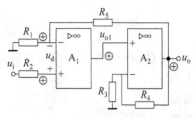

图 7-4-5 【例 7-4-1】的图 1

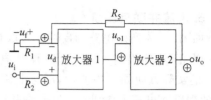

图 7-4-6 【例 7-4-1】的图 2

【例 7-4-2】 请分析如图 7-4-7 所示电路的级间反馈类型。

解法

如图 7-4-7 所示电路的反馈信号取自输出电压 u_o，经 R_f 接到运放 A_1 的反相输入端后经 R_1 接地。设 u_i 为正，则输出电压 u_o 为正，反馈信号 u_f 的实际方向如图中所示，它与输入信号 u_i 在输入端叠加，使净输入电压 u_d 减小，故为电压串联负反馈。

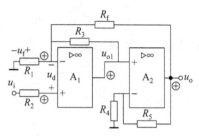

图 7-4-7 【例 7-4-2】的图

思考题

7.4.1 如图 7-4-8 所示电路中，电容值较大。请画出电路中的反馈支路，判断反馈类型并说明哪个(些)电路的反馈信号中只含有直流成分(直流反馈)，哪个(些)只含有交流成分(交流反馈)。

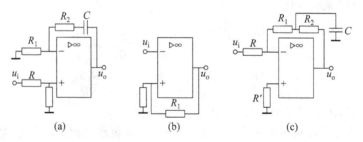

图 7-4-8 思考题 7.4.1 的图

7.4.2 你认为应如何求解【例 7-4-2】所示电路的电压放大倍数？

7.5 其他常用模拟集成电路

模拟集成电路的种类较多，其他常用的还有音频放大器、压控振荡器、FM 解调器、频率合成器、模拟乘法器、三端稳压器等。在此简单介绍音频放大器、模拟乘法器及三端稳压器。

7.5.1 音频放大器

音频放大器是放大、输出音频信号的专用集成电路,外加少量元件后可驱动音箱、喇叭、扬声器等声音设备。因为音频放大器直接驱动负载,应给负载提供足够的功率,所以它是功率放大电路。

音频放大器的品种、型号较多,如 LM380、LM384、LM386 等,它们的结构多和集成运算放大器相似,都由输入级、中间级和输出级组成,输出级采用互补对称输出。

用 LM386 构成的音频放大电路如图 7-5-1 所示。图中,R_2 和 C_4 构成电源滤波器,滤除直流电源的波动;R_3 和 C_3 构成相位补偿电路,用于消除自激振荡,改善高频时的负载特性。

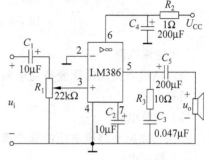

图 7-5-1 音频放大器

7.5.2 模拟乘法器

实现对两个信号进行乘法运算的电路称为乘法电路。集成模拟乘法器应用十分广泛,常用的模拟乘法器符号如图 7-5-2 所示,其输出电压与输入电压的函数关系为

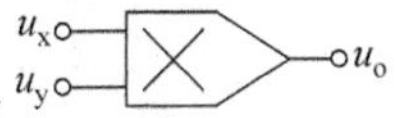

$$u_o = k \cdot u_x \cdot u_y \qquad (7\text{-}5\text{-}1)$$

图 7-5-2 模拟乘法器符号

式中,k 为比例系数,其值可能为正,也可能为负。当 $k>0$ 时,称为同相乘法器;$k<0$ 时,称为反相乘法器。模拟乘法器与运算放大器结合,可完成如除法、平方、开平方等数学运算,还可构成调制、解调和锁相环等电路。

7.5.3 三端稳压器

电子电路及其设备一般采用稳定的直流电源供电,三端稳压器便是专门用于实现直流稳压电路的模拟集成电路芯片。

可从以下几个方面理解三端稳压器及其应用。

1. 直流电源的组成

直流稳压电源的组成框图及各单元电路的输出电压波形如图 7-5-3 所示。各部分的作用如下。

(1) 电源变压器

电源变压器将 220V,50Hz 的交流电压变换为符合整流需要的电压。

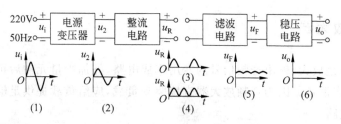

图 7-5-3　直流稳压电源的组成

(2) 整流电路

整流电路将交流电压变换为单向脉动电压,有半波整流(波形(3))和全波整流(波形(4))两种方式。

(3) 滤波电路

滤波电路减小整流电压的脉动成分,以适合负载的需要。

(4) 稳压电路

在交流电源电压波动或负载变动时,稳压电路使直流输出电压稳定。

2. 整流电路

整流电路一般由具有单向导电性的二极管组成,有半波和全波两种整流方式。利用二极管构成的单相半波整流电路及其波形如图 7-5-4 所示,请读者参照二极管的特性分析其原理。

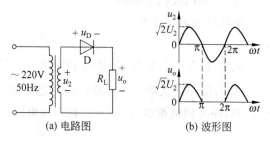

图 7-5-4　单相半波整流电路

半波整流的主要特性如下:整流输出电压平均值(整流电路输出电压瞬时值 u_o 在一个周期内的平均值) $U_o=0.5U_2$,脉动系数(整流输出电压基波的最大值 U_{o1M} 与其平均值 U_o 之比) $S≈1.57$。

半波整流电路只将半个周期的交流电压利用起来,所以输出电压的直流成分比较低。为了克服单相半波整流电路的缺点,将交流电压的另半个周期利用起来(即正、负半周都有电流按同一个方向流过负载),要进行全波整流。最常用的是单相桥式整流电路。

单相桥式整流电路如图 7-5-5(a)所示,图 7-5-5(b)所示是其简化画法,其工作波形如图 7-5-6 所示,请读者参照二极管的特性分析其原理。

全波整流的主要特性如下:整流输出电压平均值 $U_o=0.9U_2$,脉动系数 $S≈0.67$。

综上所述,半波整流电路结构简单、使用的元件少,但直流成分比较低、波形脉动大、效率低,仅适用于对脉动要求不高的小电流场合。单相桥式整流电路与单相半波整流电

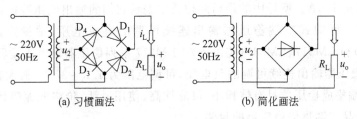

图 7-5-5　单相桥式整流电路

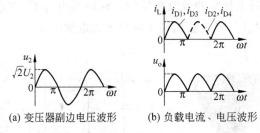

图 7-5-6　单相桥式整流电路的波形

路相比,对二极管的参数要求是一样的,但性能得到了提高,因此在实践中被广泛采用。

3. 滤波电路

由于经过整流电路后的单向输出电压脉动较大,一般不能直接用于电子线路的供电,需要将脉动的直流电压变为平滑的直流电压,即经过滤波,滤除脉动成分,保留直流成分。

由电路知识可知,电容两端的电压不能跳变,可利用电容实现滤波功能。常见的滤波电路有单电容滤波电路、π 形 LC 滤波电路、π 形 RC 滤波电路等。π 形 LC、RC 滤波电路如图 7-5-7 所示。

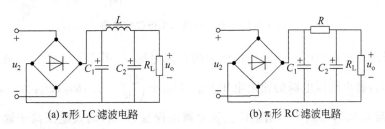

图 7-5-7　π 形滤波器

4. 三端稳压器及其应用

直流电源性能的差异,很大程度上决定于稳压电路,目前广泛采用三端集成稳压器实现稳压电路。

三端集成稳压器有固定输出和可调输出两种不同的类型。最常用的三端固定式集成稳压器产品为 W7800 系列和 W7900 系列,两种系列均在 5~24V 范围内有 7 种不同的输出电压档次,但 W7800 系列的输出为正电压,而 W7900 系列的输出为负电压,最大输出电流均可达 1.5A。型号中的最后两位数字表示它们的输出电压数值,如 W7805,表示输出为 5V。可调式三端稳压器输出连续可调的直流电压,常见产品有 CW317、CW337(国产)和 LM317、LM337(美国产)。LM317 系列稳压器输出连续可调的正电压,LM337 系列稳压器输出连续可调的负电压,可调范围为 1.2~37V,最大输出电流均可达 1.5A。三端集成稳压器具有体积小、可靠性高、使用灵活、价格低廉等优点。图 7-5-8 所示是几个商品三端集成稳压器的封装。

图 7-5-9 所示为 CW7800 和 CW7900 两种系列稳压器的典型应用电路。其中,输入端电容 C_i 用以旁路高频干扰脉冲及改善纹波。输出端电容 C_o 起改善瞬态响应特性、减小高频输出阻抗的作用。一般在输出端无需接入大电解电容。

图 7-5-8　几个商品三端集成稳压器的封装

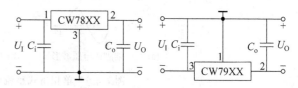

图 7-5-9　固定式三端稳压器的典型应用

在实际使用中,可以用输出正电压的三端集成稳压器输出负电压,如图 7-5-10(a)所示,将原输出端接地,则原接地端的电位将下降,成为负电压输出端。采用同样的方法可以使输出负电压的稳压器输出正电压,如图 7-5-10(b)所示。

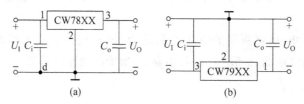

(a)　　　　　　　　　　(b)

图 7-5-10　改变输出电压极性的电路

也可用固定三端稳压器构成连续可调的直流电源,如图 7-5-11 所示。流过 R_{RP} 的电流为 $\dfrac{U_{xx}}{R}+I_d$,整个稳压电源的输出电压 $U_O=U_{xx}+\left(\dfrac{U_{xx}}{R}+I_d\right)R_{RP}$($U_{xx}$ 为三端稳压器输出电压)。调节 R_{RP},可调节输出电压。该电路应保证(1 端)输入电压高于输出电压 3~5V。读者可到本书公开教学网上进一步学习可调式三端稳压器的应用。

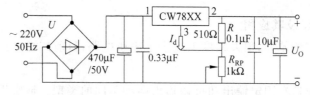

图 7-5-11　电压连续可调稳压电路

习题

7-1 填空题

1. 如果在一块微小的半导体基片上,将用晶体管(或场效应管)组成的实现特定功能的电子电路制造出来,这样的电子电路称为_____。它是一个_____,按集成度可分为_____、_____、_____及超大规模 4 种类型。

2. 集成运算放大器具有_____、_____两个输入端。当_____接地,_____接输入 u_i 时,输出 u_o 与输入 u_i 反相。

3. 将输出信号的_____以某种方式回送到电路的输入端,使输入量发生改变,这种现象称为_____。在具有_____的放大电路中,信号具有两条传输途径。一条是正向传输途径,称为_____;另一条是反向传输路径,称为_____。

4. 若反馈信号在输入端与输入信号相加,使净输入信号增加,称为_____,而产生集成运放两个输入端之间的电压_____的原因是运放电路中引入了_____。

5. 理想运放差模输入电阻_____,故同相输入端与反相输入端的电流_____,如同该两点被断开一样,这种现象称为_____。

6. 同相、反相、差动比例运算电路是利用集成运放构成放大器、各种运算电路的基础。它们均具有很低的_____。此外,同相比例运算电路还具有很高的_____,差动比例运算电路_____。

7. 具有让某一频带内的信号_____,而不需要的其他频率的信号_____特点的电路称为滤波器。用集成运放构成的滤波器具有和其内部包含的无源滤波器_____及和集成运放基本相同的负载特性。

8. 振荡电路无需外接_____,依靠_____建立振荡。当振荡电路与电源接通时,在电路中激起一个微小的扰动信号,这就是_____。由于初始上电的扰动信号是一个随机信号,包括各种频率成分,为得到稳定的正弦波,振荡电路应包括_____。

9. 按照反馈信号的取样对象,负反馈可分为_____和_____。当反馈信号取自输出电压时,称为_____,可稳定_____,而同相比例运算电路的反馈类型为_____。

10. 根据反馈信号在输入端的联接方式,负反馈又分为_____和_____。如果在输入端反馈信号以电压形式叠加,称为串联反馈;而反相比例运算电路的反馈类型为_____。

7-2 分析计算题(基础部分)

1. F007 运放的正、负电源电压为 ±15V,开环电压放大倍数 $A_{uo}=2\times 10^5$,输出最大电压为 ±13V。今在图 7-1-2(a)中分别加下列输入电压,求输出电压及其极性。
   (1) $u_+=+15\mu V, u_-=-10\mu V$ (2) $u_+=-5\mu V, u_-=+10\mu V$
   (3) $u_+=0, u_-=+5mV$ (4) $u_+=5mV, u_-=0V$

2. 如图 7-1 所示电路中,设 $R_1=20k\Omega, R_f=200k\Omega$。请求输入、输出关系及 R_2 的值。若

输入为 50mV，请求输出电压。

3. 如图 7-2 所示电路中，设 $R_1=20\text{k}\Omega, R_\text{f}=180\text{k}\Omega$。请求输入、输出关系及 R_2 的值。若输入为 50mV，请求输出电压。

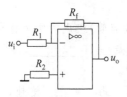

图 7-1 习题 7-2 题 2 的图

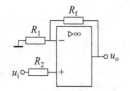

图 7-2 习题 7-2 题 3 的图

4. 请求图 7-3 所示电路的输入、输出关系。

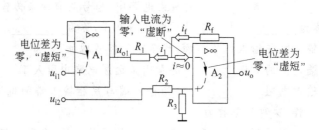

图 7-3 习题 7-2 题 4 的图

5. 如图 7-4 所示电路中，$R_1=R_2=10\text{k}\Omega, R_3=R_\text{f}=40\text{k}\Omega, u_{i1}=1\text{V}, u_{i2}=0.5\text{V}$，请求 u_o。

6. 请求图 7-5 所示电路的输入、输出关系。若图中 $R_1=R_3=10\text{k}\Omega, R_2=R_4=40\text{k}\Omega, u_i=0.5\text{V}$，请求 u_{o1}、u_{o2} 和 u_o。

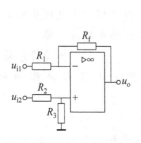

图 7-4 习题 7-2 题 5 的图

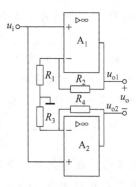

图 7-5 习题 7-2 题 6 的图

7. 如图 7-6 所示电路中，$R_1=R_2=2\text{k}\Omega, R_3=R_4=4\text{k}\Omega, R_\text{f}=1\text{k}\Omega$。请求电路的输入、输出关系。

8. 如图 7-7 所示电路中，$R_1=R_2=2\text{k}\Omega, R_3=R_{\text{f}1}=R_{\text{f}2}=10\text{k}\Omega, R_4=R_5=R_6=5\text{k}\Omega$。请求电路的输入、输出关系。

9. 请求如图 7-8 示电路的输入、输出关系。

10. 请求如图 7-9 示电路的输入、输出关系。

11. 请求图 7-10 所示电路的电压传输特性。图中 $R_1=R_\text{f}$，双向稳压管的稳定电压为 5V。

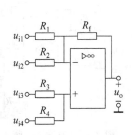

图 7-6　习题 7-2 题 7 的图

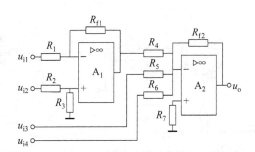

图 7-7　习题 7-2 题 8 的图

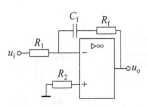

图 7-8　习题 7-2 题 9 的图

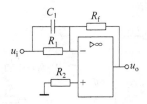

图 7-9　习题 7-2 题 10 的图

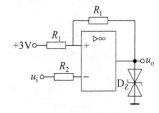

图 7-10　习题 7-2 题 11 的图

12. 判断图 7-11 所示电路的级间反馈类型，并写出输出电压 u_o 的表达式。

13. 判断图 7-12 所示电路的级间反馈类型，并写出输出电流 i_o 的表达式。

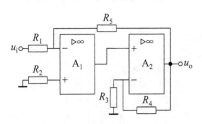

图 7-11　习题 7-2 题 12 的图

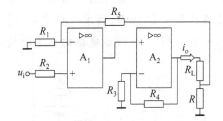

图 7-12　习题 7-2 题 13 的图

7-3　分析计算题（提高部分）

1. 有一个运放的开环放大倍数为 100dB，差模输入电阻为 3MΩ，最大输出电压 U_{opp} 为 ±13V。为了保证工作在线性区，请求开环时 U_+ 和 U_- 的最大允许差值及输入端电流的最大允许值。

2. 电路如图 7-13 所示，请分别计算开关断开和闭合两种情况下的电压放大倍数。图中，$R=1\text{k}\Omega$，$R_f=10\text{k}\Omega$。

3. 请求图 7-14 所示电路的输出电压及反馈电阻的最佳值（图中，$R_1=R_2=R$）。

4. 图 7-15 所示电路中，$R_f \gg R$，请求 u_R、u_o 及 i_o。另外，电路具有两个重要应用：(1)可作为恒流源电路使用；(2)当想要获得高电压放大倍数时，可避免 R_f 过大。请根据计算结果说明上述应用的理由。

5. 图 7-16 所示电路中，$R_1=2\text{k}\Omega$，$R_3=R_5=R_{f1}=R_{f2}=10\text{k}\Omega$，$R_6=5\text{k}\Omega$。请求电路的输入、输出关系。

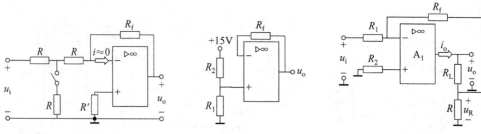

图 7-13 习题 7-3 题 2 的图　　图 7-14 习题 7-3 题 3 的图　　图 7-15 习题 7-3 题 4 的图

6. 请求如图 7-17 所示电路的输入、输出关系。

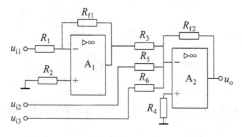
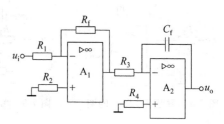

图 7-16 习题 7-3 题 5 的图　　　　　图 7-17 习题 7-3 题 6 的图

7. 如图 7-18 所示电路可用于测量三极管的 β 值。已知 $R_1=6\text{k}\Omega, R_2=R_\text{f}=10\text{k}\Omega$。若电压表读数为 200mV,请求三极管的 β 值。

8. 请分析如图 7-19 所示电路的频率特性。

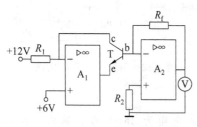
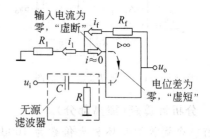

图 7-18 习题 7-3 题 7 的图　　　　　图 7-19 习题 7-3 题 8 的图

9. 在如图 7-20 所示电路中,输入信号为正弦波,请分别画出 u_{o1} 和 u_o 的波形。设图中双向稳压管的稳定电压为 5.7V。

10. 如图 7-21 所示电路为同相除法运算电路,请写出其输入、输出关系,以及电路正常工作时对输入电压极性及乘法器正、负的要求。

11. 在图 7-22 所示电路中,已知输出电压平均值 $U_\text{O}=10\text{V}$,负载电流 $I_\text{L}=50\text{mA}$。

　　(1) 变压器副边电压有效值 $U_2=$?

　　(2) 在选择二极管的参数时,其整流平均电流 I_F 和最大反向峰值电压 U_DRM 的下限值约为多少?

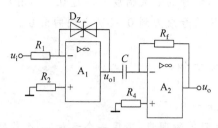
图 7-20 习题 7-3 题 9 的图

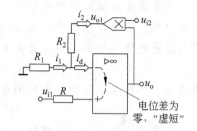
图 7-21 习题 7-3 题 10 的图

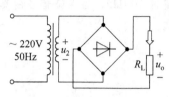
图 7-22 习题 7-3 题 11 的图

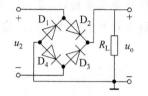
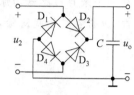
图 7-23 习题 7-3 题 12 的图

12. 在图 7-23 所示的两个电路中,设来自变压器次级的交流电压有效值 U_2 为 10V,二极管都具有理想的特性。求:
    (1) 各电路的直流输出电压 $U_O=$?
    (2) 若各电路的二极管 D_1 都开路,则各自的 U_O 又为多少?

13. 如图 7-24 所示为由三端集成稳压器 CW7806 构成的直流稳压电路。已知 $R_1=120\Omega$, $R_2=80\Omega$, $I_d=10\text{mA}$, 电路的输入电压 $U_I=20\text{V}$, C_1 和 C_2 选择合理,求:
    (1) 电路的输出电压 $U_O=$?
    (2) 若 R_2 改用 $0\sim100\Omega$ 的电位器,则 U_O 的可调范围为多少?

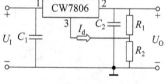
图 7-24 习题 7-3 题 13 的图

14. 如图 7-25 所示为两个三端集成稳压器组成的电路。
    (1) 写出图 7-25(a)中 U_O 的表达式,说明其功能;
    (2) 写出图 7-25(b)中 I_O 的表达式,说明其功能。

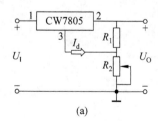
(a)

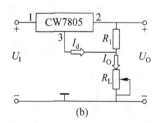
(b)

图 7-25 习题 7-3 题 14 的图

7-4 应用题

1. 电路如图 7-2-7 所示,$R_f=2R$,正常工作时开关断开。为保证电路性能,请问应如何选择电阻 R'?

2. 有一个来自传感器的原始电压信号时正时负,信号的最大幅度不超过 0.1V,用户不关心其极性。请设计一个放大电路,将原始电压信号放大到 0~5V 之间的信号。
3. 请用集成运放实现下面的运算关系：
$$u_o = 2u_{i1} - u_{i2} - 2u_{i3}$$
4. 请设计一个模拟下面微分方程的电路：
$$y' + 4y + 2x = 0$$
5. 利用运算放大器可方便地测量电压、电流、电阻等物理量,请用一个运放、一个伏特表、若干电阻设计测量上述参数的电路并说明测量方法。
6. 有一个来自传感器的原始信号变化较慢,最大频率不超过 100Hz。为保证信号的真实性,应将各种干扰滤除,请设计具有这样特点的滤波器。

第8章

门电路和组合逻辑电路

本章要点

读者通过学习本章,应深入理解逻辑代数的基本逻辑运算,掌握逻辑运算规则,学习逻辑函数的表示、逻辑函数的标准表达式、卡诺图化简等基本理论;懂得在数字电路中,数学运算是用逻辑运算实现的;能利用逻辑代数知识分析组合逻辑电路;了解用小规模器件设计组合逻辑电路的一般过程;理解常见中规模器件的逻辑功能及其应用特点。

工作于数字信号的电路称为数字电路。数字信号是在时间上和数量上都不是连续变化的信号。数字电路和模拟电路都是电子技术的重要基础。在数字电路中,电压(或电流)一般只有两种状态:高电平或者低电平(有电流或者无电流,开关断开或者闭合)。这样的两个状态可以用逻辑"1"和逻辑"0"来表示。所以,数字信号就是在时间上或者空间上用"0"和"1"的符号序列来表示的。数字电路输出与输入的"0"、"1"符号序列间的逻辑关系,便是数字电路的逻辑功能。

本章从逻辑代数的基本知识出发,介绍基本逻辑门电路的构成与特点;介绍采用门电路进行组合逻辑电路分析与设计的步骤及方法;最后介绍常用中规模组合逻辑器件的功能及应用。

8.1 逻辑代数基础知识

8.1.1 概述

逻辑代数是英国数学家乔治·布尔(George Boole)1849年提出来的,因而又取名为布尔代数。逻辑代数中,变量及函数的值只能取逻辑"0"和逻辑"1"两种不同的逻辑状态。数字电路从其工作原理来看,总是体现一定条件下的因果关系,这些因果关系可以用逻辑代数来描述。所以,逻辑代数是分析与设计数字电路的数学工具。

1. 计数制

在数字电路中,经常要遇到计数问题。在日常生活中,人们习惯于十进制数,而在数字系统中多采用二进制数,有时也常用八进制数或者十六进制数。

(1) 十进制数

按照"逢十进一"进行计数的数,称为十进制数。在十进制数中,有0、1、2、3、4、5、6、7、8、9十个数码。它的计数规律是"逢十进一",而9+1=10,这右边的"0"为个位数,左边的"1"为十位数,也就是$10=1\times10^1+0\times10^0$。所谓十进制,就是以10为基数的计数体制。

这样一来,每一个数码处于不同的位置时(数位),它代表的数值是不同的。例如,数224.36可以写成

$$224.36 = 2\times10^2 + 2\times10^1 + 4\times10^0 + 3\times10^{-1} + 6\times10^{-2}$$

从计数电路的角度来看,采用十进制是不方便的。因为构成计数电路的基本想法是把电路的状态跟数码对应起来,而十进制的十个数码,必须由十个不同的而且能严格区分的电路状态与之对应,这将在技术上带来许多困难,而且很不经济。所以,在计数电路中不直接采用十进制。

(2) 二进制数

按照"逢二进一"进行计数的数,称为二进制数。在二进制数中,有0、1两个数码。它的计数规律是"逢二进一",即1+1=10(读为壹零)。右边的"0"为2^0位数,左边的"1"为2^1位数,也就是二进制$10=1\times2^1+0\times2^0$。因此,所谓二进制,就是以2为基数的计数体制。

这样,每一个数码处于不同的位置时(数位),它代表的数值是不同的。例如,二进制数11010.01可以写成$11010.01 = 1\times2^4 + 1\times2^3 + 0\times2^2 + 1\times2^1 + 0\times2^0 + 0\times2^{-1} + 1\times2^{-2}$。

从电路实现的角度,二进制具有许多优点,因此在数字电子技术中广泛采用二进制。二进制只有两个数码"0"和"1",它的每一位数都可以用任何具有两个不同的稳定状态的元件来表示,所以电路简单、可靠,所用元件少。二进制的基本运算规则简单,运算操作简便,便于电路实现。

(3) 十六进制数和八进制数

按照"逢十六进一"进行计数的数,称为十六进制数。它有16个数码,分别为0、1、2、3、4、5、6、7、8、9、A(对应十进制数中的10)、B(11)、C(12)、D(13)、E(14)、F(15)。它是以16为基数的计数体制。同样,数$(63.A)_{16}$可以写成$(63.A)_{16} = 6\times16^1 + 3\times16^0 + A\times16^{-1}$。

按照"逢八进一"进行计数的数,称为八进制数。它有8个数码,分别是0、1、2、3、4、5、6、7。它是以8为基数的计数体制。同样,数$(37.5)_8$可以写成$(37.5)_8 = 3\times8^1 + 7\times8^0 + 5\times8^{-1}$。

2. 各计数制间的转换

尽管二进制数用电路实现简单,但人们不习惯。人们只习惯于十进制数。下面讨论各种数制间的转换。

(1) "二—十"转换

将二进制数转换为等值的十进制数称为"二—十"转换。可按2次幂相加法进行转换,例如

$$(1011.01)_2 = 1\times2^3 + 0\times2^2 + 1\times2^1 + 1\times2^0 + 0\times2^{-1} + 1\times2^{-2} = (11.25)_{10}$$

(2)"十─二"转换

将十进制数转换为等值的二进制数称为"十─二"转换。可通过一个例题来理解。

【例 8-1-1】 将十进制数 25.375 转换为二进制数。

解法

将带小数的非二进制数转换为二进制数时,应将整数和小数部分单独转换。

① 对整数部分用辗转除 2 取余法。

$$0 \xleftarrow{\div 2} 1 \xleftarrow{\div 2} 3 \xleftarrow{\div 2} 6 \xleftarrow{\div 2} 12 \xleftarrow{\div 2} 25$$

高位 1　　1　　0　　0　　1 低位

所以,$(25)_{10} = (11001)_2$。

② 对小数部分用辗转乘 2 取整法。

$$0.375 \xrightarrow{\times 2} 0.75 \xrightarrow{\times 2} 0.5 \xrightarrow{\times 2} 0$$

负的低位 0　　　1　　　1 负的高位

所以,$(0.375)_{10} = (0.011)_2$。因此,$(25.375)_{10} = (11001.011)_2$。

(3)"二─八(或十六)"转换

将二进制数转换为八进制数(或十六进制数)称为"二─八(或十六)"转换,可通过一个例题来理解。

【例 8-1-2】 将$(100111001011010010000.1001)_2$转换为八进制数和十六进制数。

解法

① 转换为八进制数

将二进制数转换为八进制数的方法如下:从小数点开始,整数部分向左、小数部分向右每 3 位二进制数分为一组,对应于 1 位八进制数。即

010　011　100　101　101　001　000. 100　100
　↓　　↓　　↓　　↓　　↓　　↓　　↓　　↓　　↓
　2　　3　　4　　5　　5　　1　　0 .　4　　4

所以,$(100111001011010010000.1001)_2 = (2345510.44)_8$。

② 转换为十六进制数

将二进制数转换为十六进制数的方法如下:从小数点开始,整数部分向左、小数部分向右每 4 位二进制数分为一组,对应于 1 位十六进制数,即

1001　1100　1011　0100　1000. 1001
　↓　　↓　　↓　　↓　　↓　　↓
　9　　C　　B　　4　　8 .　9

所以,$(100111001011010010000.1001)_2 = (9CB48.9)_{16}$。

3. 二─十进制码(又称 BCD 码)

不同的数码不仅可以表示数量的不同大小,还可以表示不同的事物。这时,数码已没有表示数量大小的含义,只是表示不同事物而已。这些数码称为代码。用若干数码、

文字、符号表示特定对象的过程称为编码。由于二进制数码便于硬件实现,因此,数字电子技术中使用二进制数码进行编码。二进制编码方式很多,本书仅介绍 BCD 码。

用二进制数码表示 1 位十进制数的 0~9 的 10 个状态的编码称为 BCD 码(二一十进制码)。显然,要表示 0~9 的 10 个十进制数码需要用 4 位二进制码,其编码方法很多,最常见的几种编码如表 8-1-1 所示。

表 8-1-1 几种常见的 BCD 码

编码数码	8421 码	2421 码	余 3 码	编码数码	8421 码	2421 码	余 3 码
0	0000	0000	0011	6	0110	1100	1001
1	0001	0001	0100	7	0111	1101	1010
2	0010	0010	0101	8	1000	1110	1011
3	0011	0011	0110	9	1001	1111	1100
4	0100	0100	0111	权	8421	2421	无
5	0101	1011	1000				

在这些编码中,最常用的一种为 8421 BCD 码。8421 码属于有权码,即每一位都有固定的权值。从左到右,每一位的 1 分别表示 8、4、2、1,将每一位的 1 代表的十进制数加起来,得到的结果就是它所代表的十进制数码。所以,这种代码称为 8421 码。

余 3 码的编码规则与 8421 码不同。如果把每一个余 3 码看作 4 位二进制数,则它的数值要比它所表示的十进制数码多 3,故将这种代码称为余 3 码。余 3 码属于无权码,即每一位无固定权值。

4. 算术运算与逻辑运算

当两个二进制数码用于表示数量的大小时,它们之间可进行数值运算,这种运算称为算术运算。二进制算术运算和十进制算术运算的规则基本相同,唯一的区别在于二进制算术运算是逢二进一,如 $(1001)_2$ 与 $(0011)_2$ 之和为 $(1100)_2$。

在数字电路中,1 位二进制数码不仅可以表示数量的大小,还可以表示两种不同的逻辑状态。当两个二进制数码用于表示不同的逻辑状态时,它们之间可以按照指定的因果关系进行运算,称为逻辑运算,这便是逻辑代数研究的问题。显然,逻辑运算与算术运算之间存在着本质区别。

读者必须牢记:数字电子技术的基础是逻辑代数,而逻辑代数的研究对象是逻辑运算,因此,在数字电子技术中,没有直接的算术运算。当数字电路用于解决算术运算问题时,必须用逻辑运算的方法来实现算术运算的功能。

逻辑代数中的变量为逻辑量,也用字母表示,每个变量的取值只有 0 和 1 两种可能(这里的 0 和 1 已不再是数量的大小,只代表两种不同的逻辑状态),叫做逻辑 0 和逻辑 1。若用逻辑 1 表示高电平(或有电流、开关接通及灯亮),而用逻辑 0 表示低电平(或无电流、开关断开及灯灭),这种逻辑表示方法称为正逻辑;反之,称为负逻辑。

在图 8-1-1(b)所示电路中,开关 A、B 接通,电灯亮这个事件可用正逻辑表示为

$$Y = A \cdot B \tag{8-1-1}$$

今后,若不加声明,所讨论的逻辑函数关系均指正逻辑。

8.1.2 基本逻辑运算

逻辑运算由基本逻辑运算及其组合构成。理解基本逻辑运算是学习数字电子技术的基础。

逻辑代数的基本运算有与、或、非三种,具体实例如图8-1-1所示。

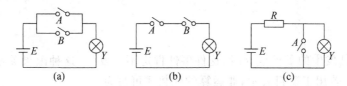

图8-1-1 基本逻辑运算关系举例

1. 或运算(逻辑加)

当决定事件发生的所有条件中任一个(或几个)条件成立时,这件事件就会发生,这种因果关系称为或运算,又可称为逻辑加,用"＋"号表示。或运算的逻辑符号如表8-1-5所示(为方便读者学习,基本逻辑运算及导出逻辑运算的逻辑符号及表达式见表8-1-5,下同)。

或运算的代数式为

$$Y = A + B \tag{8-1-2}$$

式中,"＋"为运算符号;Y表示事件,A和B表示事件发生的两个条件。

将逻辑变量A和B的取值与相应的逻辑函数值用表格表示,就得到如表8-1-2所示的或运算的真值表(条件成立用逻辑1表示,条件不成立用逻辑0表示;事件发生用逻辑1表示,否则用逻辑0表示)。

表8-1-2 或运算真值表

A	B	Y	A	B	Y
0	0	0	1	0	1
0	1	1	1	1	1

图8-1-1(a)所示的电路中,由开关A和B并联所组成的电路就是一个能实现或运算的电路。

2. 与运算(逻辑乘)

只有当决定事件发生的所有条件都成立时,这件事才会发生,这种因果关系称为与运算,又可称为逻辑乘,用"·"号表示。若用正逻辑表示,与运算的代数式可写为式(8-1-1)。

式(8-1-1)中,"·"为运算符号,该"·"号也可以不写出。

将逻辑变量A和B的取值与相应的逻辑函数值用表格表示,就得到如表8-1-3所示的与运算的真值表。

表 8-1-3 与运算真值表

A	B	Y	A	B	Y
0	0	0	1	0	0
0	1	0	1	1	1

图 8-1-1(b)所示的电路中,由开关 A 和 B 串联所组成的电路就是一个能实现与运算的电路。

3. 非运算

当决定事件发生的条件成立时,这件事件肯定不会发生,这种因果关系称为非运算,用"‾"号表示。若用正逻辑表示,非运算的代数式可写为

$$Y = \overline{A} \tag{8-1-3}$$

式(8-1-3)中,"‾"为运算符号。

将逻辑变量 A 的取值和相应的逻辑函数值用表格表示,就得到如表 8-1-4 所示的非运算的真值表。

表 8-1-4 非运算真值表

A	Y	A	Y
0	1	1	0

图 8-1-1(c)所示的电路中,当开关 A 闭合时,灯亮这件事不会发生;反之,开关 A 断开时,灯就会亮。这是一个能实现非运算的电路。

8.1.3 导出逻辑运算

在逻辑代数中,除了或、与、非 3 种基本逻辑运算外,其他的逻辑运算均称为导出逻辑运算。导出逻辑运算又称为复合逻辑运算。基本逻辑运算及导出逻辑运算的表达式及符号见表 8-1-5。

常用的导出逻辑运算有如下 5 种。

1. 与非运算

与运算和非运算的组合称为与非逻辑运算,简称与非运算。它的表达式为

$$Y = \overline{AB} \tag{8-1-4}$$

根据表达式可以写出如表 8-1-6 所示的真值表。实现与非逻辑的电路称为与非门电路。

2. 或非运算

或运算和非运算的组合称为或非逻辑运算,简称或非运算。它的表达式为

表 8-1-5 常见运算的逻辑符号

逻辑运算	表达式	国标符号	其他符号
或运算	$Y=A+B$	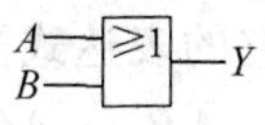	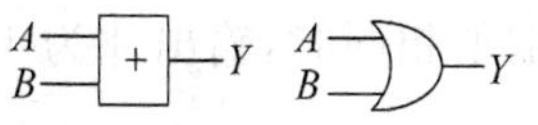
与运算	$Y=A \cdot B$	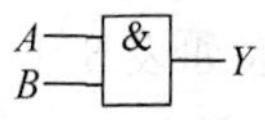	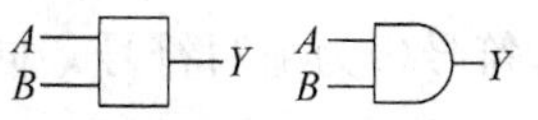
非运算	$Y=\overline{A}$	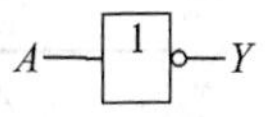	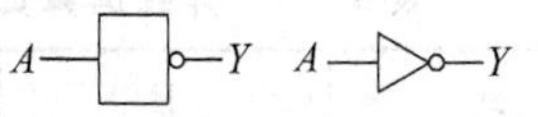
与非运算	$Y=\overline{AB}$	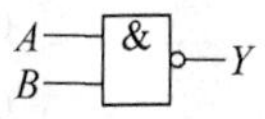	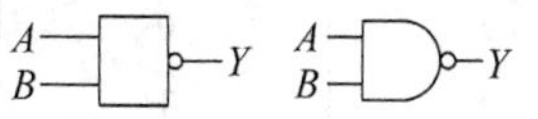
或非运算	$Y=\overline{A+B}$	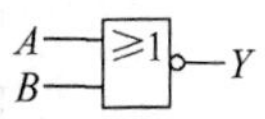	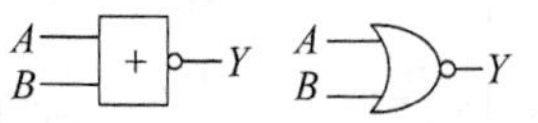
异或运算	$Y=A \oplus B$	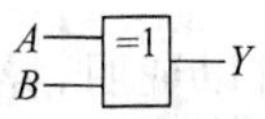	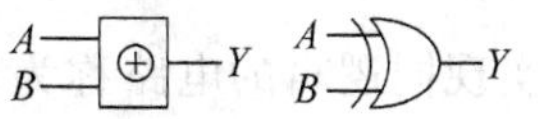
同或运算	$Y=A \odot B$	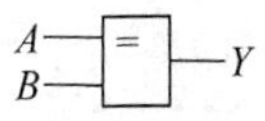	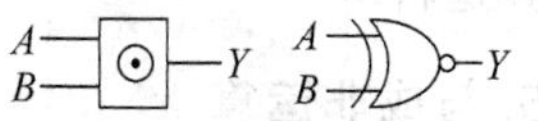
与或非运算	$Y=\overline{AB+CD}$	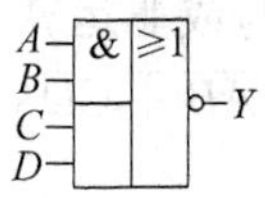	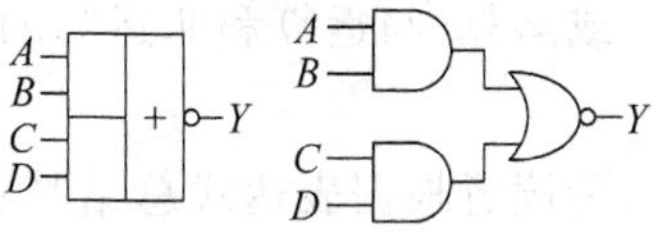

$$Y = \overline{A+B} \qquad (8\text{-}1\text{-}5)$$

根据表达式可以写出如表 8-1-7 所示的真值表。实现或非逻辑的电路称为或非门电路。

表 8-1-6 与非运算真值表

A	B	Y
0	0	1
0	1	1
1	0	1
1	1	0

表 8-1-7 或非运算真值表

A	B	Y
0	0	1
0	1	0
1	0	0
1	1	0

3. 异或逻辑运算

异或逻辑（简称异逻辑）运算是只有两个输入变量的函数。只有当两个输入变量 A、B 的取值不相同时，输出才为 1，否则为 0。它的表达式为

$$Y = A\overline{B} + \overline{A}B = A \oplus B \qquad (8\text{-}1\text{-}6)$$

式中，符号 $\oplus$ 为缩写符号，其真值表如表 8-1-8 所示。

实现异逻辑的电路称为异门电路。

4. 同或逻辑运算

同或逻辑(简称同逻辑)运算是只有两个输入变量的函数。只有当两个输入变量 A、B 的取值相同时,输出才为 1,否则为 0。它的表达式为

$$Y = AB + \overline{A}\,\overline{B} = A \odot B \tag{8-1-7}$$

式中,符号 $\odot$ 为缩写符号。同逻辑的真值表如表 8-1-9 所示。

表 8-1-8 异或运算真值表

A	B	Y
0	0	0
0	1	1
1	0	1
1	1	0

表 8-1-9 同或运算真值表

A	B	Y
0	0	1
0	1	0
1	0	0
1	1	1

实现同逻辑的电路称为同门电路。可以证明,异逻辑取反等于同逻辑,同逻辑取反等于异逻辑。

5. 与或非运算

或运算、与运算和非运算的组合称为与或非运算。它的表达式为

$$Y = \overline{AB + CD} \tag{8-1-8}$$

请读者根据表达式总结其真值表。

8.1.4 集成逻辑门电路

实现基本逻辑运算和复合逻辑运算的电路单元通称为门电路。门电路是数字电路中最基本的逻辑元件,应用极为广泛。

从数字逻辑的电路实现角度来看,二极管、三极管、场效应管均具有开关特性,利用该特性,可使电路单元在数字电平驱动下输出数字电平。如图 8-1-2 所示为二极管与门,请读者自己分析该电路在数字电平激励下的输出特点。

1. TTL 门电路

集成逻辑门电路主要包括 TTL、CMOS 两大系列。

TTL 为晶体管—晶体管逻辑电路的英文缩写。TTL 数字系列集成电路的工作电源为 5V,输出的高电平一般为 3.2V 左右,低电平一般为 0.3V 以下。其反相器电路的电压传输特性曲线如图 8-1-3 所示。

图中的 AB 段输出电压 U_O 为标准高电平,称为截止区;DE 段输出电压 U_O 为标准低电平,称为饱和区。BC 段称为线性区;CD 段称为转折区。在转折区中心点所对应的输入电压称为阈值电压(或门槛电平),用 U_{TH} 表示。从图 8-1-3 中可知,$U_{TH} = 1.4V$。

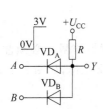

图 8-1-2 二极管与门

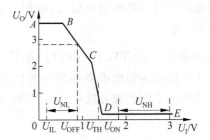

图 8-1-3 电压传输特性

通过电压传输特性曲线,可以求出如下参数。

(1) 输出高电平 U_{OH}、输出低电平 U_{OL}

U_{OH} 为 TTL 反相器关闭时的输出电压,其典型值是 3.2V。产品规定的最小值 $U_{OHMIN}=2.4V$。

U_{OL} 为 TTL 反相器导通时的输出电压,其典型值是 0.3V。产品规定的最大值 $U_{OLMAX}=0.35V$。

(2) 开门电平 U_{ON}、关门电平 U_{OFF}

在保证输出为额定低电平(0.35V)的条件下,所允许的输入高电平的最小值,称为开门电平 U_{ON}。

在保证输出为额定高电平(3V)的 90% 的条件下,所允许的输入低电平的最大值,称为关门电平 U_{OFF}。

一般地,$U_{ON} \leqslant 1.8V$,$U_{OFF} \geqslant 0.8V$。

由于门槛电平 U_{TH} 所对应的是电压传输特性转折区的中心点,所以在对 TTL 电路的简化定性分析中,常以 U_{TH} 为准,认为当 $U_I < U_{TH}$ 时,输入为低电平;当 $U_I > U_{TH}$ 时,输入为高电平。

TTL 门电路的其他主要参数还有输入端噪声容限、扇出系数 N_O、平均传输延迟时间 t_{pd}、输入高电平电流 I_{IH} 和输入低电平电流 I_{IL} 等。有关 TTL 反相器的更多参数,读者可参看产品手册。

2. TTL 三态门(TS 门)电路

如图 8-1-4 所示为三态与非门的逻辑符号。其中,A、B 为数据输入端,E 为使能控制端。当使能控制信号 $E=0$ 时,输出端 Y 对电源 U_{CC}、对地都是断开的,呈现为高阻抗状态,记为

$$Y = Z$$

当使能控制端信号 $E=1$ 时,三态与非门正常工作,有

$$Y = \overline{AB}$$

综上所述,如图 8-1-4 所示三态门的逻辑功能为与非逻辑功能。所谓三态,是指输出三态,即输出有高电平、低电平、高阻 3 种状态。

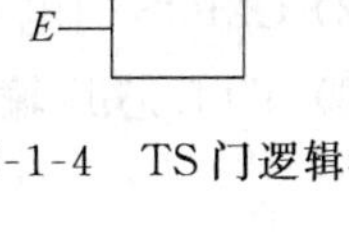

在数字系统中,为了减少输出连线,经常在一条数据总线

图 8-1-4 TS 门逻辑符号

上分时传递若干门电路的输出信号,利用三态门可以实现这种总线结构,读者可到公开教学网上进一步学习。

3. 集电极开路的 TTL 门(OC 门)电路

图 8-1-5 所示为集电极开路的与非门,图 8-1-6 是它的逻辑符号。必须注意的是,集电极开路的与非门必须外接负载电阻 R_C 和电源 U'_{CC} 才能正常工作,如图 8-1-5 中虚线部分所示。

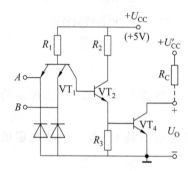
图 8-1-5　集电极开路的与非门电路

图 8-1-6　OC 门逻辑符号

由于 OC 门采用外接负载电阻和电源,故可通过选择较高电压的工作电源给负载提供较大的电流。有关 OC 门外接负载电阻 R_C 和电源 U'_{CC} 数值的选取,请读者参看有关资料。

4. CMOS 门电路

CMOS 集成电路是以由 P 沟道增强型 MOS 管和 N 沟道增强型 MOS 管,按照互补对称形式连接起来构成的电路为最基本逻辑单元的集成电路(并由此而得名)。

CMOS、TTL 是目前广泛应用的两大集成电路系列,二者都具有相同逻辑功能的对应芯片,但在应用中有着不同的特点。

CMOS 电路在使用中的注意事项主要有:

(1) CMOS 集成电路芯片属于电压控制器件,它的输入阻抗很大,对干扰信号的捕捉能力很强。因此,不用的管脚不能悬空,应接上拉电阻或者下拉电阻,给它一个恒定的电平。

(2) CMOS 集成电路芯片功耗极低,当输入电流超过 1mA 时,CMOS 芯片就有可能烧坏。因此,当 CMOS 芯片输入端接信号源时,应在输入端和信号源之间串接限流电阻,使输入的电流限制在 1mA 之内;当输入端接大电容时,应该在输入端和电容间接保护电阻。

TTL 和 CMOS 电路的主要区别有:

(1) TTL 芯片是电流控制器件,而 CMOS 芯片是电压控制器件。

(2) CMOS 门电路的逻辑高电平的电压高不少,接近于电源电压。

(3) TTL 芯片输入端悬空时相当于输入端接高电平,CMOS 芯片输入管脚不能悬空。

(4) TTL 电路响应速度快,传输延迟时间短,但是功耗大;COMS 电路的响应速度慢,传输延迟时间长,但功耗低。

8.1.5 逻辑代数的公理、公式

1. 公理

不需要证明,大家都公认的规律称为公理。布尔代数中的公理有

(1) $1+1=1+0=0+1=1$(1 或任何数为 1)

(2) $0+0=0$

(3) $0 \cdot 0=0 \cdot 1=1 \cdot 0=0$(0 与任何数为 0)

(4) $1 \cdot 1=1$

(5) $\overline{0}=1$

(6) $\overline{1}=0$

(7) 若 $A \neq 1$,则 $A=0$

(8) 若 $A \neq 0$,则 $A=1$

从或运算、与运算、非运算的定义中,很容易理解这些公理。

2. 基本公式

为方便读者,表 8-1-10 给出了逻辑代数的基本公式,这些公式也叫布尔恒等式。

表 8-1-10 逻辑代数的基本公式

序号	公 式	序号	公 式
1	$1+A=1$	9	$0 \cdot A=0$ $1 \cdot A=A$
2	$0+A=A$	10	$\overline{\overline{A}}=A$(还原律)
3	$A+B=B+A$(交换律)	11	$A \cdot B=B \cdot A$(交换律)
4	$(A+B)+C=A+(B+C)$(结合律)	12	$(A \cdot B) \cdot C=A \cdot (B \cdot C)$(结合律)
5	$A \cdot \overline{A}=0$(互补律)	13	$A+\overline{A}=1$(互补律)
6	$A+A=A$(重叠律)	14	$A \cdot A=A$(重叠律)
7	$A+B \cdot C=(A+B)(A+C)$(分配律)	15	$A(B+C)=AB+AC$(分配律)
8	$\overline{AB}=\overline{A}+\overline{B}$(反演律)	16	$\overline{A+B}=\overline{A}\,\overline{B}$(反演律)

在表 8-1-10 中,式(1)、(2)、(9)为变量与常量的运算规则。式(5)、(13)为变量与其反变量的运算规则,也叫互补律。式(6)、(14)为同一变量的运算规则,也叫重叠律。式(3)、(11)为交换律;式(7)、(15)为分配律;式(4)、(12)为结合律。式(10)为还原律。式(8)、(16)便是著名的德·摩根定理,也叫反演律。

上述公式的正确性可通过列真值表的方法证明。真值表是逻辑函数逻辑功能的完整描述,也是唯一描述。因此,如果等式成立,等式左、右两边表示的逻辑函数的逻辑功能相同,其对应的真值表必然相同。

【例 8-1-3】 请证明等式 $A+B \cdot C=(A+B)(A+C)$ 成立。

解法

将 A、B、C 所有可能的取值组合逐一代入等式的两边，算出相应的结果，可得到表 8-1-11 所示的真值表。等式两边对应的真值表相同，所以等式成立。

表 8-1-11　$A+B \cdot C$、$(A+B)(A+C)$ 的真值表

A	B	C	BC	A+BC	A+B	A+C	(A+B)(A+C)
0	0	0	0	0	0	0	0
0	0	1	0	0	0	1	0
0	1	0	0	0	1	0	0
0	1	1	1	1	1	1	1
1	0	0	0	1	1	1	1
1	0	1	0	1	1	1	1
1	1	0	0	1	1	1	1
1	1	1	1	1	1	1	1

3. 其他若干常用公式

表 8-1-12 列出了几个常用公式。这些公式可利用基本公式导出。直接利用这些导出公式可给化简逻辑函数带来很大的方便。

表 8-1-12　若干常用公式

序号	公　式	序号	公　式
17	$A+AB=A$	20	$AB+\overline{A}C=AB+\overline{A}C+BC$
18	$A+\overline{A}B=A+B$	21	$(A+B)(\overline{A}+C)=(A+B)(\overline{A}+C)(B+C)$
19	$A(A+B)=A$		

限于篇幅，在此仅对式(20)(添加项定理)予以证明，其他的请读者自己证明。

式(20)证明如下：

$$AB+\overline{A}C+BC = AB+\overline{A}C+(A+\overline{A})BC$$
$$=AB+\overline{A}C+ABC+\overline{A}BC$$
$$=AB(1+C)+\overline{A}C(1+B)=AB+\overline{A}C$$

8.1.6　逻辑函数的最小项表达式

逻辑函数可以用真值表表示，而且用真值表表示是唯一的。另外，逻辑函数也可以用代数表达式来表示。但是用代数式表示逻辑函数时，不是唯一的。例如函数 $Y_1=A(B+C)$ 及 $Y_2=AB+AC$ 为同一函数，因为 $A(B+C)=AB+AC$。

这样，对于在实际应用中两个不同的逻辑表达式，常常难以知道是否是同一逻辑函数，作比较就更难了。为了解决这个问题，人们提出了逻辑函数的标准形式。

为了直观起见，举一实际例子进行讨论。

【例 8-1-4】　写出三人表决逻辑函数的标准形式。

解法

所谓三人表决逻辑，是指 A、B、C 三个人对一个提案进行表决，赞成用"1"表示，反对用"0"表示。若有两个或者两个以上的人赞成，该提案被通过，用"1"表示；否则，该提案被否决，用"0"表示。根据此表决功能很容易写出如表 8-1-13 所示的真值表。

表 8-1-13　三人表决逻辑函数真值表

A	B	C	Y	最小项	m_i	A	B	C	Y	最小项	m_i
0	0	0	0	$\overline{A}\,\overline{B}\,\overline{C}$	m_0	1	0	0	0	$A\overline{B}\,\overline{C}$	m_4
0	0	1	0	$\overline{A}\,\overline{B}C$	m_1	1	0	1	1	$A\overline{B}C$	m_5
0	1	0	0	$\overline{A}B\overline{C}$	m_2	1	1	0	1	$AB\overline{C}$	m_6
0	1	1	1	$\overline{A}BC$	m_3	1	1	1	1	ABC	m_7

下面讨论如何写出该函数的标准与或式。

先介绍逻辑函数最小项的概念。所谓逻辑函数的最小项，就是将函数的所有变量组成一个与项，与项中函数的所有变量以原变量或反变量的形式仅出现一次，这种与项称为函数的最小项。例如，三变量函数有 $2^3=8$ 个最小项，分别是 $\overline{A}\,\overline{B}\,\overline{C}$、$\overline{A}\,\overline{B}C$、$\overline{A}B\overline{C}$、$\overline{A}BC$、$A\overline{B}\,\overline{C}$、$A\overline{B}C$、$AB\overline{C}$ 和 ABC。最小项可以用符号 m_i 表示，则上述 8 个最小项分别用 m_0、m_1、m_2、m_3、m_4、m_5、m_6 和 m_7 表示，如表 8-1-13 所示。

现在根据表 8-1-13 写出三人表决逻辑函数的标准与或式。在表中，找出 $Y=1$ 的行，写出相应的最小项，然后取最小项之和，得到表决函数 Y 的标准与或式（也称为最小项表达式），即

$$Y = \overline{A}BC + A\overline{B}C + AB\overline{C} + ABC$$

可用缩写式表示为

$$Y(A,B,C) = \sum_m (3,5,6,7) \tag{8-1-9}$$

8.1.7　逻辑函数的化简

在数字电路的设计中，将逻辑函数化简尤为重要。因为逻辑函数越简单，所设计的电路就越简单。电路越简单，成本越低，稳定性也高。

例如，在【例 8-1-4】中，三人表决逻辑函数 Y 为

$$Y = \overline{A}BC + A\overline{B}C + AB\overline{C} + ABC$$

若用电路实现，可画出如图 8-1-7 所示的电路。从图中看出，需要用 8 个门电路才能实现。如果应用前面的公式，将逻辑函数 Y（式(8-1-9)）化简，有

$$\begin{aligned}
Y &= \overline{A}BC + A\overline{B}C + AB\overline{C} + ABC \\
&= \overline{A}BC + A\overline{B}C + AB\overline{C} + ABC + ABC + ABC \\
&= BC(\overline{A}+A) + AC(\overline{B}+B) + AB(\overline{C}+C) \\
&= BC + AC + AB
\end{aligned}$$

可画出电路如图 8-1-8 所示。从图中看出，只需要 4 个门就可以实现。

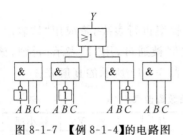

图 8-1-7 【例 8-1-4】的电路图

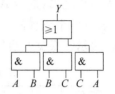

图 8-1-8 【例 8-1-4】的最简图

从上面的例子可见化简的重要性。那么,什么是最简呢?

最简与或式的标准是:在与或式中,与项的数目最少,每一个与项中的变量数最少。

逻辑函数的化简方法主要有公式法化简、图形法化简和列表法化简。本书重点讨论图形法化简,其次讨论公式法化简。对于列表法化简,读者可以参看有关书籍。

1. 公式法化简逻辑函数

所谓公式法化简,就是应用前面介绍的基本定理消去逻辑函数表达式中多余的乘积项和多余的因子,以求得逻辑函数的最简与或式,或者逻辑函数的最简或与式。

利用公式法化简逻辑函数没有固定的步骤或者方法,因此要求技巧性比较高。现举例如下。

【例 8-1-5】 化简逻辑函数 $Y = ABC + \bar{A}B\bar{C} + ABD + CD + B\bar{D}$。

解法

由式(20)添加项定理 $AB + \bar{A}C = AB + \bar{A}C + BC$ 可得
$$\bar{A}B\bar{C} + CD = \bar{A}B\bar{C} + CD + \bar{A}BD$$

所以
$$\begin{aligned}
Y &= ABC + \bar{A}B\bar{C} + \bar{A}BD + ABD + CD + B\bar{D} \\
&= BD(A + \bar{A}) + \bar{A}B\bar{C} + CD + ABC + B\bar{D} \\
&= BD + \bar{A}B\bar{C} + CD + ABC + B\bar{D} \\
&= B(D + \bar{D}) + \bar{A}B\bar{C} + CD + ABC \\
&= B + \bar{A}B\bar{C} + CD + ABC \\
&= B(1 + \bar{A}\bar{C} + AC) + CD \\
&= B + CD
\end{aligned}$$

【例 8-1-6】 化简逻辑函数 $Y = A\bar{C}D + BC + \bar{B}D + A\bar{B} + \bar{A}C + \bar{B}\bar{C}$。

解法

由式(20)添加项定理,可得出 $BC + A\bar{B} = BC + A\bar{B} + AC$ 和 $\bar{A}C + \bar{B}\bar{C} = \bar{A}C + \bar{B}\bar{C} + \bar{A}\bar{B}$,所以
$$\begin{aligned}
Y &= A\bar{C}D + BC + A\bar{B} + AC + \bar{B}D + \bar{A}C + \bar{B}\bar{C} + \bar{A}\bar{B} \\
&= A\bar{C}D + BC + (A + \bar{A})\bar{B} + (A + \bar{A})C + \bar{B}D + \bar{B}\bar{C} \\
&= A\bar{C}D + BC + \bar{B} + C + \bar{B}D + \bar{B}\bar{C} \\
&= A\bar{C}D + C(B + 1) + \bar{B}(1 + D + \bar{C}) \\
&= A\bar{C}D + C + \bar{B}
\end{aligned}$$

由式(18) $A+\bar{A}B=A+B$，得 $A\bar{C}\bar{D}+C=A\bar{D}+C$，所以
$$Y = A\bar{D} + C + \bar{B}$$

2. 图形法(卡诺图法)化简逻辑函数

用图形法化简逻辑函数比用公式法化简逻辑函数直观、简单，几乎不需要技巧。图形法又称为卡诺图法。

先介绍逻辑函数的卡诺图。

(1) 卡诺图

所谓逻辑函数的卡诺图，就是将逻辑函数的所有最小项用相应的小方格表示，并将此 2^n 个小方格排列起来，使它们在几何位置上具有相邻性，在逻辑上也是相邻的；反之，若逻辑相邻，几何也相邻。这种图形是由美国工程师卡诺(Karnaugh)首先提出的，故称为卡诺图。

二变量函数有 $2^2=4$ 个最小项，其卡诺图如图 8-1-9 所示。图中，小方格中的数字为该小方格相应的最小项 m_i 的下标序号。类似地有三变量、四变量函数的卡诺图。

A\B	0	1
0	0	1
1	2	3

B\A	0	1
0	0	2
1	1	3

图 8-1-9　二变量卡诺图

三变量函数有 $2^3=8$ 个最小项，其卡诺图如图 8-1-10 所示。四变量函数有 $2^4=16$ 个最小项，其卡诺图如图 8-1-11 所示。五变量以上函数的卡诺图较为复杂，故五变量以上的函数先用公式法化简，化简到四变量以下时，再用卡诺图化简。

A\BC	00	01	11	10
0	0	1	3	2
1	4	5	7	6

C\AB	00	01	11	10
0	0	2	6	4
1	1	3	7	5

图 8-1-10　三变量卡诺图

AB\CD	00	01	11	10
00	0	1	3	2
01	4	5	7	6
11	12	13	15	14
10	8	9	11	10

CD\AB	00	01	11	10
00	0	4	12	8
01	1	5	13	9
11	3	7	15	11
10	2	6	14	10

图 8-1-11　四变量卡诺图

(2) 将逻辑函数填入卡诺图

若已知的逻辑函数 Y 是用真值表的形式给出的,则将真值表中最小项的值"0"或者"1"对号填入卡诺图中。例如,已知的逻辑函数 Y 的真值表如表 8-1-14 所示,则所对应的卡诺图如图 8-1-12(a)(图中小方格中的小数字为该小方格相应的最小项 m_i 的下标序号,下同)所示。为了好看起见,填"0"的小方格中的"0"可以不填进去。即在卡诺图中,未填"1"的小方格就意味着填的是"0",如图 8-1-12(b)所示。

表 8-1-14 真值表实例

A	B	C	Y	A	B	C	Y
0	0	0	0	1	0	0	1
0	0	1	1	1	0	1	1
0	1	0	1	1	1	0	1
0	1	1	1	1	1	1	0

A\BC	00	01	11	10
0	0_0	1_1	1_3	1_2
1	1_4	1_5	0_7	1_6

(a)

A\BC	00	01	11	10
0	$_0$	1_1	1_3	1_2
1	1_4	1_5	$_7$	1_6

(b)

图 8-1-12 表 8-1-14 对应的卡诺图

如果逻辑函数是以标准与或式给出的,则将标准与或式中的最小项号码对号填入卡诺图中即可。

【例 8-1-7】 将函数 $Y(A,B,C,D) = \sum_m (0,1,2,3,4,5,6,10,11,12,13)$ 填入卡诺图。

解法

本例中,逻辑函数 Y 是以标准与或式给出的,将式中最小项的脚标对应的卡诺图位置填入"1",如图 8-1-13 所示。

【例 8-1-8】 将函数 $Y = \overline{B}CD + B\overline{C} + \overline{A}\overline{C}D + A\overline{B}C$ 填入卡诺图。

解法 1

逻辑函数 Y 为非标准表达式,应将其变换为标准与或式后由标准与或式填写卡诺图。

$$Y = (A+\overline{A})\overline{B}CD + (A+\overline{A})B\overline{C} + (B+\overline{B})\overline{A}\overline{C}D + A\overline{B}C(D+\overline{D})$$
$$= A\overline{B}CD + \overline{A}\overline{B}CD + AB\overline{C} + \overline{A}B\overline{C} + B\overline{A}\overline{C}D + \overline{B}\overline{A}\overline{C}D + A\overline{B}CD + A\overline{B}C\overline{D}$$
$$= A\overline{B}CD + \overline{A}\overline{B}CD + AB\overline{C}D + AB\overline{C}\overline{D} + \overline{A}B\overline{C}D + \overline{A}B\overline{C}\overline{D}$$
$$+ B\overline{A}\overline{C}D + \overline{B}\overline{A}\overline{C}D + A\overline{B}CD + A\overline{B}C\overline{D}$$

将上式填入卡诺图,如图 8-1-14 所示。

CD\AB	00	01	11	10
00	1_0	1_1	1_3	1_2
01	1_4	1_5	7	1_6
11	1_{12}	1_{13}	15	14
10	8	9	1_{11}	1_{10}

图 8-1-13 【例 8-1-7】的图

CD\AB	00	01	11	10
00	0	1_1	1_3	2
01	1_4	1_5	7	6
11	1_{12}	1_{13}	15	14
10	8	9	1_{11}	1_{10}

图 8-1-14 【例 8-1-8】的图

解法 2

作出函数 Y 的真值表后,由真值表填写卡诺图。函数 Y 的真值表如表 8-1-15 所示。由真值表可填写卡诺图如图 8-1-14 所示。

表 8-1-15 函数 Y 的真值表

A	B	C	D	Y	A	B	C	D	Y
0	0	0	0	0	1	0	0	0	0
0	0	0	1	1	1	0	0	1	0
0	0	1	0	0	1	0	1	0	1
0	0	1	1	1	1	0	1	1	1
0	1	0	0	1	1	1	0	0	1
0	1	0	1	1	1	1	0	1	1
0	1	1	0	0	1	1	1	0	0
0	1	1	1	0	1	1	1	1	0

(3) 应用卡诺图化简逻辑函数

应用卡诺图可写出函数的最简与或式,从而化简逻辑函数。

首先讨论合并最小项的规律。

凡是两个相邻小方格所表示的最小项之和都可以合并为一项,合并时能消去有关变量。基于这个原理,可找出计算最小项之和的规律。

① 相邻的两个小方格(包括处于一行或列的两端),可以合并为一项,合并时能够消去一个不同的变量。

例如,图 8-1-12(b)中,将相邻的两个"1"圈在一起,共可圈 3 个圈,如图 8-1-15 所示。3 个圈的最小项分别为(0 表示反变量、1 表示原变量)

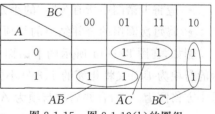

图 8-1-15 图 8-1-12(b)的圈组

$A\overline{B}\overline{C} + A\overline{B}C = A\overline{B}$ (左边圈、消去 C,它在相邻两个最小项中不同,下同)

$\overline{A}\overline{B}C + \overline{A}BC = \overline{A}C$ (中间圈、消去 B)

$\overline{A}B\overline{C} + AB\overline{C} = B\overline{C}$ (右边圈、消去 A)

由此,可写出图 8-1-12(b)所示逻辑函数 Y 的最简与或式为

$$Y = \overline{A}C + A\overline{B} + B\overline{C}$$

② 相邻的 4 个小方格组成一个方块,或组成一行(列),或处于两行(列)的末端,或处于四角,则可以合并成一项,合并时可以消去两个不同的变量。

例如,在【例 8-1-7】所示的卡诺图中,将相邻的 4 个"1"圈在一起,共可圈 4 个圈,如图 8-1-16 所示。由此写出【例 8-1-7】中逻辑函数 Y 的最简与或式为

$$Y = \overline{A}\overline{C} + B\overline{C} + \overline{A}\overline{D} + \overline{B}C$$

③ 相邻的 8 个小方格组成两行(或列)或组成两边的两行(或列)时可以合并成一项,合并时能够消去 3 个不同的变量。

例如,在图 8-1-17 所示的卡诺图中,将相邻的 8 个"1"圈在一起,共可圈 2 个圈。由此写出图 8-1-17 所示函数 Y 的最简与或式为

$$Y = \overline{A} + \overline{D}$$

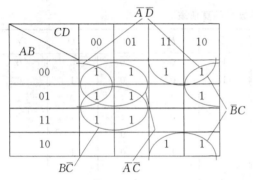
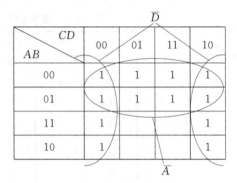

图 8-1-16 【例 8-1-7】的卡诺图的圈组　　图 8-1-17　8 个小方格的圈组实例

由卡诺图写出逻辑函数最简与或式的方法为:在逻辑函数 Y 的卡诺图填"1"的小方格中,

- 按照 $2^i(i=0,1,2,\cdots)$ 的相邻小方格进行最大的圈组,并可以合并为一项,保留相同的变量,消去不同的 i 个变量。
- 在每一次圈组中,至少应包含一个未被圈过的小方格在内。
- 应将卡诺图中所有为"1"的小方格全部圈完。
- 将每次圈组的合并结果的与项相加,得到逻辑函数的最简与或式。

例如,在图 8-1-14 所示的卡诺图中,将相邻的 4、5、12、13 号小方格圈为一组,合并后的与项为 $B\overline{C}$;又将相邻的 1、3 号小方格圈为一组,合并后的与项为 $\overline{A}\overline{B}D$;再将 10、11 号小方格圈为一组,合并后的与项为 $A\overline{B}C$。故可写出最简与或式为

$$Y = B\overline{C} + \overline{A}\overline{B}D + A\overline{B}C$$

【例 8-1-9】　写出函数 $Y(A,B,C,D) = \sum_m (0,1,2,4,5,8,10,11,15)$ 的最简与或式。

解法

首先将函数 Y 填入卡诺图,如图 8-1-18 所示。

先将相邻的 0、1、4、5 号小方格圈为一组,合并后的与项为 $\overline{A}\,\overline{C}$;再将相邻的 0、2、8、10 号小方格圈为一组,合并后的与项为 $\overline{B}\,\overline{D}$;最后将 11、15 号小方格圈为一组,合并后的与项为 ACD,如图 8-1-19 所示。故可写出最简与或式为

$$Y = \overline{A}\,\overline{C} + \overline{B}\,\overline{D} + ACD$$

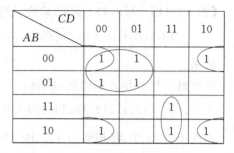

图 8-1-18 【例 8-1-9】的图 1　　图 8-1-19 【例 8-1-9】的图 2

【例 8-1-10】 写出函数 $Y(A,B,C,D) = \sum\limits_{m}(0,2,5,6,7,9,10,14,15)$ 的最简与或式。

解法

首先将函数 Y 填入卡诺图,如图 8-1-20 所示。

按照上面介绍的圈组原则进行圈组,共圈为 5 组,如图 8-1-21 所示。可写出最简与或式为

$$Y = C\overline{D} + BC + \overline{A}BD + \overline{A}\,\overline{B}\,\overline{D} + A\overline{B}\,\overline{C}D$$

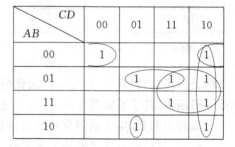

图 8-1-20 【例 8-1-10】的图 1　　图 8-1-21 【例 8-1-10】的图 2

*8.1.8　利用任意项化简逻辑函数

在数字电路中,当分析某些逻辑函数时,发现自变量某些取值的组合不会出现,即对输入变量的取值加以限制,称为约束。这样的变量的取值组合(与项、或项)称为任意项,又称为约束项或随意项。在卡诺图中,任意项用"×"(或用"ϕ")表示。

可结合下面的故事理解任意项。

在西天取经的路上,唐僧因为误会将孙悟空驱逐,孙悟空要求唐僧解除他头上的金箍,唐僧说:"只要我不念紧箍咒,金箍等于没有。"显然,孙悟空头上的金箍是存在的,究其原因

是唐僧遵循"不念紧箍咒"的应用约束，"金箍"不会发挥作用，因此，唐僧理解为"没有"。

结合上面的故事很容易理解，因为任意项在实际应用中不会出现，把该项当做"1"看待时有利，可当做"1"看待；否则，可当做"0"看待。即在应用卡诺图化简逻辑函数时，若"×"小方格对扩大圈组范围有利，则当做"1"看待；否则，当做"0"看待。

【例 8-1-11】 写出如下函数 Y 的最简与或式：

$$Y(A,B,C,D) = \sum_m(1,2,5,6,8,9) + \sum_m(10,11,12,13,14,15)$$

解法

将逻辑函数 Y 填入卡诺图，如图 8-1-22 所示。

式中 $\sum_m(10,11,12,13,14,15)$ 为任意项，在卡诺图中的相应小方格内填"×"。

在图 8-1-22 中，将相邻的 8、9、10、11、12、13、14、15 号小方格圈为一组，合并后的与项为 A；再将相邻的 1、5、9、13 号小方格圈为一组，合并后的与项为 $\bar{C}D$；最后将相邻的 2、6、10、14 号小方格圈为一组，合并后的与项为 $C\bar{D}$（如图 8-1-23 所示）。故可写出函数 Y 的最简与或式为

$$Y = A + \bar{C}D + C\bar{D}$$

CD\AB	00	01	11	10
00		1	1	
01		1	1	
11	×	×	×	×
10	1	1	×	

图 8-1-22 【例 8-1-11】的图 1

CD\AB	00	01	11	10
00		1	1	
01		1	1	
11	×	×	×	×
10	1	1	×	×

图 8-1-23 【例 8-1-11】的图 2

综上所述，可以看出，若用公式法化简逻辑函数，要求具有一定的技巧。若用卡诺图化简逻辑函数，几乎不需要什么技巧，而且直观，易掌握。

必须指出的是，用卡诺图化简逻辑函数时，对有些逻辑函数而言，其圈组方法可以不相同。因而，其最简与或式的结果不是唯一的。例如图 8-1-15 和图 8-1-16 便有多个最简结果。请读者自己思考它们另外的圈组方法。

读者可到公开教学网上下载《卡诺图化简智能教学系统》来进一步学习这方面的内容。

思考题

8.1.1 将一个十进制数 3.3333 转换为二进制数，要求保证 1/200 的精度。转换后的二进制数中，小数点后应有多少位？

8.1.2 逻辑代数和普通代数有什么区别？

8.1.3 请说出逻辑函数的 4 种表示方法，它们之间有什么异同？其中有两种表示方法

具有唯一性,请问是哪两种,为什么?

8.1.4 在卡诺图中,合并最小项的规则是什么?几何位置相邻的 3、5、7、9 四个最小项能够合并为一项吗?为什么?

8.1.5 什么是任意项?在卡诺图中如何表示?它在化简中具有什么作用?

8.1.6 什么是 TS 门?它有什么应用意义?

8.1.7 什么是 OC 门?它有什么应用意义及特点?

8.2 组合逻辑电路的分析与设计

8.2.1 概述

数字电路根据逻辑功能的不同特点,可以分为两大类,一类叫做组合逻辑电路(简称组合电路);另一类叫做时序逻辑电路(简称时序电路)。时序电路将在第 9 章中讨论。

所谓组合逻辑电路,是指在任意时刻,电路输出的逻辑值仅取决于该瞬间电路输入的逻辑值,与电路的原状态无关。例如,常用的编码器、译码器、全加器、数值比较器、数据选择器、奇偶产生器/奇偶校验器等都属于组合逻辑电路。

组成组合逻辑电路的基本单元电路是门电路。描述组合逻辑电路的逻辑功能的方法主要有逻辑表达式、真值表和工作波形图等。

8.2.2 组合逻辑电路的分析

根据已知的组合逻辑电路,寻找该电路所实现的逻辑功能,称为组合逻辑电路的分析。由于用真值表能够直观地描述逻辑功能,所以应根据已知的电路写出相应的真值表,其分析步骤如下:

(1) 由已知的电路写出电路输出的逻辑函数表达式(为求简洁,可用公式法或卡诺图将逻辑函数化简);

(2) 根据(1)给出的逻辑表达式填写输出函数的真值表;

(3) 根据真值表及仿真波形叙述该电路所实现的逻辑功能。

下面通过几个例题介绍组合逻辑电路的分析方法。

【例 8-2-1】 试分析如图 8-2-1[①] 所示电路的逻辑功能(可到附录 D 中学习本例用计算机仿真分析的详细实现方法)。

解法

(1) 根据电路图写出电路输出的逻辑表达式,方法为:由电路的输入端到输出端,逐

[①] 从本节开始,对于书中的数字电子技术部分,当未采用国标符号,而采用了仿真源文件中的逻辑符号绘制电路图时,表示公开教学网上附有 MAX+plusⅡ 环境中仿真源文件。作者建议读者在非仿真场合下,尽量采用国标符号绘制电路图,下同。

步写出各个门的输出逻辑式,最后写出电路输出 Y 的逻辑表达式。具体如下:

$$G_1: Y_1 = \overline{AB}, \quad G_2: Y_2 = \overline{A}, \quad G_3: Y_3 = \overline{B}$$

$$G_4: Y_4 = \overline{\overline{A}\,\overline{B}}, \quad G_5: Y = \overline{Y_1 Y_4} = \overline{\overline{AB}\,\overline{\overline{A}\,\overline{B}}}$$

(2) 表达式不简洁,利用摩根定理将其变换为与或式,有

$$Y = \overline{\overline{AB}\,\overline{\overline{A}\,\overline{B}}} = \overline{\overline{AB}} + \overline{\overline{\overline{A}\,\overline{B}}} = AB + \overline{A}\,\overline{B}$$

(3) 根据化简后的表达式,填出函数 Y 的真值表如表 8-2-1 所示。将本例电路输入到 MAX+plusⅡ中编译并仿真,可得波形如图 8-2-2[①]所示(经过处理,可进入本书的公开教学网的对应单元下载源文件,并用 MAX+plusⅡ打开对应文件的仿真。关于 MAX+plusⅡ的使用,参见附录 C,下同)。

表 8-2-1 【例 8-2-1】的真值表

A	B	Y	A	B	Y
0	0	1	1	0	0
0	1	0	1	1	1

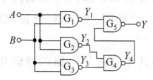

图 8-2-1 【例 8-2-1】的图 1

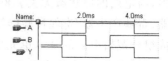

图 8-2-2 【例 8-2-1】的图 2

(4) 结论

由真值表及仿真波形可看出,当输入端 A 和 B 同时为"1",或者同时为"0"时,电路输出为"1";否则,为"0"。这种电路称为"同或门"电路,其逻辑表达式也可写成

$$Y = A \odot B$$

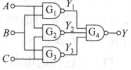

图 8-2-3 【例 8-2-2】的图 1

【例 8-2-2】 试分析如图 8-2-3 所示电路的逻辑功能。

解法

(1) 根据电路写出电路输出的逻辑表达式为

$$G_4: Y = \overline{Y_2 Y_3 Y_1} = \overline{\overline{AC}\,\overline{BC}\,\overline{AB}}$$

(2) 表达式不简洁,利用摩根定理将其变换为与或式,有

$$Y = \overline{Y_2 Y_3 Y_1} = \overline{\overline{AC}\,\overline{BC}\,\overline{AB}}$$
$$= AB + AC + BC$$

(3) 根据化简后的表达式,填出函数 Y 的真值表,如表 8-2-2 所示。将本例电路输入到 MAX+plusⅡ中编译并仿真,可得波形如图 8-2-4 所示(经过处理)。

[①] MAX+plusⅡ等 EDA 软件不支持斜体、下标等文本格式,不吻合出版业或本书的书写习惯。但为使读者更易于理解仿真结果,本章中的仿真结果图保持原始仿真图,特此说明,下同。

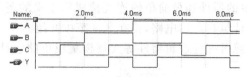

图 8-2-4 【例 8-2-2】的图 2

表 8-2-2 【例 8-2-2】的真值表

A	B	C	Y	A	B	C	Y
0	0	0	0	1	0	0	0
0	0	1	0	1	0	1	1
0	1	0	0	1	1	0	1
0	1	1	1	1	1	1	1

(4) 结论

由真值表及仿真波形可看出,这是一个三人表决逻辑电路。即三个人对一个提案进行表决,赞成该提案用"1"表示,不赞成该提案用"0"表示。如果有两个或者两个以上的人赞成该提案,则该提案被通过,电路 Y 输出 "1";否则,该提案被否决,电路输出 Y 为"0"。此电路又称为多数表决电路。

在实际应用中,每一个人都有一个按钮,如果对提案赞成,就按按钮,表示"1";如果不赞成该提案,就不按按钮,表示"0"。其表决结果用指示灯来表示,如果多数赞成,则指示灯亮,$Y=1$;反之则不亮,$Y=0$。

*8.2.3 用小规模器件实现组合逻辑电路(SSI 设计)

显然,利用门电路等小规模器件实现组合逻辑电路的过程是分析过程的逆过程。也就是说,根据给出的实际逻辑问题,要求设计出实现这一逻辑功能的最简单的逻辑电路。这就是组合逻辑电路的设计任务。

所谓最简单的逻辑电路,是指电路所用的器件数最少,器件的种类最少,而且器件之间的连线也最少。

组合逻辑电路的设计步骤如下:

(1) 分析所提出的逻辑问题的逻辑关系,确定输入变量和输出变量。显然,应该将引起事件的原因定为输入变量,将事件的结果定为输出变量。

(2) 根据给定的因果关系写出逻辑真值表。由此,以真值表的形式将所实现的逻辑问题抽象成逻辑函数。

(3) 由真值表写出逻辑函数表达式。

(4) 根据所选用的器件类型,将函数化简,并把变量换成所需要的形式。

如果使用小规模集成的门电路进行设计,例如用与非门进行设计时,为获得最简单的设计结果,应将逻辑函数式化简成最简与或式,然后将逻辑函数变换为与非的形式。

如果用中规模集成的常用组合逻辑电路设计组合逻辑电路,需要将函数式变换为适当的形式,以便能用最少的器件和最简单的连线接成所要求的逻辑电路。用中规模集成的常用组合逻辑电路设计组合逻辑电路,将在 8.3 节中介绍。

还可以使用存储器或可编程逻辑器件等大规模集成电路设计组合逻辑电路,这部分内容在第 9 章作讨论。

(5) 根据化简或者变换后的逻辑表达式画电路。

可通过下面的例题进一步理解。

【例 8-2-3】 试用与非门组成一个多数表决电路,以判别 A、B、C 三人中是否为多数赞同。

解法

(1) 分析题意,写出真值表。

由题意可知,该电路的输入是 A、B、C 三人的"赞同"或"反对",输出是"多数赞同"或"多数反对",用变量 Y 表示。对输入 A、B、C,用"0"表示"反对",用"1"表示"赞同";对于输出,$Y=1$ 表示"多数赞同",$Y=0$ 表示"多数反对"。据此,列出所要设计电路的真值表如表 8-2-3 所示。

表 8-2-3 【例 8-2-3】的真值表

A	B	C	Y	A	B	C	Y
0	0	0	0	1	0	0	0
0	0	1	0	1	0	1	1
0	1	0	0	1	1	0	1
0	1	1	1	1	1	1	1

(2) 由真值表列出 Y 的最小项表达式为

$$Y = \overline{A}BC + A\overline{B}C + AB\overline{C} + ABC$$

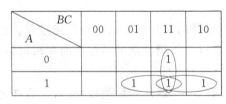

图 8-2-5 【例 8-2-3】的图

(3) 利用卡诺图进行化简。

上式不为最简,将其填入卡诺图(如图 8-2-5 所示)并化简,有

$$Y = AB + BC + AC$$

(4) 将上式变换为与非式,由式(8-2-1),有

$$Y = AB + AC + BC = \overline{\overline{AC}\,\overline{BC}\,\overline{AB}}$$

(5) 将上式画成电路图如图 8-2-3 所示。

由【例 8-2-2】知设计正确。

思考题

8.2.1 试简要叙述组合逻辑电路的逻辑功能的描述方法。

8.2.2 试写出如图 8-2-6 所示电路输出信号的逻辑表达式,并判断能否化简。若能,请化简,并用与非门实现。

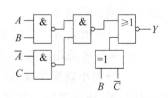

图 8-2-6 思考题 8.2.2 的图

8.2.3 试利用与非门组成与门、或门、非门、或非门和异

或门。

8.2.4 试分析如图 8-2-7 所示电路的逻辑功能。

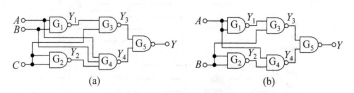

图 8-2-7 思考题 8.2.4 的图

8.3 常见中规模组合逻辑电路芯片原理及其应用

人们发现,在实践中为解决各种逻辑问题而设计出的逻辑电路中,有些经常大量地出现在各种数字系统当中。这些电路包括编码器、译码器、数据选择器、数值比较器、加法器、函数发生器、奇偶校验器/发生器等。为了使用方便,厂家将这些逻辑电路制成了中、小规模集成的标准化集成电路产品。本节将介绍编码器、译码器、数据选择器、加法器等器件的工作原理及其应用。

8.3.1 编码器

一般地讲,用文字、符号或者数字表示特定对象的过程称为编码。例如,孩子出生时家长给取名字,开运动会给运动员编号等,都属于编码。不过,前者是用汉字编码,后者是用十进制数编码。在数字电路中,为了区分一系列不同的事物,将其中的每个事物用一系列逻辑"0"和逻辑"1"按一定规律编排起来,组成不同的代码来表示。这就是编码的含义。

在数字电路中,信号都是以高、低电平的形式给出的。所以,编码器的逻辑功能就是把输入的每一个高、低电平信号编成一个对应的二进制代码。

目前经常使用的编码器有普通编码器和优先编码器两类。每类中,又包括二进制编码器、二—十进制编码器两种类型。用 n 位二进制代码对 $N=2^n$ 个信号进行编码的电路称为二进制编码器,实现二—十进制编码的电路称为二—十进制编码器。

1. 普通编码器

普通编码器电路实例如图 8-3-1 所示。将图 8-3-1 输入到 MAX+plus Ⅱ 中编译并仿真,可得波形如图 8-3-2 所示。

由波形的前 8 个单元可得图 8-3-2 所示编码器的真值表如表 8-3-1 所示。

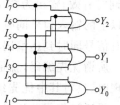

图 8-3-1 普通编码器的图

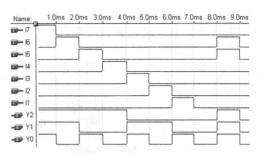

图 8-3-2　图 8-3-1 所示编码器的仿真波形图

表 8-3-1　图 8-3-1 所示编码器的真值表

I_1	I_2	I_3	I_4	I_5	I_6	I_7	Y_2	Y_1	Y_0
0	0	0	0	0	0	0	0	0	0
1	0	0	0	0	0	0	0	0	1
0	1	0	0	0	0	0	0	1	0
0	0	1	0	0	0	0	0	1	1
0	0	0	1	0	0	0	1	0	0
0	0	0	0	1	0	0	1	0	1
0	0	0	0	0	1	0	1	1	0
0	0	0	0	0	0	1	1	1	1

如果规定在任一时刻只能有一路输入端有信号到来，其余输入端均无信号到达，有信号用"1"表示，无信号用"0"表示，则表 8-3-1 所示的逻辑电路可完成 8 路输入信号的编码（全 0 表示 I_0 输入有效）。I_0、I_1、I_2、I_3、I_4、I_5、I_6、I_7 这 8 路输入信号的编码分别为 000、001、010、011、100、101、110、111。它用 3 位二进制代码对 8 个输入信号进行编码，所以图 8-3-1 所示为 3 位二进制普通编码器，又称为 8 线—3 线编码器。其各个输出函数的表达式如下：

$$\left.\begin{array}{l} Y_2 = I_4 + I_5 + I_6 + I_7 \\ Y_1 = I_2 + I_3 + I_6 + I_7 \\ Y_0 = I_1 + I_3 + I_5 + I_7 \end{array}\right\} \tag{8-3-1}$$

2. 优先编码器

细心的读者观察仿真波形图 8-3-2 时可能注意到：波形的第 9 个单元输入信号 I_5、I_6 同时有效，输出为全 1，编码器的输出发生混乱。这是因为普通编码器不允许两个及两个以上的输入信号同时有效。可在实际应用中，往往有两个输入端或者两个以上的输入端有信号同时到达编码器，因此，普通编码器缺乏实用性。解决的方法是采用优先编码。

所谓优先编码，就是将所有的输入信号按优先顺序进行排队。当几个输入信号同时出现时，只对其中优先级别最高的一个进行编码。实现优先编码的电路称为优先编码器。可通过集成芯片二—十进制优先编码器 74LS147 来理解。

74LS147 优先编码器以低电平输入为有效信号，各输入信号按照 $\bar{I}_9$、$\bar{I}_8$、$\bar{I}_7$、$\bar{I}_6$、$\bar{I}_5$、$\bar{I}_4$、$\bar{I}_3$、$\bar{I}_2$、$\bar{I}_1$ 优先级逐渐降低。74LS147 优先编码器的真值表如表 8-3-2 所示。由真值

表可看出，当有效信号用"0"表示时，图 8-3-5 所示的集成芯片可完成 10 个输入信号的优先编码。

表 8-3-2　74LS147 优先编码器的真值表

$\bar{I}_1$	$\bar{I}_2$	$\bar{I}_3$	$\bar{I}_4$	$\bar{I}_5$	$\bar{I}_6$	$\bar{I}_7$	$\bar{I}_8$	$\bar{I}_9$	$\bar{Y}_3\bar{Y}_2\bar{Y}_1\bar{Y}_0$
1	1	1	1	1	1	1	1	1	1111
0	1	1	1	1	1	1	1	1	1110
×	0	1	1	1	1	1	1	1	1101
×	×	0	1	1	1	1	1	1	1100
×	×	×	0	1	1	1	1	1	1011
×	×	×	×	0	1	1	1	1	1010
×	×	×	×	×	0	1	1	1	1001
×	×	×	×	×	×	0	1	1	1000
×	×	×	×	×	×	×	0	1	0111
×	×	×	×	×	×	×	×	0	0110

74LS147 为常用芯片，其引脚图如图 8-3-3 所示。紧靠四边形的小圆圈表示"低电平为有效信号"。四边形内部标注为引脚功能说明。四边形外部标注为引脚编号，如右上编号表示芯片第 16 脚为电源。

为便于读者绘制电路图，在本书中，芯片引脚顺序没有采用实际引脚顺序。实际芯片引脚编号方法如图 8-3-4 所示（16 引脚两列直插芯片）。可从引脚功能图直接得出 74LS147 的逻辑图如图 8-3-5[①] 所示。

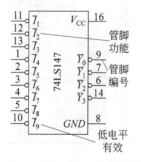

图 8-3-3　74LS147 引脚说明图

图 8-3-4　引脚编号方法

74LS147 为二—十进制 8421 BCD 优先编码器，输出为十进制数码对应 8421 BCD 码的反码。如数码"0"的 8421 BCD 码为"0000"，74LS147 编码输出为"0000"的反码，即"1111"。

二进制优先编码器与二—十进制优先编码器在原理上并无本质区别，但考虑二进制优先编码器的扩展，增加了相应的控制及扩展控制位。图 8-3-6 所示为 3 位二进制优先编码器 74LS148 的引脚图。$\bar{S}_T$、$\bar{Y}_{EX}$、Y_S 为控制引脚，解释如下：

(1) $\bar{S}_T$ 为选通输入端。当 $\bar{S}_T=0$ 时，允许编码，芯片工作；当 $\bar{S}_T=1$ 时输入、输出及控制引脚 $\bar{Y}_{EX}$、Y_S 均被封锁，编码被禁止。

---

① 在本书后面的章节中，若给出了引脚功能图，则不再单独给出逻辑符号。

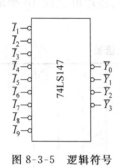

图 8-3-5　逻辑符号

图 8-3-6　74LS148

(2) Y_S 是选通输出端。当 $Y_S=0$ 时,表示"电路工作,但无输入信号"。

(3) $\overline{Y}_{EX}$ 为扩展输出端。当 $\overline{Y}_{EX}=0$ 时,表示"电路工作,而且有输入信号"。

级联应用时,高位片的 Y_S 端与低位片的 $\overline{S}_T$ 端连接起来,高位片的 $\overline{Y}_{EX}$ 可作为高位的编码输出位(见【例 8-3-1】)。

74LS148 的输出为对应输入信号二进制码的反码。优先级为 $\overline{I}_7 \sim \overline{I}_0$ 逐渐降低。对照 74LS147,可写出 74LS148 优先编码器的真值表如表 8-3-3 所示。

表 8-3-3　74LS148 优先编码器真值表

$\overline{S}_T$	$\overline{I}_0$	$\overline{I}_1$	$\overline{I}_2$	$\overline{I}_3$	$\overline{I}_4$	$\overline{I}_5$	$\overline{I}_6$	$\overline{I}_7$	$\overline{Y}_{EX}$	Y_S	$\overline{Y}_2\overline{Y}_1\overline{Y}_0$
1	×	×	×	×	×	×	×	×	1	1	111
0	1	1	1	1	1	1	1	1	1	0	111
0	0	1	1	1	1	1	1	1	0	1	111
0	×	0	1	1	1	1	1	1	0	1	110
0	×	×	0	1	1	1	1	1	0	1	101
0	×	×	×	0	1	1	1	1	0	1	100
0	×	×	×	×	0	1	1	1	0	1	011
0	×	×	×	×	×	0	1	1	0	1	010
0	×	×	×	×	×	×	0	1	0	1	001
0	×	×	×	×	×	×	×	0	0	1	000

【例 8-3-1】　试用两片 74LS148 接成 16 线—4 线优先编码器,将 $\overline{A}_0 \sim \overline{A}_{15}$ 16 个低电平输入信号编为 0000~1111 的 16 个 4 位二进制代码。其中,$\overline{A}_{15}$ 的优先级最高,$\overline{A}_0$ 的优先级最低。

解法

由于 74LS148 系 8 线—3 线优先编码器,它只有 8 个编码输入。所以,应选用两片 74LS148 优先编码器,将 16 个编码输入信号分别接到两片上。接法如下:将 $\overline{A}_8 \sim \overline{A}_{15}$ 8 个优先级高的输入信号接到第(1)片的 $\overline{I}_0 \sim \overline{I}_7$ 输入端,而将 $\overline{A}_0 \sim \overline{A}_7$ 8 个优先级低的输入信号接到第(2)片的 $\overline{I}_0 \sim \overline{I}_7$ 输入端。

按照优先顺序的要求,只有 $\overline{A}_8 \sim \overline{A}_{15}$ 均无输入信号时,才可对 $\overline{A}_0 \sim \overline{A}_7$ 的输入信号进行编码。为此,可把第(1)片的"无编码信号输入"信号 Y_S 作为第(2)片的选通输入信号 $\overline{S}_T$,以保证优先顺序的要求。

另外，当第(1)片有编码信号输入时，它的 $\overline{Y}_{EX}=0$；无编码信号输入时，它的 $\overline{Y}_{EX}=1$，正好可以用它取反后作为输出编码的第 4 位，以区分 8 个高优先级输入信号和 8 个低优先级输入信号的编码。编码输出的低 3 位应为两片的输出对应位的与非(注意，74LS148 编码输出为反码，而本题要求输出原码)。

按照上面的分析，画出如图 8-3-7 所示的 16 线—4 线优先编码器的连线图。可用 MAX+plusⅡ 打开本题仿真包进行仿真。注意在 MAX+plusⅡ 中，Y_S、$\overline{Y}_{EX}$ 和 $\overline{S}_T$ 的对应引脚为"EON"、"GSN"和"EIN"。

同理，可用 4 片 74LS148 接成 32 线—5 线优先编码器，以此类推。

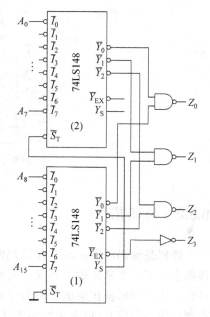

图 8-3-7 【例 8-3-1】的电路图

【例 8-3-2】 某医院有 1、2、3、4 号病房 4 间，装有 4 个呼叫器，对应的护士室有 1、2、3、4 号 4 个指示灯。优先级按照 1、2、3、4 的顺序降序设置，请设计该控制电路。

解法

选用 74LS148 结合门电路实现。

(1) 先实现优先级设计

设呼叫器按钮按下时输出低电平，可令 $\overline{I}_7$、$\overline{I}_6$、$\overline{I}_5$、$\overline{I}_3$ 分别对应 1、2、3、4 号病房的 4 个呼叫器输入。

(2) 求出指示灯函数 L_4、L_3、L_2、L_1

设输出为"1"时灯亮，可列出 L_4、L_3、L_2、L_1 真值表如表 8-3-4 所示。

表 8-3-4 【例 8-3-2】的真值表

$\overline{I}_3$	$\overline{I}_5$	$\overline{I}_6$	$\overline{I}_7$	Y_S	$\overline{Y}_2\overline{Y}_1\overline{Y}_0$	$L_4\ L_3\ L_2\ L_1$
1	1	1	1	0	111	0 0 0 0
0	1	1	1	1	100	1 0 0 0
×	0	1	1	1	010	0 1 0 0
×	×	0	1	1	001	0 0 1 0
×	×	×	0	1	000	0 0 0 1

由真值表，可求出各指示灯函数 L_4、L_3、L_2、L_1 如下：

$$L_4 = \overline{Y}_2 Y_S, \quad L_3 = \overline{Y}_1 Y_S$$

$$L_2 = \overline{Y}_0 Y_S, \quad L_1 = \overline{\overline{I}_7}$$

由此画出电路如图 8-3-8 所示。

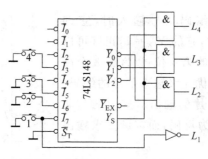

图 8-3-8 【例 8-3-2】的电路图

8.3.2 译码器

译码是编码的逆过程。在编码时,对每一种二进制代码状态都赋予了特定的含义,即都表示了一个确定的信号或者对象。将代码状态的特定含义"翻译"出来的过程称为译码。实现译码操作的电路称为译码器。或者说,译码器是可以将输入二进制代码的状态翻译成输出信号,以表示原来含义的电路。

译码器分为二进制译码器、二—十进制译码器和数字显示译码器。它们是3种最典型、应用十分广泛的译码电路。

1. 二进制译码器

二进制译码器又称为变量译码器。下面以2线—4线译码器为例分析其原理。

如图 8-3-9 所示为2线—4线译码器电路图。将图 8-3-9 输入到 MAX+plusⅡ中编译并仿真,可得波形如图 8-3-10 所示(经过处理)。如果规定"0"为有效输出,从仿真图可看出,$\overline{S}_T$ 为选通控制端,当 $\overline{S}_T=1$ 时,禁止译码(输出全"1");当 $\overline{S}_T=0$ 时,译码器工作。A_1、A_0 为译码器的输入端(又称为地址端),$\overline{Y}_3$、$\overline{Y}_2$、$\overline{Y}_1$、$\overline{Y}_0$ 为译码器的输出端。译码器的哪一条输出端有输出信号,取决于所给出的地址信号。如输入编码为"3",经译码器译码后,第4条输出端有效(别忘了编码时从0开始)。由图 8-3-10 可以写出如表 8-3-5 所示的2线—4线译码器的真值表。由真值表3~6行可写出译码器正常译码时输出函数 $\overline{Y}_3$、$\overline{Y}_2$、$\overline{Y}_1$、$\overline{Y}_0$ 的表达式为:

$$\left.\begin{array}{l}\overline{Y}_0=\overline{\overline{A}_1\overline{A}_0}=\overline{m}_0\\\overline{Y}_1=\overline{\overline{A}_1 A_0}=\overline{m}_1\\\overline{Y}_2=\overline{A_1\overline{A}_0}=\overline{m}_2\\\overline{Y}_3=\overline{A_1 A_0}=\overline{m}_3\end{array}\right\} \quad (8-3-2)$$

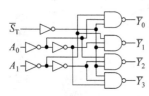

图 8-3-9 2线—4线译码器

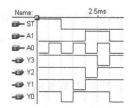

图 8-3-10 2线—4线译码器仿真图

表 8-3-5 2 线—4 线译码器真值表

$\overline{S}_T$	A_1	A_0	$\overline{Y}_0$	$\overline{Y}_1$	$\overline{Y}_2$	$\overline{Y}_3$
1	×	×	1	1	1	1
0	0	0	0	1	1	1
0	0	1	1	0	1	1
0	1	0	1	1	0	1
0	1	1	1	1	1	0

二进制译码器是常用组合逻辑芯片,应用十分广泛,相应的集成译码器产品也较多,按照输入、输出线的多少有 2 线—4 线译码器、3 线—8 线译码器、4 线—16 线译码器等。

图 8-3-11 所示为应用十分广泛的 3 线—8 线译码器 74LS138。图中,A_2、A_1、A_0 为译码器的地址端;$\overline{Y}_0 \sim \overline{Y}_7$ 为译码器的输出端。S_T、$\overline{S}_1$、$\overline{S}_2$ 为控制端。当 $S_T = 1$,$\overline{S}_1 = \overline{S}_2 = 0$ 时,译码器工作,其输出函数 $\overline{Y}_0 \sim \overline{Y}_7$ 的表达式为

$$\overline{Y}_i = \overline{m}_i \tag{8-3-3}$$

如 $\overline{Y}_0 = \overline{m}_0 = \overline{A}\,\overline{B}\,\overline{C}$,可类似地写出其他输出表达式,其真值表如表 8-3-6 所示。

表 8-3-6 74LS138 译码器真值表

$\overline{S}_T$	$\overline{S}_1 + \overline{S}_2$	$A_2 A_1 A_0$	输 出	$\overline{S}_T$	$\overline{S}_1 + \overline{S}_2$	$A_2 A_1 A_0$	输 出
0	×	×××	全 1	1	0	0 0 0	$\overline{Y}_0 = 0$,其余为 1
×	1	×××	全 1	1	0	m_i	$\overline{Y}_i = \overline{m}_i$,其余为 1

由式(8-3-3)知,$\overline{Y}_0 \sim \overline{Y}_7$ 为 A_2、A_1、A_0 这 3 个变量的全部最小项的译码输出,所以也将这种译码器称为最小项译码器。

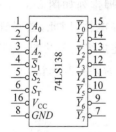

图 8-3-11 74LS138 的图

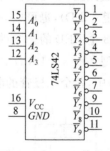

图 8-3-12 74LS42 的图

2. 二—十进制译码器

将十进制数的二进制编码即 BCD 码翻译成对应的 10 个输出信号的电路,称为二—十进制译码器。因为在一般情况下,BCD 码都是由 4 位二进制代码组成,形成 4 个输入信号,所以常把二—十进制译码器叫做 4 线—10 线译码器。

图 8-3-12 所示为应用十分广泛的 4 线—10 线译码器 74LS42。图中,A_3、A_2、A_1、A_0 为译码器的地址端;$\overline{Y}_0 \sim \overline{Y}_9$ 为译码器的输出端。它与前面介绍的二进制译码器基本类似,以低电平作为有效输出,其输出函数 $\overline{Y}_0 \sim \overline{Y}_9$ 的表达式也可用式(8-3-3)表示。不同的是,74LS42 只是将前 10 种编码(0~9)译码;对 10~15 的编码,译码输出为全 1。

【例 8-3-3】 试用两片 74LS138 接成 4 线—16 线译码器。

解法

图 8-3-13 所示是用两片 74LS138 级联起来构成的 4 线—16 线译码器。解释如下：

整个级联电路的控制端是 $\bar{S}$。当 $\bar{S}=1$ 时，级联电路被禁止，输出为全 1。当 $\bar{S}=0$ 时，级联电路工作，当高位 $A_3=0$ 时，片(1)的 $\bar{S}_1=0$，片(1)工作，片(2)的 $S_T=0$，片(2)被禁止，输入 $\bar{Z}_0 \sim \bar{Z}_7$ 是 $0A_2A_1A_0$ 的译码；当 $A_3=1$ 时，片(1)的 $\bar{S}_1=1$，片(1)被禁止，片(2)的 $S_T=1$，片(2)工作，输出 $\bar{Z}_8 \sim \bar{Z}_{15}$ 是 $1A_2A_1A_0$ 的译码。可用 MAX+plusⅡ打开本题仿真包进行仿真。

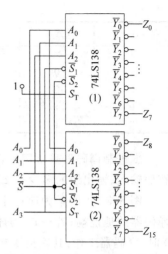

图 8-3-13 【例 8-3-3】的电路图

类似地，可用 3 片 74LS138 译码器级联构成 5 线—24 线译码器；用 4 片 74LS138 译码器可以级联成 5 线—32 线译码器。读者可参看有关资料。

3. 显示译码器

在数字系统中，常常需要将数值运算结果或测量结果用十进制数码显示出来。随着显示器件和显示方式的不同，其译码电路也不相同。在此介绍数码管及其译码驱动。

(1) 半导体数码管

用某些特殊的半导体材料，例如，用磷砷化镓做成的 PN 结，当外加正向电压时，可以将电能转换成光能，从而发出清晰、悦目的光线。利用这样的 PN 结，既可以封装成单个的发光二极管(LED)，也可以分段式封装成数码管，其管脚排列如图 8-3-14 所示。中间两个引脚为 8 个 LED 的公共端。由于二极管具有单向导电性，因此，数码管具有共阴、共阳两种类型。图 8-3-15(a)中，各个二极管的阳极相互连接组成公共端，为共阳数码管；图 8-3-15(b)中，各个二极管的阴极相互连接组成公共端，为共阴数码管。

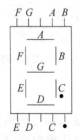

图 8-3-14 数码管

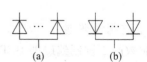

图 8-3-15 共阳、共阴模型

对于共阴数码管，若将公共端接地，A、B、C、D、E、F、G 7 个管脚接高电平，则七段 LED 全亮，显示为 8。对于共阳数码管，若将公共端接高电平，$A \sim G$ 7 个管脚接低电平，则数码管显示也为 8。

(2) 七段显示译码器

七段显示译码器的功能是将 8421 BCD 代码译成对应的数码管的 7 个字段信号,驱动数码管,显示出相应的十进制数码。七段显示译码驱动芯片种类较多,驱动共阳数码管的译码芯片有 74LS47、74LS247 等;驱动共阴数码管的译码芯片有 74LS48、74LS248 等。图 8-3-16 所示为驱动共阴数码管的译码芯片 74LS48 引脚图,其功能表如表 8-3-7 所示。

由表 8-3-7 可以看出,74LS48 用于正常译码时,$\overline{BI}=\overline{RBI}=\overline{LT}=1$($\overline{RBI}$ 可为 0,但在这种情况下将不会显示 0)。当 $\overline{BI}$、$\overline{RBI}$、$\overline{LT}$ 接电源,7 个输出接数码管的对应管脚(如图 8-3-17 所示),输入 $A_3A_2A_1A_0=1$ 时,74LS48 将产生让共阴数码管显示数字 1 的七段字型码"0110000",即让数码管的 B、C 段发光。类似地,输入 $A_3A_2A_1A_0=2$ 时,数码管显示数字 2。

图 8-3-16　74LS48 的图

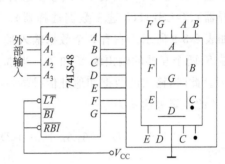

图 8-3-17　74LS48 与数码管的联接

表 8-3-7　74LS48 功能表

输入/输出 说明	$\overline{LT}$	$\overline{RBI}$	$\overline{BI}$	$A_3A_2A_1A_0$	ABCDEFG	显示
测试	0	×	1	× × × ×	1111111	8
灭灯	×	×	0	× × × ×	0000000	不亮
灭 0	1	0	1	0 0 0 0	0000000	灭 0
显示 0	1	1	1	0 0 0 0	1111110	0
正常译码	1	×	1	0 0 0 1	0110000	1

显然,七段显示译码器的每个输入代码对应的输出不是某一根输出线上的高、低电平,而是另一个 7 位的代码,所以它已经不是我们在这一节开始所定义的那种译码器了。严格地讲,把这种电路叫代码变换器更确切些。但习惯上都把它叫做显示译码器。

由于 74LS48 等芯片无记忆功能,所以当外部输入消失后,数码管将不再显示过去的数据。为此,在实际显示系统中,必须以某种方式使数码管一直显示我们需要的数据。解决的方法之一是使用带锁存的芯片(如 4511),有兴趣的读者请到公开教学网上学习。

8.3.3　数据选择器

在多路数据传送过程中,往往需要将多路数据中的任意一路信号挑选出来,能实现这种逻辑功能的电路称为数据选择器(或者称为多路选择器、多路开关)。可通过

图 8-3-18 来理解数据选择器。

图中，D_0、D_1、D_2、D_3 为 4 路输入信号，A_1、A_0 为选择控制信号，Y 为输出信号。Y 可为 4 路输入数据中的任意一路，究竟是哪一路，完全由地址选择控制信号 A_1、A_0 决定。

按照逻辑功能要求，可令 $A_1A_0=00$ 时，$Y=D_0$；$A_1A_0=01$ 时，$Y=D_1$；$A_1A_0=10$ 时，$Y=D_2$；$A_1A_0=11$ 时，$Y=D_3$。按照上述假设设计的逻辑电路可完成 4 选 1 的逻辑功能。上面的分析可写成如下表达式：

$$Y=D_0\overline{A}_1\overline{A}_0+D_1\overline{A}_1A_0+D_2A_1\overline{A}_0+D_3A_1A_0$$

$$=\sum_{i=0}^{3}D_im_i \tag{8-3-4}$$

数据选择器应用十分广泛，集成数据选择器的规格品种较多。如 74LS153（双 4 选 1 数据选择器）、74LS151（8 选 1 数据选择器）。74LS151 的引脚功能如图 8-3-19 所示，其真值表如表 8-3-8 所示。它有 8 个数据输入端 $D_0\sim D_7$、3 个地址输入端 $A_0\sim A_2$、一个选通控制端 $\overline{S}$、两个互补的输出端 Y 和 $\overline{T}$。当选通控制端 $\overline{S}=1$ 时，选择器被禁止，即不工作（$Y=0$）。此时，输入的数据和地址信号均不起作用。当选通控制端 $\overline{S}=0$ 时，选择器工作，输出 Y 的逻辑表达式为

$$Y=D_0\overline{A}_2\overline{A}_1\overline{A}_0+\cdots+D_7A_2A_1A_0=\sum_{i=0}^{7}D_im_i \tag{8-3-5}$$

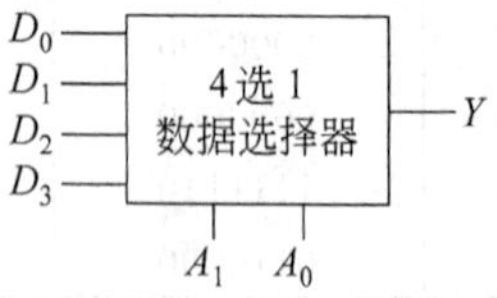

图 8-3-18　数据选择器

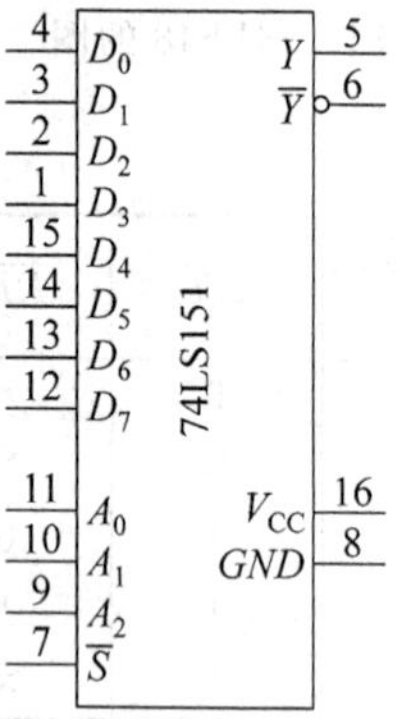

图 8-3-19　数据选择器

表 8-3-8　74LS151 真值表

$\overline{S}$	$A_2A_1A_0$	Y	$\overline{S}$	$A_2A_1A_0$	Y
1	×××	0	0	m_i	D_i
0	0 0 0	D_0			

当一片数据选择器不能满足应用要求时，可用多片扩展。如图 8-3-20 所示电路为 4 片 8 选 1 数据选择器、一个 3 线—8 线译码器和一个或门构成的 32 选 1 数据选择器。图中，2 线—4 线译码器（用 3 线—8 线译码器实现）对输入的地址 A_4A_3 进行译码，其输出 $\overline{Y}_0\sim\overline{Y}_3$ 作为选通控制信号分别接到 4 个 8 选 1 数据选择器的 $\overline{S}$ 端。例如，当 $A_4A_3=00$ 时，译码器输出 $\overline{Y}_0=0$，其余各输出端为 1，因此，只有数据选择器片 1 被选通，在 $A_2\sim$

A_0 地址码的作用下,从输入的数据 $D_0 \sim D_7$ 中选择一路输出;类似地,当 $A_4A_3=01$ 时,$\overline{Y}_1=0$,数据选择器片 2 被选通,在 $A_2 \sim A_0$ 地址码的作用下,从输入的数据 $D_8 \sim D_{15}$ 中选取一路输出;……具体地讲,若已知地址码 $A_4A_3A_2A_1A_0=01110$,则译码器输出 $\overline{Y}_1=0$,数据选择器片 2 被选通,$Y=Y_2=(D)_{26}=D_{14}$,即选中第 14 路数据 D_{14} 作为输出。

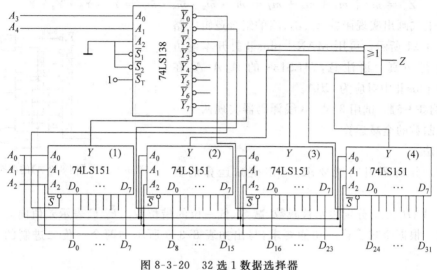

图 8-3-20 32 选 1 数据选择器

集成组合逻辑电路的芯片种类很多,常用的还有全加器、数值比较器、数据分配器等,有兴趣的读者请参考相关书籍。

8.3.4 利用中规模器件实现组合逻辑电路(MSI 设计)

1. 用译码器实现组合逻辑电路

当二进制的 3 线—8 线译码器控制端 $S_T=1$、$\overline{S}_1=\overline{S}_2=0$ 时,如果将地址端 A_2、A_1、A_0 作为 3 个输入的自变量,则 8 个输出端输出的就是这 3 个输入变量的全部最小项,即 $\overline{Y}_i=\overline{m}_i$。利用附加的门电路将这些最小项适当地组合起来,便可产生任何形式的三变量组合逻辑函数。以此类推,n 位二进制译码器的输出给出了 n 变量的全部最小项,利用附加的门电路可获得任何形式输入变量数不大于 n 的组合逻辑函数。

【例 8-3-4】 试用 3 线—8 线译码器 74LS138 设计能实现下列多输出函数的组合逻辑电路:

$$\left.\begin{array}{l} Z_1 = \overline{A}\overline{B}\overline{C} + ABC \\ Z_2 = AB + BC + AC \\ Z_3 = \overline{A}\overline{B}C + \overline{A}B\overline{C} + A\overline{B}\overline{C} + ABC \end{array}\right\} \quad (8\text{-}3\text{-}6)$$

解法

首先将式(8-3-6)中的函数变换为由最小项表示的形式,有

$$\left.\begin{array}{l} Z_1 = \overline{A}\overline{B}\overline{C} + ABC = m_0 + m_7 \\ Z_2 = AB + BC + AC = m_3 + m_5 + m_6 + m_7 \\ Z_3 = \overline{A}\overline{B}C + \overline{A}B\overline{C} + A\overline{B}\overline{C} + ABC = m_1 + m_2 + m_4 + m_7 \end{array}\right\} \quad (8\text{-}3\text{-}7)$$

令 74LS138 译码器的地址端分别为 $A_2=A$、$A_1=B$、$A_0=C$,则它的输出就是

式(8-3-7)中的 $\overline{m}_0 \sim \overline{m}_7$。所以需将式(8-3-7)变换为

$$Z_1 = m_0 + m_7 = \overline{\overline{m}_0 \cdot \overline{m}_7} = \overline{\overline{Y}_0 \cdot \overline{Y}_7}$$

$$Z_2 = m_3 + m_5 + m_6 + m_7 = \overline{\overline{m}_3 \cdot \overline{m}_5 \cdot \overline{m}_6 \cdot \overline{m}_7} = \overline{\overline{Y}_3 \cdot \overline{Y}_5 \cdot \overline{Y}_6 \cdot \overline{Y}_7}$$

$$Z_3 = m_1 + m_2 + m_4 + m_7 = \overline{\overline{m}_1 \cdot \overline{m}_2 \cdot \overline{m}_4 \cdot \overline{m}_7} = \overline{\overline{Y}_1 \cdot \overline{Y}_2 \cdot \overline{Y}_4 \cdot \overline{Y}_7}$$

由上式画出实现函数 Z_1、Z_2、Z_3 的组合逻辑电路如图 8-3-21 所示。可用 MAX+plusⅡ 打开本题仿真包进行仿真。请注意，74LS138 的 $A_2 A_1 A_0$ 在 MAX+plusⅡ 中对应为 CBA。

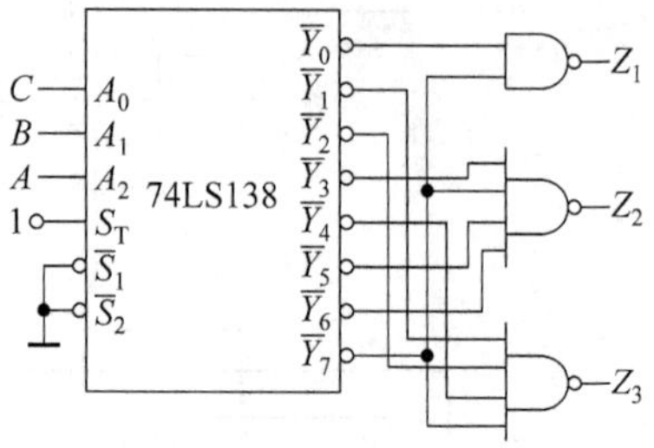

图 8-3-21 【例 8-3-4】的电路图

【例 8-3-5】 试用 3 线—8 线译码器实现两个一位二进制数的全减运算。

解法

（1）分析逻辑功能要求，写出全减运算的真值表。

设 A_i、B_i、C_{i-1} 分别表示被减数、减数、低一位的借位数。F_i、C_i 表示差值向高一位的借位数。根据全减运算的功能要求，写出如表 8-3-9 所示的两个一位二进制的全减真值表。

表 8-3-9 真值表实例

A_i	B_i	C_{i-1}	F_i	C_i	A_i	B_i	C_{i-1}	F_i	C_i
0	0	0	0	0	1	0	0	1	0
0	0	1	1	1	1	0	1	0	0
0	1	0	1	1	1	1	0	0	0
0	1	1	0	1	1	1	1	1	1

（2）由真值表写出逻辑函数 F_i、C_i 的标准与或式为

$$F_i = m_1 + m_2 + m_4 + m_7$$
$$C_i = m_1 + m_2 + m_3 + m_7 \tag{8-3-8}$$

（3）画电路图

选用 74LS138 3 线—8 线译码器，并令它的地址端分别为 $A_2 = A_i$、$A_1 = B_i$、$A_0 = C_{i-1}$，则它的输出 $\overline{Y}_0 \sim \overline{Y}_7$ 就是式(8-3-8)中的 $\overline{m}_0 \sim \overline{m}_7$。故将式(8-3-8)变换为

$$F_i = m_1 + m_2 + m_4 + m_7 = \overline{\overline{m}_1 \overline{m}_2 \overline{m}_4 \overline{m}_7}$$
$$C_i = m_1 + m_2 + m_3 + m_7 = \overline{\overline{m}_1 \overline{m}_2 \overline{m}_3 \overline{m}_7} \tag{8-3-9}$$

由式(8-3-9)可以知道，增加 2 个与非门就可以实现函数 F_i 和 C_i。图 8-3-22 所示为实现两个一位二进制数的全减运算。

不言而喻，也可以选用 4 线—10 线 BCD 8421 译码器，实现两个一位二进制数的全减运算。读者可以自行解决。

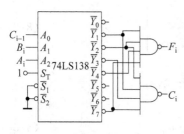

图 8-3-22 【例 8-3-5】的电路图

2. 用具有 n 个地址端的数据选择器实现 m(m≥n)变量的逻辑函数

当 $\overline{S}=0$ 时,8 选 1 数据选择器的输出表达式可以写成

$$Y = D_0\overline{A}_2\overline{A}_1\overline{A}_0 + \cdots + D_7A_2A_1A_0 = \sum_{i=0}^{7} D_i m_i$$

如果用地址端 A_2、A_1、A_0 分别代表 3 个变量 A、B、C,上式用卡诺图的形式表示如图 8-3-23 所示。适当地选择 $D_0 \sim D_7$,就可以用 8 选 1 数据选择器设计任意的三变量组合逻辑电路。可通过下面的例题来理解。

【例 8-3-6】 试利用 8 选 1 数据选择器,设计一个三变量的判偶电路。

解法

(1) 作真值表

根据三个变量 A、B、C 判偶的逻辑功能,写出如表 8-3-10 所示的真值表(1 为有效输入)。

表 8-3-10 【例 8-3-6】真值表

A	B	C	F	A	B	C	F
0	0	0	1	1	0	0	0
0	0	1	0	1	0	1	1
0	1	0	0	1	1	0	1
0	1	1	1	1	1	1	0

(2) 作卡诺图

由判偶函数 F 的真值表作出如图 8-3-24 所示的卡诺图。

BC\A	00	01	11	10
0	D_0	D_1	D_3	D_2
1	D_4	D_5	D_7	D_6

BC\A	00	01	11	10
0	1			
1		1		1

图 8-3-23 8 选 1 数据选择器输出表达式卡诺图   图 8-3-24 【例 8-3-6】的卡诺图

(3) 选择 $D_0 \sim D_7$ 的值

令 $A=A_2$,$B=A_1$,$C=A_0$,将图 8-3-24 与图 8-3-23 所示数据选择器的卡诺图进行比较,则有

$$D_0 = D_3 = D_5 = D_6 = 1$$
$$D_1 = D_2 = D_4 = D_7 = 0$$

(4) 画出电路

画出如图 8-3-25 所示的三变量判偶电路图。可用 MAX+plus Ⅱ 打开本题仿真包进行仿真。请注意,74LS151 的 $A_2A_1A_0$ 对应 MAX+plus Ⅱ 中为 CBA。

从上面的例子可以明显地看出,用具有 n 个地端输入

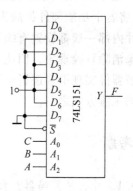

图 8-3-25 最终电路图

端的数据选择器设计 $m=n$ 变量函数的组合逻辑电路,是十分方便的。它不需要将所设计的函数化简为最简式,只需将输入变量加到数据选择器的地址端,选择器的数据输入端按卡诺图中最小项格中的值(0 或 1)对应相连。

显然,当输入变量数小于数据选择器的地址端数(即 $n>m$)时,例如用 8 选 1 数据选择器设计二变量函数的组合逻辑电路时,只需将高位地址端 A_2 接地以及相应的数据输入端($D_4 \sim D_7$)接地即可实现。图 8-3-26 所示逻辑函数为 $Y=AB$。

3. 用具有 n 个地址端的数据选择器实现 m(m>n)变量的逻辑函数

当 $m>n$ 时,可以将 2^n 选 1 数据选择器扩展成 2^m 选 1 数据选择器,然后按照上面的方法来设计。

如图 8-3-27 所示为用具有 3 个地址端的 8 选 1 数据选择器扩展成 16 选 1 数据选择器来实现四变量逻辑函数的实例,这种方法称为扩展法。

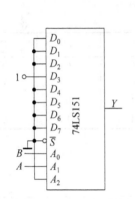

图 8-3-26 $Y=AB$ 的图

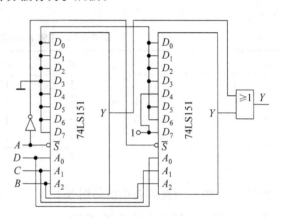

图 8-3-27 扩展法实例

图 8-3-27 所示电路的逻辑函数为

$$Y = ABCD + AB\overline{C}\overline{D}$$

从上述例子可以看出,使用译码器和附加逻辑门设计多输出函数的组合逻辑电路极为方便,而应用数据选择器设计单输出函数的组合逻辑电路更为方便。

此外,常用的中规模组合逻辑电路通用性强,可在不用或尽量少用附加电路的情况下,将若干功能部件扩展为位数更多、功能更复杂的电路。常用的中规模组合逻辑电路芯片内部一般都设置有缓冲门和使能端(即控制端)。使能端除了本身的用途外,还可以用来消除冒险现象。因此,与利用门电路等小规模器件实现组合逻辑电路相比,利用中规模器件实现组合逻辑电路具有设计简单、可靠性强等优点,成为目前组合逻辑电路设计的主流方式之一。

思考题

8.3.1 什么是编码器?什么是译码器?两者有何不同?

8.3.2 某一电路具有两个输入变量 A、B 和一个输出变量 F,将电路输入到 MAX+plus

Ⅱ中并仿真,其波形如图 8-3-28 所示,请说明电路的逻辑功能。

8.3.3 请总结集成二—十进制优先编码器(如 74LS147)和集成二进制优先编码器(如 74LS148)的异同。

8.3.4 什么是数据选择器?三地址端的数据选择器与 3 线—8 线译码器在实现三变量逻辑函数时有何不同?

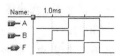

图 8-3-28 思考题 8.3.2 的图

8.3.5 【例 8-3-2】中,若要增加报警功能,应如何实现?

习题

8-1 填空题

1. 逻辑代数中的变量为逻辑量,每个变量的取值只有_____两种可能。若用逻辑 1 表示_____,逻辑 0 表示_____,这种逻辑表示方法称为正逻辑。

2. 逻辑运算与算术运算之间存在着本质的区别。逻辑代数的基本运算有_____3 种,没有直接的_____。当数字电路用于解决算术运算问题时,必须用_____的方法来实现算术运算的功能。

3. 实现基本逻辑运算和复合逻辑运算的单元电路通称为_____。集成逻辑门电路主要包括_____、_____两大系列,其中的_____系列不用的管脚不能悬空。

4. 所谓三态是指_____三态,即输出有_____、_____、_____3 种状态。

5. 将函数的所有变量组成一_____项,_____项中函数的所有变量以原变量或反变量的形式仅出现_____,这种_____项称为函数的最小项。在函数 Y 的真值表中,找出_____的行,写出相应的最小项,然后取最小项之_____,可得到逻辑函数 Y 的_____。

6. 将逻辑函数的所有_____用相应的小方格表示,并将此 2^n 个小方格排列起来,使它们在几何位置上具有相邻性,在_____上也是相邻的;反之,若_____相邻,_____也相邻。这样的图形称为逻辑函数的_____。

7. 编码器有_____和_____两大类。每类又包括二进制编码器、_____编码器两种类型。

8. 74LS147 为_____优先编码器,它与_____优先编码器 74LS148 在原理上无本质区别,主要区别在于 74LS147 不具有_____。

9. 当 3 线—8 线译码器 74LS138 的控制端_____时,如果将地址端 A_2、A_1、A_0 作为 3 个输入的自变量,则 8 个输出端输出的就是 A_2、A_1、A_0 3 个输入变量的_____,即_____。因此,也常将二进制译码器称为_____。

8-2 分析计算题(基础部分)

1. 将下列各数转换为等值的十进制数和十六进制数:
   (1) $(10000001)_2$ (2) $(01000100)_2$ (3) $(1101101)_2$ (4) $(11.001)_2$

2. 将下列各数转换成二进制数:

(1) $(37)_{10}$ 　　　　(2) $(51)_{10}$ 　　　　(3) $(92)_{10}$ 　　　　(4) $(127)_{10}$

3. 比较下列各数，找出最大数和最小数：
   (1) $(302)_8$ 　　　(2) $(F8)_{16}$ 　　　(3) $(1001001)_2$ 　　　(4) $(105)_{10}$

4. 指出下列各式中，哪些是四变量 A、B、C、D 的最小项？在最小项后的( )里填"m"，其他填"×"。
   (1) $AB(C+D)$ (　) 　　(2) $A\bar{B}CD$ (　) 　　(3) ABC (　)

5. 在下列各逻辑函数式中，变量 A、B、C 为哪些取值时，函数值为 1？
   (1) $Y_1 = AB + BC + \bar{A}C$
   (2) $Y_2 = \bar{A}\bar{B} + \bar{B}\bar{C} + A\bar{C}$
   (3) $Y_3 = A\bar{B} + \bar{A}BC + \bar{A}B + AB\bar{C}$
   (4) $Y_4 = \overline{\bar{A}B + B\bar{C}}(A+B)$

6. 三位同志各有一把锁，现令锁的打开或闭合作为逻辑输入，门的打开或关上作为逻辑输出。试说明三把锁如何构成与门、或门、与非门和或非门。

7. 将下列函数展开成最小项表达式：
   (1) $F_1 = AB + CA + BC$
   (2) $F_2 = A\bar{C}D + \bar{A}\bar{B} + BC$
   (3) $F_3 = AB + \bar{B}C + AD$
   (4) $F_4 = (A + BC)\bar{C}D$
   (5) $F_5 = A\bar{D} + \bar{A}\bar{C} + \bar{B}\bar{C}D + C$
   (6) $F_6 = A\bar{B} + BD + DC + D\bar{A}$

8. 利用公式法证明下列各题：
   (1) $\overline{AB}\ \overline{B+D}\ \overline{CD} + BC + \bar{A}\ \overline{B\bar{D}} + A + \overline{CD} = 1$
   (2) $A\bar{B} + B\bar{C} + C\bar{A} = \bar{A}B + \bar{B}C + \bar{C}A$
   (3) 如果 $A\bar{B} + \bar{A}B = C$，则 $A\bar{C} + \bar{A}C = B$。反之亦成立。
   (4) 如果 $\overline{A}\bar{B} + AB = 0$，则 $\overline{AX + YB} = \bar{A}X + \bar{Y}B$。

9. 试用卡诺图化简下列函数，写出函数的最简与或式：
   (1) $F = A\bar{B} + B\bar{C} + C(\bar{A} + D)$
   (2) $A\bar{C}\bar{D} + BC + \bar{B}D + A\bar{B} + \bar{A}C + \bar{B}\bar{C}$
   (3) $AC + \bar{A}BC + \bar{B}C + AB\bar{C}$
   (4) $F = AB + BC + AD + \bar{A}BC\bar{D} + A\bar{B}C\bar{D} + A\bar{B}CD$
   (5) $Y(A,B,C,D) = \sum_m (1,3,5,7,9,11,13,15)$
   (6) $Y(A,B,C,D) = \sum_m (0,1,2,3,8,9,10,11)$
   (7) $Y(A,B,C,D) = \sum_m (1,3,4,6,9,11,12,14)$
   (8) $Y(A,B,C,D) = \sum_m (0,1,2,4,6,10,14,15)$
   (9) $Y(A,B,C,D) = \sum_m (0,1,2,3,6,8) + \sum_d (10,14)$
   (10) $Y(A,B,C,D) = \sum_m (0,1,2,3,6,8) + \sum_d (4,10,12,14)$

10. 写出下列问题的真值表，并写出逻辑表达式。
    (1) 有 A、B、C 三个输入信号，如果三个输入信号均为 1，或者其中一个为 0 时，输出信号 $Y = 1$；其他情况下，输出 $Y = 0$。

(2) 有 A、B、C 三个输入信号,当三个输入信号出现偶数个 1 时,输出为 1;其他情况下,输出为 0。

(3) 有三个温度探测器,当探测的温度超过 50℃ 时,输出控制信号为 1;如果探测的温度低于 50℃,输出控制信号为 0。当有两个或两个以上的温度探测器输出为 1 时,总控制器输出 1 信号,自动控制调控设备使温度降低到 50℃ 以下。试写出总控制器的真值表和逻辑表达式。

11. 请分析图 8-1 所示电路的逻辑功能。

12. 请分析图 8-2 所示电路的逻辑功能。

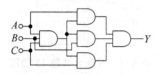

图 8-1 习题 8-2 题 11 的图

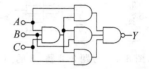

图 8-2 习题 8-2 题 12 的图

13. 请分析图 8-3 所示电路的逻辑功能。

14. 请分析图 8-4 所示电路的逻辑功能。

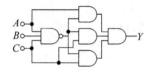

图 8-3 习题 8-2 题 13 的图

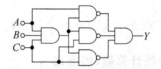

图 8-4 习题 8-2 题 14 的图

15. 请分析图 8-5 所示电路的逻辑功能。

16. 试用 3 线—8 线译码器 74LS138 实现下列多输出函数的组合逻辑电路:

$$Z_1 = \overline{A}\overline{B} + ABC$$
$$Z_2 = AB + C$$
$$Z_3 = \overline{A}C + B\overline{C} + A\overline{B}\overline{C} + ABC$$

17. 请分析图 8-6 所示电路的逻辑功能。

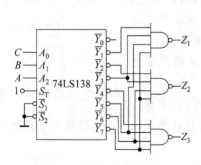

图 8-5 习题 8-2 题 15 的图

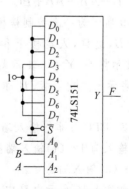

图 8-6 习题 8-2 题 17 的图

18. 请分析图 8-7 所示电路的逻辑功能。

19. 写出图 8-8 所示电路的最简逻辑表达式。

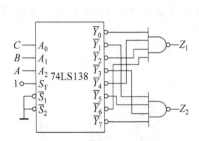

图 8-7 习题 8-2 题 18 的图

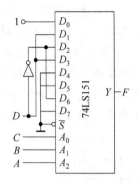

图 8-8 习题 8-2 题 19 的图

20. 试用 8 选 1 数据选择器实现下列函数：

(1) $Y(A,B,C) = \sum_m (0,2,5,7)$

(2) $Y(A,B,C,D) = \sum_m (0,1,5,7,9,10,12,15)$

(3) $Y(A,B,C,D) = \sum_m (1,4,6,7,8,10) + \sum_d (2,5,14)$

8-3 分析计算题（提高部分）

1. 将下列各数转换成二进制数（精度为 1%）：

   (1) $(55.704)_{10}$ (2) $(704.31)_{10}$

2. 若将十进制数 $(10^{13})_{10}$ 换算成二进制数，需要用几位二进制数表示？

3. 试用卡诺图判断函数 F 和函数 y 有何关系？

   (1) $F = \overline{A}C + \overline{B}$ $y = AB + \overline{A}B\overline{C}$

   (2) $F = AD + \overline{A}B + \overline{C}D$ $y = AC\overline{D} + \overline{B}C\overline{D} + \overline{A}BD$

   (3) $F = D + B\overline{A} + \overline{C}B + \overline{A}C + A\overline{B}C$ $y = \overline{A}\overline{B}\overline{C}\overline{D} + ABC\overline{D} + \overline{A}BC\overline{D}$

   (4) $F = D + \overline{A}\overline{B} + AB + B\overline{C}$ $y = A\overline{B}\overline{D} + \overline{A}BC\overline{D}$

4. 如图 8-9 所示为一个控制楼梯照明的有触点电路，在楼上、楼下各装一个单刀双掷开关 A 和 B，这样，人在楼上和楼下都可以开灯和关灯。设 $Y=1$ 表示灯亮，$Y=0$ 表示灯灭；$A=1$ 表示开关向上扳，$A=0$ 表示开关向下扳；B 亦如此。试写出灯亮的逻辑表达式。

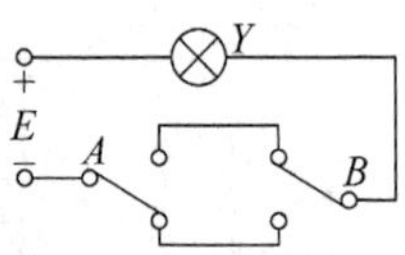

   图 8-9 习题 8-3 题 4 的图

5. 为什么说 TTL 与非门输入端在以下 3 种接法时，在逻辑上都等于输入为 1？（1）输入端接同类与非门的输出高电平 3.6V；（2）输入端接高于 2V 的电源；（3）输入端悬空。

6. 试分析如图 8-10 所示电路中，三极管的工作状态。

7. 如图 8-11 所示为智力竞赛抢答电路。在图中，$S_1 \sim S_4$ 为抢答开关，可以供 4 个参赛组用，发光二极管供各组显示用。当与非门 G_5 输出 Y 为高电平时，电铃响。试问：

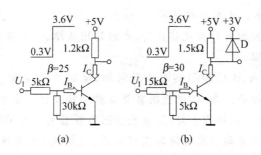

图 8-10 习题 8-3 题 6 的图

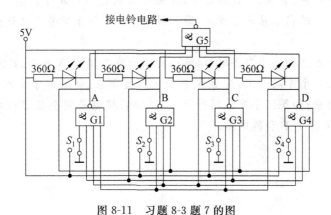

图 8-11 习题 8-3 题 7 的图

(1) 当抢答开关在图示位置时，各指示灯能否发亮？电铃能否响？

(2) 当将开关 S_1 扳到高电平 6V 时，A 组情况如何？此后再扳动其他组的抢答开关，是否起作用？

(3) 试画出接在与非门 G5 输出端的电铃电路。

8. 试用与非门设计一个四变量的多数表决电路。当输入变量 A、B、C、D 有 3 个或 3 个以上为 1 时，输出为 1；否则，输出为 0。

9. 已知输入信号 A、B、C 的波形如图 8-12 所示，试用与非门电路实现输出 Y 波形的组合逻辑电路。

10. 试用 74LS151 设计一个两个 2 位二进制数 A_2A_1、B_2B_1 的比较电路。

11. 试用两个 4 选 1 数据选择器实现两个 1 位二进制的全加运算。

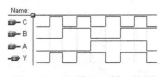

图 8-12 习题 8-3 题 9 的图

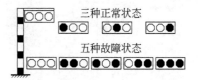

图 8-13 习题 8-4 题 1 的图

8-4 应用题

1. 试设计一个监视交通信号灯工作状态的逻辑电路。每一组信号灯由红、黄、绿三盏灯组成，如图 8-13 所示。正常工作情况下，任何时刻必有一盏灯点亮，而且只允许有一盏灯点亮。当出现其他五种点亮状态时，电路发出故障，这时要求发出故障信号，以提醒维护人员前去修理。

2. 某厂电视机产品有 A、B、C 和 D 四项质量指标，规定 A 是必须满足要求的，其他三项中只要有任意两项能满足要求，电视机就算合格。试设计该电路。

3. 某实验室有红、黄两个故障指示灯，用来表示三台设备的工作情况；当只有一台设备出现故障时，黄灯亮；若有两台设备同时出现故障，红灯亮；只有当三台设备都出现故障时，才会使红灯和黄灯都亮。试设计一个控制灯亮的电路。

4. 旅客列车分为特快、直快、普快和慢车，并依次为优先通行次序。某火车站规定，在同一时间只能有一趟客车从车站开出，即只能给出一个开车信号。试设计满足上述要求的逻辑电路。

5. 某工厂有三个车间和一个自备电站，站中有两台发电机组 X 和 Y，Y 的发电能力是 X 的 2 倍。如果一个车间开工，启动 X 机组可满足要求；如果两个车间开工，启动 Y 机组就能满足要求；如果三个车间同时开工，则两台机组必须全部启动才行。试设计一个控制机组 X 和 Y 启动的电路。

CHAPTER 9

第 9 章

触发器和时序逻辑电路

本章要点

本章从什么是触发器出发,介绍了常见触发器的逻辑功能及其动作特点;介绍了时序逻辑电路的构成与分析方法;举例说明了时序逻辑电路分析的一般方法,并重点介绍了寄存器、计数器电路的组成与原理,介绍了常见寄存器、计数器、555 定时器等集成芯片;最后介绍了大规模集成电路。读者应深入理解特征方程、状态图、时序图等时序逻辑电路分析与设计的基本概念,理解常见触发器逻辑功能、动作特点,掌握常见寄存器、计数器、555 定时器等集成芯片的逻辑功能及其应用。

9.1 触发器

大家知道,组成组合电路的基本单元电路是门电路,而组成时序电路的基本单元电路是触发器。下面先讨论构成时序电路的基本单元电路——触发器。

9.1.1 什么是触发器

能够存储 1 位二值(逻辑 0 和逻辑 1)信号的基本单元电路,统称为触发器。

触发器具有两个输出端(Q 端、$\bar{Q}$ 端)。为了实现存储 1 位二值信号的逻辑功能,触发器应具有两个稳定状态:"0"状态和"1"状态($Q=0,\bar{Q}=1$ 和 $Q=1,\bar{Q}=0$)。另外,它还必须具有保存和修改功能,即在输入信号(又称为触发信号)的作用下,触发器可以置于"0"状态或者置于"1"状态;当输入信号撤除时,触发器可以维持原状态不变。

可通过如图 9-1-1 所示电路从以下几个方面来理解什么是触发器。

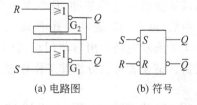

图 9-1-1 用或非门构成的基本 RS 触发器

1. 两个稳定状态

如图 9-1-1(a)所示电路由两个或非门首尾交叉连接组成,具有两个输出端(Q 端、$\bar{Q}$ 端)和两个输入端(R、S)。规定:$Q=0,\bar{Q}=1$,为触发器的 0 状态;$Q=1,\bar{Q}=0$ 为触发器的 1 状态。

进一步分析电路不难看出,在一定的输入条件下,这两种状态均可成为稳定状态。

2. 状态的保持

如果规定高电平为有效信号，当输入信号无效时（$R=0, S=0$），触发器保持原来状态不变。分析如下：

若触发器的原来状态为"0"态，即 $Q=0, \bar{Q}=1$。由于 $\bar{Q}=1$ 送到了或非门 G_2 的输入端，使门 G_2 关闭，输出 $Q=0$；而 $Q=0$ 和 $S=0$ 使或非门 G_1 导通，维持 $\bar{Q}=1$，即触发器保持原来状态"0"态。

若触发器的原来状态为"1"态，即 $Q=1, \bar{Q}=0$。由于 $Q=1$ 送到了或非门 G_1 的输入端，使门 G_1 关闭，$\bar{Q}=0$；而 $\bar{Q}=0$ 和 $R=0$ 使或非门 G_2 导通，维持 $Q=1$，即触发器保持原来状态"1"态。

触发器的这种功能称为保持功能。

3. 状态的设置

当输入信号 R 有效时（$R=1, S=0$），触发器将变成"0"状态，即 $Q=0, \bar{Q}=1$，这种功能称为置 0 功能。

因为当 $R=1, S=0$ 时，如果触发器原来是处在"0"状态，则仍保持"0"状态不变，即 $Q=0, \bar{Q}=1$ 的状态不会改变；如果触发器原来是处在"1"状态，则由于 $R=1$ 送到了或非门 G_2 的输入端，使门 G_2 关闭，输出 $Q=0$；而 $Q=0$ 和 $S=0$ 使或非门 G_1 导通，输出 $\bar{Q}=1$，即触发器为"0"态。

当输入信号 S 有效时（$R=0, S=1$），触发器将变成"1"状态，即 $Q=1, \bar{Q}=0$，这种功能称为置 1 功能。

因为当 $R=0, S=1$ 时，如果触发器原来是处在"1"状态，则仍保持"1"状态不变，即 $Q=1, \bar{Q}=0$ 的状态不会改变；如果触发器原来是处在"0"状态，则由于 $S=1$ 送到了或非门 G_1 的输入端，使门 G_1 关闭，输出 $\bar{Q}=0$，而 $\bar{Q}=0$ 和 $R=0$ 使或非门 G_2 导通，输出 $Q=1$，即触发器为"1"态。

保持、置 0、置 1 是触发器实现存储功能的基本要求。图 9-1-1(a)所示电路具有保持、置 0、置 1 功能（R 端为置 0 端，S 端为置 1 端），是组成其他触发器的基础，称为基本 RS 触发器。当然，基本 RS 触发器还有其他形式，如图 9-1-2 所示电路为用与非门组成的基本 RS 触发器。请读者自己分析其工作原理。

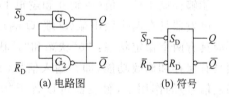

图 9-1-2 用与非门构成的基本 RS 触发器

9.1.2 触发器的逻辑功能描述

理解基本 RS 触发器是理解触发器的基础，掌握触发器的逻辑功能描述是分析和认识时序电路的基础。下面以或非门构成的基本 RS 触发器的逻辑描述为例，介绍触发器的逻辑功能描述。

1. 现态与次态

触发器在输入信号作用之前所处的原稳定状态称为现态,用 Q^n 和 $\bar{Q}^n$ 表示(为书写方便,上标 n 也可以不写)。触发器在输入信号作用下所要进入的新的状态称为次态,用 Q^{n+1} 和 $\bar{Q}^{n+1}$ 表示。

2. 状态转移真值表

将 Q^n、R、S 视为自变量,Q^{n+1} 视为函数。根据工作原理的分析,列出如表 9-1-1 所示的状态转移真值表。表中,"×"表示状态不定。

表 9-1-1　状态转移真值表

R	S	Q^n	Q^{n+1}	R	S	Q^n	Q^{n+1}
0	0	0	0	0	0	1	1
0	1	0	1	0	1	1	1
1	0	0	0	1	0	1	0
1	1	0	×	1	1	1	×

显然,状态转移真值表能完整描述触发器的逻辑功能,是描述触发器逻辑功能的基本方法之一。

表中,当 R、S 两个输入信号同时有效时,状态不定,为什么呢?这是因为当 $R=S=1$ 时,或非门 G_1、G_2 均关闭,输出 $Q=0$,$\bar{Q}=0$。对触发器来讲,$Q=0$,$\bar{Q}=0$ 这种状态毫无意义,因为这既不是触发器的"0"状态,又不是触发器的"1"状态。另外,如果,R、S 端的正脉冲同时撤除(即由全 1 同时跳变为全 0),由于或非门 G_1、G_2 的平均传输时间的离散性及外部干扰信号的影响,使得触发器的状态确定不了(即既可能是"0"状态,也可能是"1"状态)。所以,$R=S=1$ 时,称为触发器的功能不定。在实际使用中应防止 $R=S=1$ 这种情况的出现,对触发器的输入端应加以约束、限制。显然,若 R、S 满足 $RS=0$,则能保证输入端不会同时出现高电平。

3. 特征方程

描述触发器逻辑功能的函数表达式称为特征方程或特性方程。表 9-1-1 经过如图 9-1-3 所示的卡诺图化简,可得

$$\left. \begin{array}{l} Q^{n+1} = S + \bar{R}Q^n \\ RS = 0 \end{array} \right\} \quad (9\text{-}1\text{-}1)$$

式中,$RS=0$ 为约束条件(不允许输入端 R、S 同时为 1)。

Q^n \ RS	00	01	11	10
0		1	×	
1	1	1	×	

图 9-1-3　基本触发器卡诺图

特征方程能完整描述触发器的逻辑功能,是描述触发器逻辑功能的又一基本方法。

状态转移真值表和特征方程类似组合逻辑电路的真值表和逻辑函数表达式。因为触发器的输出信号不仅取决于该时刻电路的输入信号,还决定于电路原来的状态,而状态转移真值表和特征方程虽然可以描述触发器的逻辑功能,却不能直观反映电路状态在输入激励下的变化,因此,触发器还经常采用状态转移图(简称状态图)、时序图、激励表等描述手段。

4. 状态图

触发器的逻辑功能还可以采用图形的方式来描述,即状态转移图(简称状态图)。

如图 9-1-4 所示为 RS 触发器的状态转移图。图中的两个小圆圈分别代表触发器的两个稳定状态,箭头表示在转移信号作用下状态转移的方向,箭头旁的标注表示转移时的条件。由图 9-1-4 可以看出,如果触发器当前的稳定状态(现态)是 $Q^n=0$,则在输入信号 $S=1,R=0$ 的条件下,触发器转移至下一稳定状态(次态)$Q^{n+1}=1$;如果输入信号 $S=0,R=0$

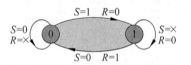

图 9-1-4 RS 触发器状态图

或 1,则触发器维持在"0"状态。如果触发器的原状态稳定为 $Q^n=1$,则在输入信号 $S=0$, $R=1$ 的条件下,触发器转移至下一稳定状态 $Q^{n+1}=0$。如果输入信号 $R=0, S=0$ 或 1,则触发器维持在"1"状态。因此,如图 9-1-4 所示的状态图与表 9-1-1 和式(9-1-1)描述的逻辑功能是一致的,只不过状态图更直观地反映了触发器的状态变化特点。

既然三者描述的逻辑功能是一致的,当然也就可以相互求解。可由状态图求出状态转移真值表和特征方程;也可以由状态转移真值表和特征方程画出状态图。

由式(9-1-1)求出 RS 触发器状态图的方法如下:先画两个小圆圈(其中的一个圈内填 0,另一个填 1),分别代表触发器的两个稳定状态;接着画出所有可能的状态转移。由式(9-1-1)(或表 9-1-1)求出每一个可能的状态转移所应具有的输入条件并标注在旁边,可得到如图 9-1-4 所示的 RS 触发器的状态图。

5. 激励表

由图 9-1-4 可以很方便地列出表 9-1-2。表 9-1-2 表示了触发器由原状态 Q^n 转移至确定要求的下一新状态 Q^{n+1} 时,对输入信号的要求。所以,表 9-1-2 称为触发器的激励表或者驱动表。

表 9-1-2 激励表

Q^n	Q^{n+1}	R	S	Q^n	Q^{n+1}	R	S
0	0	×	0	1	0	1	0
0	1	0	1	1	1	0	×

显然,触发器的激励表更直观地反映了触发器每一个可能的状态转移所应具有的输入条件。

关于触发器逻辑功能的时序图描述方法,将在 9.1.4 小节介绍。

9.1.3 常见触发器的逻辑功能

触发器是构成时序电路的基本单元电路。按照触发器逻辑功能的不同,触发器又分为 RS 功能触发器、JK 功能触发器、D 功能触发器、T 功能触发器等。

1. RS 触发器

时序电路的工作信号为时钟信号[①]。凡在时钟信号作用下的逻辑功能符合表 9-1-1 所规定的触发器,叫做 RS 触发器,其逻辑符号见表 9-1-7。RS 触发器的特征方程、状态图、激励表如 9.1.2 小节所述。

RS 触发器具有保持、置 0、置 1 三种功能,应用时应遵循 $RS=0$ 的输入约束。

2. D 触发器

凡在时钟信号作用下的逻辑功能符合表 9-1-3 所规定的触发器,叫做 D 触发器。

表 9-1-3　D 触发器特性表

Q^n	D	Q^{n+1}	Q^n	D	Q^{n+1}
0	0	0	1	0	0
0	1	1	1	1	1

D 触发器的特征方程为

$$Q^{n+1} = D \tag{9-1-2}$$

由式(9-1-2)可知,当输入信号 $D=1$ 时,$Q^{n+1}=1$;当输入信号 $D=0$ 时,$Q^{n+1}=0$。因此,D 触发器具有置 0、置 1 两种功能;保持功能则是通过控制状态转移的控制信号是否有效来实现的。

由式(9-1-2)可求出如图 9-1-5 所示的 D 触发器状态图。

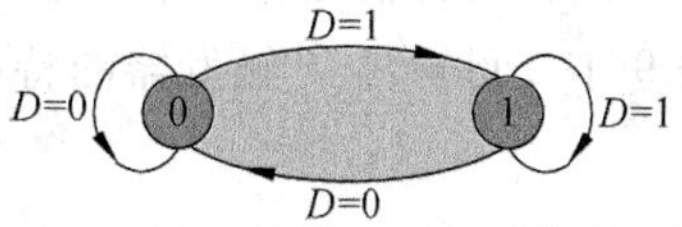

D 触发器功能简单,应用时无输入约束,因此应用十分广泛。

图 9-1-5　同步 D 触发器状态图

3. JK 触发器

凡在时钟信号作用下的逻辑功能符合表 9-1-4 所规定的触发器,叫做 JK 触发器。JK 触发器的特征方程为

$$Q^{n+1} = J\overline{Q}^n + \overline{K}Q^n \tag{9-1-3}$$

[①] 时钟信号是时序逻辑电路的工作信号。如奔腾 Ⅳ 3GHz CPU 中的 3GHz,便是指时钟信号的工作频率。在本书中,时序电路一般使用时钟信号仿真。在 9.1.4 小节中,为帮助读者理解,便于仿真实现,在有些场合下没有采用时钟信号。

表 9-1-4 状态转移真值表

Q^n	J	K	Q^{n+1}	Q^n	J	K	Q^{n+1}
0	0	0	0	1	0	0	1
0	0	1	0	1	0	1	0
0	1	0	1	1	1	0	1
0	1	1	1	1	1	1	0

由式(9-1-3)可知,当 $J=0,K=0$ 时,$Q^{n+1}=0\bar{Q}^n+\bar{0}Q^n=Q^n$,JK 触发器具有保持功能;当 $J=0,K=1$ 时,$Q^{n+1}=0\bar{Q}^n+\bar{1}Q^n=0$,JK 触发器具有置 0 功能;当 $J=1,K=0$ 时,$Q^{n+1}=1\bar{Q}^n+\bar{0}Q^n=1$,JK 触发器具有置 1 功能;当 $J=1,K=1$ 时,$Q^{n+1}=1\bar{Q}^n+\bar{1}Q^n=\bar{Q}^n$,JK 触发器具有翻转功能。由于 JK 触发器具有保持、置 0、置 1、翻转等多种功能,功能比较齐全,所以 JK 触发器也称为全功能触发器。

由式(9-1-3)可求出如图 9-1-6 所示的 JK 触发器状态图。由状态图可求出 JK 触发器的激励表如表 9-1-5 所示。

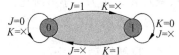

图 9-1-6 JK 触发器状态图

表 9-1-5 激励表

Q^n	Q^{n+1}	J	K	Q^n	Q^{n+1}	J	K
0	0	0	×	1	0	×	1
0	1	1	×	1	1	×	0

JK 触发器功能齐全,应用时无输入约束,因此得到广泛应用。

4. T 触发器

凡在时钟信号作用下的逻辑功能符合表 9-1-6 所规定的触发器,叫做 T 触发器。由表 9-1-6 可写出 T 触发器的特征方程为

表 9-1-6 T 触发器特性表

T	Q^n	Q^{n+1}	T	Q^n	Q^{n+1}
0	0	0	0	1	1
1	0	1	1	1	0

$$Q^{n+1} = T\bar{Q}^n + \bar{T}Q^n \qquad (9\text{-}1\text{-}4)$$

本书中使用的常见触发器逻辑符号及其简单描述如表 9-1-7 所示。

必须指出的是,不同逻辑功能的触发器是可以相互转换的。如将 JK 触发器的两个输入端 J、K 短接(即 $T=J=K$),此时,JK 触发器便成为 T 触发器。

【例 9-1-1】 请用 JK 触发器实现 D 触发器。

表 9-1-7　常见触发器逻辑符号及其简单描述

逻辑符号	触发器描述	触发方式	触发器描述
(RS，上升沿)	维持阻塞 RS 触发器（上升沿触发）、同步 RS 触发器。不加说明为维持阻塞 RS 触发器	(JK，上升沿)	维持阻塞 JK 触发器（上升沿触发）、同步 JK 触发器。不加说明为维持阻塞 JK 触发器
(RS，主从)	主从 RS 触发器、下降沿 RS 触发器	(JK，主从)	主从 JK 触发器、下降沿 JK 触发器
(D，上升沿)	维持阻塞 D 触发器（上升沿触发）、同步 D 触发器。不加说明为维持阻塞 D 触发器	(D，主从)	主从 D 触发器、下降沿 D 触发器

表中所列触发器逻辑符号为带异步端的逻辑符号，当不用异步功能时，也可以不画出。

解法

比较式(9-1-3)和式(9-1-2)，令 $J=D, K=\overline{D}$，有
$$Q^{n+1} = J\overline{Q}^n + \overline{K}Q^n = D\overline{Q}^n + \overline{\overline{D}}Q^n = D$$

画出电路如图 9-1-7 所示。

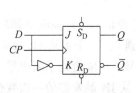

图 9-1-7　【例 9-1-1】的图

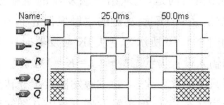

图 9-1-8　同步 RS 触发器时序图

9.1.4　触发器的动作特点

绝大多数读者都有按门铃的经验。门铃电路具有一个输入（门铃按钮）、一个输出（喇叭）。当人们以某种方式按门铃按钮并被系统接受时，门铃的喇叭将发声。显然，门铃的发声过程涉及两个问题：门铃如何按才能被系统确认、门铃的喇叭发出什么声音。

触发器具有两种状态，其状态转移需要特定的输入条件。把被触发器确认的外部输入当做"触"（类似门铃如何按才能被系统确认），触发器被"触"后，将产生状态转移，这便是"发"（类似门铃的喇叭发出什么声音）。

触发器的"触"称为动作特点，触发器的"发"便是逻辑功能。因此，触发器的逻辑功能与动作特点是两个不同的概念。触发器的逻辑功能由其特征方程描述，而触发器的动作特点（外部如何输入才能被触发器确认）由触发器的电路结构决定。

从电路结构的角度来看，触发器有同步结构、主从结构、维持阻塞结构等多种类型。

如图 9-1-8 所示为同步结构的 RS 触发器时序图,由图可总结同步触发器的动作特点如下:当钟控信号 CP 未到来时,同步触发器不接收输入激励信号,触发器的状态保持不变(见图 9-1-8 中的第 5、6 时间单元)。当钟控信号 CP 到来时,触发器接收输入激励信号,正常工作。这种时钟控制方式称为电平触发方式。

电平触发方式的特点是当钟控信号 CP 到来时,触发器接收输入信号,而且在此期间只要输入激励信号有变化,都会引起触发器状态的改变。同步触发器在一次钟控信号 CP 有效期间,由于输入激励信号的变化引起触发器的状态发生两次或两次以上的转移,这种现象称为触发器的空翻现象。例如,图 9-1-8 所示波形中,第 2 个钟控信号 CP 有效期间,由于 R、S 的变化,使触发器出现空翻。

为了实现在钟控信号 CP 到来期间,触发器的状态只能改变一次,在同步触发器的基础上设计了主从触发器。

主从结构触发器状态的翻转分为两步。第一步是在 CP＝1 期间,主触发器接收输入信号,被置成相应状态,从触发器不工作。第二步是在 CP＝0 期间,主触发器不工作,从触发器按照主触发器的状态翻转。

如图 9-1-9 所示波形中,在第 1 个钟控信号 CP 高电平期间,主触发器接收输入信号,按照如图 9-1-8 所示状态发生变化,但作为最终输出的从触发器保持不变。在第 1 个钟控信号 CP 下降沿及低电平期间,从触发器按照主触发器的最后 1 个状态翻转到 0,从而实现了在钟控信号 CP 到来期间,触发器的状态只改变一次。

必须指出的是,主从结构触发器的主触发器本身是一个同步触发器,存在着空翻问题。此外,主从 JK 触发器的主触发器还具有一次变化现象。

如图 9-1-10 所示为主从 JK 触发器时序图,在第 5 个钟控信号 CP 高电平期间,JK 触发器的输入设置为状态翻转(J＝K＝1),主触发器由 1 翻转到 0。由于主从 JK 触发器的主触发器只能一次变化,尽管主触发器由 1 翻转到 0 后钟控信号 CP 依然处于高电平,输入设置依旧为状态翻转,但主触发器不再由 0 翻转到 1,这便是主从 JK 触发器的一次变化现象。

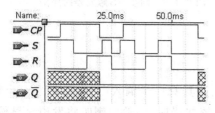

图 9-1-9　主从 RS 触发器时序图

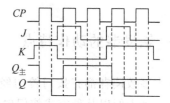

图 9-1-10　主从 JK 触发器时序图

为了克服主从 JK 触发器的主触发器的一次变化问题,增强电路工作的可靠性,出现了边沿触发器,如维持阻塞结构的触发器。

维持阻塞结构触发器的触发特点是当且仅当钟控信号 CP 的上升沿到来时,触发器才接收输入信号,称为上升沿触发,其时序图实例如图 9-1-11 所示。由于触发器只在 CP 信号上升沿到来时接收输入信号,因此,触发器状态为 1。

也可采用具有下降沿触发动作特点的触发器,其时序图实例如图 9-1-12 所示。由于触发器只在 CP 信号下降沿到来时接收输入信号,因此,触发器状态为 0。

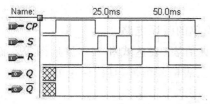
图 9-1-11　维持阻塞 RS 触发器时序图

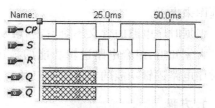
图 9-1-12　下降沿触发 RS 触发器时序图

综上所述,触发器的逻辑功能和动作特点是两个不同的概念,具有相同逻辑功能、不同动作特点的两个触发器在相同的输入激励下,其输出往往不相同。同步触发器的动作特点为电平触发,只要控制电平有效,触发器即产生相应的动作,最大的不足是可能产生空翻。主从结构触发器的动作分为两步:控制电平有效期间主触发器工作;无效时从触发器按照主触发器的状态变化。主从 JK 触发器的主触发器具有一次翻转性,因而降低了其抗干扰能力,尽管如此,其应用依旧十分广泛。边沿触发器在上升沿或下降沿到来时触发动作,可靠性高,为目前时序逻辑电路的基本动作方式。需要说明的是,主从 JK 触发器从外部特性来看,与下降沿触发器非常类似(如图 9-1-10 所示),但触发器接收输入信号是在上升沿及 $CP=1$ 期间,触发器的最终状态翻转在下降沿。读者应注意它与下降沿触发器的区别。

思考题

9.1.1　何谓触发器的空翻现象?哪种触发器存在着空翻现象?请叙述空翻现象的过程。通常采用什么方法防止空翻现象?

9.1.2　什么是主从 JK 触发器的一次翻转性?如何克服?

9.1.3　简要叙述同步触发器、主从触发器和维持阻塞触发器各自的主要特点。

9.1.4　试分别叙述 RS 触发器、D 触发器、JK 触发器和 T 触发器的逻辑功能,并默写各自的特征方程。

9.2　时序逻辑电路的分析

9.2.1　概述

电路在任一时刻输出的逻辑值不仅取决于该时刻电路输入的逻辑值,还取决于电路的原来状态,这种电路称为时序逻辑电路,简称时序电路。

一般的时序电路在结构上有两个显著的特点:第一,时序电路通常包含组合电路和存储电路两个组成部分,而存储电路是必不可少的;第二,存储电路的输出状态必须反馈到组合电路的输入端,与输入信号一起,共同决定组合逻辑电路的输出。

所以,一般时序电路的电路结构可以用图 9-2-1 所示

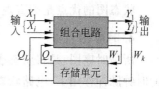
图 9-2-1　时序电路示意图

的框图来表示。

根据时序电路的含义不难看出,触发器是最简单的时序电路。

大家知道,组合电路逻辑功能的描述方法有真值表、表达式和工作波形图等。而描述时序电路逻辑功能的方法也有三种,它们是方程、表格和图形,具体讨论如下。

1. 方程

在图 9-2-1 所示的时序电路示意框图中,$X_1 \sim X_i$ 为时序电路的输入端,$Y_1 \sim Y_j$ 为时序电路的输出端,$W_1 \sim W_k$ 为存储电路的驱动输入端(又称为激励输入端),$Q_1 \sim Q_L$ 为存储电路的状态。

对于一般的时序电路,可以用 j 个输出方程、k 个驱动方程和 L 个状态方程来描述其逻辑功能,即

$$\left. \begin{array}{l} Y_1 = F_1(X_1,\cdots,X_i,Q_1,\cdots,Q_L) \\ \vdots \\ Y_j = F_j(X_1,\cdots,X_i,Q_1,\cdots,Q_L) \end{array} \right\} \quad (9\text{-}2\text{-}1)$$

$$\left. \begin{array}{l} W_1 = G_1(X_1,\cdots,X_i,Q_1,\cdots,Q_L) \\ \vdots \\ W_k = G_k(X_1,\cdots,X_i,Q_1,\cdots,Q_L) \end{array} \right\} \quad (9\text{-}2\text{-}2)$$

$$\left. \begin{array}{l} Q_1^{n+1} = F_1(W_1,\cdots,W_i,Q_1^n,\cdots,Q_L^n) \\ \vdots \\ Q_L^{n+1} = F_j(W_1,\cdots,W_i,Q_1^n,\cdots,Q_L^n) \end{array} \right\} \quad (9\text{-}2\text{-}3)$$

用方程来描述时序电路的逻辑功能,优点是根据方程画电路方便,但是不能直观地看出电路的逻辑功能。

2. 状态表

时序逻辑电路的状态表与触发器的状态表相同,只是这里已知的变量为电路输入 $X_1 \sim X_i$、电路的原状态 $Q_1 \sim Q_L$;待求的为电路的新状态 $Q_1^{n+1} \sim Q_L^{n+1}$、存储电路的驱动 $W_1 \sim W_k$ 和电路的输出 $Y_1 \sim Y_j$。将它们用表格表示,即为状态转换真值表,简称状态表。

3. 状态图

时序逻辑电路的状态图与触发器的状态图相同,即在状态图中的小圆圈分别表示电路的各个状态,以箭头表示状态转换的方向。同时,还在箭头旁注明电路状态转换前的输入变量取值和输出值。通常将输入变量取值写在斜线以上,将输出值写在斜线以下。这种图形称为状态转换图,简称状态图。

状态图的优点是能直观、形象地表示出时序电路的逻辑功能。

4. 时序图

所谓时序图,是将状态表的内容或者状态图的内容画成时间波形的形式。即在序列的时钟脉冲作用下,电路状态、输出状态随时间变化的波形图称为时序图。

用时序图描述时序电路的逻辑功能的优点是能够方便地用实验观察的方法来检查

时序电路的逻辑功能。

时序电路的分类方法主要有：

(1) 按照时序电路中，所有触发器状态的变化是否同步，时序电路分为同步时序电路和异步时序电路。

通俗地讲，若电路中所有触发器的 CP 控制信号都是使用同一个时钟脉冲，这种时序电路就称为同步时序电路；否则，称为异步时序电路。

(2) 按照电路输出信号的特点，时序电路分为米利(Mealy)型时序电路和穆尔(Moore)型时序电路。

Mealy 型时序电路的输出信号不仅取决于存储电路的原状态，还取决于电路的输入变量。其输出方程如式(9-2-1)所示。

Moore 型时序电路的输出信号仅仅取决于存储电路的原状态。其输出方程为

$$\left.\begin{aligned} Y_1 &= F_1(Q_1,\cdots,Q_L) \\ &\vdots \\ Y_j &= F_j(Q_1,\cdots,Q_L) \end{aligned}\right\} \tag{9-2-4}$$

实际上，Moore 型时序电路没有输入端。

应当指出的是，凡是符合时序电路含义的数字电路，都称为时序电路。常用的时序电路有寄存器、计数器、顺序脉冲发生器、检测器、读/写存储器等。

9.2.2 时序电路的分析方法

所谓时序电路的分析，就是根据已知的时序电路，找出该电路所实现的逻辑功能。具体地讲，就是要求找出电路的状态和输出的状态在输入变量和时钟信号作用下的变化规律。

由于同步时序电路中的所有触发器都是在同一个时钟脉冲作用下的，其分析方法比较简单。所以，我们首先讨论同步时序电路的分析方法。

前面已作介绍，描述时序电路逻辑功能的方法有方程式、状态表、状态图和时序图等。由于用状态表或者状态图能够直观地看出时序电路的逻辑功能，所以在分析时序电路时，应设法找出该电路所对应的状态图或者状态表，具体可按如下步骤分析：

(1) 根据给定的时序电路写出电路的输出方程；写出每个触发器的驱动方程(又称为激励方程)。

(2) 将驱动方程代入相应触发器的特征方程，得到每个触发器的状态方程。

(3) 找出与时序电路相对应的状态表或者状态图，以便直观地看出该电路的逻辑功能。

(4) 若电路中存在着无效状态(即电路未使用的状态)，应检查电路能否自启动。

(5) 文字叙述该时序电路的逻辑功能。

【例 9-2-1】 分析如图 9-2-2 所示电路的逻辑功能。

解法

(1) 显然，这是一个由三个维持阻塞 JK 触发器组成的同步时序电路。它是一个

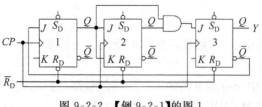

图 9-2-2 【例 9-2-1】的图 1

Moore 型的时序电路,因为该电路无输入信号作用。

(2) 写出电路的驱动方程、输出方程及状态方程。

驱动方程为

$$\left.\begin{array}{ll} J_1 = \bar{Q}_3^n & K_1 = 1 \\ J_2 = Q_1^n & K_2 = Q_1^n \\ J_3 = Q_1^n Q_2^n & K_3 = 1 \end{array}\right\} \quad (9\text{-}2\text{-}5)$$

输出方程为

$$Y = Q_3^n \quad (9\text{-}2\text{-}6)$$

将驱动方程(9-2-5)代入 JK 触发器的特性方程 $Q^{n+1} = J\bar{Q}^n + \bar{K}Q^n$ 中,得到电路的状态方程为

$$\left.\begin{array}{l} Q_1^{n+1} = \bar{Q}_3^n \bar{Q}_1^n \\ Q_2^{n+1} = Q_1^n \bar{Q}_2^n + \bar{Q}_1^n Q_2^n = Q_1^n \oplus Q_2^n \\ Q_3^{n+1} = Q_1^n Q_2^n \bar{Q}_3^n \end{array}\right\} \quad (9\text{-}2\text{-}7)$$

(3) 画出电路的状态图①。

首先将电路清零,即在电路中各触发器的 $\bar{R}_D$ 端加一个置 0 负脉冲,则该电路的状态 "$Q_3^n Q_2^n Q_1^n$" 为 "000"。假设 "000" 为初始状态,当 CP 脉冲到来时,将电路的初始状态代入状态方程(9-2-7),求出电路的新状态。以此类推,得到如图 9-2-3 所示的状态图(同时需求出输出 Y 的逻辑值)。

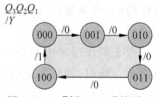

图 9-2-3 【例 9-2-1】的图 2

(4) 检查自启动。

在图 9-2-2 中,电路用了 3 个触发器,电路应该有 $2^n = 2^3 = 8$(n 为触发器数目)个状态。从状态图 9-2-3 中可以看出,电路只使用了 5 个状态,即 000、001、010、011 和 100,这 5 个状态称为有效状态。电路在 CP 控制脉冲作用下,在有效状态之间的循环,称为有效循环。该电路还有 3 个状态,即 101、110 和 111 没有使用。这 3 个状态称为无效状态。电路在 CP 脉冲作用下,在无效状态之间的循环,称为无效循环。

所谓电路能够自启动,就是当电源接通或者由于干扰信号的影响,电路进入到了无效状态,在 CP 控制脉冲作用下,电路能够进入到有效循环,则称该电路能够自启动,否则,电路不能够自启动。

---

① 本题中详细给出了如何通过特征方程求状态图。在后面的内容中,我们将直接给出状态图,其求解过程同本题。

下面检查【例 9-2-1】中的电路能否自启动。

设电路的初始状态为"101"。当 CP 控制脉冲到来时,将初始状态代入状态方程和输出方程,可求出输出为"1",新状态为"010";类似地可得出电路的初始状态为"110"时,在 CP 脉冲作用下输出为"1",新状态为"010";电路的初始状态为"111",在 CP 脉冲作用下输出为"1",新状态为"000"。所以,电路能够自启动。故画出如图 9-2-4 所示的完整的状态图。

显然在图 9-2-4 中,电路由无效状态转换到有效状态过程中的输出 $Y=1$ 为无效输出。

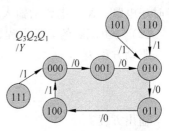

图 9-2-4 【例 9-2-1】的图 3

(5) 结论。

从图 9-2-4 中很容易看出,每经过 5 个时钟信号,电路的状态循环变化一次,所以这个电路具有对时钟信号计数的功能。同时,因为每经过 5 个时钟脉冲作用以及输出端 Y 输出一个进位脉冲,因此,图 9-2-2 中所示电路是一个能够自启动的同步五进制加法计数器。

当然,也可以写出该电路相应的状态表。它可以由状态转换图转换得到;也可以依次假设电路的初始状态,然后代入状态方程和输出方程得到。状态表如表 9-2-1 所示。显然,用状态表描述该电路的逻辑功能不如状态图直观。在后面的分析中,若给出状态图,便不再给出状态表。

表 9-2-1 状态转移真值表

CP	Q_3	Q_2	Q_1	Q_3^{n+1}	Q_2^{n+1}	Q_1^{n+1}	Y
1 ↑	0	0	0	0	0	1	0
2 ↑	0	0	1	0	1	0	0
3 ↑	0	1	0	0	1	1	0
4 ↑	0	1	1	1	0	0	0
5 ↑	1	0	0	0	0	0	1
6 ↑	1	0	1	0	1	0	1
7 ↑	1	1	0	0	1	0	1
8 ↑	1	1	1	0	0	0	1

(6) 计算机仿真。

图 9-2-2 所示电路在 MAX+plus Ⅱ 环境中的仿真结果如图 9-2-5 所示。图中最下面的数字输出形式为 3 个触发器按照 $Q_3Q_2Q_1$ 的顺序以总线形式的仿真结果。从仿真图可看出,图 9-2-2 所示电路为对时钟信号计数的五进制加法计数器。

【例 9-2-2】 分析如图 9-2-6 所示电路的逻辑功能。

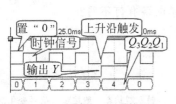

图 9-2-5 【例 9-2-1】的图 4

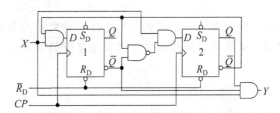

图 9-2-6 【例 9-2-2】的图 1

解法

(1) 显然,这是一个 Mealy 型的时序电路。它是由两个维持阻塞 D 触发器组成的同步时序电路。X 为电路的输入端,Y 为输出端。

(2) 写出电路的驱动方程、输出方程及状态方程。

驱动方程为

$$\left. \begin{array}{l} D_1 = X\overline{Q}_2^n \\ D_2 = \overline{\overline{Q}_1^n \overline{Q}_2^n X} \end{array} \right\} \tag{9-2-8}$$

输出方程为

$$Y = \overline{Q}_1^n Q_2^n X \tag{9-2-9}$$

将驱动方程(9-2-8)代入 D 触发器的特性方程 $Q^{n+1}=D$ 中,得到电路的状态方程为

$$\left. \begin{array}{l} Q_1^{n+1} = X\overline{Q}_2^n \\ Q_2^{n+1} = \overline{\overline{Q}_1^n \overline{Q}_2^n X} \end{array} \right\} \tag{9-2-10}$$

(3) 画出电路的状态图。

由状态方程可得到如图 9-2-7 所示的状态图。

(4) 计算机仿真及结论[①]。

图 9-2-6 所示电路在 MAX+plus Ⅱ 环境中可得到仿真结果如图 9-2-8 所示。从仿真图和状态图可看出,图 9-2-6 所示电路为同步的"1111"序列检测器。即当输入端 X 连续输入 4 个或 4 个以上的 1 时,输出为 1;否则,输出为 0(仿真图给出了连续输入 3 个 1 的状态及输出)。

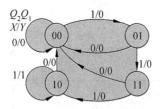

图 9-2-7 【例 9-2-2】的图 2

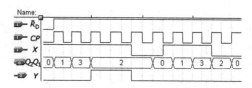

图 9-2-8 【例 9-2-2】的图 3

分析异步时序电路比分析同步时序电路复杂,其原因是每次电路状态发生转移时,只有那些有时钟信号的触发器才需要用状态方程去计算新态,没有时钟信号的触发器则保持原来的状态不变。有兴趣的读者请到本书公开教学网上学习。

思考题

9.2.1 什么叫时序逻辑电路?时序逻辑电路与组合逻辑电路有何不同?

9.2.2 试扼要叙述描述时序逻辑电路逻辑功能的方法。

---

① 在 MAX+plus Ⅱ 环境中仿真时,当输入信号与 CP 信号同时变化时,触发器状态一般按输入信号变化前的状态变化,下同。

9.3 寄存器与计数器的电路特点

寄存器和计数器是最常用的两类时序逻辑电路，理解寄存器、计数器的电路特点是使用集成时序电路芯片的基础。

9.3.1 寄存器

能够存放数码或者二进制逻辑信号的电路，称为寄存器。寄存器电路是由具有存储功能的触发器组成的。显然，用 n 个触发器组成的寄存器能存放一个 n 位的二值代码。

按照功能的差别，寄存器分为两大类：一类是基本寄存器，所需存放的数据或代码只能并行送入寄存器，需要时也只能并行取出；另一类为移位寄存器。

基本寄存器只有存放数据或者代码的功能，它的电路可以由基本触发器、同步触发器、主从触发器、边沿触发器组成，结构比较简单，其实例如图 9-3-1 所示。

图 9-3-1 所示为一个 4 位基本寄存器，它由 4 个维持阻塞 D 触发器组成。图中，D_3、D_2、D_1、D_0 为寄存器的数据输入端，Q_3、Q_2、Q_1、Q_0 为寄存器的输出端，G 为寄存器的控制端。

当 G 上升沿到来时，依照 D 触发器的逻辑功能，有 $Q_3=D_3$，$Q_2=D_2$，$Q_1=D_1$，$Q_0=D_0$，即将 4 位二进制数写入寄存器。在其他时间，依照 D 触发器的逻辑功能，触发器状态不变，即寄存器锁定原始数据不变。基于上述功能，人们有时将并行寄存器称为锁存器。

为了增加使用的灵活性，在集成寄存器中，往往增加一些控制电路，如输出三态控制。将图 9-3-1 所示电路的每一个输出端增加一个三态传输门，构成一个 4 位的输出三态寄存器。如图 9-3-2 所示为输出三态 4 位基本寄存器。当 $\overline{OE}$ 为高电平时，寄存器输出为高阻态；当 $\overline{OE}$ 为低电平时，寄存器正常工作。

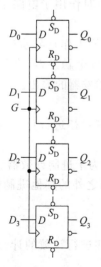

图 9-3-1　4 位基本寄存器

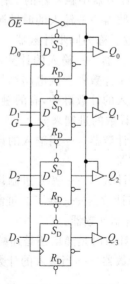

图 9-3-2　输出三态 4 位基本寄存器

移位寄存器不仅能够存放数据或代码,还具有移位的功能。所谓移位功能,是指将寄存器中所存放的数据或者代码,在触发时钟脉冲的作用下,依次逐位向左或者向右移动。具有移位功能的寄存器称为移位寄存器。移位寄存器不但可以用来寄存数据或者代码,还可以用来实现数据的串行—并行的相互转换、数值的运算以及数据处理等。所以,在数字计算机中广泛应用移位寄存器。

如图 9-3-3 所示为 4 位移位寄存器的电路实例。将该图输入到 MAX+plus Ⅱ,可得到仿真结果如图 9-3-4(经过处理)所示。

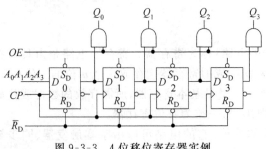
图 9-3-3 4 位移位寄存器实例

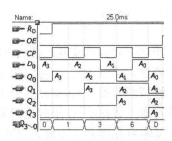
图 9-3-4 图 9-3-3 仿真波形

从图中可以看出,若要设置移位寄存器状态 $Q_3Q_2Q_1Q_0$ 为"1101",需要 4 个 CP 脉冲。之后,可使并行读出脉冲 OE 有效,读出移位寄存器状态。

9.3.2 同步计数器

统计脉冲的个数称为计数,实现计数功能的电路称为计数器。在数字系统使用得最多的时序电路应该是计数器了。这是因为计数器不仅可以用来计数,还可以用来作为定时器、分频器、脉冲序列发生器、数字仪表以及在数字计算机中用于数字运算等。

下面介绍计数器的分类。

(1) 按计数器中触发器的工作是否与时钟脉冲同步来分

同步计数器——输入的时钟脉冲(又称为计数脉冲)同时作用于电路中的所有触发器,这种计数器称为同步计数器。

异步计数器——输入的计数脉冲到来时,各个触发器的工作是异步进行的,这种计数器称为异步计数器。从电路结构上看,对于计数器中的各个触发器,有的触发器的时钟信号是输入的计数脉冲,有的触发器的时钟信号是其他触发器的输出。

(2) 按计数的进制来分

二进制计数器——当输入的计数脉冲到来时,按二进制规律进行计数的计数器称为二进制计数器。

十进制计数器——按十进制规律进行计数的计数器称为十进制计数器。

N 进制计数器——除了二进制计数器和十进制计数器之外的其他进制数的计数器,都称为 N 进制计数器。

(3) 按计数时是递增还是递减来分

加法计数器——当输入的计数脉冲到来时,按递增规律进行计数的计数器称为加法计数器。

减法计数器——当输入的计数脉冲到来时,按递减规律进行计数的计数器称为减法计数器。

可逆计数器——在加、减信号的控制下,既可以进行递增计数,也可进行递减计数的计数器称为可逆计数器。

同步计数器是典型的同步时序网络,电路中所有的触发器都是共用同一个时钟脉冲源,这个时钟脉冲源就是被计数的输入脉冲。

同步二进制计数器电路实例如图9-3-5所示,该图在 MAX+plus II 环境中的仿真结果如图9-3-6所示。图中最下面的数字输出形式为3个触发器按照 Q_3、Q_2、Q_1 的顺序以总线形式的仿真结果。由时序图上可以看出,若输入计数脉冲的频率为 f_0,则 Q_1、Q_2、Q_3 端可以依次输出频率为 $\frac{1}{2}f_0$、$\frac{1}{4}f_0$、$\frac{1}{8}f_0$ 的周期性的矩形脉冲。针对计数器的这种分频功能,人们也把它叫做分频器。

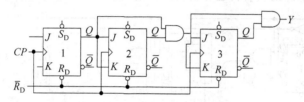

图9-3-5 3位二进制加法计数器的图

由图9-3-6可得到如图9-3-7所示的状态图。从状态图、仿真图可看出,图9-3-5所示电路为对时钟信号计数的3位二进制加法计数器,或称为八进制加法计数器。

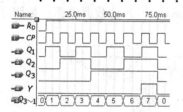

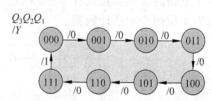

图9-3-6 如图9-3-5所示电路的仿真图   图9-3-7 如图9-3-5所示电路的状态图

一个计数器所能够计入计数脉冲的数目,称为计数器的计数容量、计数长度或计数器的模。上述3位二进制计数器的计数容量等于8,其计数长度或模值数也等于8。

在如图9-3-5所示电路中,下一级触发器的输入接上一级触发器的 Q 端,将其改接 $\bar{Q}$ 端,则形成另一种同步二进制计数器,如图9-3-8所示。该图在 MAX+plus II 环境中的仿真结果如图9-3-9所示。图中最下面的数字输出形式为3个触发器按照 Q_3、Q_2、Q_1 的顺序以总线形式的仿真结果。

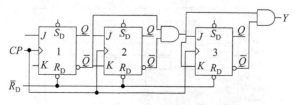

图9-3-8 3位二进制减法计数器的图

由图 9-3-9 可得到如图 9-3-10 所示的状态图。从状态图、仿真图可看出，如图 9-3-8 所示电路为同步 3 位二进制减法计数器。显然，它的计数容量为 8。

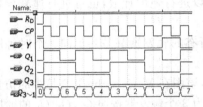
图 9-3-9　如图 9-3-8 所示电路的仿真图

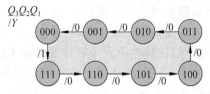
图 9-3-10　如图 9-3-8 所示电路的状态图

将同步二进制加法计数器和同步二进制减法计数器合并在一起，由控制信号 M 来加以控制，当 $M=1$ 时，按加法计数；当 $M=0$ 时，按减法计数（即同步可逆计数器），其电路图如图 9-3-11 所示。请读者自己分析其工作情况。

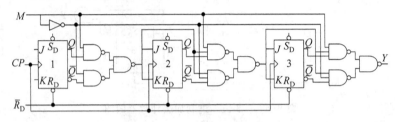
图 9-3-11　同步可逆 3 位二进制计数器

上面分别介绍了 3 位二进制加法、减法、可逆计数器电路的构成方法，读者可参考上面 3 个电路的联接特点设计 4 位、5 位二进制加法、减法、可逆计数器电路。如图 9-3-12 所示为 4 位同步加法计数器。

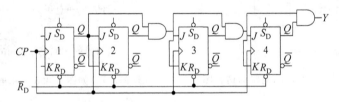
图 9-3-12　同步 4 位二进制加法计数器

对比图 9-3-12（4 位二进制同步加法计数器）与图 9-3-5（3 位二进制同步加法计数器），二者电路联接方式相似，主要区别是 4 位二进制同步加法计数器较 3 位二进制同步加法计数器多一个触发器。读者可在 MAX＋plusⅡ 环境中打开该电路的仿真包，其仿真结果如图 9-3-13 所示。由仿真结果知，该电路为 4 位二进制加法计数器。

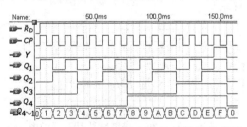
图 9-3-13　同步 4 位二进制加法计数器仿真图

读者可参照上述方法在 MAX+plusⅡ 环境中设计减法、可逆计数器，或更多位的二进制计数器。

同步二—十进制计数器电路实例如图 9-3-14 所示，请读者参考同步时序逻辑电路的分析方法分析该电路的逻辑功能。

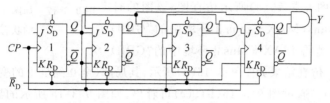

图 9-3-14　同步二—十进制计数器的图

任意进制的计数器一般用集成二进制或二—十进制计数器结合门电路构成，具体内容将在 9.4 节介绍。

9.3.3　异步计数器

异步计数器不同于同步计数器。组成异步计数器的各级触发器时钟脉冲不全是计数输入脉冲，所以各级触发器的状态转移不是在同一时钟脉冲作用下同时产生。

如图 9-3-15 所示为二进制异步计数器电路实例，该图在 MAX+plusⅡ 环境中的仿真结果如图 9-3-16 所示。图 9-3-16(a) 为图 9-3-15 所示电路在 "GRID SIZE" 为 5ms 时的仿真结果，由图 9-3-16(a) 可得到如图 9-3-17 所示的状态图。从状态图、仿真图可看出，如图 9-3-15 所示电路是一个异步的 3 位二进制减法计数器。

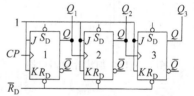

图 9-3-15　二进制异步计数器

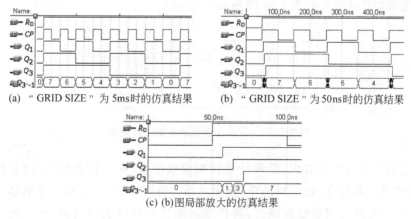

(a) "GRID SIZE" 为 5ms 时的仿真结果　　(b) "GRID SIZE" 为 50ns 时的仿真结果

(c) (b)图局部放大的仿真结果

图 9-3-16　如图 9-3-15 所示电路的仿真图

从上面的状态图、仿真图上看,图 9-3-15 所示的异步 3 位二进制减法计数器和图 9-3-8 所示的同步 3 位二进制减法计数器从逻辑功能到动作特点似乎都没有区别。

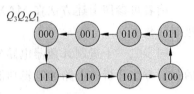

图 9-3-17 如图 9-3-15 所示电路的状态图

进一步分析图 9-3-16(a)所示仿真图,该图的时钟脉冲周期为 10ms(MAX+plus Ⅱ 环境中的"GRID SIZE"为 5ms)。若将 MAX+plus Ⅱ 环境中的"GRID SIZE"改为 50ns,仿真结果如图 9-3-16(b)所示,其局部(全 0 到全 1 的变化过程)放大见图(c)(经过处理)。通过图 9-3-16(b)、(c)可看出,如图 9-3-15 所示的异步 3 位二进制减法计数器由状态"0"进入到状态"7"时,中间经过了"1"、"3"两个过渡状态。

为什么这样呢?

分析如图 9-3-15 所示电路,只有第 1 个触发器的时钟输入与外部时钟相联。当外部时钟上升沿到来时,只有第 1 个触发器由状态"0"翻转到"1",计数器进入过渡状态"1";与此同时,第 1 个触发器 Q 端将产生上升沿,第 2 个触发器将由状态"0"翻转到"1",计数器进入过渡状态"3";随着第 3 个触发器由状态"0"翻转到"1",计数器进入稳定状态"7"。

当然,异步二进制计数器也存在加法、可逆计数器电路。在图 9-3-15 中,若将触发器 1、2 的 $\overline{Q}$ 分别接 2、3 的时钟(如图 9-3-18 所示),则构成异步的 3 位二进制加法计数器。将加法、减法计数器合在一起,可构成可逆计数器。

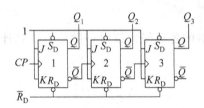

图 9-3-18 加法计数器电路

显然,异步计数器的逻辑功能与触发器的动作特点紧密相关。图 9-3-15 所示电路中,JK 触发器具有上升沿触发的动作特点,为二进制减法异步计数器;若采用具有下降沿触发动作特点的 JK 触发器,则构成二进制加法异步计数器。由下降沿 JK 触发器构成的 4 位二进制加法计数器如图 9-3-19 所示。

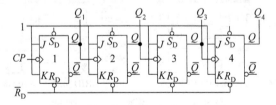

图 9-3-19 异步 4 位二进制加法计数器

通过上面的分析可以看出,异步计数器响应速度慢,存在过渡状态,可靠性差。当然,异步计数器也有优点,它电路简单,使用灵活。将图 9-3-19 所示电路的第 1 个触发器与第 2 个触发器之间的联接断开,将该联接端作为外部引脚引出,可方便构成二—八—十六进制计数器,具体方法将在 9.4 节中介绍。读者还可参考上面介绍的几个电路的联接特点,构造 5 位或更高位数的异步二进制计数器电路。

思考题

9.3.1 请结合图 9-3-5 和图 9-3-13 的电路联接特点,构造一个 5 位二进制加法计数器,并在 MAX+plus Ⅱ 环境中仿真验证你所构造的电路是否正确。

9.3.2 请分析图 9-3-20 所示电路的逻辑功能,并说明它与图 9-3-5 所示电路相比有何优点。

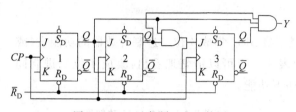

图 9-3-20 思考题 9.3.2 的图

9.3.3 在图 9-3-18 中,若选用下降沿触发的 JK 触发器,电路的功能如何?

9.3.4 请从图 9-3-15 所示电路的联接特点出发,构造一个异步的 4 位二进制减法计数器,并在 MAX+plus Ⅱ 环境中仿真验证你所构造的电路是否正确。

9.4 常用中规模时序逻辑电路芯片的特点及其应用

9.4.1 集成二进制同步计数器

中规模集成同步计数器的产品型号比较多,其电路结构是在基本计数器,例如二进制计数器、二—十进制计数器的基础上增加了一些附加电路,以扩展其功能。

常用的集成二进制同步计数器有加法计数器和可逆计数器两种类型。

1. 集成 4 位二进制同步加法计数器

在如图 9-3-12 所示的 4 位二进制加法计数器的基础上,为了使用和扩展功能的方便,在制作集成 4 位二进制同步加法计数器时,增加了一些辅助功能,例如置数功能、保持功能等。

集成 4 位二进制同步加法计数器的主要产品有 CT54161/CT74161、CT54LS161/CT74LS161、CC40161 等,它们采用的都是异步清零(又称为异步清除)。此外,还有用同步清零的计数器,它们是当 $\overline{CR}$ 低电平有效时,在时钟信号作用下实现清零,如 CT54163/CT74163、CT54LS163/CT74LS163、CC40163 等 4 位二进制计数器。

下面介绍比较典型的芯片 CT54LS161/CT74LS161[①](4 位二进制计数器)的控制逻

---

① CT54/CT74 系列芯片与 CT54LS/CT74LS 系列对应芯片的逻辑功能、工作原理、引线排列图和逻辑符号都相同。在后面的内容中,我们不再区分 CT54/CT74 系列与 CT54LS/CT74LS 系列芯片,统一采用 74LS TTL 系列的命名方法。

辑及其应用。

(1) 管脚说明

图 9-4-1 所示为集成 4 位二进制计数器 74LS161。图中,CP 为输入的计数脉冲,也就是加到各个触发器的时钟信号端的时钟脉冲。$\overline{CR}$ 是清零端,$\overline{LD}$ 是置数控制端,CT_P 和 CT_T 是两个计数器工作状态的控制端,$D_0 \sim D_3$ 是并行输入数据端,CO 是进位信号输出端,$Q_0 \sim Q_3$ 是计数器状态输出端。

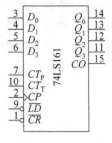

图 9-4-1 74LS161

(2) 功能表

表 9-4-1 所示为 74LS161 集成 4 位二进制计数器的功能表(或者称为状态表)。由表 9-4-1 可以清楚地看出,集成 4 位二进制同步加法计数器具有如下功能:

表 9-4-1 74LS161 功能表

$\overline{CR}$	$\overline{LD}$	CT_P	CT_T	CP	D_0	D_1	D_2	D_3	Q_0	Q_1	Q_2	Q_3
0	×	×	×	×	×	×	×	×	0	0	0	0
1	0	×	×	↑	d_0	d_1	d_2	d_3	d_0	d_1	d_2	d_3
1	1	1	1	↑	×	×	×	×	正常计数			
1	1	×	0	×	×	×	×	×	保持(但 $CO=0$)			
1	1	0	1	×	×	×	×	×	保持			

① 异步清零功能

当 $\overline{CR}=0$ 时,计数器清零。从表 9-4-1 中第 1 行可以看出,$\overline{CR}=0$,其他输入信号都不起作用。由时钟触发器的逻辑特性知道,其异步输入端的信号是优先的,$\overline{CR}=0$ 正是通过 $\overline{R}_D=0$ 使各个触发器清零的。这一工作又称为计数器的复位。

② 同步并行置数功能

从表 9-4-1 中第 2 行可以看出,当 $\overline{CR}=1$ 且 $\overline{LD}=0$ 时,在 CP 脉冲上升沿的操作下,从并行输入数据端 $D_0 \sim D_3$ 输入的数据 $d_0 \sim d_3$ 置入计数器,使计数器的状态为 $Q_3 Q_2 Q_1 Q_0 = d_3 d_2 d_1 d_0$。

③ 二进制同步加法计数功能

从表 9-4-1 中第 3 行可以看出,当 $\overline{CR}=\overline{LD}=1$ 时,若 $CT_T=CT_P=1$,则 4 位二进制加法计数器对输入的 CP 计数脉冲进行加法计数。当第 15 个 CP 脉冲到来时,计数器的状态 $Q_3 Q_2 Q_1 Q_0$ 为 1111,同时进位信号 $CO=1$;当第 16 个 CP 脉冲到来时,计数器的状态 $Q_3 Q_2 Q_1 Q_0$ 为 0000,同时进位信号 CO 跳变到 0,计数器向高一位产生下降沿输出信号。

④ 保持功能

从表 9-4-2 中第 4 行、第 5 行可以看出,当 $\overline{CR}=\overline{LD}=1$ 时,若 $CT_T \cdot CT_P=0$,计数器将保持原来状态不变。对于进位输出 CO 有两种情况:如果 $CT_T=0$,那么 $CO=0$;如果 $CT_T=1$,则 $CO=Q_3^n Q_2^n Q_1^n Q_0^n$。

表 9-4-2　74LS163 功能表

$\overline{CR}$	$\overline{LD}$	CT_P	CT_T	CP	D_0	D_1	D_2	D_3	Q_0	Q_1	Q_2	Q_3
0	×	×	×	↑	×	×	×	×	0	0	0	0
1	0	×	×	↑	d_0	d_1	d_2	d_3	d_0	d_1	d_2	d_3
1	1	1	1	↑	×	×	×	×	正常计数			
1	1	×	0		×	×	×	×	保持($CO=0$)			
1	1	0	1	×	×	×	×	×	保持			

综上所述,表 9-4-1 所示的功能表反映了 74LS161 是一个具有异步清零、同步置数、可以保持状态不变的 4 位二进制同步上升沿加法计数器(读者可打开 74LS161 仿真源程序包进一步理解其逻辑功能)。

74LS161 和 74LS163 除了采用同步清零方式外,其逻辑功能、计数工作原理和引线排列图和 74LS161 没有区别。表 9-4-2 所示是 74LS163(4 位二进制计数器)的功能表(可打开 74LS163 仿真源程序包进一步理解其逻辑功能)。

常用的 CMOS 集成同步计数器有 CC4520、CC4526(减法计数器)等,有兴趣的读者请参阅有关书籍。

2. 集成 4 位二进制同步可逆计数器

集成 4 位二进制同步可逆计数器有单时钟和双时钟两种类型。限于篇幅,在此仅介绍单时钟的同步可逆计数器。下面以比较典型的单时钟集成 4 位二进制同步可逆计数器 74LS191 为例,作简单的说明。

(1) 管脚说明

图 9-4-2 所示为集成 4 位二进制同步可逆计数器 74LS191。图中,$\overline{U}/D$ 为加减计数控制端,$\overline{CT}$ 为使能端,$\overline{LD}$ 是异步置数端,$D_0 \sim D_3$ 为并行数据输入端,$Q_0 \sim Q_3$ 为计数器计数状态输出端,CO/BO 为进位/借位信号输出端(**当加法计数计数到最大值全 1、减法计数计数到最小值 0 时,输出高电平**),$\overline{RC}$ 是多个芯片级联时级间串行计数使能端(一般可以不画出)。

(2) 功能表

表 9-4-3 所示为 74LS191 集成 4 位二进制同步可逆计数器的功能表。该表反映出的功能为:同步可逆计数功能(表中第 2、3 行)、异步并行置数功能(表中第 1 行)和保持功能(表中第 4 行)。74LS191 集成 4 位二进制同步可逆计数器没有专用的清零输入端,但是可以借助 $D_0 \sim D_3$ 端异步并行置入数据 0000,间接实现清零功能。

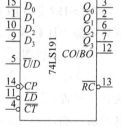

图 9-4-2　74LS191

表 9-4-3　74LS191 功能表

$\overline{LD}$	$\overline{CT}$	$\overline{U}/D$	CP	D_0	D_1	D_2	D_3	Q_0	Q_1	Q_2	Q_3
0	×	×	×	d_0	d_1	d_2	d_3	d_0	d_1	d_2	d_3
1	0	0	↑	×	×	×	×	加法计算			
1	0	1	↑	×	×	×	×	减法计数			
1	1	×	×	×	×	×	×	保持			

(3) 级联端($\overline{RC}$)的作用

$\overline{RC}$端在多片可逆计数器级联时使用,其表达式为

$$\overline{RC} = \overline{\overline{CP} \cdot \overline{CO/BO} \cdot \overline{CT}}$$

当$\overline{CT}=0$(即$CT=1$)且$CO/BO=1$时,$\overline{RC}=CP$,$\overline{RC}$端产生的输出进位脉冲的波形和输入计数脉冲的波形相同,如图 9-4-3 所示。当多片 74LS191 集成计数器级联时,只需将低位的$\overline{RC}$端与高位的CP端连接起来,各芯片的$\overline{U}/D$、$\overline{CT}$和$\overline{LD}$端连接在一起就可以了(可打开 74LS191 仿真源程序包进一步理解其逻辑功能)。

集成单时钟 4 位二进制同步可逆计数器还有 74LS169、CC4516 等。

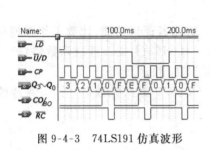

图 9-4-3 74LS191 仿真波形   图 9-4-4 74LS197

9.4.2 集成二进制异步计数器

集成二进制异步计数器的品种较多。我们以比较典型的 74LS197 4 位二进制异步加法计数器为例作如下说明。

74LS197 是在图 9-3-19 基础上,为了使用和扩展功能的方便,在制作集成 4 位二进制异步加法计数器时,增加了一些辅助功能。

(1) 管脚说明

图 9-4-4 所示为异步 4 位二进制计数器 74LS197。图中,$\overline{CR}$为异步清零端,$CT/\overline{LD}$为计数和置数控制端,CP_0为触发器 FF_0 的时钟脉冲输入端,CP_1是触发器 FF_1 的时钟脉冲输入端,$D_0 \sim D_3$ 端为并行数据输入端,$Q_0 \sim Q_3$ 为计数器的状态输出端。

(2) 功能表

表 9-4-4 所示为 74LS197 集成 4 位二进制异步计数器功能表,从中可以清楚地看出,74LS197 具有以下功能。

表 9-4-4 74LS197 功能表

$\overline{CR}$	$CT/\overline{LD}$	CP	D_0	D_1	D_2	D_3	Q_0	Q_1	Q_2	Q_3
0	×	×	×	×	×	×	0	0	0	0
1	0	×	d_0	d_1	d_2	d_3	d_0	d_1	d_2	d_3
1	1	↓	×	×	×	×	加法计数			

① 清零功能

当 $\overline{CR}=0$ 时，计数器异步清零。

② 置数功能

当 $\overline{CR}=1$ 且 $CT/\overline{LD}=0$ 时，计数器异步置数。

③ 4 位二进制异步加法计数功能

当 $\overline{CR}=1$ 且 $CT/\overline{LD}=1$ 时，进行异步加法计数。

应注意，若将 CP 加在 CP_0 端、把 Q_0 与 CP_1 连接起来，则构成 4 位二进制即十六进制加法计数器；若将 CP 加在 CP_1 端，则计数器中的触发器 FF_1、FF_2 和 FF_3 构成 3 位二进制即八进制异步加法计数器。显然，FF_0 不工作。若只将 CP 加在 CP_0 端，CP_1 端接 0 或 1，则只有 FF_0 工作，形成 1 位二进制计数器，此时 FF_1、FF_2 和 FF_3 不工作。所以，有时也将 CT54197/CT74LS197 称为二—八—十六进制异步计数器（可到公开教学网上下载 74LS197 仿真源程序包进一步理解）。

与 74LS197 二—八—十六进制异步计数器相同的芯片是 74LS293。双 4 位二进制异步加法计数器的芯片有 74LS393。CMOS 集成异步计数器有 7 位二进制异步计数器 CC4024、12 位二进制异步计数器 CC4040，以及 14 位二进制异步计数器 CC4020、CC4060 等。

9.4.3 集成十进制同步计数器

常用的集成十进制同步计数器有加法计数器、可逆计数器两大类，它们采用的都是 8421 BCD 码。

1. 集成十进制同步加法计数器

集成十进制同步加法器种类较多，TTL 产品有 74LS160、74LS162 等，CMOS 产品有 CC40160 等。

74LS160 是一个具有异步清零、同步置数、可以保持状态不变的十进制同步加法计数器。74LS162 与 74LS160 的区别是，74LS162 采用同步清零方式，即当 $\overline{CR}=0$ 时，还需要在 CP 脉冲上升沿到来时，计数器才被清零。74LS160、74LS161、74LS162、74LS163 的输出端排列图和逻辑符号完全相同，其逻辑功能基本类似，其区别如表 9-4-5 所示。读者可对照 74LS161、74LS163 的逻辑功能理解 74LS160、74LS162。

表 9-4-5　74LS160、74LS161、74LS162、74LS163 加法计数器功能简表

74LS161	74LS160	74LS163	74LS162
异步清零	异步清零	同步清零	同步清零
同步置数	同步置数	同步置数	同步置数
状态保持	状态保持	状态保持	状态保持
十六进制计数	十进制计数	十六进制计数	十进制计数

2. 集成十进制同步可逆计数器

与集成二进制同步可逆计数器一样，集成十进制同步可逆计数器也有单时钟和双时

钟两种类型。常用的产品型号有 74LS190、74LS192、74LS168、CC4510 等。

集成十进制同步可逆计数器 74LS190 与集成十六进制同步可逆计数器 74LS191 的输出端排列图和逻辑符号相同,其区别是前者为十进制计数器,后者为十六进制计数器,如表 9-4-6 所示。读者可对照 74LS191 理解 74LS190。

表 9-4-6　74LS190、74LS191 可逆计数器功能简表

74LS191	74LS190	74LS191	74LS190
异步置数 单时钟	异步置数 单时钟	状态保持 进位/借位、级联输出	状态保持 进位/借位、级联输出

9.4.4　集成十进制异步计数器

常用的集成十进制异步计数器型号有 74LS196、74LS290 等,它们都是按照 8421 BCD 码进行加法计数的电路。我们以比较典型的 74LS290 为例进行简单说明。

1. 管脚说明

图 9-4-5 所示为异步十进制计数器 74LS290。

2. 功能表

表 9-4-7 所示为集成十进制异步计数器 74LS290 的功能表,从中可以清楚地看出,74LS290 具有以下功能。

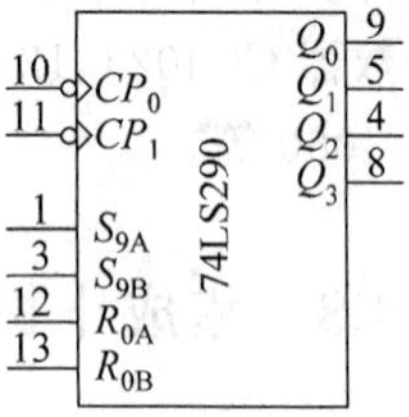

图 9-4-5　74LS290

表 9-4-7　74LS290 功能表

R_{0A}	R_{0B}	S_{9A}	S_{9B}	CP	Q_0	Q_1	Q_2	Q_3
1	1	0	×	×	0	0	0	0
1	1	×	0	×	0	0	0	0
×	×	1	1	×	1	0	0	1
×	0	×	0	↓	加法计数			
0	×	0	×	↓	加法计数			
0	×	×	0	↓	加法计数			
0	×	0	×	↓	加法计数			

(1) 异步清零功能

当 $R_{0A}=R_{0B}=1$ 且 $S_{9A} \cdot S_{9B}=0$ 时,计数器异步清零。

(2) 置"9"功能

当 $S_{9A}=S_{9B}=1$ 时,计数器实现置"9"功能,即被置 1001 状态。显然,这种置"9"也是通过触发器输入端进行的,与 CP 脉冲无关,而且优先级别高于 R_{0A} 和 R_{0B}。

(3) 计数功能

计数功能有 4 种基本情况:

① 若将输入的计数脉冲 CP 加到 CP_0 端,即 $CP_0=CP$,而且将 Q_0 与 CP_1 从外部连

接起来,即 $CP_1=Q_0$,则电路将对 CP 按照 8421 BCD 码进行异步加法计数。

② 若仅将输入的计数脉冲 CP 接到 CP_0 端,即 $CP_0=CP$,而 CP_1 与 Q_0 不连接起来,则计数器中的触发器 FF_0 工作,形成 1 位二进制计数器,也称为 2 分频(因为 Q_0 变化的频率是 CP 脉冲频率的二分之一)。此时,触发器 FF_1、FF_2 和 FF_3 不工作。

③ 如果只将 CP 计数脉冲接在 CP_1 端,即 $CP_1=CP$,则触发器 FF_0 不工作,触发器 FF_1、FF_2 和 FF_3 工作,构成五进制异步计数器(或者称为 5 分频电路)。

④ 如果按 $CP_1=CP$,$CP_0=Q_3$ 连线,虽然电路仍然是十进制异步计数器,但计数规律不再按照 8421 BCD 码计数。此时的计算机仿真结果如图 9-4-6 所示。

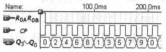

图 9-4-6　$CP_1=CP$、$CP_0=Q_3$ 时的仿真图

9.4.5　用中规模集成计数器实现 N 进制计数器

可利用集成计数器的清零控制端或者置数控制端,使设计的电路跳过某些状态而获得 N 进制计数器。集成计数器清零、置数有两种工作方式,即异步和同步。所谓异步工作方式,是指通过时钟触发器的异步输入端($\overline{R}_D$ 端或 $\overline{S}_D$ 端)实现清零或置数,而与 CP 计数脉冲无关。同步工作方式是指当 CP 计数脉冲到来时,才能完成清零或者置数的任务。

当集成 M 进制计数器从状态 S_0 开始计数时,若输入的计数脉冲输入 N 个脉冲后,M 进制集成计数器处于 S_N 状态。如果利用 S_N 状态产生一个清零信号,并加到异步清零输入端,使计数器回到状态 S_0,这样就跳过了 $M-N$ 个状态,实现了模值数为 N 的 N 进制计数器。

可得出利用具有异步清零端的集成 M 进制计数器设计 N 进制计数器的设计步骤如下:

① 写出状态 S_N 的二进制代码。
② 求出清零函数 $\overline{CR}$。
③ 画出电路图。

【例 9-4-1】　试用 74LS161 设计十二进制计数器。

解法

(1) 74LS161 为 4 位二进制同步加法计数器,采用异步清零。

(2) 写出状态 S_N 的二进制代码。

$$S_N = S_{12} = 1100$$

(3) 求出清零函数 $\overline{CR}$。

由题意知,当 $Q_3Q_2Q_1Q_0=1100$ 时,应产生 $\overline{CR}$ 信号,使状态回到"0000",从而实现十二进制计数。即当 $Q_3Q_2Q_1Q_0=1100$ 时,$\overline{CR}=0$,所以

$$\overline{CR} = \overline{Q_3Q_2}$$

(4) 电路如图 9-4-7 所示。$D_0 \sim D_3$ 可随意,图中接高电平。正常计数时,$\overline{LD}$、CT_P 和 CT_T 应接高电平(参见 74LS161 功能表 9-4-1)。

(5) 计算机仿真。

图 9-4-7 所示电路的计算机仿真结果如图 9-4-8 所示。从仿真结果可看出,图 9-4-7 所示电路为十二进制计数器。图 9-4-8(a) 为图 9-4-7 所示电路在 "GRID SIZE" 为 10ms 时的仿真结果。若将 "GRID SIZE" 改为 50ns,其仿真结果如图 9-4-8(b) 所示,其局部(状态 "B" 到 0 的变化过程)放大见图(c)。通过图 9-4-8(b)、(c) 可看出利用异步清零端的复位法实现 N 进制计数器的动作特点(经过了一个过渡状态 S_N 后清零)。

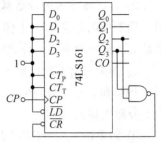

图 9-4-7 【例 9-4-1】的图 1

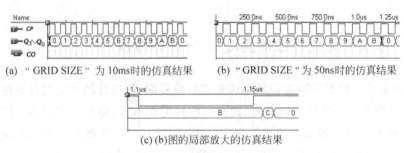

(a) "GRID SIZE" 为 10ms 时的仿真结果　　(b) "GRID SIZE" 为 50ns 时的仿真结果

(c) (b) 图的局部放大的仿真结果

图 9-4-8 【例 9-4-1】的图 2

从【例 9-4-1】可看出,利用异步清零端的复位法实现 N 进制计数,存在一个短暂的过渡状态 S_N。作为一个 N 进制计数器,从初始状态 S_0 开始计数。当计到 S_{N-1} 时,若输入一个 CP 计数脉冲,计数器的状态应该回到 S_0,同时向高一位产生进位输出信号。但是,用异步清零端的复位法所设计出的计数器,不是立即回到 S_0,而是先转换到 S_N 状态,借助 S_N 的译码电路使计数器回到 S_0 状态,这时状态 S_N 消失,整个过程需要大约几十纳秒。

可类似得出利用同步清零端的集成 M 进制计数器设计 N 进制计数器的设计步骤如下:

① 写出状态 S_{N-1} 的二进制代码(由于具有同步清零端的集成 M 进制计数器是在当 $\overline{CR}=0$ 且 CP 计数脉冲到来时才实现清零的,所以应写出状态 S_{N-1} 的二进制代码)。

② 求出清零函数 $\overline{CR}$。

③ 画出电路图。

可见,如图 9-4-9 所示电路为十二进制计数器。

置位法与复位法不同,它是利用集成 M 进制计数器的置数控制端 $\overline{LD}$ 的作用,预置数的数据输入端 $D_0 \sim D_3$ 均为 0 来实现的。具体地讲,就是当集成 M 进制计数器从状态 S_0 开始计数时,若输入的 CP 计数脉冲输入了 $N-1$ 个脉冲后,M 进制集成计数器处于 S_{N-1} 状态。如

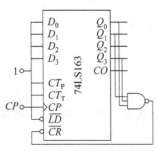

图 9-4-9 十二进制计数器的图 1

果利用 S_{N-1} 状态产生一个置数控制信号加到置数控制端,当 CP 计数脉冲到来时,使计数器回到状态 S_0,即 $S_0 = Q_3Q_2Q_1Q_0 = D_3D_2D_1D_0 = 0000$,这就跳过了 $M-N$ 个状态,实现了模值数为 N 的 N 进制计数器。

利用具有同步置数端的集成 M 进制计数器设计 N 进制计数器的设计步骤为:
① 写出状态 S_{N-1} 的二进制代码。
② 求出置数函数 $\overline{LD}$。
③ 画出电路图。

利用具有异步置数端的集成 M 进制计数器设计 N 进制计数器的设计步骤为:
① 写出状态 S_N 的二进制代码。
② 求出置数函数 $\overline{LD}$。
③ 画出电路图。

可见,如图 9-4-10 所示电路为十二进制计数器。

上面所介绍的用 M 进制计数器实现 N 进制计数器的方法均是针对 $N<M$ 的 N 进制计数器。如果需要设计 $N>M$ 的 N 进制计数器,需要利用集成计数器容量的扩展。可通过下面的例题来理解。

【**例 9-4-2**】 试分析如图 9-4-11 所示电路的逻辑功能。

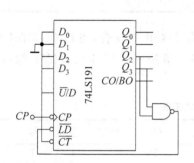

图 9-4-10 十二进制计数器的图 2

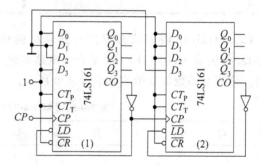

图 9-4-11 【例 9-4-2】的图 1

解法

(1) 接法分析。

图 9-4-11 所示电路由两片 74LS161 和两个非门组成。两片 74LS161 的 $\overline{CR}$、CT_P 和 CT_T 均接高电平,$\overline{LD} = \overline{CO}$。片(1)的 $D_3D_2D_1D_0 = 1001$,片(2)的 $D_3D_2D_1D_0 = 0111$。可见,当 $\overline{LD}$ 无效时,计数器处于正常计数状态。当计数器计数到最大值时,$\overline{CO} = 0$。当下一个计数脉冲上升沿到来时,计数器置数,进入 $D_3D_2D_1D_0$ 设置的状态。

(2) 片(1)的仿真结果如图 9-4-12 所示。从仿真结果可看出,芯片(1)为七进制加法计数器。片(2)的仿真结果如图 9-4-13 所示。(图中,$\overline{CO_1}$、$\overline{CO_2}$ 为片(1)、片(2)的进位输出信号取反)。从仿真结果可看出,芯片(2)为九进制加法计数器。

(3) 从图 9-4-13 可看出,芯片(2)的计数脉冲为芯片(1)的进位脉冲。而芯片(1)每计 7 个 CP 计数脉冲,产生 1 个进位输出信号。所以,图 9-4-11 所示电路为 $N = 7 \times 9 = 63$ 进制计数器。

图 9-4-12 【例 9-4-2】的图 2

图 9-4-13 【例 9-4-2】的图 3

【例 9-4-3】 请设计在时钟作用下按照如表 9-4-8 所示顺序发生状态转换的灯光控制逻辑。表中的"1"表示灯"亮","0"表示灯"灭"。

解法

(1) 由表 9-4-8 可知,该灯光控制逻辑 8 个时钟完成 1 次状态循环,可利用 74LS161 实现该功能。

表 9-4-8 【例 9-4-3】的原始状态表

CP	红	黄	绿	CP	红	黄	绿
0	0	0	0	5	0	0	1
1	1	0	0	6	0	1	0
2	0	1	0	7	1	0	0
3	0	0	1	8	0	0	0
4	1	1	1				

(2) 74LS161 内部状态按照自然规律循环,与表 9-4-8 不吻合,可将 74LS161 的 $Q_2 Q_1 Q_0$ 作为输入,用 74LS138 结合门电路实现如表 9-4-8 所示的红(R)、黄(Y)、绿(G) 输出。该逻辑函数的真值表如表 9-4-9 所示。

表 9-4-9 【例 9-4-3】的状态输出表

Q_2	Q_1	Q_0	红	黄	绿	Q_2	Q_1	Q_0	红	黄	绿
0	0	0	0	0	0	1	0	0	1	1	1
0	0	1	1	0	0	1	0	1	0	0	1
0	1	0	0	1	0	1	1	0	0	1	0
0	1	1	0	0	1	1	1	1	1	0	0

令 74LS138 译码器的地址端分别为 $A_2=Q_2$、$A_1=Q_1$ 和 $A_0=Q_0$,则它的输出就是表 9-4-9 中的 $\overline{m}_0 \sim \overline{m}_7$,有

$$R = m_1 + m_4 + m_7 = \overline{\overline{m}_1 \cdot \overline{m}_4 \cdot \overline{m}_7} = \overline{\overline{Y}_1 \cdot \overline{Y}_4 \cdot \overline{Y}_7}$$

$$Y = m_2 + m_4 + m_6 = \overline{\overline{m}_2 \cdot \overline{m}_4 \cdot \overline{m}_6} = \overline{\overline{Y}_2 \cdot \overline{Y}_4 \cdot \overline{Y}_6}$$

$$G = m_3 + m_4 + m_5 = \overline{\overline{m}_3 \cdot \overline{m}_4 \cdot \overline{m}_5} = \overline{\overline{Y}_3 \cdot \overline{Y}_4 \cdot \overline{Y}_5}$$

可画出电路如图 9-4-14 所示。

9.4.6 集成移位寄存器及其应用

在移位寄存器的基础上,增加一些辅助功能(如清零、置数、保持等)便构成集成移位

寄存器。集成移位寄存器的主要产品有 4 位移位寄存器 74LS195、4 位双向移位寄存器 74LS194；8 位移位寄存器 74LS164、8 位双向移位寄存器 74LS198 等。

现以 74LS195 为例,做一些说明。

(1) 管脚说明

图 9-4-15 所示为 4 位移位寄存器 74LS195。图中,$\overline{CR}$ 是清零端,$SH/\overline{LD}$ 是移位置数控制端,$D_0 \sim D_3$ 是并行数据输入端,J、$\overline{K}$ 为数据输入端；$Q_0 \sim Q_3$ 是寄存器状态输出端。

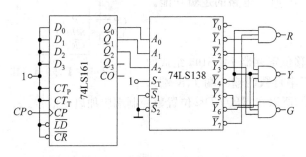

图 9-4-14 【例 9-4-3】的图

图 9-4-15 74LS195

(2) 功能表

74LS195 功能表如表 9-4-10 所示。由表可看出集成 4 位移位寄存器 74LS195 具有如下功能。

表 9-4-10 74LS195 功能表

$\overline{CR}$	$SH/\overline{LD}$	J	$\overline{K}$	CP	D_0	D_1	D_2	D_3	Q_0	Q_1	Q_2	Q_3
0	×	×	×	×	×	×	×	×	0	0	0	0
1	0	×	×	↑	d_0	d_1	d_2	d_3	d_0	d_1	d_2	d_3
1	1	0	1	↑	×	×	×	×	Q_0	Q_0	Q_1	Q_2
1	1	0	0	↑	×	×	×	×	0	Q_0	Q_1	Q_2
1	1	1	0	↑	×	×	×	×	$\overline{Q_0}$	Q_0	Q_1	Q_2
1	1	1	1	↑	×	×	×	×	1	Q_0	Q_1	Q_2
1	1	×	×	0	×	×	×	×	Q_0	Q_1	Q_2	Q_3

① 清零功能

当 $\overline{CR}=0$ 时,移位寄存器异步清零。

② 并行送数功能

当 $\overline{CR}=1$ 且 $SH/\overline{LD}=0$ 时,在 CP 上升沿作用下可将加在并行输入端 $D_0 \sim D_3$ 的数码 $d_0 \sim d_3$ 送入移位寄存器。

③ 右移串行送数功能

当 $\overline{CR}=1$ 且 $SH/\overline{LD}=1$ 时,在 CP 上升沿的作用下,执行右移位寄存器功能,Q_0 接收 J、$\overline{K}$ 串行输入数据。

④ 保持功能

当 $\overline{CR}=1$、$SH/\overline{LD}=1$ 且 $CP=0$ 时,移位寄存器保持状态不变。

CT54LS195/CT74LS195 4 位移位寄存器的逻辑符号、功能表与 CT54S195/CT74S195 相同。

移位寄存器除了可以用来存入数码外,还可以利用它的移存规律构成任意模值 n 的计数器,所以又称之为移存型计数器。常用的移存型计数器有环形计数器和扭环形计数器。

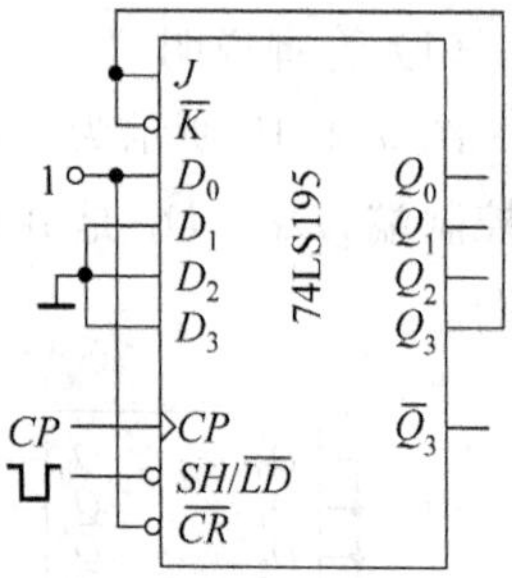

【例 9-4-4】 试分析如图 9-4-16 所示电路的逻辑功能。

解法

(1) 接法分析

图 9-4-16 所示电路为用 4 位移位寄存器 74LS195 组成的环形计数器(即寄存器的 Q_3 端接至串行数码输入端 J、$\overline{K}$ 端)。由于这种环形计数器不能够自启动,所以 $SH/\overline{LD}$ 移位置数控制端应加启动信号。

图 9-4-16 【例 9-4-4】图 1

(2) 工作原理

① 并行送数

在启动负脉冲作用下,使 $SH/\overline{LD}=0$ 时,由功能表的第 2 行可知,在 CP 脉冲的作用下,将并行置入的数据 $d_0d_1d_2d_3=1000$ 送入移位寄存器。

② 右移串行送数操作

当 $\overline{CR}=1$ 且 $SH/\overline{LD}=1$ 时,由于 $J=\overline{K}=Q_3$,在 CP 脉冲的作用下,将 Q_3 右移送到寄存器中。

(3) 计算机仿真

图 9-4-16 所示电路的计算机仿真结果如图 9-4-17 所示。在启动信号作用下,移位寄存器存入数据 0001($Q_3Q_2Q_1Q_0$),然后一直进行右移操作,实现了模值为 4 的计数功能。由于这种移存型计数器在每一个输出端轮流出现 1(或者 0),故称为环形计数器。

在图 9-4-16 中,若将 J、$\overline{K}$ 端接至 $\overline{Q_3}$ 端,可以得到模值为 8 的计数器,其计算机仿真结果如图 9-4-18 所示。请读者自行分析其工作过程。

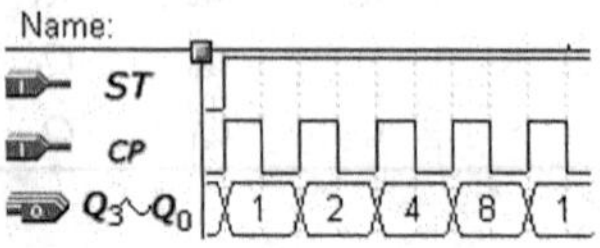

图 9-4-17 【例 9-4-4】图 2 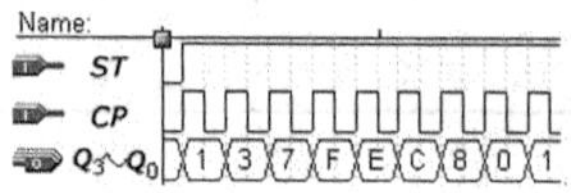   图 9-4-18 将 J、$\overline{K}$ 端接至 $\overline{Q_3}$ 端的仿真结果

【例 9-4-5】 试分析如图 9-4-19 所示电路的逻辑功能。

解法

图 9-4-19 所示电路的计算机仿真结果如图 9-4-20 所示。可令初值为"0000",根据 74LS195 的逻辑功能可得出图示仿真结果,从中可看出,图 9-4-19 所示电路为由移位寄存器构成的模值为 13 的计数器。

显然,如果在图 9-4-19 所示电路中改变并行输入的数据 $d_0 \sim d_3$,就可以获得其他模值数的计数器。

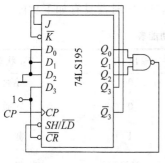

图 9-4-19 【例 9-4-5】图 1

图 9-4-20 【例 9-4-5】图 2

思考题

9.4.1 试举例说明集成计数器异步复位、同步复位、同步置数和计数工作的特点。

9.4.2 请说明【例 9-4-1】中设计的十二进制计数器有什么不足,应如何改进。

9.4.3 请用两片 74LS161 构成一个 8 位二进制计数器。

9.4.4 给你 1 片 74LS161 芯片和 1 个主从 JK 触发器,可构成模值最大为多少的计数器?

9.5 555 定时器及其应用

时钟信号是时序逻辑电路的基本工作信号,它可通过脉冲单元电路来获得。555 定时器是一种多用途的单片集成电路,利用它可以很方便地构成施密特触发器、单稳态触发器和多谐振荡器等电路,在波形的产生与变换、测量与控制、家用电器等许多领域中都得到了广泛的应用。

1. 功能说明

如图 9-5-1 所示是 555 集成定时器的电路结构图,它包括基本 RS 触发器(与非门 G_1、G_2)、比较器(C_1、C_2)、电阻分压器(3 个电阻值均为 $5k\Omega$ 的电阻,555 因此而得名)、晶体管开关和输出缓冲器 4 个部分。逻辑符号如图 9-5-2 所示。

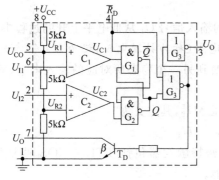

图 9-5-1 555 定时器的电路结构

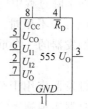

图 9-5-2 555 定时器的符号

555 定时器的功能表如表 9-5-1 所示,不难看出,555 定时器具有如下功能:

表 9-5-1 555 定时器的功能表

U_{I1}	U_{I2}	$\overline{R}_D$	输出 U_O	T_D 状态
×	×	0	0	导通
$>\frac{2}{3}U_{CC}$	$>\frac{1}{3}U_{CC}$	1	0	导通
$>\frac{2}{3}U_{CC}$	$<\frac{1}{3}U_{CC}$	1	1	截止
$<\frac{2}{3}U_{CC}$	$>\frac{1}{3}U_{CC}$	1	保持	保持
$<\frac{2}{3}U_{CC}$	$<\frac{1}{3}U_{CC}$	1	1	截止

当 $\overline{R}_D=0$ 时,555 定时器处于复位状态,U_O 恒为 0。

当 $\overline{R}_D=1$,$U_{I1}<U_{R1}=\frac{2}{3}U_{CC}$,$U_{I2}>U_{R2}=\frac{1}{3}U_{CC}$ 时,基本 RS 触发器保持原来的状态不变,输出电压 U_O 维持其原状态不变。

当 $\overline{R}_D=1$,$U_{I1}>U_{R1}$,$U_{I2}<U_{R2}$ 时,基本 RS 触发器置 1,输出 $U_O=1$。

当 $\overline{R}_D=1$,$U_{I1}>U_{R1}$,$U_{I2}>U_{R2}$ 时,基本 RS 触发器置 0,输出 $U_O=0$。

当 $\overline{R}_D=1$,$U_{I1}<U_{R1}$,$U_{I2}<U_{R2}$ 时,基本 RS 触发器置 1,输出 $U_O=1$。

2. 将 555 定时器接成施密特触发器

施密特触发器的逻辑符号如图 9-5-3 所示。图 9-5-3(b)所示施密特触发器也叫施密特反相器。施密特触发器的电压传输特性如图 9-5-4 所示。

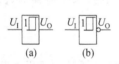

图 9-5-3 施密特触发器的逻辑符号

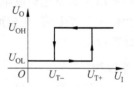

图 9-5-4 施密特触发器的传输特性

施密特触发器具有一个输入端和两个稳态,而且每个稳态都需要外加信号才能维持,一旦输入信号撤除,稳态会自动消失。

施密特触发器的一个重要特点是:电路的输入信号 U_I 从低电平上升的过程中,电路由一个稳态转换到另一个稳态所对应的输入电平(称为接通电位,记为 U_{T+}),与输入信号从高电平的下降过程中电路由一个稳态转换到另一个稳态所对应的输入电平(称为断开电位,记为 U_{T-})不相同。

施密特触发器的一个重要参数是回差电压 ΔU_T,其定义为

$$\Delta U_T = U_{T+} - U_{T-} \tag{9-5-1}$$

施密特触发器应用十分广泛。集成的施密特触发器包括 TTL、CMOS 两大类。也可用 555 定时器实现施密特触发器的逻辑功能。

如图 9-5-5 所示为由 555 定时器接成的施密特触发器。图中,将两个比较器的输入

端 U_{I1}、U_{I2} 连在一起,作为施密特触发器的输入端 U_I,U_{CO} 端接有 $0.01\mu F$ 的电容,主要起滤波作用,以提高比较器参考电压的稳定性;$\overline{R}_D$ 端接至电源 U_{CC},以提高可靠性。

在图 9-5-5 所示电路的输入 U_I 端加上如图 9-5-6(a)所示的三角波,电路的输出 U_O 如图 9-5-6(b)所示。

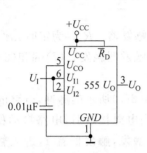

图 9-5-5 用 555 定时器接成的施密特触发器

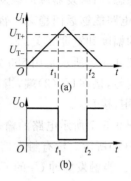

图 9-5-6 图 9-5-5 的工作波形

可结合表 9-5-1 来理解工作波形。

(1) 当 $0 \leqslant t < t_1$ 时

当 $t=0$ 时,由于 $U_{I1}=U_{I2}=U_I=0V$,由表 9-5-1 第 5 行得输出 $U_O=1$。

在 t_1 时刻以前,U_I 虽然在上升,但由表 9-5-1 知,当 $U_I < \frac{2}{3}U_{CC}$ 时,输出 $U_O=1$。

(2) 当 $t_1 \leqslant t < t_2$ 时

t_1 时刻,U_I 增加到 $\frac{2}{3}U_{CC}$,则当 $t=t_{1+}$ 时,有

$$U_{I1} = U_{I2} = U_I > \frac{2}{3}U_{CC}$$

由表 9-5-1 第 2 行得到输出 $U_O=0$。

$t > t_{1+}$ 后,虽然输入 U_I 先上升,达到最大值后开始减小,但在 t_2 时刻以前,$U_I > \frac{1}{3}U_{CC}$,电路的输出 $U_O=0$。

(3) 当 $t_2 \leqslant t$ 时

t_2 时刻,U_I 减小到 $\frac{1}{3}U_{CC}$,则当 $t=t_{2+}$ 时,有

$$U_{I1} = U_{I2} = U_I < \frac{1}{3}U_{CC}$$

由表 9-5-1 第 5 行得到输出 $U_O=1$,电路又回到初始稳态。

通过上述分析可得出,图 9-5-5 为用 555 定时器接成的施密特触发器,其接通电位 $U_{T+} = \frac{2}{3}U_{CC}$,断开电位 $U_{T-} = \frac{1}{3}U_{CC}$,故回电压为

$$\Delta U_T = U_{T+} - U_{T-} = \frac{2}{3}U_{CC} - \frac{1}{3}U_{CC} = \frac{1}{3}U_{CC} \tag{9-5-2}$$

从图 9-5-6 所示的波形图还可以看出,施密特触发器可以用来进行波形变换。这个

例子中,就是将三角波变换为方波。

3. 将555定时器接成单稳态触发器

单稳态触发器的特点是它具有一个稳态、一个暂稳态,而且在无触发脉冲作用时,电路处于稳态;当触发器脉冲触发时,电路能够从稳态翻转到暂稳态;在暂稳态维持一段时间以后,电路能够返回稳态。暂稳态维持时间的长短只取决于电路本身的参数,而与触发脉冲的幅度和宽度无关。

如图 9-5-7 所示是用555定时器接成的单稳态触发器。R、C 为定时元件,U_I 为输入触发器信号,接在 $U_{I2}(2)$ 端,当 U_I 的下降沿到来时,触发器触发。(7)端和(6)U_{I1} 端短接,$\overline{R}_D$ 端不用,接 U_{CC}。

在图 9-5-7 所示电路的输入 U_I 端加上如图 9-5-8(a)所示的脉冲,电路的输出 U_O 如图 9-5-8(b)所示。没有触发信号时,U_I 为高电平,当电源接通后,电路自动稳定在 $U_O=0$ 的稳态。当触发脉冲 U_I 的下降沿到来时,电路被触发,触发器置1,进入暂稳态,经过一段时间,电路又自动返回到稳态。

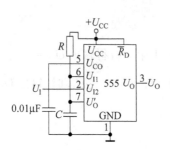

图 9-5-7 用555定时器接成的单稳态触发器

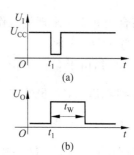

图 9-5-8 图 9-5-7 的工作波形图

输出脉冲 U_O 的脉冲宽度 t_W 为(证明过程请参考相关书籍)

$$t_W = 1.1RC \tag{9-5-3}$$

通常,电阻 R 的取值在几百欧姆到几兆欧姆范围内,电容的取值范围在几百皮法到几百微法,故脉冲宽度可在几微秒到几分钟的范围内调节。但必须注意,随着 t_W 宽度的增加,其精度和稳定度将下降。

4. 将555定时器接成多谐振荡器

多谐振荡器是一种能够产生一定频率和一定宽度的矩形波的电路。它不需要外加输入信号的作用,它没有稳态,所以又称为无稳态电路。

如图 9-5-9 所示是用555定时器接成的多谐振荡器。R_1、R_2 和 C 是外接的定时元件,555 定时器的 U_{I1}、U_{I2} 接起来接在 R_2 与 C 之间,三极管 T_D 的集电极接到 P 点。

如图 9-5-10 所示为电路中 U_O 的工作波形。现对照波形图分析电路的工作原理。

当电源接通时,电容 C 还未充电,所以 $U_{I1}=U_{I2}=0$,由表 9-5-1 第 5 行知,输出 $U_O=1$,三极管 T_D 截止,$U_P=1$。由于 $U_P=1$,将对电容 C 充电,电容上的电压 U_C 增加,U_{I1} 和 U_{I2} 也增加。当 $U_{I1}=U_{I2}=U_C \geqslant \frac{2}{3}U_{CC}$ 时,由表 9-5-1 第 2 行知,输出 $U_O=0$,三极管

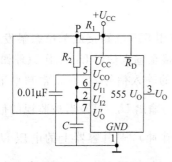

图 9-5-9 用 555 定时器接成的多谐振荡器

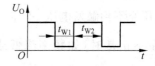

图 9-5-10 图 9-5-9 的工作波形图

T_D 饱和导通,$U_P=0$。此时电容上的电压为 $\frac{2}{3}U_{CC}$,将通过电阻 R_2 放电,电容上的电压 U_C 下降,U_{I1}、U_{I2} 也下降。当 $U_{I1}=U_{I2}=U_C\leqslant\frac{1}{3}U_{CC}$ 时,由表 9-5-1 第 5 行知,输出 $U_O=1$。周而复始,输出如图 9-5-10 所示的矩形波。

下面给出输出矩形波 U_O 的脉冲宽度 t_{W1}、t_{W2} 及周期 T 的计算公式:

$$t_{W1}=0.7R_2C \tag{9-5-4}$$

$$t_{W2}=0.7(R_1+R_2)C \tag{9-5-5}$$

$$T=t_{W1}+t_{W2}=0.7(R_1+2R_2)C \tag{9-5-6}$$

5. 555 定时器的其他应用实例

(1) 用 555 电路组成模拟声响电路

图 9-5-11 所示是用两个 555 电路分别接成两个多谐振荡器构成的模拟声响电路。在多谐振荡器(1)中,调节定时元件 R_{11}、R_{12} 和 C_1 使多谐振荡器(1)的输出信号 U_{O1} 的频率为 $f_{O1}=1$Hz。在多谐振荡器(2)中,调节定时元件 R_{21}、R_{22} 和 C_2 使多谐振荡器(2)的输出信号 U_{O2} 的频率为 $f_{O2}=1$kHz。U_{O1} 和 U_{O2} 的输出波形如图 9-5-12 所示。

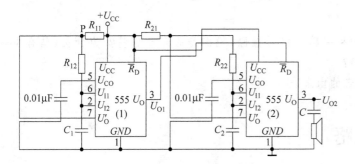

图 9-5-11 用 555 定时器组成模拟声响电路

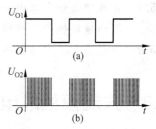

图 9-5-12 图 9-5-11 的工作波形图

多谐振荡器(1)的输出 U_{O1} 接至多谐振荡器(2)的 $\overline{R}_D$ 端(4 脚),所以当 U_{O1} 为低电平时,第(2)片 555 定时器处于复位状态,$U_{O2}=0$,多谐振荡器(2)停止振荡。人耳的听觉范围为 20Hz~20kHz,1kHz 的电压信号加在扬声器上将使扬声器发声,因此,图 9-5-11 所示电路将会使扬声器发出呜呜……的间隙声响。

(2) 用555电路组成失落脉冲检出电路

图9-5-13所示为失落脉冲检出电路。它是在用555电路接成单稳态触发器的基础上,在定时电容 C 的两端接一个三极管 T,其基极接至输入信号 U_I,工作原理如下所述。

在图9-5-13中,调节时间常数 RC,使被监视的输入信号 U_I 在正常频率下,电容器上的电压充不到触发电压 $\frac{2}{3}U_{CC}$,这就使555电路的输出 $U_O=1$。当被监视的信号 U_I 的频率 f_I 不正常时(如频率降低或中间失掉一个脉冲),则电容器上的电压 U_C 将充到 $\frac{2}{3}U_{CC}$,使555电路的输出为 $U_O=0$;如果输入信号 U_I 的频率恢复正常,输出电压 U_O 又恢复到高电平,其工作波形如图9-5-14所示。

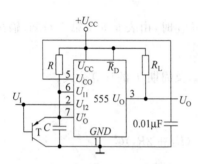

图9-5-13 用555电路组成失落脉冲检出电路

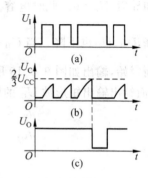

图9-5-14 图9-5-13的工作波形

利用这个原理,可以对机器的转速或者人体的心率进行监视。机器的转速或者人体的心率通过传感器转换成模拟信号,将此模拟信号接至图9-5-13所示电路的输入端 U_I,当机器的转移降到一定的限度,或者人体的心率不齐时,就会发生报警。

思考题

9.5.1 在施密特触发器中,如果将输入信号撤除,稳态是否还会保持?为什么(结合电压传输特性予以解释)?

9.5.2 请说出555定时器得名的由来。

9.6 大规模集成电路

集成电路的问世赋予了电子技术新的含义,大规模与超大规模集成电路的出现引起了电子技术从设计理论到方法的全面革新,推动着一个新的时代的到来。本节仅对数/模转换器(D/A)、模/数转换器(A/D)、存储器等大规模集成电路作些简单介绍,以使读者对大规模集成电路在电子电路中的应用特点及利用大规模集成电路进行电子电路设计的特点有些初步认识。

9.6.1 数/模转换器

在生产实践中,人们往往需要将经过数字系统分析处理后的结果(数字量)变换为相应的模拟量。实现这一功能的电路称为数/模转换器,简称 DAC 或 D/A 转换器(DAC 是英文 Digital Analog Converter 的缩写)。

数/模转换器的转换原理如图 9-6-1 所示,类似于二进制数转换成十进制数的位权展开。转换时,D/A 转换器先将需要转换的数字信号以并行输入(或者串行输入)的方式存储在数字寄存器中,然后由寄存器并行输出的每一位数字信号驱动一个数字位模拟开关,又通过模拟开关将参考电压按位权关系加到电阻解码网络,这时输出的模拟电压刚好与该位数码所代表的数值相对应。

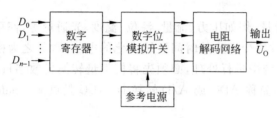

图 9-6-1 DAC 转换原理方框图

下面,我们不加证明地给出常见数/模转换器的理论转换公式:

$$U_O = -\frac{U_{REF}}{2^n}(D_{n-1} \times 2^{n-1} + \cdots + D_1 \times 2^1 + D_0 \times 2^0) \tag{9-6-1}$$

式中,U_{REF} 为参考电源;D/A 系统转换比例系数为 1(大多数情况下均为 1)。

【例 9-6-1】 已知一个 4 位权电阻 DAC 输入的 4 位二进制数码为 $D_3D_2D_1D_0 =$ 1011,参考电源 $U_{REF} = -8V$,转换比例系数为 1。求转换后的模拟信号电压 U_O。

解法

根据式(9-6-1)可求出

$$U_O = -\frac{-8}{2^4} \times (1 \times 2^3 + 0 \times 2^2 + 1 \times 2^1 + 1 \times 2^0) = 5.5V$$

数/模转换器集成芯片的种类较多,下面简要介绍 10 位倒 T 形电阻网络数/模转换器 AD7520 的功能及其典型接法。

如图 9-6-2 所示为 10 位数/模转换器 AD7520 的管脚图。它采用 CMOS 型模拟开关,内部没有运算放大器;U_{DD} 为 CMOS 开关工作电源,U_{REF} 为转换器的参考电压,I_{OUT1} 和 I_{OUT2} 分别对应外接运算放大器的反相端及同相端。AD7520 的典型接法如图 9-6-3 所示。由于 AD7520 内部反馈电阻 $R_F = R$,所以图 9-6-3 所示 D/A 系统的转换关系为

$$U_O = -\frac{U_{REF}}{2^{10}} \sum_{i=0}^{9} D_i \times 2^i \tag{9-6-2}$$

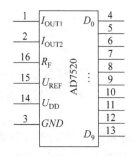
图 9-6-2　AD7520 管脚图

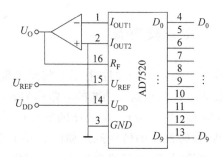
图 9-6-3　AD7520 的典型接法图

9.6.2　模/数转换器

常见的非电物理量,例如压力、流量、液位、温度、光通量等,都可以通过相应的换能器或传感器、敏感器件等变换为随时间连续变化的电信号,称之为模拟量。如果要将这些模拟量送到数字系统中进行处理,必须先将模拟量转换成数字量,实现这一功能的电路称为模/数转换器,简称 ADC 或 A/D 转换器(ADC 是英文 Analog Digital Converter 的缩写)。

在模/数转换器中,因为输入的模拟信号在时间上是连续的量,而输出的数字信号是离散的,所以转换时必须在一系列选定的瞬间对输入的模拟信号采样,再将采样值转换为输出的数字量。因此,一般模/数转换器的转换过程需要经过采样、保持、量化、编码 4 个步骤才能完成。可通过 8 位逐次逼近型模/数转换器 ADC0809 来理解。

ADC0809 为 8 路输入 8 位逐次逼近型模/数转换器,其引脚图如图 9-6-4 所示,各引脚功能如下:

① $IN_0 \sim IN_7$:8 路模拟量输入端;

② A、B、C:8 路模拟量输入选择控制端,按(CBA)排列顺序选择对应的模拟输入量,如$(CBA)=(001)_2$ 选择 IN_1 作为输入进行转换;

③ ALE:地址锁存输入端,高电平有效,可加正脉冲;

④ $D_0 \sim D_7$:8 路数字量输出端;

⑤ EOC:转换结束输出端,高电平有效;

⑥ EOUT:输出允许端,高电平有效;

⑦ START:转换启动信号输入端,可加正脉冲。在上升沿,转换器清零;在下降沿,开始转换;

⑧ CP:外部时钟输入端,典型频率为 640kHz;

⑨ $U_{REF}(-)$、$U_{REF}(+)$:转换器参考电源输入端;

⑩ U_{DD}、GND:转换器工作电源,电压为 +5V。

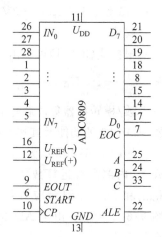
图 9-6-4　ADC0809

ADC0809 的应用实例如图 9-6-5 所示。实现 A/D 转换的过程如下:

(1) 在 U_L 端加一个具有一定时间宽度的正脉冲($U_L=1$,电路对输入信号采样;待采

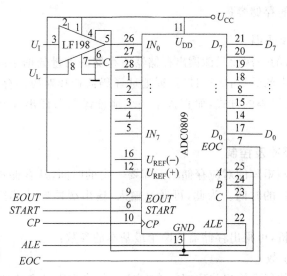

图 9-6-5 ADC0809 应用实例

样信号稳定后,$U_L=0$,LF198 将对采样信号保持一段时间供 A/D 转换)。

(2) 在 ALE 端加一个正脉冲,选择 IN_0 进入 A/D 转换器。

(3) 延时一个时钟信号。

(4) 在 START 端加一个正脉冲,启动 A/D 转换器对 IN_0 进行转换。

(5) 反复查询 EOC 状态,直到 EOC=1。

(6) 令 EOUT=1,读取 $D_0 \sim D_7$。

9.6.3 存储器

谈到存储器,读者不免联想起触发器和寄存器。触发器具有两个稳定状态,可以存储 1 位二进制数。寄存器由触发器组成,n 位并行寄存器可存储 n 位二进制数。触发器、寄存器均具有存储功能,但它们不是存储器。

存储器是计算机的五大部件之一,是用于存储大量数据或信号的半导体器件。前面所讲的触发器和寄存器虽然具有存储的功能,但触发器是小规模集成电路,寄存器为中规模集成电路,采用触发器或寄存器电路结构来存储大量数据是不可能的,也是得不偿失的。

可通过图 9-6-6 来理解存储器的电路结构。

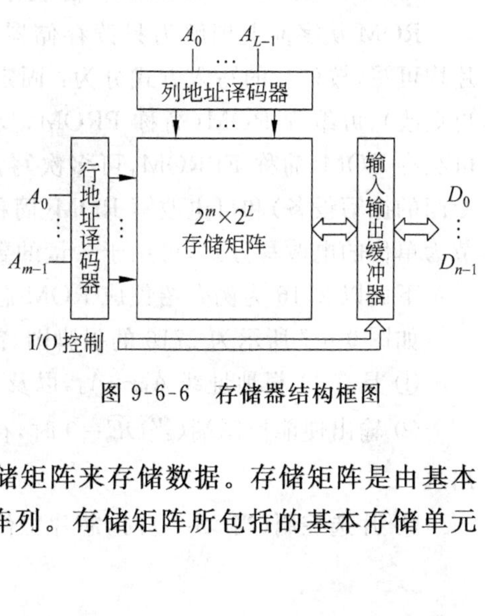

图 9-6-6 存储器结构框图

1. 存储矩阵

为满足大量数据存储的要求,存储器采用存储矩阵来存储数据。存储矩阵是由基本存储单元(可存储 n 位二进制数据)构成的存储阵列。存储矩阵所包括的基本存储单元的数目称为存储器的存储容量。

2. 行、列地址译码器

显然,对存储器的一次读只能读出存储器所存储的大量数据中的一个。为了能正确读出对应存储单元中的数据,应通过行、列地址译码器选择对应的存储单元。当然,也可以不采用行、列地址译码的方式,而直接用一个地址译码器译出存储器所需要的全部地址线。

3. 输入/输出缓冲及控制

将数据写入存储矩阵的对应存储单元需要一定的时间,从存储矩阵选出对应存储单元的数据也需要一定的时间。为此,可通过输入/输出缓冲器及其控制电路完成相应的读/写操作。

通过上面的分析,可得出存储器的两个最基本的参数:

(1) 存储器的字数

通常把存储器的每个输出代码叫一个"字"。存储器所具有的地址线的根数 m 反映了存储器的字数。存储器的字数反映了存储器的存储单元的多少。显然,具有 m 根地址线的存储器的字数为 2^m。

(2) 存储器的位数

存储器的每个输出"字"所具有的二进制位数称为存储器的位数。存储器所具有的数据线的根数 n 反映了存储器的位数。

上面两个参数常用"字数×位数"的形式来表示。如 8 位 8K 存储器表示存储器的字数为 8K,位数为 8,记为"8K×8"。

存储器是用于存储大量数据的设备,高集成度是存储器芯片的基本特点。从集成工艺的角度,存储器可分为 MOS 存储器和双极型存储器。MOS 存储器具有高集成度的优点,逐渐成为大容量存储器的主流。目前微型计算机中的内存均是 MOS 存储器。

从读/写方式的角度,存储器可分为 ROM(Read-Only Memory,只读存储器)和 RAM(Random Access Memory,随机存储器)。

ROM 从字面上理解为只读存储器,但现在的 ROM 芯片均可写,按信息的写入方式分为:固定 ROM(使用时无法再更改)、可编程 ROM(简称 PROM,只能写入一次)、可擦可编程 ROM(简称 EPROM,可多次写,但这种改写需使用专门的擦写设备)和可电改写 ROM(简称 EEPROM,用以字节为单位的电改写方式,可用于少量的数据改写)。

下面以 2716 为例介绍集成 ROM 芯片的应用特点。

如图 9-6-7 所示为 2716 的引脚图,简要说明如下:

① 具有 11 根地址线 $A_{10} \sim A_0$,以及 8 根数据线 $D_7 \sim D_0$。

② 输出使能控制端(当 $\overline{OE}=0$ 时,存储单元内容允许输出)。

③ 片选控制(当 $\overline{CS}=0$ 时,芯片工作)。

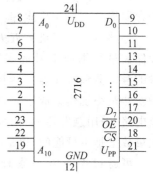

图 9-6-7　2716 芯片

④ 专用设备擦除、专用设备写入。

读 2716 比较简单,可令 $\overline{OE}=\overline{CS}=0$,将要读出的存储单元地址 $A_{10} \sim A_0$ 送上地址线,经过数百纳秒后,对应存储单元的数据便出现在数据线上。

将数据写入到 2716 的方法如下:

(1) 先用擦除设备将芯片中的数据擦除,所有单元的内容为"全 1"。

(2) 将 U_{PP} 接 25V,令 $\overline{OE}=1$,将要写入的存储单元地址及数据送上地址线及数据线。待地址及数据稳定后,在 $\overline{CS}$ 端加一个 50ms 的正脉冲,即可完成一个单元的写入。

RAM 可方便地读/写数据,但当电源去掉后,所存的信息立即消失。目前常用的 RAM 有 SRAM(静态 RAM)和 DRAM(动态 RAM)。

SRAM 的基本存储单元是在静态触发器的基础上附加读/写控制构成。数据一旦写入,存储单元可维持其原始状态不变,数据读出时不会改变其存储内容。

动态随机存储器 DRAM 的存储单元是利用 MOS 管的栅极电容可以存储电荷的原理制成的,也正因为此,其存储单元结构可做得非常简单,所以在大容量、高集成度的 RAM 中得到了普遍应用。但由于栅极电容的容量很小(只有几皮法),且漏电流不可能为零,所以电荷的存储时间有限。为了及时补充(已漏掉的电荷),以避免存储信号的丢失,必须定期地给栅极电容补充电荷,这种工作称为刷新或再生。

虽然 DRAM 需要定期刷新,但由于它集成度高,读写速度快,定期刷新可方便地得到 CPU 的支持,因此,在微型计算机中得到广泛应用。SRAM 虽然集成度不如 DRAM,但它无需刷新,使用方便,在需要小容量存储器的微机控制系统中应用广泛。

还有一些设备,人们也把它们称为存储器,如硬盘、软盘、光盘等。这些设备具有前面介绍的存储器的存储特点,但其存储单元不属于电气部件,不可与电气设备直接联接,需要接口电路,因而不是《电工电子技术》课程研究的内容。这里所说的存储器是指半导体存储器。

顺便说明一下,寄存器虽然不是这里所介绍的存储器,但它依然在计算机中有暂存数据的作用。各种类型的 CPU 中均具有较多的寄存器,在计算机中扮演着不可替代的角色。

9.6.4 用 ROM 实现组合逻辑电路

ROM 作为存储器,可长期保存数据,因此广泛应用于数字系统,是计算机系统、工业控制系统的必需部件之一。ROM 除作为存储器使用外,还可以利用 ROM 产生任意函数,设计任意组合逻辑电路,这便是前面提到的用大规模逻辑器件设计组合逻辑电路的方法。

为什么利用 ROM 可实现任意组合逻辑电路呢?可通过下面的例题理解。

【例 9-6-2】 有一个 4×4 ROM 阵列的存储数据如表 9-6-1 所示,请分析该 ROM 具有的逻辑功能。

表 9-6-1　真值表

地址单元	D_3	D_2	D_1	D_0	地址单元	D_3	D_2	D_1	D_0
0	1	0	0	1	2	0	1	0	1
1	0	1	0	1	3	1	0	1	0

解法

4×4 ROM 阵列具有两根地址线和四根输出线。将地址单元用地址线 A_1A_0 表示，可得到如表 9-6-2 所示的真值表。

表 9-6-2　真值表

A_1	A_0	D_3	D_2	D_1	D_0	A_1	A_0	D_3	D_2	D_1	D_0
0	0	1	0	0	1	1	0	0	1	0	1
0	1	0	1	0	1	1	1	1	0	1	0

由表 9-6-2 写出 D_3、D_2、D_1、D_0 的表达式如下：

$$D_3 = \overline{A_1}\overline{A_0} + A_1 A_0$$
$$D_2 = \overline{A_1} A_0 + A_1 \overline{A_0}$$
$$D_1 = A_1 A_0$$
$$D_0 = \overline{A_1}\overline{A_0} + \overline{A_1} A_0 + A_1 \overline{A_0} = \overline{A_1 A_0} \quad (9\text{-}6\text{-}3)$$

如果将地址端 A_1、A_0 作为输入变量，将 D_3、D_2、D_1、D_0 作为输出变量，由式(9-6-3)可以看出，D_3、D_2、D_1、D_0 分别为同或门、异或门、与门、与非门。

另外，由于 ROM 中的数据可以根据用户需要改写，因此，可通过适当地选择存储单元内容，使 D_3、D_2、D_1、D_0 成为任意的二变量逻辑函数。

可通过下面的例子来理解适当地选择【例 9-6-2】所示 4×4 ROM 存储单元内容可实现任意二变量的逻辑函数。

【例 9-6-3】 请用 4×4 ROM 阵列实现下面的函数：

$$Y_3 = A \oplus B, \quad Y_2 = \overline{A}\,\overline{B}, \quad Y_1 = A + B, \quad Y_0 = AB$$

解法

(1) 作出上述函数的真值表

题中 4 个函数的真值表如表 9-6-3 所示。

表 9-6-3　真值表

A	B	Y_3	Y_2	Y_1	Y_0	A	B	Y_3	Y_2	Y_1	Y_0
0	0	0	1	0	0	1	0	1	0	1	0
0	1	1	0	1	0	1	1	0	0	1	1

(2) 设置输入、输出

4×4 ROM 有两个地址输入端 A_1、A_0 和四个数据输出端 $D_3 \sim D_0$，可令 $A=A_1$，$B=A_0$，$Y_3=D_3$，$Y_2=D_2$，$Y_1=D_1$，$Y_0=D_0$。则表 9-6-3 可用如表 9-6-4 所示的真值表来表示。

表 9-6-4　真值表

A_1	A_0	D_3	D_2	D_1	D_0	A_1	A_0	D_3	D_2	D_1	D_0
0	0	0	1	0	0	1	0	1	0	1	0
0	1	1	0	1	0	1	1	0	0	1	1

（3）编写程序

由表 9-6-4 可知，4×4 ROM 的 4 个单元内容分别为"0100"、"1010"、"1010"和"0011"，将相应内容写入 ROM 的对应单元即可。

【例 9-6-4】　请用 2716 实现下面的函数（x_2、x_1 的取值均为 0～3 的正整数）。

$$y_2 = x_2^2, \quad y_1 = x_1^2 + 1$$

解法

（1）分析题意，作出真值表

x_2、x_1 的取值均为 0～3 的正整数，故可用 2 位二进制数来表示；可算出 y_2 的最大值为 9，y_1 的最大值为 10，均可用 4 位二进制数来表示。

令 x_{21}、x_{20} 表示 x_2；x_{11}、x_{10} 表示 x_1；y_{23}、y_{22}、y_{21}、y_{20} 表示 y_2；y_{13}、y_{12}、y_{11}、y_{10} 表示 y_1，则 y_2、y_1 的真值表如表 9-6-5 和表 9-6-6 所示。

表 9-6-5　真值表

x_{21}	x_{20}	y_{23}	y_{22}	y_{21}	y_{20}	x_{21}	x_{20}	y_{23}	y_{22}	y_{21}	y_{20}
0	0	0	0	0	0	1	0	0	1	0	0
0	1	0	0	0	1	1	1	1	0	0	1

表 9-6-6　真值表

x_{11}	x_{10}	y_{13}	y_{12}	y_{11}	y_{10}	x_{11}	x_{10}	y_{13}	y_{12}	y_{11}	y_{10}
0	0	0	0	0	1	1	0	0	1	0	1
0	1	0	0	1	0	1	1	1	0	1	0

（2）设置输入、输出

2716 有 11 个地址输入端，而本题只有 4 个输入变量，可令 $A_{10} \sim A_4$ 为 0；$A_3 \sim A_0$ 作为输入变量，令 $x_{21}=A_3$，$x_{20}=A_2$，$x_{11}=A_1$，$x_{10}=A_0$。

2716 有 8 个数据输出端 $D_7 \sim D_0$，本题正好有 8 个输出变量，可令 $y_{23}=D_7$，$y_{22}=D_6$，$y_{21}=D_5$，$y_{20}=D_4$，$y_{13}=D_3$，$y_{12}=D_2$，$y_{11}=D_1$，$y_{10}=D_0$，则表 9-6-5 和表 9-6-6 可用如表 9-6-7 和表 9-6-8 所示的真值表来表示。

表 9-6-7　真值表

A_3	A_2	D_7	D_6	D_5	D_4	A_3	A_2	D_7	D_6	D_5	D_4
0	0	0	0	0	0	1	0	0	1	0	0
0	1	0	0	0	1	1	1	1	0	0	1

表 9-6-8　真值表

A_1	A_0	D_3	D_2	D_1	D_0	A_1	A_0	D_3	D_2	D_1	D_0
0	0	0	0	0	1	1	0	0	1	0	1
0	1	0	0	1	0	1	1	1	0	1	0

(3) 编写程序

由表 9-6-7 和表 9-6-8 可知，2716 的 0～3 4 个存储单元的内容用十进制表示分别为 1、2、5、10（当地址为 0～3 时，$A_3A_2=00$，故存储单元高 4 位的内容用十进制表示为 "0"；低 4 位存储单元的内容为表 9-6-8 中规定的内容）。

4～7 4 个存储单元的内容用十进制表示分别为 17、18、21、26（当地址为 4～7 时，$A_3A_2=01$，故存储单元高 4 位的内容用十进制表示为 "1"；低 4 位存储单元的内容为表 9-6-8 中规定的内容）。

8～11 4 个存储单元的内容用十进制表示分别为 65、66、69、74（当地址为 8～11 时，$A_3A_2=10$，故存储单元高 4 位的内容用十进制表示为 "4"；低 4 位存储单元的内容为表 9-6-8 中规定的内容）。

12～15 4 个存储单元的内容用十进制表示分别为 145、146、149、154（当地址为 12～15 时，$A_3A_2=11$，故存储单元高 4 位的内容用十进制表示为 "9"；低 4 位存储单元的内容为表 9-6-8 中规定的内容）。

(4) 最终实现

将 (3) 中的 16 个数据写入 2716 的前 16 个单元，按图 9-6-8 联接电路即可。

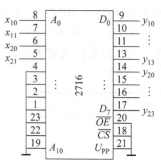

图 9-6-8　【例 9-6-4】的图

9.6.5　可编程逻辑器件

当 ROM 用于实现组合电路时，只有前面的少量存储单元得到利用，大量的存储空间被浪费。此外，对 ROM 编程相对复杂，也不直观。

可编程逻辑器件（Programmable Logic Device，PLD）是 20 世纪 80 年代蓬勃发展起来的数字集成电路。用户可根据实际应用需要，根据 PLD 生产厂家提供的标准结构联接的"与"和"或"（或二者之一）逻辑阵列，按某种规定方式改变 PLD 器件内部的结构，从而获得所需要的逻辑功能。

PLD 器件有多种类型，除前面介绍的 PROM、EPROM 外，常用的 PLD 产品主要有 FPLA（现场可编程逻辑阵列）、PAL（可编程阵列逻辑）、GAL（通用阵列逻辑）、FPGA（现场可编程门阵列）及 EPLD（可擦除的可编程逻辑器件）等。其中 FPGA 和 EPLD 的集成度比较高，有时又把这两种器件称为高密度 PLD。

伴随着 PLD 的发展，其设计手段的自动化程度也日益提高。用于 PLD 编程的开发系统由硬件和软件两部分组成。软件部分包括各种编程软件，这些编程软件均有较强的功能，均可运行在普通 PC 上，操作简单、方便。新一代的在系统可编程器件（ISP-PLD）

的编程更加简单,只需将计算机运行产生的编程数据直接写入 PLD 即可。如前面介绍的 EDA 工具,便有在系统可编程的功能。

关于可编程逻辑器件的更多内容,请读者到公开教学网上学习。

习题

9-1 填空题

1. 能够存储 1 位二值(逻辑 0 和逻辑 1)信号的基本单元电路,统称为_____。触发器具有两个输出端,当_____时,触发器处于"0"状态。
2. 触发器的_____与_____是两个不同的概念,触发器的逻辑功能由其_____描述,触发器的_____则由触发器的电路结构决定,而主从结构 JK 触发器的主触发器具有_____。
3. 能够存放数码或者二进制逻辑信号的电路,称为_____。寄存器分为两大类:_____、_____。其中的_____不但可以用来寄存数据或者代码,还可具有数值运算功能。
4. 74LS160 是一个具有_____、_____、可以保持状态不变的十进制同步加法计数器。74LS162 与 74LS160 的区别是 74LS162 采用_____清零方式,即当 $\overline{CR}=0$ 时,还需要 CP 脉冲_____到来时,计数器才被清零。
5. 集成计数器的清零、置数有两种工作方式:_____、_____。所谓_____工作方式,是指通过时钟触发器异步输入端($\overline{R}_D$ 端或 $\overline{S}_D$ 端)实现清零或置数,而与_____无关。
6. 单稳态触发器具有一个_____、一个_____;在无触发脉冲作用时,电路处于_____;当触发器脉冲触发时,电路能够从稳态翻转到暂稳态;在暂稳态维持一段时间以后,电路能够返回稳态。暂稳态维持时间的长短只取决于_____,而与触发脉冲的幅度和宽度无关。
7. 通常把存储器的_____叫一个"字",每个输出"字"所具有的_____称为存储器的位数。存储器所具有的_____反映了存储器的字数,存储器所具有的_____反映了存储器的位数,具有_____的存储器的字数为 2^m。
8. 常用的 RAM 有_____、_____等。_____的基本存储单元是在静态触发器的基础上附加读/写控制构成,数据读出时不会改变_____。动态随机存储器 DRAM 的存储单元是利用 MOS 管的栅极电容可以存储电荷的原理制成的,但电荷的存储时间有限,必须定期地给栅极电容补充电荷,这种工作称为_____。

9-2 分析计算题(基础部分)

1. 已知如图 9-1 所示电路中的各触发器的初始状态均为"0"状态。试对应画出在时钟信号 CP 的连续作用下,各触发器输出端 Q 的波形。
2. 请分析图 9-2 所示电路的逻辑功能,并写出其特征方程、状态图和激励表。

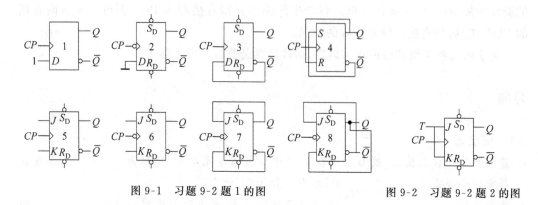

图9-1 习题9-2题1的图   图9-2 习题9-2题2的图

3. 将由与非门组成的基本RS触发器加上如图9-3所示的输入 $\bar{R}_D$、$\bar{S}_D$ 波形,画出触发器 Q 端的波形。

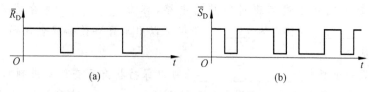

图9-3 习题9-2题3的图

4. 将主从JK触发器加上如图9-4所示的输入波形。请画出触发器 Q 端的波形(触发器初态为"0"态)。

5. 将维持阻塞JK触发器加上如图9-4所示的输入波形,请画出触发器 Q 端的波形(触发器初态为"0"态)。

6. 试分析如图9-5所示电路的逻辑功能。

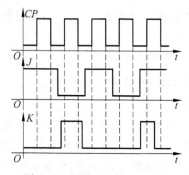 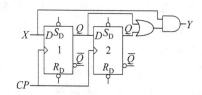

图9-4 习题9-2题4、5的图   图9-5 习题9-2题6的图

7. 试分析如图9-6所示状态图所对应的状态转移真值表(图中,X 表示电路的输入,Y 表示电路的输出)及描述的逻辑功能。

8. 试分析如图9-7所示状态图所对应的状态转移真值表(图中,X 表示电路的输入,Y 表示电路的输出)及描述的逻辑功能。

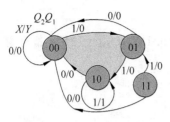
图 9-6 习题 9-2 题 7 的图

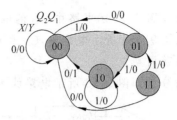
图 9-7 习题 9-2 题 8 的图

9. 试分析如图 9-8 所示时序图所对应的有效循环状态图及描述的逻辑功能。
10. 请分析图 9-9 所示电路为多少进制的计数器。

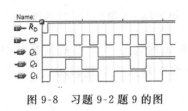
图 9-8 习题 9-2 题 9 的图

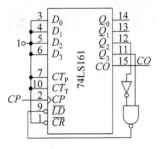

图 9-9 习题 9-2 题 10 的图

11. 试分析如图 9-10 所示电路的逻辑功能。
12. 试分析如图 9-11 所示电路的逻辑功能。

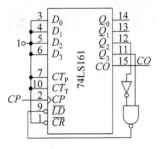
图 9-10 习题 9-2 题 11 的图

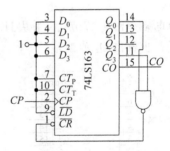
图 9-11 习题 9-2 题 12 的图

13. 试分析如图 9-12 所示电路的逻辑功能。
14. 请分析图 9-13 所示电路为多少进制的计数器。

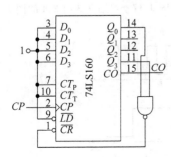
图 9-12 习题 9-2 题 13 的图

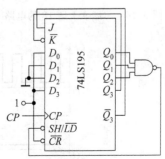
图 9-13 习题 9-2 题 14 的图

15. 求如图 9-14 所示电路中 U_O 的电压值。

16. 在图 9-5-9 所示电路中，$C=0.01\mu F$，$R_1=R_2=5.1k\Omega$，$U_{CC}=12V$。请计算电路的振荡周期。

17. 请分析如图 9-15 所示电路的逻辑功能。

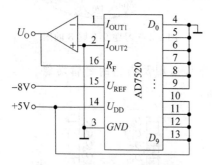

图 9-14 习题 9-2 题 15 的图

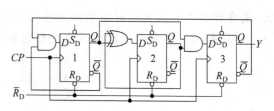

图 9-15 习题 9-2 题 17 的图

18. 如图 9-16 所示电路中，2716 的前 16 个存储单元的内容用十进制数表示分别为 2、1、3、1、0、2、3、3、3、1、2、3、3、2、2、3。请分析该电路实现的逻辑功能。

9-3 分析计算题（提高部分）

1. 请用 D 功能触发器实现 JK 触发器。

2. 已知一个触发器的特征方程为 $Q^{n+1}=M\oplus N\oplus Q^n$，要求用 JK 触发器实现该触发器的功能。

3. 已知电路如图 9-17 所示，主从 JK 触发器的初状态均为"0"态。试根据如图 9-18 所示波形画出输出 Q_2 的波形。

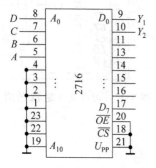

图 9-16 习题 9-2 题 18 的电路

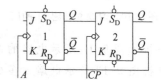

图 9-17 习题 9-3 题 3、4 的图 1

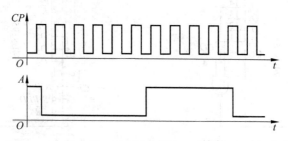

图 9-18 习题 9-3 题 3、4 的图 2

4. 在上题中,若主从 JK 触发器 2 的 $\overline{Q}$ 端不反馈到主从 JK 触发器 1 的复位端。输入不变,试画出输出 Q_2 的波形。

5. 试分析如图 9-19 所示电路的逻辑功能。

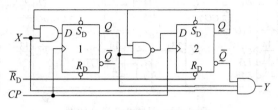

图 9-19 习题 9-3 题 5 的图

6. 试分析如图 9-20 所示电路的逻辑功能。

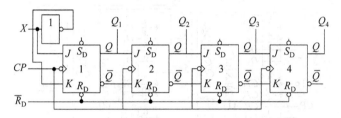

图 9-20 习题 9-3 题 6 的图

7. 试分析如图 9-21 所示电路的逻辑功能。

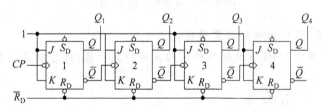

图 9-21 习题 9-3 题 7 的图

8. 试分析如图 9-22 所示电路中, $Q_4Q_3Q_2Q_1Q_0$ 构成几进制计数器。

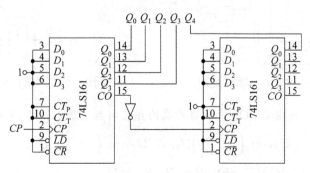

图 9-22 习题 9-3 题 8 的图

9. 试分析如图 9-23 所示电路的逻辑功能。

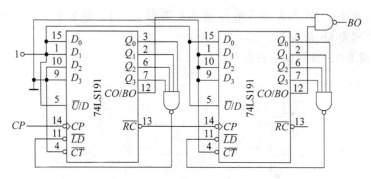

图 9-23　习题 9-3 题 9 的图

10. 试分析如图 9-24 所示电路的逻辑功能。

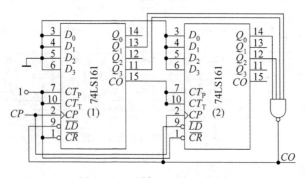

图 9-24　习题 9-3 题 10 的图

11. 试分析如图 9-25 所示电路的逻辑功能。
12. 图 9-26 所示为由 CMOS 反相器构成的施密特触发器，试分析其工作原理。

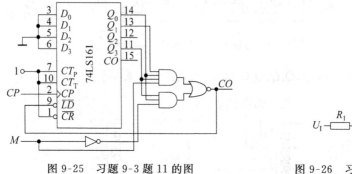

图 9-25　习题 9-3 题 11 的图　　　　图 9-26　习题 9-3 题 12、13 的图

13. 在图 9-26 所示的由 CMOS 反相器构成的施密特触发器电路中，已知

$$U_{T+} = \left(1 + \frac{R_1}{R_2}\right)U_{TH}, \quad U_{T-} = \left(1 - \frac{R_1}{R_2}\right)U_{TH}$$

若要求 $U_{T+}=7.5\text{V}$，$\Delta U_T=5\text{V}$，试求 R_1、R_2 和 U_{DD}。

14. 图 9-27 所示为由 TTL 反相器构成的多谐振荡器，试分析其工作原理。
15. 试分析图 9-28 所示电路的工作原理（门电路传输时间 t_{PD} 不可忽略）。

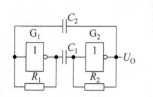
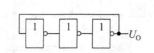
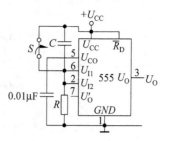

图 9-27 习题 9-3 题 14 的图　　图 9-28 习题 9-3 题 15 的图　　图 9-29 习题 9-3 题 16 的图

16. 试分析图 9-29 所示开机延时电路的工作原理。若 $C=25\mu F, R=19k\Omega, U_{CC}=12V$，请问常闭开关 S 断开以后，经过多长时间输出 U_O 为高电平？

9-4 应用题

1. 试利用 74LS160 的异步清零端设计一个六进制计数器。
2. 试利用 74LS163 的同步清零端设计一个六进制计数器。
3. 试利用 74LS290 的置"9"功能设计一个六进制计数器。
4. 已知状态转移表如表 9-1 所示，请用 74LS161 设计该同步计数器。

表 9-1　习题 9-4 题 4 的状态转移真值表

序号	Q_3	Q_2	Q_1	Q_0	序号	Q_3	Q_2	Q_1	Q_0
0	0	0	0	0	5	1	0	1	1
1	0	0	0	1	6	1	1	0	0
2	0	0	1	0	7	1	1	0	1
3	0	0	1	1	8	1	1	1	0
4	0	1	0	0	9	1	1	1	1

5. 已知状态转移表如表 9-2 所示，请用 74LS191 设计该同步计数器。

表 9-2　习题 9-4 题 5 的状态转移真值表

序号	Q_3	Q_2	Q_1	Q_0	序号	Q_3	Q_2	Q_1	Q_0
0	0	0	0	0	6	1	0	0	0
1	0	0	0	1	7	1	0	1	1
2	0	1	0	0	8	1	1	0	0
3	0	1	0	1	9	1	1	0	1
4	0	1	1	0	10	1	1	1	0
5	0	1	1	1	11	1	1	1	1

6. 试设计一个电动机控制电路。要求该电路有两个控制输入端 X_1 和 X_2，只有在连续两个（或两个以上）时钟脉冲作用期间，两个输入都一致时，电动机才转动。
7. 请用 555 定时器设计一个门铃电路，并说明其工作原理。
8. 请写出图 9-30 所示 ROM 所表示的逻辑函数（地址译码器的有效输出电平为高电平）。
9. 请用 2716 实现下面的函数：

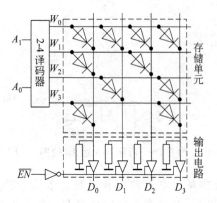

图 9-30 习题 9-4 题 8 的电路

$Y_1 = A\overline{B} + \overline{A}\,\overline{C}D + AB\overline{C}$

$Y_2(A,B,C,D) = \sum_m (0,3,4,6,9,10)$

APPENDIX A

附录 A

用 MATLAB 分析【例 2-1-2】并画出相量图

MATLAB 是"矩阵实验室(MATrix LABoratoy)"的缩写,是一种以矩阵运算为基础的交互式程序语言,是一种优秀的科学计算软件,广泛应用于工程应用的各个领域。目前,MATLAB 已成为高等教育、科学研究中最常用的工具之一。

MATLAB 具有强大的复数运算功能,可方便地画出相量图。要系统学习 MATLAB 语言,请参考相关书籍,此处仅介绍利用 MATLAB 软件分析【例 2-1-2】并画出相量图的实现过程。

【例 2-1-2】 已知两个正弦量 $i_1=10\sqrt{2}\sin(10t+150°)$ A, $i_2=20\sqrt{2}\sin(10t-60°)$ A,试求 i_1+i_2 并画出相量图。

本例数学原理非常简单,可直接将 i_1 和 i_2 输入到 MATLAB 中并求和。此处介绍利用 MATLAB 的复数(读者不要忘记相量是复数)运算功能求解。

(1) i_1 和 i_2 两个正弦量对应相量的输入

i_1 的有效值相量为 $\dot{I}_1=10\underline{/150°}$ A, i_2 的有效值相量为 $\dot{I}_2=20\underline{/-60°}$ A。

当然,MATLAB 不认识上述符号,因此,i_1 和 i_2 应写成指数形式,即

$$\dot{I}_1=10e^{j150°},\quad \dot{I}_2=20e^{j-60°}$$

写成 MATLAB 语句如下:

i1=10*exp(j*150*pi/180)
i2=20*exp(j*(-60)*pi/180)

上面两条语句中,"*"为乘法符号,"i1、i2"为程序定义的两个变量,"pi"为 MATLAB 系统定义的常量 π。"exp"为指数函数,exp 函数括号中的参数为用弧度形式表示的相位角(必须用弧度形式表示)。

(2) 求 i_1+i_2 并画出相量图

实现程序如下:

```
i=i1+i2                              ;%实现相量加法
disp('   i1    i2    i')             ;%打印最终结果的提示文字
disp('模值'),disp(abs([i1,i2,i]))    ;%显示 i1,i2,i 三个相量的模值
disp('相角'),disp(angle([i1,i2,i])/pi*180)  ;%显示 i1,i2,i 相量的相角
ha=compass([i1,i2,i])                ;%绘制 i1,i2,i 的相量图
set(ha,'linewidth',3)                ;%加粗相量图的线条
```

在上面的语句中,disp 为显示函数,abs 为求复数模值函数,angle 为求复数相角函

数，angle([i1,i2,i])/pi*180 的含义是求出复数相角并转换为角度形式。

(3) 实际操作

启动 MATLAB，界面如图 A-1 所示。

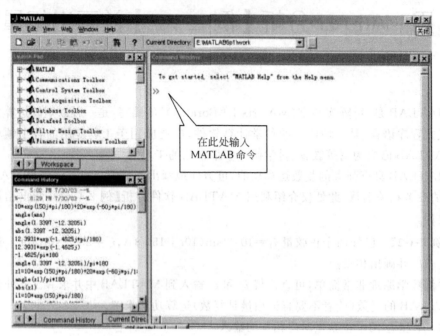

图 A-1　MATLAB 启动界面

若启动时界面与图 A-1 不一致，可选择"View"→"Desktop Layout"→"Default"命令。

MATLAB 支持命令行和程序两种运行方式。可在命令窗口将上面介绍的 8 条语句输入到命令行执行，也可将这 8 条语句写成一个程序文件后直接执行，方法如下：

选择"File"→"New"→"M-file"命令，将出现程序编辑窗口。将上面介绍的 8 条语句输入到窗口中，选择"File"→"Save As"命令，取个名字（如 L3_2_1，不可使用中文及 C 语言不支持的符号）并确认。

在程序编辑窗口选择"Debug"→"Run"命令，若程序没有错误，将出现图 3-2-4 所示相量图。可在命令窗口看其运行过程，命令窗口内容如下：

i1＝
　－8.6603＋5.0000i
i2＝
　10.0000－17.3205i
　　i1　i2　i
模值
　　10.0000　20.0000　12.3931
相角
　　150.0000　－60.0000　－83.7940

前 4 行为前两条语句的运行结果，后 5 行为 3 条显示语句的运行结果。由命令窗口

内容可写出
$$i = 12.39\underline{/-83.79°}\ \text{A}$$
所以
$$i_1 + i_2 = 12.39\sqrt{2}\sin(10t - 83.79°)\text{A}$$

(4) 直接调用源程序

到公开教学网上的对应单元下载源程序文件并将其存放在 MATLAB 支持的目录中(如 L3_2_1,不可使用中文及 C 语言不支持的符号)。

选择"File"→"Open"命令,打开对应的程序文件。在程序编辑窗口选择"Debug"→"Run"命令,若系统出现如图 A-2 所示对话框,请单击"OK"按钮,将出现上面介绍的结果。

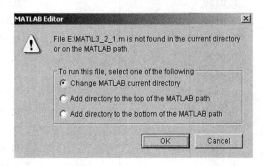

图 A-2　MATLAB 更改当前目录提示

(5) 进一步应用

通过上述分析,我们知道,熟练应用 MATLAB 需要一定程序设计方面的知识。如果你缺乏这些基础知识,在实际调试程序时可能面临较大困难。若你只想做一些简单的复数运算,可在上述程序的基础上做一些修改后运行。

附录 B

常用导电材料的电阻率和温度系数

表 B.1　常用导电材料的电阻率和温度系数

材料名称	20℃时的电阻率 $\rho/(10^{-6}\Omega m)$	平均温度系数 $X(0\sim100℃)/(1/℃)$
银	0.0159	0.0038
铜	0.0169	0.0046
铝	0.0265	0.00423
铁	0.0978	0.0050
钨	0.0548	0.0045
钢	0.13~0.25	0.006
康铜	0.4~0.51	0.000005
锰铜	0.42	0.000006
黄铜	0.07~0.08	0.002
镍铬合金	1.1	0.00015
铁铬锶合金	1.4	0.00028

APPENDIX C

附录 C

MAX+plus II 的简要说明

Altera 公司的 MAX+plus II 是一个高度集成的可编程逻辑器件开发系统,是目前较为流行的 EDA 软件之一。在本书中,主要利用 MAX+plus II 来分析组合逻辑电路及时序逻辑电路,验证数字系统的设计,以帮助读者更好地掌握数字电路理论。

C.1 MAX+plus II 的安装

Altera 公司的网址为 http://www.altera.com。可到该公司的网站免费下载 MAX+plus II 的最新学生版及注册文件(文件名为 license.dat)。

运行安装包,正确安装后启动 MAX+plus II,参考界面如图 C-1 所示。

图 C-1　MAX+plus II 启动参考界面

第一次使用 MAX+plus II 时需要注册。方法如下:

选择"Option"菜单的"License Setup"子菜单,将弹出"License Setup"对话框,单击"Browser"按钮,选择你下载的注册文件(文件名为 license.dat)并单击"OK"按钮确认。选择"OK"按钮返回主界面。

C.2 MAX+plus II 仿真的实现

要在 MAX+plus II 环境中实现仿真,应执行如下步骤。

1. 建立仿真项目的工程文件

建立仿真项目的工程文件是实现对数字系统仿真分析与设计的前提。可通过建立仿真设计与分析的图形文件（*.GDF），并将仿真项目的工程文件指向该图形文件来完成，方法如下：

启动 MAX＋plus Ⅱ（如果首次启动，应注册），选择"File"菜单的"New"子菜单，在弹出的对话框中选择文件类型为"Graphic Editor file"，单击"OK"按钮进入图形文件编辑状态。

选择"File"菜单的"Save As"子菜单，将新创建的未命名的图形文件取个名字（因 MAX＋plus Ⅱ 仿真时要产生文件，最好为仿真项目新建一个子目录），单击"OK"按钮保存。

选择"File"菜单"Project"子菜单下的"Set Project To Current File"将工程文件指向当前图形文件。

2. 设计图形文件

(1) 在编辑区任意位置双击，将弹出电路符号放置对话框如图 C-2 所示。图中的中间文本框为 MAX＋plus Ⅱ 提供的元件库。各库简要说明如下：

① prim 库：基本库，包括基本的逻辑单元电路及电路符号，如门电路、触发器等。例如，and2 表示 2 输入与门，nand2 表示 2 输入与非门，or2 表示 2 输入或门，not 表示反相器，dff、jkff 和 srff 分别表示 D 触发器、JK 触发器和 RS 触发器。

② mf 库：宏单元库，主要提供常用中、小规模器件所对应的宏模块。

③ Mega-lpm 库：参数化的模块库，主要提供门单元、算术运算单元及存储器单元等模块。

在本书中，主要用到 prim 库和 mf 库。

(2) 联接电路。可参考附录 D 进一步熟悉电路联接的技巧，在此仅对绘图各工具的含义予以简要说明（如图 C-3 所示）。

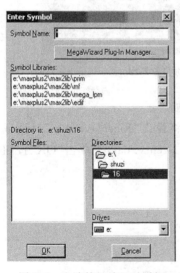

图 C-2　电路符号放置对话框

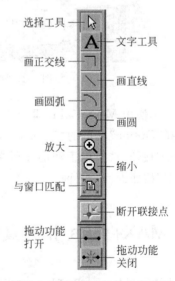

图 C-3　绘图各工具的含义说明

3. 编译图形文件

全部连线完成后保存文件，选择"MAX＋plus Ⅱ"菜单的"Compile"子菜单，将出现图 C-4 所示的界面。

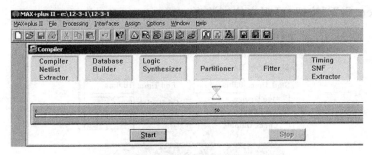

图 C-4　Compile 界面

单击"Start"按钮，如果没有错误，系统将弹出编译成功消息框。

4. 创建波形文件

要实现对设计的图形文件的逻辑功能仿真，尚需定义对应的波形文件，具体方法如下：

（1）选择"File"菜单的"New"子菜单，在弹出的对话框中选择文件类型为"Waveform Editor file"，单击"OK"按钮进入波形文件编辑状态。

（2）选择"File"菜单的"Save As"子菜单，将新创建的未命名的波形文件取个名字（**必须与图形文件同名**），单击"OK"按钮保存。

5. 设计波形文件

波形文件是 MAX＋plus Ⅱ 仿真的必需文件，其主要作用是定义各输入信号及要观察的输出信号。

可参考附录 D 进一步熟悉波形文件的设计技巧，在此仅对各工具的含义予以简要说明（如图 C-5 所示）。

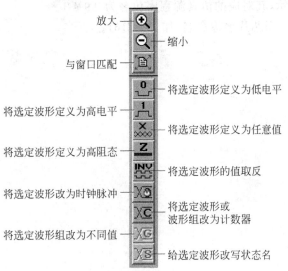

图 C-5　波形编辑各工具的含义

6. 仿真

保存文件,选择"MAX+plus Ⅱ"菜单的"Simulator"子菜单,将出现图 C-6 所示的界面。单击"Start"按钮。如果没有错误,系统将弹出仿真成功消息框。确定消息框内容后,单击"Open_SCF"按钮,可观察仿真波形。

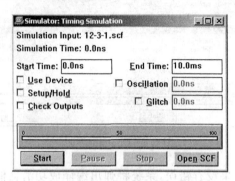

图 C-6 Simulator 界面

C.3 本书仿真包的使用

为方便读者学习,本书数字部分中用非国标符号绘制的电路均带有 MAX+plus Ⅱ 的仿真源程序包。程序包为自解压缩包,安装到硬盘后启动 MAX+plus Ⅱ,打开对应的图形文件,将工程指向打开对应的图形文件即可仿真。各压缩包命名方法如下:

对于例题中的仿真源程序包,采用章、节、题号命名。如第 8 章第 3 节第 1 题为 8.3.1。

教材中电路图的仿真与图的编号一致,为与例题仿真源程序包的名字区别,以 T 为前缀,如图 9-4-1 所示,其对应的仿真源程序包名为 T9-4-1。

对芯片的仿真采用芯片名称命名,如 74LS161。

APPENDIX D

附录 D

【例 8-2-1】仿真实现

D.1 建立仿真项目的工程文件

启动 MAX+plus Ⅱ，选择"File"菜单的"New"子菜单，在弹出的对话框中选择文件类型为"Graphic Editor file"，单击"OK"按钮进入图形文件编辑状态。

选择"File"菜单的"Save As"子菜单，将新创建的未命名的图形文件取个适当的名字（如 12-3-1）（因 MAX+plus Ⅱ 仿真时要产生文件，最好为仿真项目新建一个子目录），单击"OK"按钮保存。

选择"File"菜单的"Project"子菜单下的"Set Project To Current File"将工程文件指向当前图形文件。

D.2 设计图形文件

【例 8-2-1】的图如图 D-1 所示，包括五个与非门、两个输入、一个输出。具体实现如下：

(1) 在编辑区的任意位置双击，将弹出电路符号放置对话框，双击"prim"库，移动滚动条，选择"nand2"元件（2 输入与非门）后单击"OK"按钮，与非门符号便出现在绘图区，如图 D-2 所示。

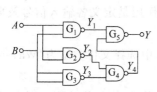
图 D-1 【例 8-2-1】的原始图

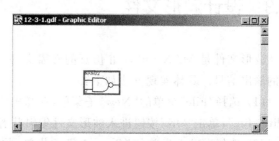
图 D-2 放置一个与非门的图

（2）依照上述方法放置 5 个与非门，拖动与非门到合适位置，参考效果如图 D-3 所示。

（3）放置输入、输出符号。具体操作如下：在编辑区的任意位置双击，双击"prim"库，移动滚动条，选择"INPUT"后单击"OK"按钮，输入符号便出现在绘图区，如图 D-4 所示。

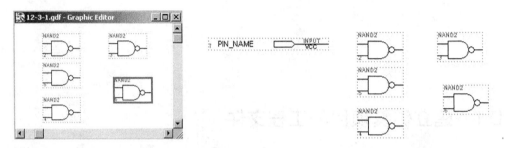

图 D-3　放置 5 个与非门的图　　　　图 D-4　放置输入符号的图

双击"PIN_NAME"，将输入符号命名为"A"。类似放置另一个"INPUT"，命名为"B"。放置一个"OUTPUT"，命名为"Y"，如图 D-5 所示。

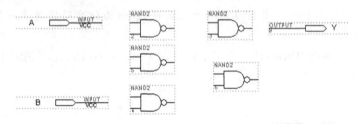

图 D-5　放置了全部符号的图

（4）联接电路。将鼠标指向符号引脚，若光标变为"＋"，可拖动鼠标连线，依照图 D-1 正确联接电路。

（5）编译电路。保存设计后，选择"MAX＋plus Ⅱ"菜单的"Compile"子菜单。单击"Start"按钮。如果没有错误，系统将弹出编译成功消息框。

D.3　设计波形文件

波形文件是 MAX＋plus Ⅱ 仿真的必需文件，其主要作用是定义各输入信号及要观察的输出信号。具体实现方法如下：

（1）选择"File"菜单的"New"子菜单，在弹出的对话框中选择文件类型为"Waveform Editor file"，单击"OK"按钮进入波形文件编辑状态。

（2）选择"File"菜单的"Save As"子菜单，将新创建的未命名的波形文件取名为 12-3-1（**必须与图形文件同名**），单击"OK"按钮保存。

选择"Node"菜单的"Enter Node From SNF"子菜单（或单击鼠标右键选择），将弹出对话框。单击对话框右上角的"List"按钮,在左下文本框中选择想要编辑或观察的信号,如图 D-6 所示。

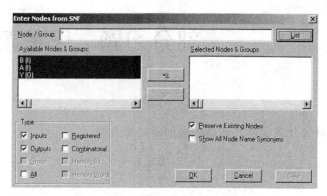

图 D-6　选择仿真输入输出信号界面 1

在本例中,我们选择全部输入、输出,单击" 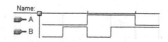 "按钮,所选择的输入、输出信号便出现在右边文本框中。单击"OK"按钮,出现如图 D-7 所示界面。

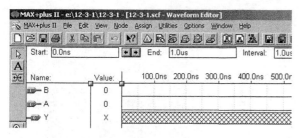

图 D-7　选择仿真输入输出信号界面 2　　　　图 D-8　输入信号 A、B 波形

仿真的目的是在给定输入下观察输出的逻辑功能。为了全面了解电路的逻辑功能,可将输入信号 A、B 按如图 D-8 所示波形进行设计。

D.4　仿真

保存文件,选择"MAX+plus Ⅱ"菜单的"Simulator"子菜单,将出现图 C-6 所示的界面。单击"Start"按钮,如果没有错误,系统将弹出仿真成功消息框。确定消息框内容后,单击"Open_SCF"按钮,可观察仿真波形。参考效果如图 D-9 所示。

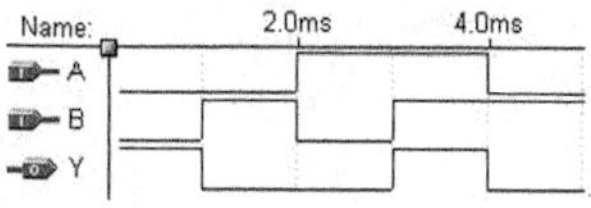

由图 D-9 知,仿真电路逻辑功能为同或门。

图 D-9　仿真波形图

附录 E 部分习题、思考题答案

请进入本教材公开教学网并选择相应的章节来查询。

APPENDIX F

附录 F

本书中所介绍的芯片

芯片逻辑符号及引脚	简 单 描 述
F007运放图（+15V电源，反相输入端2，同相输入端3，输出端6，A_{uo}，10kΩ，1kΩ，-15V）	通用型运放，分析时一般把它当成理想运算放大器 运放具有开环、闭环两种工作状态 开环工作时，输出电压 u_o 只有两种状态：U_{opp} 或 $-U_{opp}$；运放闭环工作时，若反馈类型为负反馈，可运用"虚短"、"虚断"、"虚地"的概念来分析电路
74LS147 引脚图（$\bar{I}_1 \sim \bar{I}_9$ 输入，$\bar{Y}_0 \sim \bar{Y}_3$ 输出，V_{CC}，GND）	集成二—十进制优先编码器（$\bar{I}_9$ 优先级最高）；低电平输入有效，反码输出
74LS148 引脚图（$\bar{I}_0 \sim \bar{I}_7$ 输入，$\bar{Y}_0 \sim \bar{Y}_2$，$\bar{Y}_{EX}$，Y_S，$\bar{S}_T$，V_{CC}，GND）	3位二进制优先编码器，功能与147类似。$\bar{S}_T$ 是选通输入端；Y_S 是选通输出端；$\bar{Y}_{EX}$ 为扩展输出端
74LS138 引脚图（A_0、A_1、A_2，$\bar{S}_1$、$\bar{S}_2$、S_T，$\bar{Y}_0 \sim \bar{Y}_7$，V_{CC}，GND）	3线—8线译码器，低电平输出有效；A_2、A_1、A_0 为译码器的地址端；$\bar{Y}_0 \sim \bar{Y}_7$ 为译码器的输出端。S_T、$\bar{S}_1$、$\bar{S}_2$ 为控制端。当 $S_T=1$，$\bar{S}_1=\bar{S}_2=0$ 时，译码器工作，有 $\bar{Y}_i = \bar{m}_i$ 可用于实现组合电路

续表

芯片逻辑符号及引脚	简单描述
74LS151：D0(4), D1(3), D2(2), D3(1), D4(15), D5(14), D6(13), D7(12), A0(11), A1(10), A2(9), $\overline{S}$(7), Y(5), $\overline{Y}$(6), V_{CC}(16), GND(8)	8 选 1 数据选择器。$D_0 \sim D_7$ 为 8 路输入信号，A_2、A_1、A_0 为选择控制信号，Y、$\overline{Y}$ 为互补的输出端，$\overline{S}$ 为选通控制端。当选通控制端 $\overline{S}=0$ 时，选择器工作，输出 Y 的逻辑表达式为 $$Y = D_0\overline{A_2}\overline{A_1}\overline{A_0} + \cdots + D_7 A_2 A_1 A_0 = \sum_{i=0}^{7} D_i m_i$$ 可用 1 片 8 选 1 数据选择器实现四变量及以下的逻辑函数
74LS48：A0(7), A1(1), A2(2), A3(6), $\overline{LT}$(3), $\overline{BI/RBO}$(4), $\overline{RBI}$(5), A(13), B(12), C(11), D(10), E(9), F(15), G(14)	驱动共阴数码管的七段显示译码器。$\overline{BI}=\overline{RBI}=\overline{LT}=1$ 时正常译码
74LS42：A0(15), A1(14), A2(13), A3(12), V_{CC}(16), GND(8), $\overline{Y_0}$(1), $\overline{Y_1}$(2), $\overline{Y_2}$(3), $\overline{Y_3}$(4), $\overline{Y_4}$(5), $\overline{Y_5}$(6), $\overline{Y_6}$(7), $\overline{Y_7}$(9), $\overline{Y_8}$(10), $\overline{Y_9}$(11)	二—十进制译码器，功能与 3 线—8 线译码器类似，但无扩展功能
74LS161：D0(3), D1(4), D2(5), D3(6), CT_P(7), CT_T(10), CP(2), $\overline{LD}$(9), $\overline{CR}$(1), Q0(14), Q1(13), Q2(12), Q3(11), CO(15)	具有异步清零、同步置数、可以保持状态不变的 4 位二进制同步上升沿加法计数器。74LS163 与 74LS161 功能相似，区别为 74LS163 采用同步清零。74LS160 和 74LS162 为十进制同步加法计数器。74LS162 与 74LS160 的区别是 74LS162 采用同步清零方式。74LS160、74LS161、74LS162 和 74LS163 的输出端排列图和逻辑符号完全相同，其逻辑功能也基本类似
74LS195：J(2), $\overline{K}$(3), D0(4), D1(5), D2(6), D3(7), CP(10), $SH/\overline{LD}$(9), $\overline{CR}$(1), Q0(15), Q1(14), Q2(13), Q3(12), $\overline{Q_3}$(11)	单向移位寄存器。J、$\overline{K}$ 为数据输入端，$SH/\overline{LD}$ 是移位置数控制端

续表

芯片逻辑符号及引脚	简 单 描 述
74LS191	单时钟集成 4 位二进制同步可逆计数器；$\overline{U}/D$ 是加减计数控制端，$\overline{LD}$ 是异步置数端态输出端，CO/BO 为进位/借位信号输出端，$\overline{RC}$ 是级联端
74LS290	异步十进制计数器
74LS197	4 位二进制异步加法计数器，CP_0 为触发器 FF_0 的时钟端，CP_1 是 FF_1 的时钟端，称为二—八—十六进制异步计数器
555	555 定时器，应用十分广泛，$\overline{R}_D=1$ 时工作 当 $U_{I1}<U_{R1}=\dfrac{2}{3}U_{CC}$，$U_{I2}>U_{R2}=\dfrac{1}{3}U_{CC}$ 时，输出 U_O 状态不变 当 $U_{I1}>U_{R1}$，$U_{I2}<U_{R2}$ 时，输出 $U_O=1$ 当 $U_{I1}>U_{R1}$，$U_{I2}>U_{R2}$ 时，输出 $U_O=0$ 当 $U_{I1}<U_{R1}$，$U_{I2}<U_{R2}$ 时，输出 $U_O=1$
AD7520	10 位数/模转换器，内部没有运算放大器；U_{DD} 为 CMOS 开关工作电源，U_{REF} 为转换器的参考电压，I_{OUT1} 和 I_{OUT2} 分别对应外接运算放大器的反相端及同相端。典型接法的转换关系为 $$U_O=-\dfrac{U_{REF}}{2^{10}}\sum_{i=0}^{9}D_i\times 2^i$$

续表

芯片逻辑符号及引脚	简 单 描 述
ADC0809 引脚图：26-IN_0，27，28，1，2，3，4，5-IN_7，16-$U_{REF}(-)$，12-$U_{REF}(+)$，9-$EOUT$，6-$START$，10-CP，13-GND，11-U_{DD}，21-D_7，20，19，18，8，15，14，17-D_0，7-EOC，25-A，24-B，23-C，22-ALE	8路输入8位逐次逼近型模/数转换器 $IN_0 \sim IN_7$：8路模拟量输入端 A、B、C：8路模拟量输入选择控制端 ALE：地址锁存输入端,高电平有效,可加正脉冲 $D_0 \sim D_7$：8路数字量输出端 EOC：转换结束输出端,高电平有效 $EOUT$：输出允许端,高电平有效 $START$：转换启动信号输入端,可加正脉冲,上升沿转换器清零,下降沿开始转换 CP：外部时钟输入端,典型频率为640kHz $U_{REF}(-)$、$U_{REF}(+)$：转换器参考电源输入端
2716 引脚图：8-A_0，7，6，5,4,3,2,1-，23,22-，19-A_{10}，24-U_{DD}，12-GND，9-，10,11,13,14,15,16,17-D_7，20-$\overline{OE}$，18-$\overline{CS}$，21-U_{PP}	具有11根地址线$A_{10} \sim A_0$、8根数据线$D_7 \sim D_0$ 输出使能控制端(当$\overline{OE}=0$时,存储单元内容允许输出) 片选控制(当$\overline{CS}=0$时,芯片工作) 专用设备擦除、专用设备写入 除可实现存储功能外,还可实现组合电路 如果将地址端作为输入变量,将数据线作为输出变量,适当地选择存储单元内容,可实现能为用户编程的组合逻辑电路

主要参考书

1 陈新龙主编.电工电子技术(上、下).北京:电子工业出版社,2004
2 陈新龙主编.电工电子技术基础教程.北京:清华大学出版社,2006
3 胡国庆,陈新龙编著.电工电子实践教程.北京:清华大学出版社,2007
4 秦曾煌主编.电工学(上、下)(第六版).北京:高等教育出版社,2004
5 (日)正田英介主编,吉冈芳夫编著.电工电路.北京:科学出版社,2001
6 (日)正田英介主编,吉永淳编著.电机电器.北京:科学出版社,2001
7 (日)桂井诚主编.电工实用手册.北京:科学出版社,2001
8 阎石主编.数字电子技术基础(第五版).北京:高等教育出版社,2006
9 廖常初主编.可编程控制器的编程方法与工程应用.重庆:重庆大学出版社,2001